Energia, recursos naturais e a prática do desenvolvimento sustentável

Energia, recursos naturais e a prática do desenvolvimento sustentável

3ª edição revisada e atualizada

LINEU BELICO DOS REIS
ELIANE A. F. AMARAL FADIGAS
CLÁUDIO ELIAS CARVALHO

Editora gestora: Sônia Midori Fujiyoshi
Editora responsável: Ana Maria S. Hosaka

Projeto Gráfico e Capa: Nelson Mielnik e Sylvia Mielnik
Fotos da capa: Ana Maria Silva e Opção Brasil Imagens
Editoração eletrônica e ilustrações: Acqua Estúdio Gráfico
Produção editorial: Paris Serviços Editoriais e Educacionais

CIP-BRASIL. CATALOGAÇÃO NA PUBLICAÇÃO
SINDICATO NACIONAL DOS EDITORES DE LIVROS, RJ

R311e

Reis, Lineu Belico dos
Energia, recursos naturais e a prática do desenvolvimento sustentável/Lineu Belico dos Reis, Eliane A. Amaral Fadigas, Cláudio Elias Carvalho. – 3.ed., rev. e atual. – Barueri [SP]: Manole, 2019.; 22 cm. (Ambiental; 27)

Inclui bibliografia
ISBN 9788520456811

1. Recursos naturais renováveis. 2. Recursos energéticos. 3. Desenvolvimento energético. 4. Desenvolvimento sustentável. I. Fadigas, Eliane A. Amaral. II. Carvalho, Cláudio Elias. III. Título. IV. Série.

19-57575 CDD: 333.79
CDU: 620.92

Vanessa Mafra Xavier Salgado – Bibliotecária – CRB-7/6644

1ª edição – 2005
2ª edição – 2011
3ª edição – 2019

Direitos adquiridos pela:
Editora Manole Ltda.
Avenida Ceci, 672 – Tamboré
06460-120 – Barueri – SP – Brasil
Fone: (11) 4196-6000
www.manole.com.br
https://atendimento.manole.com.br

Impresso no Brasil
Printed in Brazil

Durante o processo de edição desta obra, foram tomados todos os cuidados para assegurar a publicação de informações precisas e de práticas geralmente aceitas. Do mesmo modo, foram empregados todos os esforços para garantir a autorização das imagens aqui reproduzidas. Caso algum autor sinta-se prejudicado, favor entrar em contato com a editora.

Os autores e os editores eximem-se da responsabilidade por quaisquer erros ou omissões ou por quaisquer consequências decorrentes da aplicação das informações presentes nesta obra. É responsabilidade do profissional, com base em sua experiência e conhecimento, determinar a aplicabilidade das informações em cada situação.

Editora Manole

Sumário

Capítulo 4

Capítulo 5

Apresentação

Este livro, agora em sua terceira edição – revisada, atualizada e ampliada –, busca introduzir uma visão abrangente e integrada da energia em suas relações com os recursos naturais e com o desenvolvimento sustentável por meio do enfoque de suas questões básicas com simplicidade e transparência, a fim de oferecer entendimento aos leitores dos mais diversos níveis educacionais.

Nesse contexto, no mesmo rumo das edições anteriores, procura colaborar no debate desse importante tema, abordando diversas questões fundamentais do cenário energético no âmbito da sustentabilidade. Abre espaço para maior divulgação do tema e maior integração da população em geral no entendimento e discussão de questões que têm sido assunto dos mais variados livros, trabalhos e eventos, na maioria das vezes de forma especializada e fragmentada.

Como nas edições anteriores, os autores desejam ressaltar que seu trabalho na elaboração deste volume foi orientado à superação de diversos desafios associados ao ineditismo, dentre os quais se ressaltam: comunicar de forma simples e transparente assuntos muitas vezes restritos aos meios acadêmicos e setoriais; buscar a abrangência adequada de aspectos fundamentais desse grande cenário do desenvolvimento e, nele, da energia; conseguir a clareza necessária para que cada indivíduo possa entender seu papel, seus direitos, responsabilidades e suas relações no âmbito global; conseguir o devido balanceamento das abordagens efetuadas e da diversificação da linguagem dos autores e dos possíveis leitores; tentar organizar de forma didática e consistente as mais diferentes questões abordadas em grande número de artigos e publicações, como se pode notar pela extensa bibliografia referenciada.

Os autores não têm certeza de haver superado todos esses desafios, mas têm a consciência de que estão dando o melhor de si, como especialistas e seres humanos de seu tempo. Isso os motiva a continuar e a se colocar à disposição de todos os interessados em participar dos debates sobre energia, recursos naturais e principalmente sobre os aspectos práticos da construção de um modelo sustentável de desenvolvimento.

Assim, esta terceira edição foi reorganizada para incorporar sugestões e o próprio aprendizado dos autores durante debates e cursos ministrados sobre o tema, e para incluir os impactos e expectativas associadas à disseminação das novas tecnologias causadoras da atual revolução na organização da sociedade humana, com suas contraditórias facetas de agregação e diluição.

E, como a edição anterior, também apresenta um conjunto sólido e confiável de informações que podem ser encontradas em sites, de forma a permitir aos leitores a atualização de dados e informações que certamente serão alterados ao longo do tempo, assim como a pesquisa e conhecimento de novos dados e informações de interesse específico, buscando, com isso, dar uma singela colaboração à difusão do conhecimento.

Energia e Infraestrutura para o Desenvolvimento Sustentável

1

INTRODUÇÃO

Movimentações em busca de um modelo de desenvolvimento sustentável pela e para a humanidade se iniciaram na década de 1970, mais precisamente em 1972, na Conferência de Estocolmo (United Nations Conference on the Human Environment), na qual se enfatizou a importância da questão ambiental e as necessidades de reaprender a conviver com o planeta Terra e de preservá-lo para o futuro. As preocupações demonstradas nas discussões deixaram muito nítidas as disparidades entre os países do Norte e os do Sul. Os do Norte, que àquela época eram em sua maioria considerados desenvolvidos, apontaram grande preocupação com a poluição da água, do ar e do solo, priorizando ações voltadas à restauração de sua qualidade anterior. Os do Sul, na maioria considerados países em desenvolvimento, mostraram maior preocupação com a gestão racional dos recursos naturais, objetivando o desenvolvimento socioeconômico.

Desde então até o momento de publicação da presente obra, já se passaram quase cinco décadas de reuniões e discussões que continuam a ocorrer, com participação global, agora no âmbito de conferências sobre as mudanças climáticas (United Nations Climate Change Conference), que serão enfocadas mais adiante nesta Introdução.

Ao longo desse período praticamente não ocorreram ações mais efetivas para a implantação de um modelo de desenvolvimento sustentável. Modelo sobre o qual também não se atingiu consenso.

Muitos fatores ocorreram para isso, tais como:

- Alterações políticas e econômicas do cenário mundial.
- Alterações do número e das características dos países envolvidos, como, por exemplo, novos países resultantes de guerras de libertação.
- Alta taxa de crescimento populacional e o adensamento da população em áreas urbanas.
- Crescente disparidade entre as condições dos denominados países desenvolvidos e as dos demais países.
- Processo surpreendente de globalização, já em alto ritmo no início das cinco décadas, e mais recentemente com forte aceleração devida ao impressionante avanço da tecnologia da informação, que permite acesso instantâneo de grande parte da população mundial às informações, verdadeiras ou não.

Por essas e outras razões, vive-se um clima de debate marcado por posições das mais diversas, muitas vezes radicais e calcadas em interesses específicos de grupos e países, em um contexto de complexidades culturais, religiosas e sociais e de tempos de percepção, assimilação e implementação extremamente heterogêneos. Debate que se impõe como responsabilidade e direito de qualquer um que se preocupe com o presente e o futuro do ser humano. Cada leitor é convidado a esse debate, que, no entanto, não será aprofundado neste livro, acima de tudo por razões de objetividade, porém, ele estará contido em diversas partes da obra e em grande parte da bibliografia aqui sugerida e outras, disponibilizadas a cada momento pelos diferentes meios de comunicação. Nesta rota, o que se apresenta a seguir é uma visão sucinta do histórico da discussão, considerada necessária para a apresentação, mais adiante, dos principais desafios do desenvolvimento sustentável.

Nesse cenário complexo, mesmo levando em conta os diversos conflitos de postura perante o problema, pode-se considerar como resultado importante dessas movimentações a crescente conscientização sobre as significantes interferências que sistemas humanos impõem aos sistemas naturais, sobre o desequilíbrio ambiental resultante dessas interferências e sobre os impactos irreversíveis que tal desequilíbrio pode ter sobre os referidos sistemas humanos e naturais.

Nesse contexto, pode-se visualizar que o modelo mais adequado do desenvolvimento sustentável deva ser capaz não só de contribuir para a superação dos atuais problemas, mas também de garantir a própria vida, por meio da proteção e manutenção dos sistemas naturais que a tornam possível. O que, certamente, implica a necessidade de profundas mudanças nos atuais sistemas de produção e organização da sociedade humana e de utilização de recursos naturais essenciais à vida no planeta.

Historicamente, desde 1972, a questão ambiental evoluiu de problemas predominantemente nacionais para preocupações com o alcance regional e global dos problemas ambientais. Isso ressaltou a importância de problemas ambientais internacionais, tais como as mudanças climáticas, a chuva ácida e a destruição da camada de ozônio. Observou-se ainda que esses problemas apresentavam íntima relação com o desenvolvimento industrial dos últimos séculos, que, por sua vez, concentrou-se principalmente nos países hoje denominados desenvolvidos. A postura dos países considerados em desenvolvimento nas discussões que visavam encontrar soluções para tais problemas foi de evitar que as divisões dos custos das ações mitigadoras desses problemas afetassem suas economias, debilitadas pelo próprio modelo de desenvolvimento predominante.

No final da década de 1980, o resultado do trabalho da Comissão Mundial para o Meio Ambiente e o Desenvolvimento (World Comission on Environment and Development – WCED), documentado no relatório *Nosso Futuro Comum* (*Our Common Future*) evidenciou a recusa dos países em desenvolvimento de tratar as questões ambientais em seu estrito senso, ancorados na necessidade de discutir os paradigmas de desenvolvimento e sua repercussão na utilização dos recursos naturais e sistemas ecológicos. Como resultado desse trabalho, as propostas da comissão foram orientadas para a noção de desenvolvimento sustentável e chamaram a atenção para a importância da cooperação internacional na solução dos problemas de meio ambiente e de desenvolvimento. Nesse relatório, foi apresentada a mais difundida conceituação entre as diversas que podem ser encontradas para desenvolvimento sustentável: modelo de desenvolvimento que satisfaz as necessidades das gerações presentes sem afetar a capacidade de gerações futuras de também satisfazer suas próprias necessidades (WCED, 1987).

Desde as primeiras discussões, vários acordos ambientais têm sido negociados e inúmeros fóruns de discussão criados com o objetivo de repensar o modelo economicista adotado para o desenvolvimento e de conter o encaminhamento para a exaustão dos recursos naturais.

Dos vários acordos ambientais realizados na década de 1980, o que obteve mais êxito foi o Tratado de Montreal (1987), que fixou diretrizes para a substituição industrial dos gases clorofluorcarbonos (CFCs) por outros compostos menos destrutivos à camada de ozônio.

Durante a preparação para a United Nations Conference on Environment and Development (Unced), realizada no Rio de Janeiro em 1992, foi tomada a importante Resolução n. 44/228. Ela ressalta que a proteção ambiental deve ser enfocada em um contexto de íntima relação entre pobreza e degradação, e reconhece que a maioria dos problemas da poluição é causada pelos países desenvolvidos e que estes terão a maior responsabilidade em combatê-la. Sugere ainda que recursos e tecnologias devem ser colocados à disposição dos países em desenvolvimento para reverter seu processo de degradação ambiental, e que uma solução urgente e eficaz deveria ser encontrada para o problema das dívidas externas, requisito considerado fundamental para uma estratégia de desenvolvimento sustentável. A Unced foi denominada Cúpula da Terra (*Earth Summit*) e resultou em cinco documentos: a Agenda 21, a Convenção do Clima, a Convenção da Biodiversidade, a Declaração do Rio e os Princípios sobre Florestas. Documentos que delineiam acordos internacionais que objetivam modificar os sistemas antropogênicos em direção ao desenvolvimento sustentável.

No contexto deste livro, é particularmente importante ressaltar a ênfase de tais documentos no papel fundamental da adoção de soluções locais para a questão da sustentabilidade. Soluções essas que, integradas por soluções regionais e de caráter global permitem a visualização de uma solução global. O que reforça o pensamento ecológico do "agir localmente, pensar globalmente", alinhado com as Agendas 21 locais, voltadas à aplicação em pequenos municípios, regiões.

Em 1992 foi criada a UNFCCC (United Nations Framework Conference on Climate Change), que estabeleceu objetivos de longo prazo, princípios gerais, compromissos comuns e diferenciados e uma estrutura básica de governança, além de uma agenda de reuniões anuais que começaram a acontecer em 1994.

Como prosseguimento das ações relacionadas com a Convenção do Clima – a qual tem uma estreita relação com a questão energética por causa da emissão dos gases de efeito estufa associada ao uso de combustíveis fósseis –, diversas reuniões foram realizadas, entre as quais se destaca a de 1997, no Japão, que deu origem ao Protocolo de Kyoto, cuja implementação efetiva foi (e ainda é, em seus desdobramentos) considerada como de grande importância para a construção do paradigma de desenvolvimento sustentável. De acordo com esse Protocolo, foram estabelecidas metas de redução das emissões dos gases de efeito estufa, a serem cumpridas até 2012, tendo como referência as emissões de 1990. Foram discutidas as participações de diversos países, em particular os desenvolvidos e os em desenvolvimento, e foram estabelecidos mecanismos de flexibilização a serem utilizados para viabilizar o cumprimento das metas acertadas. Esses mecanismos – alguns deles foram implementados e funcionaram com altos e baixos – foram de grande interesse para os países em desenvolvimento. Não houve, no entanto, fechamento de acordo quanto à ratificação do Protocolo, tendo sido definida como necessária para isso a anuência de países que, em seu conjunto, contribuíam com até 55% dos gases estufa em 1990. Nesse contexto, deve-se salientar o papel negativo dos Estados Unidos, que protelou a ratificação, com o argumento de que a implementação do Protocolo poderia comprometer seu crescimento econômico, fortemente baseado na utilização de combustíveis fósseis. Nesta reunião, os grupos de países envolvidos foram identificados como *Parties* (Partes), de modo que as reuniões anuais foram denominadas *Conference of the Parties* (COPs).

Diversas COPs sobre os assuntos aqui tratados ocorreram após a de Kyoto, sem causar modificações expressivas, gerando grandes expectativas para a Conferência de 2002 em Johannesburgo.

Em 2002 houve a Conferência de Johannesburgo, denominada Rio +10 – Cúpula Mundial para o Desenvolvimento Sustentável – na qual, além da posição dos Estados Unidos (responsáveis por 35% dos gases estufa) de continuar retardando a ratificação do Protocolo de Kyoto, avanços pouco significativos ocorreram com relação à Cúpula da Terra no Rio, direcionados a avaliar o que foi feito na Agenda 21 no período de dez anos, criando mecanismos para facilitar medidas efetivas de sua implementação.

No final de 2004, com a adesão da Rússia, foi atingida a cota necessária para a ratificação do Protocolo de Kyoto, o que realmente ocorreu, mas sem grandes resultados práticos, uma vez que os Estados Unidos mantiveram sua posição e grandes discussões foram direcionadas ao papel a ser cumprido pelos países emergentes, em particular os denominados BRICs (Brasil, Rússia, Índia e China) que, em Kyoto, estavam em situação de destaque econômico, mas com participação negativa quanto às emissões de gases estufa.

A partir de 1994 foram realizadas diversas conferências para discutir a questão, sempre no âmbito da UNFCCC. Tais conferências seguem o seguinte esquema: aquelas realizadas nos anos pares são preparação para aquelas realizadas no ano seguinte, estas, sim, voltadas a buscar resultados objetivos. No momento de editoração deste livro, a conferência mais recente era a COP 24, realizada no período de 3 a 14 de dezembro de 2018, em Katowice, na Polônia.

Dentre todas as conferências é importante ressaltar a COP21, realizada em Paris, em 2015, cujas principais decisões são resumidas a seguir:

- Reafirmação da meta de reduzir, até 2020, o crescimento da temperatura global com relação aos valores pré-industriais para algo abaixo de 2ºC, mas com esforços para limitar a 1,5ºC.

- Comprometimento de todas as partes de estabelecer contribuições nacionais, as NDCs (*nationally determined contributions*), e tomada de medidas domésticas para atendê-las.
- Adoção de compromissos de todas as partes em apresentar relatórios regulares sobre o progresso conseguido na implantação e resultados de suas NDCs.
- Adoção de compromissos de todas as partes em apresentar, a cada cinco anos, novas NDCs, com a expectativa que estas reflitam avanços sobre as anteriores.
- Reafirmação da obrigação dos países desenvolvidos de colocar recursos financeiros no processo, e abertura de possibilidade de os países em desenvolvimento também o fazerem.
- Extensão da meta atual de mobilizar 100 bilhões de dólares em suporte, de 2020 a 2025, com uma nova meta de limite de temperatura menor que a atual.
- Solicitação de sugestão de novos mecanismos similares aos Mecanismos de Desenvolvimento Limpo (MDL), do Protocolo de Kyoto, para permitir troca de NDCs entre países.

De modo geral, apesar de algum otimismo, a situação parece ficar cada vez mais confusa e os mais céticos acreditam que algum consenso só ocorrerá quando não houver mais tempo para reverter o encaminhamento para uma situação trágica para a humanidade como um todo, ou quando se estiver muito próximo disso ocorrer. Então, a necessidade de ações mais radicais provavelmente causará mais confusão e desacordo, gerando o risco de que o processo de degradação se acelere ainda mais.

Dessa forma, a agenda ambiental internacional e a busca do desenvolvimento sustentável têm se debatido tanto para implementar os acordos já assinados como para encontrar formas de proteger outros recursos naturais essenciais, como os mananciais de água. Há muito trabalho sendo feito principalmente no âmbito político e científico. No setor econômico, muitas empresas e setores já se posicionaram progressivamente adotando formas de produção sustentáveis. Muitas companhias internacionais e nacionais não mais ignoram o fato de que padrões de sustentabilidade irão afetar cada vez mais os padrões de consumo da sociedade e as formas de produção e de relação com os consumidores que dominarão o século XXI, sendo, portanto, condicionantes significativos de competitividade.

Para que se alcancem os objetivos de sustentabilidade é importante que o trabalho iniciado prossiga em diversas frentes, em âmbito global e local, com a modificação dos sistemas produtivos e das práticas de uso dos recursos naturais.

Nesse cenário do desenvolvimento sustentável, deve-se acrescentar o papel da sociedade civil organizada, o denominado "terceiro setor", que busca se constituir como um caminho eficiente para exercer pressões voltadas para mudanças de modelo. Embora apresente contradições relevantes entre suas posições e mesmo na defesa de interesses particulares de grupos e associações, a atuação desse setor tem sido cada vez mais necessária, principalmente em função de seus papéis esclarecedores e participativos, de resgate de cidadania e de porta-voz de necessidades locais e regionais, entre outros.

A importância e a força dessas ações da sociedade civil organizada têm sido demonstradas na crescente influência do Fórum Social Mundial, voltado para a discussão das questões mundiais e criado para se contrapor ao Fórum Econômico Mundial, encontro tradicional que reúne as grandes personalidades do mundo econômico e empresarial. A ocorrência simultânea desses dois fóruns pode trazer também uma expectativa positiva para a solução dos problemas mundiais: o avanço de uma posição inicial de forte oposição entre os grupos opostos para uma situação de negociação e diálogo. O que pode significar muito, realçando um dos aspectos positivos da globalização, entre tantos outros negativos para o desenvolvimento sustentável.

No Brasil, os movimentos ecológicos surgiram na década de 1970 e vêm se firmando aos poucos, posicionados contra uma concepção de progresso e desenvolvimento a qualquer custo.

O país, já nos anos 1970, começou a institucionalizar sua preocupação com a questão ambiental. Foram criados organismos federais e estaduais voltados ao assunto, tais como o Ministério do Meio Ambiente (MMA), o Instituto de Meio Ambiente e dos Recursos Naturais Renováveis (Ibama) e a Secretaria Especial do Meio Ambiente (Sema).

Estudos de Impactos Ambientais (EIAs), Relatórios de Impacto ao Meio Ambiente (Rimas) e todo um processo de licenciamento ambiental passaram a ser exigidos para aqueles empreendimentos que poderiam causar impacto ao meio ambiente; além disso, outras atitudes têm sido tomadas, apresentando, no entanto, em consequência de brechas na legislação, resposta mais lenta do que a desejada, em virtude das pressões de interesses políticos e econômicos aos conflitos ideológicos, às lacunas educacionais e a outros fatores associados à heterogeneidade cultural, econômica, política, social e educacional do país.

A partir dessa visão sucinta mas abrangente do cenário internacional das discussões e tratativas relacionadas ao desenvolvimento sustentável, podem-se apresentar os principais aspectos importantes das relações entre energia, infraestrutura e o modelo de desenvolvimento sustentável, objetivo final deste capítulo.

É o que se faz a seguir, com foco inicialmente em dois aspectos adicionais bastante importantes no cenário global da sustentabilidade:

- Meio ambiente, equidade e desenvolvimento sustentável.
- As grandes questões atuais e os desafios do desenvolvimento sustentável.

Prosseguindo com abordagem mais específica da energia neste contexto:

- Energia, meio ambiente e desenvolvimento.

E, finalmente, colocando o foco nas relações de infraestrutura, energia e sustentabilidade:

- Infraestrutura para um desenvolvimento sustentável.

MEIO AMBIENTE, EQUIDADE E DESENVOLVIMENTO SUSTENTÁVEL

Os valores que sustentam o paradigma de desenvolvimento ainda vigente na sociedade atual dão exagerada ênfase no crescimento econômico, o que frequentemente resulta na exploração descontrolada dos recursos naturais, no uso de tecnologias de larga escala e no consumo desenfreado, cujos resultados apresentam fortes aspectos ecologicamente predatórios, socialmente perversos e politicamente injustos. Esses valores têm gerado grandes desastres ecológicos, disparidades e desintegração social, falta de perspectivas futuras e marginalização de regiões e indivíduos, terrorismo, guerras localizadas, fortalecimento do tráfico de drogas e armas, violência urbana e outros fatores de degradação humana e degradação ambiental.

Neste cenário, o estabelecimento de uma estratégia de desenvolvimento baseada na sustentabilidade e suas consequentes ações apresenta muitas dificuldades, além das apresentadas anteriormente na introdução:

- Necessidade de estancar, inicialmente, o que pode ser considerado um movimento inercial de manutenção do *status quo* da questão. Ou seja, é preciso começar por estabelecer freios no movimento de degradação humana e degradação ambiental.

- Necessidade de se deslocar da forma cartesiana de pensamento para uma forma que, a partir de uma visão sistêmica e multidisciplinar, considere integradamente as dimensões políticas, econômicas, sociais, tecnológicas e ambientais da questão.
- Necessidade de priorizar também a solução de uma questão sempre colocada nas discussões globais, da forte relação entre certos problemas ambientais e a pobreza, com garantia de atendimento às necessidades básicas de alimentação, saúde e moradia. São questões contidas no conceito de equidade, sempre valorizado em discussões sobre sustentabilidade, sendo que hoje é parte indissociável do modelo de desenvolvimento sustentável.
- Necessidade de aprender a considerar prioritariamente o equilíbrio e a integração de soluções locais e regionais com soluções mais abrangentes, como apontado na Agenda 21.

A construção de um sistema embasado na adequada integração das características locais e regionais com características mais abrangentes, no uso racional de recursos renováveis, na reciclagem de materiais, na distribuição justa dos produtos advindos dos recursos naturais, no respeito a todas as formas de vida e na busca constante da equidade, oferece uma promissora alternativa de solução nesse contexto.

Já apontando para a área energética, objeto principal deste livro, pode-se adiantar que tais características se refletirão em diversos requisitos importantes, dentre os quais, se ressaltam:

- Reestruturação do planejamento energético de forma a incorporar novas tecnologias e métodos, novas práticas de gerenciamento, adequação dos hábitos de utilização e maior participação nas decisões.
- Orientação da cadeia de produção, transporte e uso de energia para aumento do uso de recursos renováveis, de ações de reciclagem e eficiência energética.
- Priorização da busca da universalização energética, garantindo acesso de toda população mundial à energia em quantidade que garanta condições dignas de vida.

Nesse contexto, é importante garantir que as escolhas que se apresentam sejam viáveis dentro da realidade e do grau de desenvolvimento de cada região ou país, os quais determinam sua capacidade de organização institucional e absorção tecnológica, social e política. Condições que certamente irão se modificar ao longo do tempo no encaminhamento para a sustentabilidade, em um processo dinâmico que requer monitoração e reavaliação continuadas. As questões que se colocam, portanto, são: como encontrar os caminhos apropriados dentro de cada contexto específico, e como construir uma base sólida para dar continuidade às mudanças que nos levarão ao desenvolvimento sustentável?

GRANDES QUESTÕES ATUAIS E OS DESAFIOS DO DESENVOLVIMENTO SUSTENTÁVEL

De acordo com a visão apresentada, fica claro que o presente cenário mundial é pródigo de desafios à implantação de um modelo sustentável de desenvolvimento, refletidos não só na complexidade envolvida no encaminhamento institucional da questão, como também na grande disparidade entre as situações dos diversos países, principalmente quanto à capacidade de "frear" e reverter o modelo atual de desenvolvimento e o seu processo de imposição. No cenário mundial, as forças e os interesses conflitantes sugerem, no entanto, que o enfrentamento de tais desafios poderá ter mais sucesso com uma estratégia que não se sustente em grandes rupturas no modelo vigente, seja na solução das questões internas, seja na solução das questões externas, nas quais a maior parte da responsabilidade cabe aos países mais atuantes na imposição do modelo atual.

A seguir, são ressaltadas algumas questões do cenário global que rebatem como grandes desafios para o encaminhamento a uma situação de sustentabilidade.

Sem considerar, neste momento, as questões de caráter mundial, tais como tráfico de armas, guerras ou guerrilhas localizadas, corrupção, dentre outros, cuja solução depende mais de soluções globais do que locais, pode-se apontar alguns desafios importantes colocados em termos de pontos de vista interno dos países.

Neste enfoque, os países desenvolvidos apresentam certas características que poderiam ser benéficas ao encaminhamento da questão, desde que bem direcionadas. Aspectos que iriam desde uma legislação aplicada mais efetiva a um melhor nível de educação, de conscientização e de participação da população. Por outro lado, há um grande desafio para reverter a visão da maioria da população com relação à sua responsabilidade global.

Já nos países em desenvolvimento, incluindo os hoje denominados emergentes, a questão torna-se muito mais complexa. Além de haver uma influência mais profunda dos aspectos culturais e até mesmo religiosos – os quais não serão aprofundados aqui por questão de objetividade –, podem ser encontrados diversos outros problemas que são claras barreiras à implementação de um modelo sustentável de desenvolvimento, tais como: a fragilidade da legislação e a falta de respeito a ela; a corrupção; o atraso tecnológico; a perversa distribuição de renda; a falta de educação adequada; e a exclusão social.

Como consequência, nos países não classificados como desenvolvidos, o desafio é bem maior e mais complexo que nos países desenvolvidos, nos quais as condições de vida podem ser, em média, aceitas como dignas, no contexto atual da globalização. Nos países em desenvolvimento (e emergentes), nos quais predomina a luta pela sobrevivência, a meta de uma vida digna para a maioria da população está muito distante.

Para aumentar a complexidade do problema, o cenário apresenta uma certa simbiose entre as partes: há parcelas da população dos países desenvolvidos que vivem em condições semelhantes, em certos aspectos, às dos países em desenvolvimento, e vice-versa. E como a busca de uma situação melhor acaba sendo um grande fator de fluxo migratório, há um crescente aumento da população de indivíduos originários de países em desenvolvimento nos países desenvolvidos, assim como dos países desenvolvidos nos países em desenvolvimento (neste caso, em menor número) criando dificuldades à manutenção dos padrões de vida local, de forma similar ao que acontece internamente nos países, por meio do denominado êxodo rural. No geral, esse fluxo migratório tem causado aumento do preconceito, da violência e das condições subumanas de vida.

Quando se visualiza o cenário em seu todo, surgem outros desafios. Isso porque o relativo "equilíbrio" dos países desenvolvidos está fortemente assentado nas condições precárias dos demais países. Além do maior poder econômico e político, que permite imposições até mesmo nas grandes discussões sobre o desenvolvimento sustentável, há uma postura dos países desenvolvidos que se configura como centro propulsor de uma globalização calcada na disseminação, principalmente para os países em desenvolvimento, de um consumismo exacerbado; de processos e ações ambientalmente inadequadas; de conflitos locais e regionais; de aumento das taxas de desemprego e de insensibilidade à miséria e à pobreza. Essa atitude, que leva à negação dos valores maiores do ser humano, resulta em: fortalecimento das atividades marginais (tráfico de armas e drogas), aumento da corrupção, além da descrença nas instituições e no futuro.

Esse olhar superficial já basta para indicar que o cenário não pode ser sustentável no seu todo, sem grandes modificações. E estas terão de envolver a todos. Não há forma de nenhum país, ou ser humano, permanecer isolado ou intocado na teia da vida. A efêmera ilusão de equilíbrio não se manterá indefinidamente, pois é forçada e contra a natureza da vida na Terra.

Embora as constatações apresentadas tenham sido baseadas em avaliações do contexto geral das nações, sua extrapolação para qualquer nação, considerando as diferentes regiões e classes sociais, pode ser feita sem nenhuma dificuldade. Nesse contexto, como as diferenças sociais refletem um estado profundamente perverso na maioria dos países em desenvolvimento, o desafio de implementar um modelo sustentável de organização humana se torna ainda maior.

Além da injusta distribuição da pirâmide social, da falta de educação (ou existência de uma educação de fachada, inadequada e mais preocupada com índices quantitativos que qualitativos) e da exclusão social da maioria da população, é preciso considerar a manifestação e propagação de um conceito materialista e consumista de sucesso que só traz mais disparidades, distanciamento e violência. Acrescentando a isso que a maioria dos países em desenvolvimento apresentam um cenário no qual se evidenciam alto grau de atitudes paternalistas do governo e das classes mais privilegiadas e consequente alto nível de oportunismo e individualismo das demais classes e de assistencialismo, novos desafios de caráter local são colocados no caminho do desenvolvimento sustentável. Desafios de superar essas barreiras e resgatar a cidadania como base para voos maiores, por meio de ações para melhor alfabetizar, informar, compartilhar, desenvolver a visão crítica, estabelecer condições para a conscientização e aumentar a inclusão social, ao mesmo tempo que se convive com a questão do desenvolvimento sustentável.

Outros problemas importantes da agenda ambiental atual, que apresentam forte interação entre si e com a energia, relacionam-se com a água, com os resíduos, com a poluição e com o crescimento populacional:

- Há uma grande perspectiva, confirmada por ocorrências que vão se sucedendo e acumulando, de que a água seja o grande problema do século XXI: sua utilização inadequada, o nível de poluição dos rios e mananciais, o desperdício e as perdas (vazamentos) técnicas, entre outros fatores, trouxeram o mundo a essa situação.
- Quanto aos resíduos, o modelo de consumo desenfreado – no qual a grande maioria, senão a totalidade, dos produtos apresenta período de vida útil cada vez menor e a necessidade de reposição se torna cada vez mais frequente, orquestrada por interesses industriais e modismos – tem

acelerado assustadoramente sua quantidade. Além disso, a grande utilização de materiais não biodegradáveis e de componentes nocivos à saúde, o tratamento inadequado e a falta de consciência de seu papel na degradação ambiental, entre outros fatores, têm se constituído em um problema cada vez mais complexo, agravado pela tendência acelerada de urbanização e formação de megalópoles, cercadas de favelas e periferias pobres, marginalizadas e miseráveis.

- A poluição, em todas as suas formas – atmosférica, terrestre, subterrânea, aquática –, é outro problema de dimensões globais que deve ser abordado de uma forma integrada quando se pensa em um modelo sustentável de desenvolvimento.
- O crescimento populacional, o aumento do desemprego e da intolerância em suas mais diferentes formas.

Tais assuntos são abordados ao longo deste livro, em sua relação específica com a energia.

Nessa avaliação sucinta, buscou-se apenas apontar alguns desafios básicos que acabam influenciando qualquer estratégia de avaliação integrada da energia, em sua relação com os recursos naturais e com a prática do desenvolvimento sustentável. Há ainda outras grandes questões no cenário mundial e das nações que representam desafios à prática do desenvolvimento sustentável. O aprofundamento nessas questões não é o objetivo deste livro. Para isso, remete-se à bibliografia apresentada e ao grande número de publicações atuais sobre esse assunto.

Finalmente, é importante citar um desafio imposto pela questão do desenvolvimento sustentável, que permeia tudo o que se apresentou até o momento: a necessidade de uma visão integrada e multidisciplinar. Nesse sentido, considera-se muito importante a abertura da discussão multidisciplinar, a transparência e a busca de uma linguagem simples para a disseminação de informações básicas necessárias para melhor interação e integração. Na verdade, isso é o que se tenta fazer com este livro, assim como com outros que têm sido publicados com essa visão, nos mais diversos níveis, desde o infantil até o superior. Essa disseminação transparente e integradora é um componente importante da prática do desenvolvimento sustentável, não só no nível superior de decisão, como também nas ações locais com encaminhamento participativo, uma vez que os envolvidos, principalmente os mais afetados com as decisões, poderão compreender melhor o assunto no qual estão envolvidos e que pode afetar suas vidas por gerações.

ENERGIA, MEIO AMBIENTE E DESENVOLVIMENTO

Um histórico do uso da energia

Por um longo período da história da humanidade, a única forma de energia utilizada pelo homem era sua própria força muscular, empregada somente para ir em busca dos alimentos necessários para a manutenção da vida. Consumiam-se em torno de 2.000 kcal/dia, provenientes dos alimentos ingeridos – deve-se notar que a unidade caloria (cal) aqui usada refere-se à unidade de energia alimentar, que é, por definição, mil vezes maior que a caloria térmica utilizada nas análises do setor energético.

Antes de prosseguir essa viagem pela evolução histórica do uso da energia, é importante dizer que a unidade quilocaloria (kcal) será utilizada com o objetivo de permitir uma comparação mais direta da evolução do consumo energético ao longo da história com a energia básica necessária à sobrevivência humana. Mais informações sobre essa e outras unidades energéticas são apresentadas no Capítulo 5, Matriz Energética, no tópico Unidades.

A partir da era do homem caçador (há aproximadamente 100 mil anos) até meados do século XVIII, o mais importante recurso energético explorado pelo homem foi a madeira, que começou a ser utilizada com a descoberta do fogo. Inicialmente, era utilizada na obtenção de calor para cozer os alimentos e aquecer as habitações em regiões de clima frio. Mais tarde passou a ser empregada como fonte térmica na obtenção de carvão vegetal, combustível utilizado nas indústrias de refino e formatação de utensílios de metal, cerâmicas, tinturarias, vidrarias, cervejarias, entre outras. No início, todas as atividades produtivas baseadas nesse único energético eram realizadas em uma escala modesta, organizada em determinado lugar e dependente de recursos locais para o abastecimento das comunidades. Quase não havia transações comerciais entre povos pela impossibilidade de transportá-las por longas distâncias. Quando a madeira ficava escassa, os povos eram obrigados a migrar ou, na impossibilidade disso, eram condenados ao desaparecimento. Nessa época, a energia humana era mais racionalmente explorada por meio das técnicas agrícola e pastoril.

O uso da energia mecânica por meio do aproveitamento da energia cinética dos ventos iniciou-se nos primeiros séculos desta era e teve um impulso maior a partir do século X, com os avanços tecnológicos obtidos; esse tipo de energia foi utilizado principalmente nos Países Baixos e na Europa Ocidental para moagem de grãos, nas serrarias dos estaleiros navais e nas bombas para secagem de lagos. A força dos ventos era também utilizada para impulsionar embarcações (primeira utilização desse recurso), bombear água para irrigação, entre outros usos. Muito antes disso já se fazia uso da energia contida nos cursos de água por meio de rodas d'água conhecidas como moinhos hidráulicos, também utilizados em movimentos alternativos em processos de trituração e forja. Porém, a maior fonte de energia mecânica apareceu muito antes do surgimento dos moinhos de vento e hidráulicos, com a domesticação de animais como bois, búfalos, cavalos, dromedários e camelos. O uso de animais no transporte e nos trabalhos da lavoura, como aragem de terras, moagem de grãos, bombeamento de água etc., durante milênios, foi a principal fonte de energia mecânica, estendendo seu domínio até a primeira metade do século XVIII. Também não se pode deixar de citar que a mão de obra escrava foi intensamente explorada na Europa e mais tarde no continente americano, até a segunda metade do século XIX. Utilizando-se dessas fontes disponíveis na época, o homem consumia em torno de 40.000 kcal/dia.

A madeira e a tração animal, fontes de origem primitiva, ainda nos dias de hoje, são as únicas fontes de energia utilizadas por uma considerável parte da humanidade – mesmo nas sociedades urbanas mais evoluídas essas fontes estão presentes.

Durante a Antiguidade, e até o século XVII, com uma população relativamente pequena e um consumo *per capita* modesto de calor e potência, foi possível manter um equilíbrio entre as fontes de energia renováveis – madeira, rodas d'água e de vento, força humana e animal – e a demanda de energia.

Entretanto, os avanços da mecânica, a partir de então, provocaram uma aceleração no desenvolvimento econômico por meio da intensificação das atividades industriais, agrícolas, comerciais, da urbanização e do crescimento demográfico. A exploração da madeira, até então o único energético utilizado para suprir as novas necessidades de energia originadas pelo avanço dos processos de mecanização nos diversos setores, se intensifica; porém, a partir do século XVI, a madeira começa a se tornar escassa em algumas regiões da Europa Ocidental. Assim, foi necessária a sua exploração em regiões mais longínquas, o que provocou um aumento de preço. Diante desse fato e das novas leis ambientais que impediam o desmatamento em determinadas regiões da Europa, foi necessário encontrar um substituto para a madeira, e esse substituto imediato foi o carvão mineral, primeiro recurso fóssil a ser explorado de forma maciça pelo homem. O carvão mineral já era conhecido e utilizado na Europa em aplicações isoladas desde o século IX. Porém foi preciso que a madeira se tornasse escassa para que o uso do carvão ressurgisse com força total.

O uso do carvão em grande escala, a partir da segunda metade do século XVIII, veio acompanhado do aumento da sofisticação das máquinas a vapor. Essas máquinas, durante um século, fizeram parte da história em aplicações estacionárias na exploração de carvão mineral e energia mecânica nas indústrias; e durante aproximadamente 60 anos movimentaram as locomotivas que faziam o transporte interurbano e dentro das próprias cidades. O carvão era também usado na indústria metalúrgica e na iluminação. O gás de hulha substituiu as velas de sebo, óleo de porco e de baleia, até então utilizados.

No entanto, a madeira e os moinhos hidráulicos e de vento, embora tenham perdido força na Europa, ainda foram utilizados por muito tempo na América do Norte: a madeira era abundante, os rios numerosos e o potencial eólico bastante favorável. Somente mais tarde, no final do século XIX, esses recursos começaram a ser substituídos pelo carvão mineral e pelo petróleo.

O crescimento das cidades, do comércio, da indústria e o aumento da potência das máquinas levaram a um substancial aumento do consumo de carvão mineral, fazendo com que este passasse a dominar a matriz energética mundial. No final do século XIX, o carvão participava com 53% no consumo de energia primária total.

Analisando a forma como a energia era consumida, até o século XVIII, a evolução da humanidade se deu por meio de um consumo de energia relativamente moderado. A partir do século XIX, madeira e carvão mineral não eram apenas fontes de energia térmica, mas também fontes de energia mecânica. A inserção da máquina a vapor no modo de produção provocou uma ruptura no sistema, exigindo uma nova ordem de grandeza no uso da energia. A taxa de elevação do consumo de energia não acompanhava mais proporcionalmente o crescimento populacional. Nesse período, o consumo *per capita* médio anual era de aproximadamente 80.000 kcal/dia.

Na segunda metade do século XIX, os trabalhos de exploração do petróleo já tinham sido iniciados. O petróleo, assim como o carvão mineral, já era conhecido na Antiguidade, porém, a primeira exploração de forma comercial aconteceu nos Estados Unidos, mais precisamente na Pensilvânia, em 1853. Em pouco tempo, os avanços nas técnicas de perfuração e refino e o impulso dado pela indústria automobilística fizeram com que esse recurso energético tomasse a dianteira do carvão mineral.

Ao contrário do que ocorreu com a madeira na Europa, a transição parcial do carvão mineral para o petróleo não se deu em razão da escassez do primeiro. O carvão mineral até hoje é bastante abundante na natureza, sendo utilizado em vários setores da economia. As limitações tecnológicas impostas pelos equipamentos que utilizam esse combustível para iluminação e força motriz incentivaram a busca por um combustível alternativo, que pudesse ser e fosse adaptado para atender às novas demandas de uso final, transporte e armazenamento. O gás de hulha era caro, poluente e transportado via rede, não atendendo às localidades mais distantes; o transporte e a indústria necessitavam de potências fracionadas que não eram satisfeitas pelas robustas máquinas a vapor. Na verdade, o avanço do petróleo, na escala em que ocorreu, não teria sido possível sem as inúmeras transformações tecnológicas: estas foram e continuam sendo um fator decisivo na história da humanidade.

O primeiro derivado do petróleo a ser comercializado foi o querosene, que substituiu o gás de hulha na iluminação das áreas urbanas e os óleos nas zonas rurais. A partir de 1913, outros dois derivados, diesel e gasolina, começaram a ser utilizados impulsionados pela indústria automobilística. Otto, Diesel, Benz e outros, com os seus inventos, supriram as indústrias e a população com modos alternativos de transporte de carga, de transporte individual e de máquinas industriais.

O gás natural (GN), da mesma forma que o petróleo, também já era conhecido e usado na Antiguidade. No entanto, a sua difusão só ocorreu a partir da descoberta do petróleo nos Estados Unidos e da utilização de canos de ferro fundido, o que resolveu o problema de como transportar esse combustível. Nos Estados Unidos, já no início do século XX, o GN era utilizado na produção de eletricidade, na fabricação de negro de fumo etc. Outros países não deram muita importância a ele. Entretanto, na exploração do petróleo, o GN vinha associado: era reinjetado para aumentar a produção do petróleo e seu excesso era queimado. Só a partir do final da década de 1950 o GN começou a se difundir em outras regiões do mundo.

Mais ou menos concomitantemente com o petróleo, começou a aumentar a participação da eletricidade no suprimento mundial de energia, primeiramente com a iluminação, e em seguida com a força motriz. Várias descobertas no campo da eletricidade sucederam-se: fenômenos eletrostáticos, magnéticos e a criação artificial de fenômenos luminosos foram aplicados no desenvolvimento de novos aparelhos e novas máquinas, como baterias, dínamos, motores elétricos, lâmpadas de filamentos e outros equipamentos para atender às novas necessidades. No início do século XX, a energia elétrica era produzida em usinas térmicas com a utilização de turbinas a vapor e em usinas hidrelétricas com a utilização de turbinas hidráulicas. Na medida em que a indústria elétrica foi se desenvolvendo, redes elétricas iam sendo construídas para o atendimento de novas regiões.

Após a Segunda Guerra Mundial, a energia nuclear começou a ser explorada como um recurso adicional para atender à demanda por eletricidade.

Alguns países, principalmente aqueles que não possuíam reservas petrolíferas, investiram fortemente nesse recurso.

As fontes foram sucedendo-se e nenhuma delas substituiu integralmente a outra. Todas têm tido sua parcela de mercado, com maior ou menor participação em função de suas disponibilidades, preços, políticas governamentais e leis ambientais, entre outros fatores condicionantes.

Até o final da década de 1960, o mundo praticamente não conhecia o termo "racionamento energético", pois havia oferta de recursos energéticos em abundância e a demanda crescente criava grandes economias de escala que faziam com que preços baixos pudessem ser praticados. Mas isso não quer dizer que todas as pessoas tinham e têm acesso a esses energéticos ou à renda gerada por eles.

Os dois choques do petróleo, ocorridos em 1973 e 1979, mudaram profundamente o abastecimento energético no mundo. A alta do preço e o embargo das exportações petrolíferas forçaram os países importadores a implantar políticas para driblar a crise instaurada. É possível citar algumas delas, tais como a diversificação de seus supridores externos; a substituição do petróleo por outras fontes de energia como o carvão mineral, a energia nuclear e a hidroeletricidade; a implantação de programas de uso racional de energia; e a reestruturação de seus parques industriais. Essas políticas resultaram em um desacoplamento entre consumo de energia e atividade econômica: entre 1973 e 1985, o consumo total de energia *per capita* dos países ricos membros da Organização para Cooperação Econômica e Desenvolvimento (OCDE) diminuiu 6%, enquanto seu Produto Nacional Bruto (PNB) *per capita* aumentou 21%.

A Tabela 1.1 mostra a evolução do consumo mundial de energia primária (Mtep) nos séculos XVIII, XIX e XX, permitindo verificar as grandes mudanças ocorridas no referido período, assim como os impactos dos dois choques do petróleo.

Tabela 1.1 – Evolução do consumo mundial de energia primária por fonte (Mtep)

Ano	Carvão	Petróleo	Gás natural	Eletricidade primária	Total comercial	Madeira e outros	Total
1700	3	–	–	–	3	144	147
1750	5	–	–	–	5	180	185
1800	11	–	–	–	11	217	228
1850	48	–	–	–	48	288	336
1900	506	20	7	1	534	429	963

(continua)

Tabela 1.1 – Evolução do consumo mundial de energia primária por fonte (Mtep) (*continuação*)

Ano	Carvão	Petróleo	Gás natural	Eletricidade primária	Total comercial	Madeira e outros	Total
1950	971	497	156	29	1.653	495	2.148
1973	1.563	2.688	989	131	5.371	670	6.041
1989	1.226	3.095	1.652	350	7.363	744	8.107

Fonte: Martin (1990).

Deve-se notar que os valores dessa tabela são totais, anuais e estão apresentados na unidade Mtep, ou seja, mega tonelada equivalente de petróleo. A unidade tep (tonelada equivalente de petróleo) é a mais utilizada nas matrizes energéticas (ver Capítulo 5), em virtude da importância do petróleo e de seus derivados, e representa o valor equivalente, em toneladas de petróleo, da energia medida em outras unidades, como calorias. O valor de 1 tep corresponde a $1x10^7$ cal energia alimentar e a $1x10^4$ cal térmica.

A Tabela 1.2 apresenta a distribuição do consumo de energia nos países desenvolvidos e em desenvolvimento, assim como no Brasil, segundo dados da International Energy Agency (IEA) para 2015.

Tabela 1.2 – Distribuição do consumo primário de energia, população e consumo *per capita* nas diversas regiões, assim como no Brasil – ano 2015

Regiões	Consumo (bilhões de tep)	Participação (%) no consumo	População (milhões)	Participação (%) na população	Consumo *per capita* de energia (tep/hab)
OECD (*) – Estados Unidos e Canadá	2,81	21,15	919	12,53	3,06
Estados Unidos	2,18	16,41	322	4,41	6,80
Canadá	0,27	2,04	36	0,50	7,54
Oriente Médio	0,73	5,50	227	3,11	3,21
Países da Europa e Eurásia não pertencentes à OECD	1,11	8,38	341	4,17	3,24

(*continua*)

Tabela 1.2 – Distribuição do consumo primário de energia, população e consumo *per capita* nas diversas regiões, assim como no Brasil – ano 2015 (*continuação*)

Regiões	Consumo (bilhões de tep)	Participação (%) no consumo	População (milhões)	Participação (%) na população	Consumo *per capita* de energia (tep/hab)
China	2,99	22,51	1.379	18,90	2,17
Ásia não pertencentes a OECD	1,77	13,33	2.438	33,30	0,73
América Latina não pertencentes à OECD	0,63	4,74	485	6,42	1,29
África	0,79	5,94	1.187	16,26	0,66
Total	13,28 (**)	100,00 (**)	7.334	100,00	1,81
Brasil	0,30		207,8		1,43

(*) OECD – Organization for Economic Co-operation & Development (em português: Organização para a Cooperação Econômica e o Desenvolvimento - OCDE): Austrália; Áustria; Bélgica; Canadá; República Checa; Dinamarca; Finlândia; França; Alemanha; Grécia; Hungria; Irlanda; Itália; Japão; República da Coreia; Luxemburgo; Países Baixos; Nova Zelândia; Noruega; Polônia; Portugal; República Eslovaca; Espanha; Suécia; Suíça; Turquia; Reino Unido e Estados Unidos.

(**) Valor ajustado para totalizar 100%. O valor apresentado na fonte é de 13,65 bilhões de tep, incluindo consumo da aviação internacional, do transporte internacional marítimo de combustível e comércio de eletricidade e calor.

Fonte: IEA (2017).

Os valores do consumo diário *per capita* da Tabela 1.2, apresentados em tep/*per capita*, podem ser apresentados em unidades de kcal/dia/*per capita*, apenas para comparação com a evolução do consumo *per capita* apresentado no início deste capítulo, em que se chegou a um consumo de 80.000 kcal (alimentar)/dia/*per capita* em meados do século XIX.

De acordo com os dados da Tabela 1.2, nos dias atuais, o consumo médio mundial é de 18.100 kcal (alimentar)/dia/*per capita*, mas chega a valores da ordem de 70.000 kcal (alimentar)/dia/*per capita* nos países considerados mais desenvolvidos e a valores da ordem de 7.000 kcal(alimentar)/dia/*per capita*, 3,5 vezes o valor do homem caçador, para cerca de 3,5 bilhões de seres humanos. Importante ressaltar que essas comparações embutem o efeito do grande crescimento populacional e das modificações geográficas da distribuição de nações desde aquela época até os dias atuais.

Outro aspecto importante de ressaltar é que, enquanto um enorme contingente de pessoas no mundo não tem acesso às diversas formas de energias comerciais, cerca de 60% da energia primária é perdida, ou seja, não chega até o consumidor final, em função não apenas dos limites associados às próprias leis físicas, da termodinâmica, mas também da eficiência atual dos equipamentos e dos desperdícios provocados pelo mau uso da energia por parte da sociedade.

Energia e desenvolvimento

Até meados da década de 1970, quando ocorreram os choques do petróleo, o modelo de planejamento energético mundial adotado para satisfazer a demanda crescente por energia seguiu estratégias orientadas pelo "suprimento". Praticamente sem maiores preocupações ambientais, a utilização dos abundantes recursos energéticos se direcionou para o crescimento econômico, o que ajudou a aumentar ainda mais as disparidades entre os países ou regiões dentro de um mesmo país. Atendendo às "necessidades" de conforto e aos interesses financeiros de grandes grupos econômicos das diversas nações – banqueiros, organizações internacionais de auxílio, industriais, donos de empresas de engenharia e consultoria, entre outros tomadores de decisão da área energética – foram implantados, às vezes apenas iniciados, grandes projetos de desenvolvimento, como construção de barragens, usinas nucleares, refinarias de petróleo e complexos industriais fortemente intensivos em capitais. Isto com mínimas, senão nenhuma, preocupações socioambientais.

Pode-se citar, como exemplo, o setor elétrico brasileiro, que despendeu enormes investimentos em grandes obras de geração, criando perspectivas de excesso de energia elétrica por alguns anos. Em contraposição, para buscar o equilíbrio financeiro, foram implantadas políticas de incentivos tarifários para estimular indústrias e consumidores a investirem em eletrotermia. Nesse período, a ilusão de que a energia elétrica era ilimitada e de que as tarifas poderiam ser mantidas baixas a longo prazo e a crença de que sempre se poderia captar dinheiro no exterior a juros baixos, conduziram o país a grandes níveis de desperdício.

A análise histórica da relação entre energia e desenvolvimento no período mostra que elevados níveis de dependência, desarticulação entre setores energéticos, políticas centralizadoras baseadas unicamente na oferta de energia, inadequação dos bens energéticos às principais necessidades da sociedade e ao respeito ao meio ambiente apenas alavancaram as diferenças entre as diversas camadas sociais dos diversos países.

Nesse período, embora em muitos países em desenvolvimento o produto nacional bruto (PNB) tenha crescido, não houve resultados mais eficazes na erradicação da pobreza, justamente porque os benefícios advindos desse crescimento não foram devidamente distribuídos.

As políticas com ênfase especial na oferta de energia abafaram questões essenciais para o pleno desenvolvimento social e econômico de uma população: a distribuição da energia a preços justos para todos, criando condições de atendimento das necessidades básicas e de alavancagem de melhorias no padrão de vida. Também não houve preocupação específica com as formas de utilização da energia, os principais resultados foram grandes desperdícios, exploração intensa e descontrolada dos recursos naturais, com consequentes danos ao meio ambiente e elevados custos sociais.

A ocorrência dos choques do petróleo, em 1973 e 1979 e do início das discussões sobre o modelo de desenvolvimento sustentável, em 1972, resultaram em fortes modificações neste cenário, que podem ser simplificadamente ilustradas pelo aumento internacional do preço do petróleo e pelo início das preocupações em reverter a alta utilização de recursos naturais não renováveis na produção de energia e a ineficiência na utilização da mesma energia, serviram como um alerta de que o cenário precisava ser alterado. Mas, como apresentado no início deste capítulo, as modificações têm ocorrido muito lentamente e com grandes dificuldades.

Assim, ainda hoje, a não disponibilidade de um recurso energético por parte de um país ou a falta de domínio tecnológico e de condições financeiras para explorar um energético existente submete esse país à ineficiência no uso da energia e a limitações em sua distribuição para a população em geral. Por outro lado, o domínio dos sistemas energéticos (como, por exemplo, infraestrutura do petróleo), a imposição de padrões externos de consumo e, muitas vezes, os altos preços atrelados à variação de câmbio entre os países, relegam considerável parcela da população do mundo, inclusive de países desenvolvidos, à exclusão social, por não possuir renda suficiente para adquirir os energéticos comercializados e os diversos bens de consumo ofertados no mercado.

Como consequência, um dos objetivos inseridos na busca da equidade, que é o de universalizar (ou seja, dar acesso à toda população) os serviços de eletricidade, ainda está muito longe de ser atingido, havendo estimativas de que ainda hoje, no mundo, cerca de 2 bilhões de pessoas ainda não têm acesso à energia elétrica. No Brasil, a situação, nesse aspecto, é bem menos preocupante, mas ainda há uma população a ser atendida, em faixa que vai de 2% a algo em torno de 10% da população, de acordo com as diversas e conflitantes informações disponíveis.

Em termos da relação entre energia e desenvolvimento no cenário atual, alguns aspectos importantes podem ser apontados com base na Figura 1.1, que apresenta dados de 2015 para consumo energético *per capita* e para produto nacional bruto (PPP), que é o PNB em termos de poder de compra paritário com base em dólares de 2010 (PPP significa *purchasing power parity*).

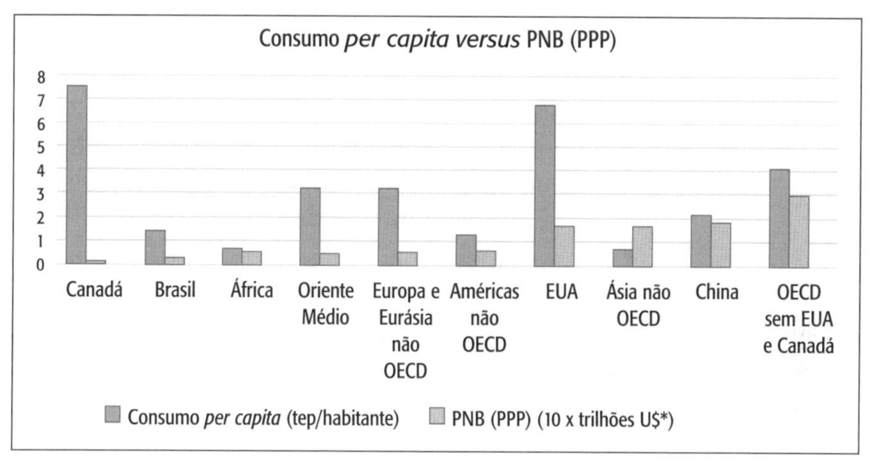

Figura 1.1 – Consumo Energético *per capita* x PNB (PPP) (2015).

* Por facilidade de leitura, esta figura apresenta o PNB (PPP) em unidades de 10 trilhões de dólares, portanto 10 vezes menor que os dados apresentados na fonte.

Fonte: IEA (2017).

As informações apresentadas permitem a constatação de que o consumo energético *per capita* apresenta forte relação com o PNB dos países, o que permite, em linhas gerais, concluir que, embora a situação global tenha sofrido alterações desde os choques do petróleo, ainda há forte dependência do consumo energético *per capita* com a economia. Importante notar certa discrepância desse comportamento nos seguintes conjuntos de países:

- América do Norte, quando considerada como um todo. Embora separadamente o peso econômico (PNB) do Canadá seja bem menor que o dos EUA, no conjunto, os dois países se assemelham quanto ao consumo *per capita*, devendo-se lembrar, neste caso, que as condições climáticas do Canadá têm um peso significativo neste desempenho. Sejam quais forem as razões, são sociedades altamente consumistas.
- Oriente Médio, no qual o alto consumo energético *per capita* contrasta fortemente com as características da maioria das nações. Isto pode ser

explicado basicamente pela abundância local de energia derivada do petróleo e pelo alto grau de consumismo de sua sociedade, principalmente da elite.

- Europa e Eurásia não OECD. Embora este conjunto não apresente PNB muito fora da média dos menores PNBs, seu consumo energético *per capita* é alto, principalmente por causa da Rússia.

A Figura 1.2, que apresenta informações sobre a intensidade energética e o PNB (PPP) para as mesmas nações e mesmo grupos de nações, também permite algumas considerações relevantes.

Primeiramente, é importante ressaltar a importância da intensidade energética, um indicador muito importante no contexto da sustentabilidade e que será muito utilizado nos demais capítulos deste livro.

A intensidade energética, definida como o consumo interno de energia por unidade de PNB, indica quanto um país ou região consome de energia para cada unidade de PNB que produz. Ou seja, é um indicador relacionado com a eficiência do uso da energia. Quanto menor a intensidade energética, maior a eficiência energética associada a uma unidade de renda representada pelo PNB.

As informações da Figura 1.2 mostram que os países e o conjunto de países enfocados, na situação atual, têm sua intensidade energética variando na faixa de 0,10 a 0,20.

Ressaltam-se nesse aspecto:

- Américas não OECD, Ásia não OECD, Brasil e OECD sem EUA e Canadá, que apresentam os menores valores variando na faixa em torno de 0,10. Essa aparente igualdade, no entanto, pode não resistir a uma análise mais aprofundada, na qual se considere mais específica e profundamente cada país ou região dentro do país. Por exemplo, nos países europeus da OECD, a Alemanha pode ser ressaltada como um país dos mais eficientes. Assim, como no Brasil, há uma grande diferença regional neste aspecto.
- Europa e Eurásia não OECD, conjunto de nações que apresentam intensidade energética de 2,0. O que é explicável pela característica dessas nações, inclusive a Rússia, onde a importância da eficiência energética ainda deixa a desejar.
- Os demais países ou conjunto de países, que apresentam valores na faixa de 0,13 a 0,16, o que pode ser considerado uma média mundial.

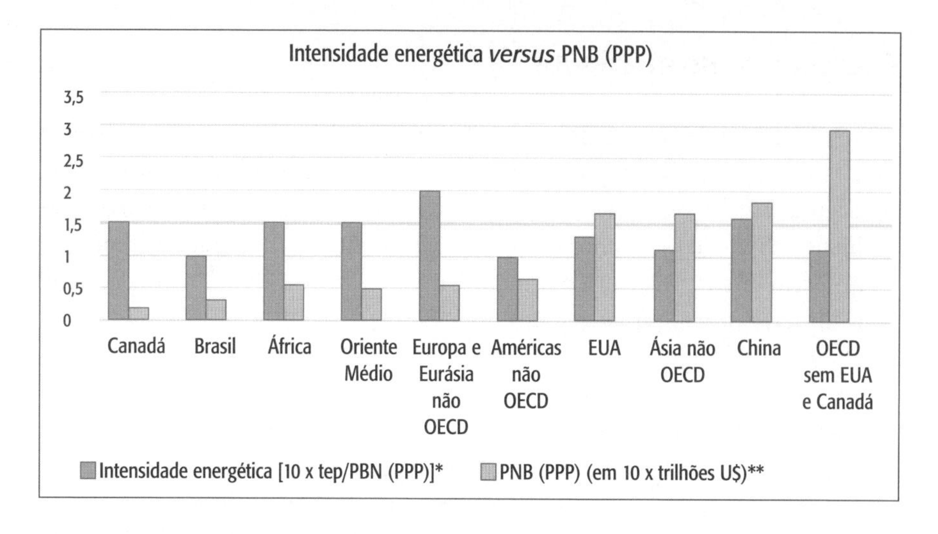

Figura 1.2 – Intensidade energética x PNB (PPP) (2015).

* Por facilidade de leitura, esta figura apresenta a intensidade energética em unidades de 10 teps/PNB, portanto 10 vezes maior que os dados apresentados na fonte.

** Por facilidade de leitura, esta figura apresenta o PNB (PPP) em unidades de 10 trilhões de dólares, portanto 10 vezes menor que os dados apresentados na fonte.

Fonte: IEA (2017).

Embora essas constatações tenham seu peso no conjunto global da energia, elas ressaltam que ainda há muito a se fazer na caminhada rumo a um desenvolvimento sustentável.

De acordo com o cenário e os argumentos apresentados nos tópicos anteriores deste capítulo, pode-se inferir que a crença de que o uso da energia precisa crescer com o nível de atividade econômica é uma das grandes barreiras ao encaminhamento para o desenvolvimento sustentável.

Em um cenário de sustentabilidade, o uso futuro da energia dependerá:

- Da composição das fontes de energia que serão utilizadas.
- Da eficiência das tecnologias de suprimento e uso final de energia.
- Da forma como a energia será utilizada.

Com estratégias voltadas para utilização de tecnologias energéticas renováveis e uso eficiente da energia, é possível promover o desenvolvimento com crescimento econômico e erradicação da pobreza, sem colocar maiores pressões sobre o ecossistema do planeta, garantindo o abastecimento energético das gerações futuras ou, em suma, promovendo o desenvolvimento sustentável.

Energia e meio ambiente

Até a Idade Média, o homem, utilizando-se dos recursos energéticos disponíveis na natureza, por meio das técnicas e tecnologias que dominava, conseguiu satisfazer suas necessidades sem afetar de forma significativa o meio ambiente. Vivia de forma modesta, com um consumo moderado de energia: o comércio entre povos era pequeno e a infraestrutura para transporte de bens limitava-se a algumas regiões.

A partir de então, alguns episódios de agressão ao meio ambiente começaram a surgir. A introdução da indústria de manufaturados, intensificando a capacidade de produção e expansão das trocas, trouxe maiores necessidades de energia térmica, até então somente alimentada pela madeira. Isso começou a provocar a escassez da madeira em algumas regiões e também o aparecimento de problemas respiratórios, em virtude da emissão dos produtos da combustão em locais onde a queima da madeira era intensa.

A utilização intensa do carvão mineral, possibilitada principalmente pelo aparecimento da máquina a vapor no começo do século XIX, pode ser considerada o marco de uma nova ordem no consumo de energia e, consequentemente, dos impactos ambientais associados. Poucos anos depois, a utilização do petróleo e da eletricidade veio, com o carvão mineral, fundamentar, no século XX, as bases de uma economia mundial fortemente baseada em combustíveis fósseis.

A partir da Segunda Guerra Mundial, as atividades econômicas em franca expansão em vários países e a necessidade de reconstrução dos países destruídos pela guerra provocaram a aceleração e o aumento considerável no consumo de energia e, consequentemente, a exploração maciça dos recursos naturais, majoritariamente os recursos fósseis – carvão mineral e petróleo.

A partir da década de 1950, inúmeros relatos de problemas ambientais foram se sucedendo e, como consequência, vários estudos científicos surgiram, revelando os desequilíbrios geofísicos e ecológicos causados pela exploração e pelo uso descontrolado dos recursos naturais. Desde então, a sociedade vem "evoluindo" e, a reboque dessa "evolução", se apropriando da natureza, em grande parte de forma desordenada e em uma velocidade muito alta, deixando marcas concretas no espaço: edificações, pontes, estradas, usinas, refinarias, portos, plantações, favelas nos morros, carbono na atmosfera, esgotos nos rios etc. Além das sequelas resultantes de uma urbanização desenfreada.

Nas últimas décadas, a temática ambiental tem estado no centro das discussões dos diversos segmentos da sociedade. Os vários problemas ambientais são visíveis e sentidos por qualquer indivíduo que, todas as manhãs, deixa sua casa para cuidar do seu próprio sustento e de sua família, embora, infelizmente, nem todos tenham consciência do problema.

Nesse contexto desalentador, os principais problemas ambientais da atualidade mais fortemente relacionados com a energia são:

- A poluição do ar urbano é um dos problemas atuais mais visíveis. Está principalmente associado à queima do carvão mineral e dos derivados de petróleo na indústria, no transporte e na geração de eletricidade. Os principais poluentes do ar são o óxido de enxofre (SO_x), óxido de nitrogênio (NO_x), dióxido de carbono (CO_2), metano (CH_4), monóxido de carbono (CO), ozônio e partículas suspensas. As quantidades de emissão desses gases dependem das características específicas da tecnologia energética e do tipo de combustível utilizado (GN, carvão, óleo, madeira etc.). É importante ressaltar também os problemas de poluição do ar em ambientes fechados, em razão das emissões de CO causadas pela queima dos derivados da biomassa durante atividades domésticas nas áreas pobres e rurais dos países em desenvolvimento. A concentração desses poluentes na atmosfera tem causado inúmeras doenças, como bronquites crônicas, ataques de asma, rinite alérgica, entre outras doenças respiratórias e cardíacas.
- A chuva ácida refere-se ao efeito da poluição causada por reações ocorridas na atmosfera quando acontece associação de água com o dióxido de enxofre (SO_2) e os óxidos de nitrogênio (NO_x), formando o ácido sulfúrico (H_2SO_4) e o ácido nítrico (HNO_3). Ao se depositarem nos solos, esses ácidos têm efeitos bastante negativos na vegetação e estruturas (prédios e monumentos) – efeito conhecido como precipitação seca – e são dissolvidos na chuva e levados até os lençóis freáticos e rios – efeito conhecido como precipitação úmida. A ingestão de água ou alimentos contaminados pela chuva ácida é um dos causadores de problemas neurológicos no ser humano. A chuva ácida é um problema sem fronteiras, uma vez que os ácidos podem ser carregados pelo vento a distâncias superiores a 1.000 km. A queima do carvão mineral é um dos grandes causadores da chuva ácida na Europa, Estados Unidos e países asiáticos, que são grandes consumidores desse combustível.
- O efeito estufa e as mudanças climáticas se devem à modificação na intensidade da radiação térmica emitida pela superfície da Terra, por causa do aumento da concentração de gases estufa na atmosfera. O efeito estufa é um fenômeno natural que permite manter a Terra em uma temperatura favorável à existência biológica. No entanto, o aumento da

quantidade de gases, provenientes principalmente da queima de combustíveis fósseis, tem ampliado esse efeito. O dióxido de carbono (CO_2) é o mais significativo e preocupante entre os gases emitidos, em consequência das quantidades emitidas e da longa duração de seus efeitos na atmosfera. Outros gases são o metano, o óxido nitroso (N_2O) e os CFCs. Estima-se que nos últimos 100 anos, a temperatura média da superfície da terra se elevou entre 0,4 e 0,8°C.

- O desmatamento e a desertificação são problemas ambientais mais antigos. As florestas vêm sendo devastadas há 700 anos, primeiramente na Europa; hoje, boa parte das florestas tropicais estão ameaçadas. A destruição das florestas pode ser ocasionada pela poluição do ar, urbanização, implantação de projetos hidrelétricos, expansão da agricultura, exploração de produtos florestais, queimadas e degradação da terra em regiões áridas, semiáridas e subúmidas secas, em função do impacto humano adverso relacionado ao cultivo e práticas agrícolas inadequadas, assim como ao desflorestamento. A destruição de florestas por queimadas tem um duplo efeito ambiental, pois emite dióxido de carbono e ao mesmo tempo reduz a quantidade de água evaporada do solo e produzida pela transpiração das plantas, afetando o ciclo das chuvas. O desflorestamento tem influência no aquecimento global, já que as florestas possuem poder de absorção de carbono.
- A degradação marinha e costeira, assim como a de lagos e rios, vem de materiais poluentes: esgotos sanitários e industriais, descarregados nos cursos de água, que são causa de cerca de 75% desse tipo de degradação. O restante é provocado por vazamentos oriundos da navegação, mineração e produção de petróleo.
- O alagamento ou perda de áreas de terra agricultáveis ou de valor histórico, cultural e biológico está relacionado principalmente ao desenvolvimento de barragens e reservatórios, os quais são formados para fins de navegação, saneamento básico, irrigação, lazer e geração de eletricidade. O alagamento de áreas de terra causado pela construção de usinas hidrelétricas provoca, como já mencionado, emissão de monóxido de carbono, em função da decomposição da madeira submersa, alteração no ecossistema aquático, erosão nas margens dos lagos, alterações nos lençóis freáticos e cursos de rios. As hidrelétricas causam, além dos problemas ambientais, impactos sociais relacionados ao reassentamento de populações.
- A contaminação radioativa é proveniente do beneficiamento de urânio utilizado em grande parte nas usinas nucleares para geração de eletri-

cidade. O resíduo liberado pelas usinas, conhecido como lixo atômico, se não for bem acondicionado, pode se tornar um grande problema, pois tem vida extremamente longa. A segurança da usina contra vazamentos radioativos é uma necessidade primordial, já que vazamentos nucleares contaminam o ambiente e causam mortes imediatas e doenças graves.

INFRAESTRUTURA PARA UM DESENVOLVIMENTO SUSTENTÁVEL

Pode-se entender infraestrutura como o conjunto básico de bens e serviços disponibilizados ao ser humano para integrá-lo socialmente, criando condições de acesso ao denominado desenvolvimento. A disponibilização da infraestrutura em uma localidade ou região visa – o que não é atingido na maioria das vezes – a melhoria da saúde e do bem-estar social, associada ao desenvolvimento econômico e produtivo, com consequente redução da pobreza, analfabetismo, mortalidade infantil etc.

A realização de tais objetivos é tarefa complexa, pois os principais componentes da infraestrutura têm uma forte sinergia com o meio ambiente, além de sua provisão estar intimamente ligada a interesses políticos e econômicos, tornando seu desempenho dependente de fatores que vão muito além da questão técnica e da necessidade social.

Ao enfocar a infraestrutura no contexto deste livro, é importante lembrar que, embora o denominado desenvolvimento dependa de diversos outros fatores, sua realização está fortemente relacionada à presença de uma infraestrutura adequada.

Diversos componentes de infraestrutura podem ser considerados para alavancar o desenvolvimento de determinada região. Entre os mais representativos pode-se citar: a energia, as telecomunicações, o transporte, a água e o saneamento básico, incluindo o tratamento de resíduos (lixo). Esses componentes são responsáveis por mais de 90% dos investimentos em infraestrutura efetuados pelos países em desenvolvimento. O que por si só não garante um modelo sustentável de desenvolvimento.

As Figuras 1.3 a 1.7, a seguir, apresentam alguns diagramas simplificados da composição típica de cada um dos componentes da infraestrutura citados.

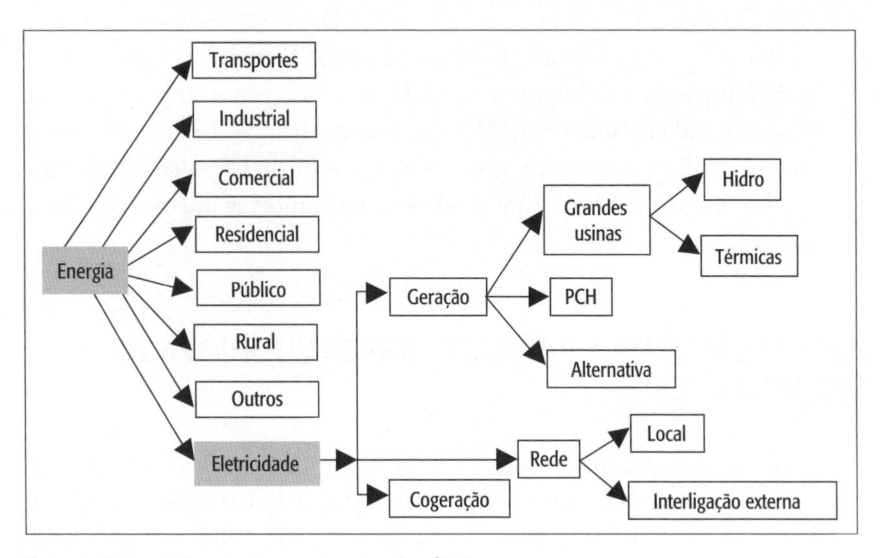

Figura 1.3 – Infraestrutura para energia elétrica.
Fonte: Gimenes (2000).

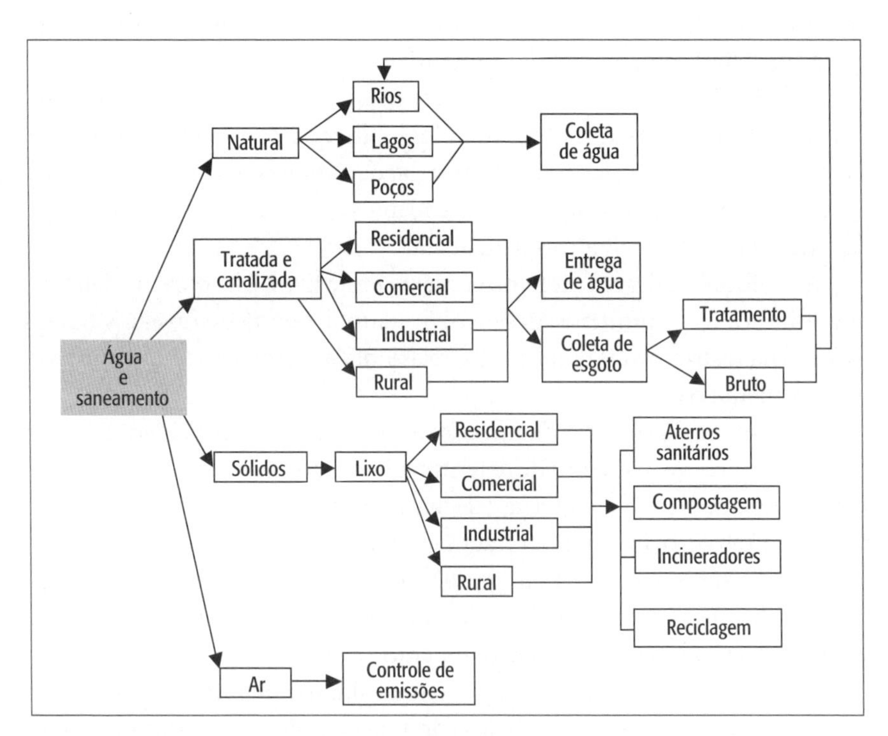

Figura 1.4 – Infraestrutura para água e saneamento.
Fonte: Gimenes (2000).

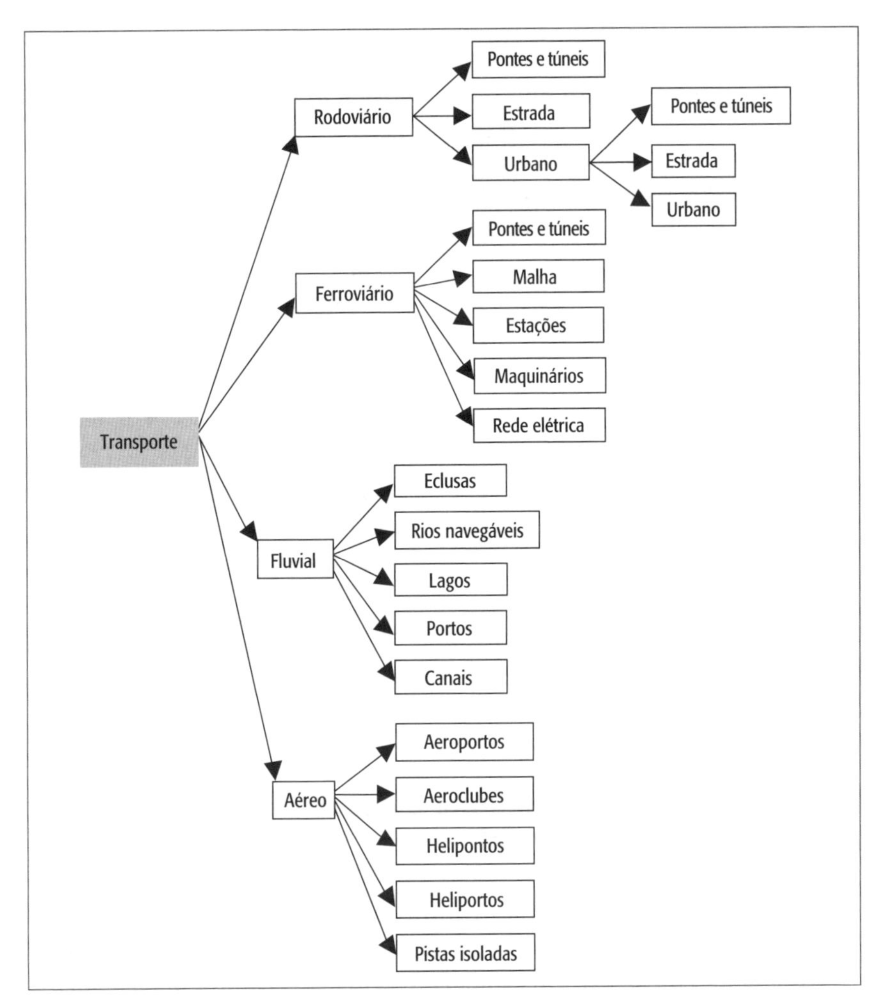

Figura 1.5 – Infraestrutura para transporte.
Fonte: Gimenes (2000).

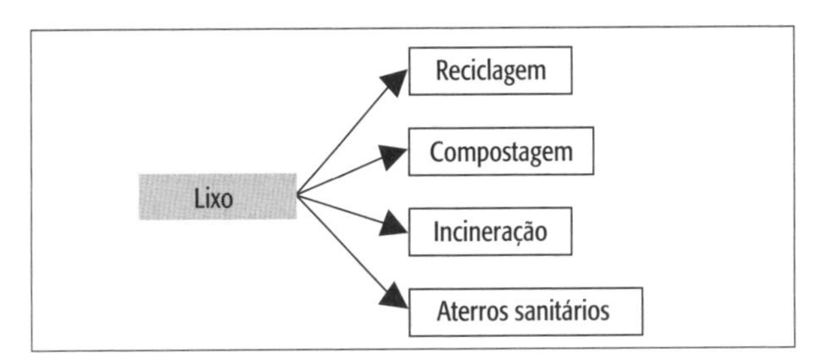

Figura 1.6 – Infraestrutura para tratamento do lixo.
Fonte: Gimenes (2000).

Tabela 1.3 – Principais índices de competitividade global (2017/2018)

	Índice geral		Requisitos básicos		Incentivos para eficiência		Fatores de inovação e sofisticação		Infraestrutura	
Dez melhores colocados	Suíça	5,86	Suíça	6,39	EUA	6,01	Suíça	5,86	Hong Kong	6,70
	EUA	5,85	Singapura	6,34	Singapura	5,72	EUA	5,80	Singapura	6,54
	Singapura	5,71	Hong Kong	6,26	Suíça	5,65	Alemanha	5,65	Holanda	6,44
	Holanda	5,66	Holanda	6,24	Hong Kong	5,58	Holanda	5,62	Japão	6,34
	Alemanha	5,65	Nova Zelândia	6,05	Reino Unido	5,55	Suécia	5,57	Emirados Árabes Unidos	6,26
	Hong Kong	5,53	Noruega	6,02	Alemanha	5,53	Japão	5,55	Suíça	6,26
	Suécia	5,52	Emirados Árabes Unidos	6,02	Canadá	5,52	Israel	5,53	França	6,10
	Reino Unido	5,51	Suécia	6,00	Holanda	5,46	Finlândia	5,48	República da Coreia	6,08
	Japão	5,49	Finlândia	5,98	Nova Zelândia	5,43	Reino Unido	5,34	EUA	6,01
	Finlândia	5,49	Luxemburgo	5,98	Japão	5,39	Áustria	5,30	Alemanha	5,96
Brasil	80ª colocação	4,14	104ª colocação	4,08	60ª colocação	4,27	65ª Colocação	3,66	73ª colocação	4,11
Último	Iêmen	2,87	Moçambique	2,75	Mauritânia	2,54	Haiti	2,36	Malawi	1,79

Fonte: World Economic Forum (2018).

Nos demais índices apresentados na tabela, o Brasil se coloca na posição 80 no índice geral, na posição 104 nos requisitos básicos, que incluem, além da infraestrutura, a organização institucional, o ambiente macroeconômico e saúde e educação básica. E na posição 73 no pilar infraestrutura.

É importante ressaltar que a falta de infraestrutura básica, além de marginalizar o indivíduo, excluindo-o do acesso à cidadania, impede o desenvolvimento das atividades produtivas, desde aquelas menos sofisticadas, como a agricultura de subsistência, até outras mais sofisticadas, como a operação e manutenção de pequenas indústrias baseadas no processamento de produtos locais. Por outro lado, a sua disponibilização pode significar, além da solução desses problemas, o acesso a novos mercados, o que é de extrema importância para os países em desenvolvimento ou, em seu interior, para as regiões menos desenvolvidas.

Segundo o Banco Mundial, a maior parte da pobreza encontra-se na zona rural, cujo aumento da produtividade e nível de emprego estão intimamente relacionados à disponibilidade de infraestrutura.

Ainda do ponto de vista de sustentabilidade, vale ressaltar que o investimento em infraestrutura, principalmente em épocas de recessão econômica, é uma eficiente forma de geração de empregos e de estímulos a novos negócios.

É importante lembrar, mais uma vez, que o investimento em infraestrutura não implica necessariamente desenvolvimento, o qual depende de diversos outros fatores para acontecer, mas garante as condições básicas requeridas para o desenvolvimento, desde que responda efetiva e eficientemente à demanda pelos serviços associados aos subsetores da infraestrutura.

Investimentos em infraestrutura

Segundo dados do Banco Mundial, os países em desenvolvimento gastam centenas de bilhões por ano em infraestrutura; a participação dos governos (diretamente ou por meio de bancos de fomento, internacionais ou locais) raramente é menor que 30%, representando, na maior parte das vezes, cerca de 70%.

Em razão de investimentos anteriores mal alocados ou à necessidade de ajustes orçamentários indispensáveis, a capacidade de investimento em infraestrutura desses países tem sido bastante reduzida. Ao mesmo tempo, a demanda por tais serviços tem crescido rapidamente, não só pelo aumento da população e da produção, mas também pela necessidade de modernização para competir no mercado globalizado.

Essa situação aponta para um cenário não sustentável de crescimento, com demanda crescente e investimentos decrescentes em infraestrutura, no qual a busca de parceria com setores privados e a diminuição da presença do estado como investidor podem, se bem administrados, ser orientados para garantir os investimentos em infraestrutura sem prejuízo ao crescimento.

Empresas especializadas em determinados subsetores da infraestrutura têm buscado a ampliação estratégica de seus mercados nos países em desenvolvimento, que apresentam grande potencial de crescimento. Essa participação, na América Latina, concentra-se principalmente nos setores de telecomunicações e energia elétrica.

Há, no entanto, a necessidade de se alertar para os cuidados que devem ser tomados para evitar que esses investimentos não atendam aos objetivos, tantos dos investidores, como dos países em desenvolvimento. Esse aumento de investimentos, mais recentemente, ocorreu no contexto de uma onda de privatizações e diminuição do papel do governo, em que o estado passou a exercer o papel regulador. Uma série de desencontros e indefinições, no entanto, tem resultado em crises desse tipo de modelo. Tais crises, na realidade, são reflexos da tentativa de implementação de modelos não sustentáveis, principalmente por conta do desequilíbrio de forças e pressões, tanto entre os investidores e o governo, como internamente, entre o governo e os diversos atores nacionais.

Essas experiências indicam que os governos ainda têm um papel importante no desenvolvimento da infraestrutura, principalmente em áreas de maior carência social, que muitas vezes não apresentam atrativos aos investidores privados.

As formas institucionais de participação de investimento em infraestrutura variam bastante, mas é possível identificar as principais, como:

- Construção-operação-transferência: na qual o investidor privado (ou consórcio) financia, constrói e opera determinado empreendimento e, depois de um período, o transfere para o setor público.
- Construção e operação privadas: na qual a diferença da anterior consiste em não haver transferência posterior para o setor público. Esta forma, em princípio, parece ser a mais atrativa para o setor privado, mas apenas se os riscos comerciais e políticos forem baixos.
- Concessão: na qual, por um período estipulado, o setor privado opera e mantém um determinado serviço, sob concessão do setor público.
- Construção e operação públicas: na qual, como o próprio nome já diz, não há participação do setor privado.

Além disso, pode-se investir para:

a. A implantação de uma infraestrutura nova.
b. A ampliação de uma infraestrutura já implantada.
c. Ou simplesmente para a revitalização de uma estrutura deteriorada.

Infraestrutura e ambiente de mercado

Historicamente, os investimentos em infraestrutura têm alcançado níveis de retorno (tanto do capital, como do desenvolvimento) abaixo do esperado, conforme informações do Banco Mundial.

Há um consenso de que, para obter o retorno esperado de um investimento em infraestrutura, é necessário que alguns cuidados importantes sejam tomados. A seguir são apresentados alguns fatores apontados pelo Banco Mundial como determinantes para a falta de retorno dos investimentos em infraestrutura, que podem orientar quanto aos cuidados a serem tomados:

- A manutenção inadequada da infraestrutura implantada leva a perdas elevadas de recursos, pois enquanto se investe em novas estruturas, as antigas vão sendo deterioradas até um ponto em que precisam ser reconstruídas.
- A operação inadequada envolve desperdícios na distribuição e/ou transmissão do bem (por exemplo, água encanada), excesso de gastos com pessoal e outras perdas dos investimentos efetuados.
- Investimentos mal alocados, problemas com incentivos fiscais não adequados e desenvolvimento de componentes de infraestrutura não apropriados, com padrões inconsistentes com a demanda, resultam em dificuldades aos usuários para arcar com os custos do serviço prestado, o que, em geral, onera o restante da população. Estruturas prematuras para determinada região, que operam abaixo de sua capacidade, também resultam em baixo retorno do capital investido. Na questão dos investimentos fiscais, políticas inadequadas de incentivos podem levar a distorções que afetam negativamente a macroeconomia da região e impedem uma operação sustentável do empreendimento.
- O desperdício e a ineficiência na infraestrutura implantada geralmente superam os benefícios alcançados. Uma infraestrutura mal administrada representa uma das maiores fontes de degradação ambiental.

- Esses problemas estão entre os motivos dos desempenhos sofríveis de alguns planos de desenvolvimento implantados no passado, e mostram-se como desafios que devem ser superados pelos planos futuros.

A experiência do Banco Mundial indica que alguns fatores são determinantes para o sucesso do investimento em infraestrutura:

- Deve ser administrado como negócio, ou seja, deve ter uma orientação comercial.
- Quando possível, deve ser introduzida a competição, cabendo a participação do estado como regulador – sempre que necessário – e como governo ou eventual parceiro, em certos casos.
- Usuários e acionistas devem participar efetivamente do processo de implantação.
- O setor privado deve participar do processo, uma vez que os governos deixaram de exercer o papel de único provedor de infraestrutura.
- Deve-se garantir o acesso dos mais pobres aos serviços de infraestrutura.
- Deve-se, em todos os aspectos, considerar a interação com o meio ambiente.
- Deve-se dar grande atenção às novas tecnologias, que estão possibilitando mudança no modo que os componentes da infraestrutura são disponibilizados, apresentando novas oportunidades de negócios, permitindo melhor planejamento dos investimentos e tornando os referidos componentes mais eficientes, robustos e flexíveis.
- Deve-se estar atento a novas formas de parceria e investimento para prover a infraestrutura.
- Deve-se buscar a disponibilização de quantidade e qualidade adequadas da infraestrutura para possibilitar a competitividade dos produtos locais.

O sucesso da implementação de determinados componentes da infraestrutura depende do local, do período em que essa implementação ocorre e do balanço entre suprimento e demanda. Os mercados com demanda reprimida em determinados serviços são os que, historicamente, têm apresentado os maiores índices de retorno dos investimentos.

No caso do Brasil, existem inúmeras regiões com um déficit de infraestrutura e grandes potenciais de desenvolvimento, representando, assim, boas oportunidades para investimentos.

Como já foi dito, para garantir a sustentabilidade dos empreendimentos, pode-se buscar a parceria do setor privado, no entanto, a participação do governo será ainda muito importante, principalmente na provisão de infraestrutura a regiões muito pobres e que não apresentam condições para garantir retorno do capital investido. Nesse sentido, do ponto de vista geral, a parceria e a participação do setor privado podem ser ainda mais relevantes, pois podem poupar os governos de investimentos em determinadas áreas, para que se concentrem em outras cujo maior retorno é o social.

Por outro lado, a questão é bastante complexa, envolvendo também outros aspectos importantes, como os culturais, por exemplo. Nesse contexto, é importante enfocar as questões associadas à sustentabilidade e à aceitabilidade, que podem servir de incentivo a maiores reflexões e debates sobre o tema.

Sustentabilidade e aceitabilidade

A provisão de infraestrutura, dentro do conceito de sustentabilidade, deve levar em consideração o balanço dos seguintes aspectos:

- Provisão das necessidades, que podem ser: absolutas – mínimo necessário de comida, água e investimento; necessidades pessoais – relacionadas com a vida moderna; necessidades nacionais – relacionadas com as necessidades que o país tem de ser competitivo e aumentar seu padrão de vida. Por exemplo, transporte, educação. Na provisão das necessidades, devem ser considerados os problemas relacionados ao acesso a essa provisão, uma vez que as camadas mais pobres da sociedade devem ter condições de usufruir os bens e serviços providos pela infraestrutura. Esse conceito é fundamental na busca da sustentabilidade, podendo ser decisivo para a preservação do meio ambiente.
- Provisão de recursos humanos.
- Preservação do meio ambiente.
- Aceitabilidade.

Mesmo que possa haver consenso de que se deve buscar a sustentabilidade, há um desafio ainda maior, que é torná-la aceitável.

A busca da sustentabilidade implica mudanças de atitude, comportamento e padrão de vida, investimentos adicionais, maior regulação, punições, restrições e incentivos que, muitas vezes, tornam-se inaplicáveis. Isso porque há parcelas da sociedade que se opõem veementemente a algumas dessas medidas, inviabilizando-as.

Assim, enquanto a sustentabilidade atua no sentido de harmonizar os aspectos sociais, econômicos e ambientais no âmbito geral da existência humana, a aceitabilidade advém do conflito desses aspectos, diante dos interesses particulares de cada segmento – ou, no limite, de cada indivíduo – da sociedade.

Por exemplo, o uso do transporte individual, em detrimento do coletivo, orienta-se ao caminho oposto da sustentabilidade. Dessa maneira, quando se busca a sustentabilidade, deve-se priorizar o transporte coletivo, impondo, se necessário, restrições ao uso de automóveis. No entanto, não é difícil imaginar as implicações políticas e sociais de uma medida mais severa nesse sentido, mesmo quando se considera a existência de transporte coletivo disponível e confiável, como em certos países desenvolvidos. Com certeza, os proprietários de automóveis e toda a indústria, empresas e instituições do setor de transportes irão se opor a tais medidas, e é bem provável que consigam anulá-las. Esse fato torna-se ainda mais agravado nos países em desenvolvimento, nos quais um transporte coletivo disponível e confiável está muito longe da realidade.

Esse é um exemplo de medida sustentável, mas não aceitável, o que a torna uma medida de sustentabilidade quase inviável em determinado cenário, que só pode ser implementada lentamente, acompanhada de fortes ações educacionais e de outras ações concomitantes (por exemplo, melhoria do transporte coletivo), para torná-la aceitável (ver Figura 1.8).

A aceitabilidade tem um forte componente político, mas, conforme será visto adiante, os maiores conflitos com relação a ela estão relacionados ao aspecto econômico.

O grande desafio é a conciliação dos interesses individuais com as metas globais de sustentabilidade, tornando a busca desta última uma meta aceitável e, portanto, factível.

Para facilitar o entendimento e, consequentemente, aprimorar processos orientados ao desenvolvimento sustentável, aspectos importantes desses dois conceitos são enfocados a seguir.

Sustentabilidade: barreiras e incentivos

Quando se enfoca a infraestrutura sob o prisma da sustentabilidade, deve-se considerar que, para grande parcela dos seus componentes, é na utilização que os maiores desafios são identificados.

No aspecto da implementação, a maioria dos componentes da infraestrutura implica:

- Imobilização da terra.
- Diminuição de recursos finitos para a execução de instalações físicas.
- Disposição do lixo em entulhos.

A imobilização da terra é um importante tema de discussão quando se trata de sustentabilidade e aceitabilidade. Como exemplo, pode-se citar o uso de biomassa para a geração de energia elétrica, que, embora apresente diversos aspectos ambientais positivos, ocupa a terra de maneira permanente. Há grupos de ambientalistas que argumentam que a escassez de terras pode elevar o preço de alimentos, o que interfere diretamente na aceitabilidade do empreendimento.

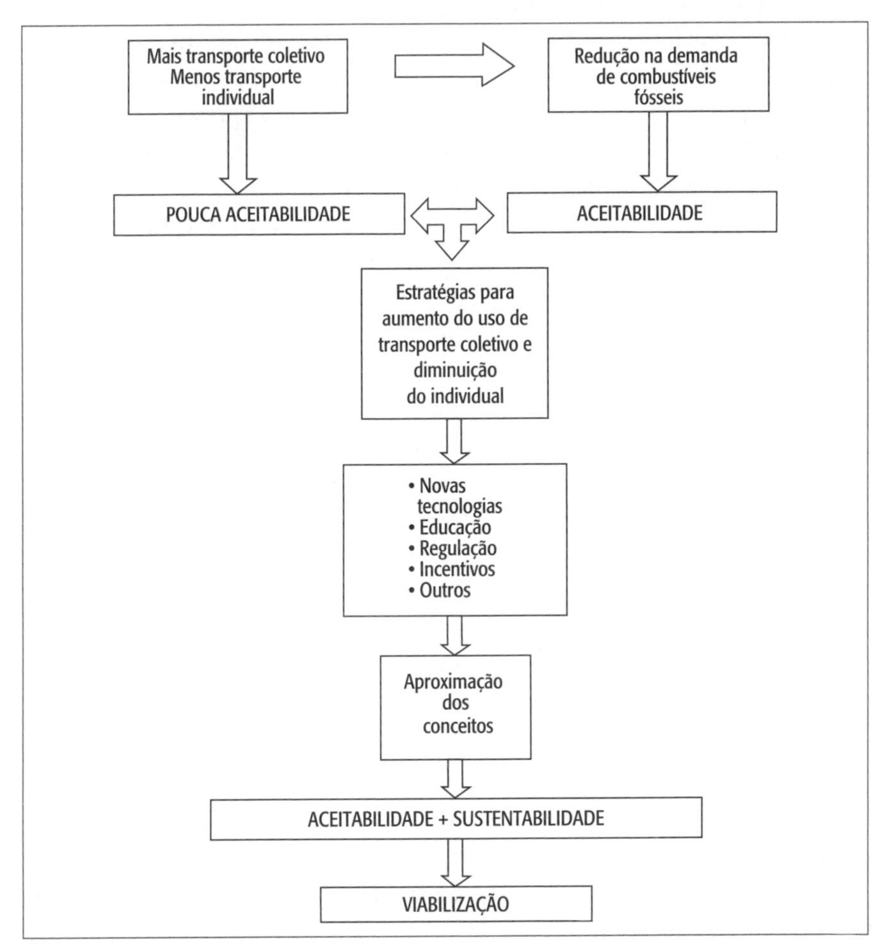

Figura 1.8 – Aceitabilidade e sustentabilidade: viabilização de projetos.

Fonte: Gimenes (2000).

A questão da invasão de terra de mananciais para construção de moradias de pessoal de baixa renda é um outro exemplo de conflito conceitual entre sustentabilidade e aceitabilidade.

Quanto ao uso de recursos primários para instalações físicas e a disposição do lixo, podem ser encaminhadas soluções sustentáveis, com ênfase em um processo menos agressivo e regenerativo, ou por meio da reutilização ou reciclagem. A implementação da infraestrutura deve considerar o uso de materiais recicláveis e reciclados como forma de buscar a sustentabilidade, já na etapa construtiva, com vistas a uma eventual futura disposição do meio ambiente.

A sustentabilidade pode ser atingida com diferentes níveis de tecnologia, nem sempre requerendo soluções sofisticadas. Uma estrutura de saneamento, por exemplo, pode ser feia e malcheirosa (pouco aceitável), mas pode ser sustentável. Esse fato é de extrema importância quando se busca a sustentabilidade de regiões pobres e isoladas, nas quais soluções baratas, integradas à cultura local e geradora de empregos, muitas vezes não apresentam os aspectos desejados por aqueles que planejam, pensam ou sentem o mundo de longe, em salas e ambientes mais teóricos que práticos.

Para atingir a sustentabilidade, deve-se atuar na legislação, regulação, educação, forças de mercado, ciência, economia e sociologia, de onde se conclui que a busca efetiva é uma questão política.

É importante considerar de forma objetiva e transparente as forças de mercado. O mercado, por si só, não buscará a sustentabilidade ambiental, pois o objetivo básico das empresas no cenário econômico capitalista atual é a sustentabilidade financeira – o que pode ter significados bem diferentes para cada empresa ou agente do mercado. Se objetivos ambientais forem incorporados às forças de mercado, direta ou indiretamente deverá acontecer uma valoração dos objetivos que se pretende atingir. Medidas fiscais e regulatórias adequadas, transparentes e confiáveis podem colaborar enormemente nesse sentido.

Outro aspecto de extrema importância na área energética é considerar os métodos de redução da demanda como caminhos para a sustentabilidade e de atendimento aos mais pobres. A simples taxação de bens e serviços pode criar uma barreira intransponível para que determinadas camadas da sociedade possam usufruir de bens essenciais. Para alguns setores deve haver uma compensação que mitigue os efeitos da taxação. Caso contrário, a taxação poderá se tornar um fardo que conduzirá à destruição do meio ambiente. Esse fato tem sido comprovado em diversos locais, nos quais a falta de acesso à infraestrutura e ao desenvolvimento tem conduzido a população desfavorecida a práticas predatórias ao meio ambiente, como o extrativismo de madeira ou mesmo a poluição consequente da falta de saneamento. Um exemplo desse fato é o caso da palmeira-juçara, nativa da mata atlântica brasileira, cujo extrativismo predatório (há também o extrativismo ecológico) está causando sua extinção, com sérios danos à fauna e à flora do ecossistema. Essa prática predatória é baseada principalmente no fato de que as populações carentes têm como único meio de subsistência a venda do palmito extraído da mata.

O papel das partes políticas

Em geral, o governo encontrará dificuldades em implementar as medidas necessárias para encaminhamento à sustentabilidade. Certamente surgirão forças e pressões contrárias por parte dos que se opõem às medidas pelos mais diversos motivos, como já se apontou neste capítulo.

Tais dificuldades só serão superadas pela busca de consenso, no qual as partes devam concordar ao menos com programas e objetivos de longo prazo.

O que remete à diferença conceitual entre estado e governo. É importante lembrar que políticas do estado (que, em condições normais e democráticas, representa continuidade de longo prazo) devem orientar as políticas do governo (que, também em condições normais, democráticas, se renova de tempos em tempos), para que as políticas de longo prazo preponderem e ajudem a superar grande parte das dificuldades citadas neste capítulo.

Um aspecto importante a ser considerado é a disponibilização de fundos para a realização de obras em infraestrutura. A busca de sustentabilidade deverá concorrer com objetivos de primeira necessidade dos mais diversos tipos, tais como a necessidade que os governantes terão de contornar problemas previdenciários, dentre outros motivos, pelo crescimento acelerado da população idosa.

Padrão de vida

O padrão de vida está intimamente ligado à sustentabilidade. Isso porque é ele, em primeira instância, que define a quantidade de energia e recursos gastos por habitante – e todas as suas consequências para o meio ambiente. Do ponto de vista da aceitabilidade, é difícil que os países em desenvolvimento abracem a causa da sustentabilidade se isso implicar de alguma forma a redução ou manutenção do seu já inadequado padrão de vida. O mesmo ocorre com certas classes desses mesmos países e com os países desenvolvidos, cuja população já mostrou não estar disposta, ao menos no presente, a aceitar redução de qualquer natureza nesse item.

Nesse contexto específico, a busca pela sustentabilidade sem queda no padrão de vida do indivíduo passa, necessariamente, pelo desenvolvimento de novas tecnologias. Isso já está ocorrendo nos mais diversos campos: agricultura, reflorestamento, gerenciamento da água, recriação do *habitat*, comunicações, transporte, redução da poluição, reciclagem, fontes renováveis etc. Resultados obtidos principalmente em países desenvolvidos reforçam a ideia de que é necessário criar mecanismos (regulatórios, fiscais etc.) que incentivem a busca acelerada e a difusão global dessas novas tecnologias. Moldando um novo mercado, no qual criatividade e investimento em pesquisa e desenvolvimento serão fundamentais. No entanto, é importante lembrar, nesse ponto, uma questão já apontada: a do desperdício e da má distribuição de recursos e de renda. Essa lembrança faz com que a questão do padrão de vida também seja um ponto importante a ser discutido. Qualquer movimento na direção de um desenvolvimento sustentável não poderá fugir dessa questão e do fato de que as gerações presentes deverão encarar esse assunto o mais rapidamente possível, para que não transmitam uma carga ainda pior às gerações por vir. Nesse sentido, conscientização e educação são fundamentais.

Aceitabilidade: variável básica para a viabilização de projetos

Para alguns grupos ambientalistas, o que é sustentável deve definir o que é aceitável. Para a maioria da população, sustentabilidade é um conceito desconhecido e não determinante da aceitabilidade. Esse tem sido o motivo pelo qual diversas medidas que visam à sustentabilidade são inviabilizadas, pois incorrem na não aceitação pela opinião pública.

A divergência atual entre sustentabilidade e aceitabilidade tem sido um dos maiores entraves à tomada de decisões de um desenvolvimento sustentável. Somente com a educação em massa e o passar dos anos, ambas poderão andar juntas para a maioria das pessoas, criando condições nas quais a busca da sustentabilidade será facilitada em razão da redução de tempo e custos na implantação de medidas sustentáveis.

A aceitabilidade tem um componente político muito forte. Um projeto pode ser aceito por 95% da população, mas se os outros 5% se opuserem vigorosamente e dispuserem de recursos para tal, provavelmente tornarão o projeto inviável. É o que geralmente tem acontecido, não só nos países em desenvolvimento, como também nos países desenvolvidos, em menor nível.

Como consequência, é necessário buscar tornar determinados projetos mais aceitáveis por parte de seus oponentes. Isso é especialmente importante quando se considera a quantidade de tempo e dinheiro gastos em uma disputa judicial contra determinada medida e empreendimento. Tais recursos seriam mais bem empregados se fossem direcionados a medidas e estruturas que apresentassem um uso produtivo e/ou ambiental. As divergências em torno de empreendimentos podem atrasá-los durante anos, consumindo considerável quantia de tempo e dinheiro.

Conflitos internos à sociedade são destrutivos, inclusive para a saúde da população, o que caminha em oposição à sustentabilidade. Além disso, todo o dinheiro e esforços gastos poderiam, ao menos idealmente, serem direcionados para saúde, educação, programas ambientais ou simplesmente para redução do fardo fiscal sobre o contribuinte. Medida que poderia ter efeito imediato sobre a questão de acesso à infraestrutura pela população de baixa renda.

Os projetos de infraestrutura, no contexto atual de conflitos de interesses, resultam em longos processos de audiências públicas, que costumam levar anos para a avaliação detalhada de seus prós e contras. A análise de aceitabilidade de determinado projeto já no estágio inicial de sua elaboração poderia reduzir esses tempos, sem prejuízo da qualidade ambiental do projeto. Com isso, haveria inclusive redução dos custos de planejamento dos projetos. O custo com processos judiciais, idealmente, deveria ser reduzido a zero, visto que estes não agregam valor algum aos projetos.

A busca da aceitabilidade e a questão ambiental

Há dois tipos de grupos que fazem objeção a determinados projetos. Aqueles que lutam – ou acham que o fazem – por um meio ambiente sustentável; e aqueles que lutam por uma gama de razões individuais – nas quais se inclui o ganho financeiro. Na busca da sustentabilidade, deve-se orientar os projetos para uma aceitação ambiental, garantindo a transparência dos objetivos, o acesso a informações e a decisão participativa. Isso não somente atenderá aos grupos orientados pela sustentabilidade, como também buscará evitar vantagens inaceitáveis de grupos específicos.

A preocupação com o meio ambiente deve ser considerada em maior escala, e embora os custos de tal postura possam ser elevados, compõem a valoração econômica da destruição do meio ambiente.

Também do ponto de vista ambiental, a busca pela sustentabilidade – como já foi adiantado – apresenta diversos aspectos que entrarão em conflito com o atual padrão na manutenção da vida, causando desconforto para grande número de pessoas que desejam ambas as coisas, sem abrir mão de nada em prol da sociedade e do futuro. Esses aspectos são uma importante faceta da questão da aceitabilidade; são partes necessárias na abordagem de impactos ambientais e debates em audiências públicas.

O processo de planejamento

Particularmente nas audiências públicas, o processo de planejamento pode ser um fator de aceitabilidade. Essas audiências geralmente adquirem alto grau de antagonismo: nelas as visões tendem a se polarizar e as posições a se enrijecer.

O desenvolvimento sustentável requer debate em torno de planos que levem em consideração todas as opções factíveis de desenvolvimento, assim como seus benefícios e malefícios. Devem-se incluir os efeitos econômicos completos, e também apresentar considerações sobre a sustentabilidade e o meio ambiente.

A aceitabilidade da decisão depende de uma abordagem mais colaborativa do que competitiva no processo de audiências públicas. Deve-se orientar a audiência pelo diálogo, o que implica um esforço para empreender um processo de planejamento aberto, criando mais de uma opção a ser discutida e avaliada. O objetivo principal desse conceito é levar o público à escolha do melhor caminho, em vez de apenas fazer oposição a uma única solução apresentada.

No planejamento, somente a análise tradicional de custo-benefício não é suficiente; os benefícios e custos devem ser incluídos em todos seus aspectos – também ambientais, sociais e até mesmo políticos –, assim como as razões e os indicadores associados à sustentabilidade. Nesse cenário, é fundamental avaliar os custos completos, tangíveis (mais facilmente mensurados) e não tangíveis (não mensuráveis ou de mensuração complexa), o que requer uma exposição transparente destes e das hipóteses e critérios utilizados na sua determinação.

Assim, é de grande importância que o conceito de aceitabilidade possa ser incorporado já no processo de planejamento, pois é nessa etapa que se pode administrar de maneira mais efetiva os conflitos em torno de determinado empreendimento em infraestrutura. Um processo de planejamento que permite facilmente incorporar tais características é o planejamento integrado de recursos, do qual se tratará adiante, no Capítulo 5.

Infraestrutura para o Desenvolvimento e a Energia

2

INTRODUÇÃO

Na atual organização mundial, a energia pode ser considerada um item básico para a integração entre ser humano e desenvolvimento. Sem uma fonte de energia de custo aceitável e de credibilidade garantida, a economia de uma região não pode se desenvolver plenamente, assim como o indivíduo e a comunidade não podem ter acesso adequado a diversos serviços essenciais para a qualidade de vida, como educação, saneamento e saúde.

No contexto da energia, a ênfase deve ser dada à energia elétrica em decorrência de sua atual participação na matriz energética mundial, além da tendência de crescimento, uma vez que a demanda das atividades industriais, comerciais e residenciais está, cada vez mais, sendo suprida por esse tipo de energia. Tal fato está calcado na elevação dos padrões de qualidade exigidos nos produtos e serviços ofertados, de modo que a indústria e o comércio não percam espaço no mercado da globalização. A energia elétrica tem um papel preponderante no alcance desses padrões, que estão associados aos processos produtivos automatizados, à tecnologia da informação, aos computadores e, obviamente, à força motriz, todos assentados na necessidade de energia elétrica de boa qualidade.

Mesmo em regiões pouco desenvolvidas, a energia elétrica se mostra necessária para que ocorra a transição da produção de produtos primários para manufaturados de maior valor agregado, que é o caminho natural nessa etapa do desenvolvimento.

No tocante ao setor residencial, à medida que uma região se desenvolve, itens como iluminação, refrigeração, eletrodomésticos e aquecimento da água passam primeiro a fazer parte da vida das pessoas para, posteriormente, a energia elétrica servir para o conforto e como meio de acesso à informação, como ocorre, por exemplo, com o computador pessoal.

Nesse contexto, a energia como um todo, incluindo a energia elétrica, é um componente que vai além do conceito de provisão de condições básicas de infraestrutura: ela é necessária como forma de garantir o crescimento sustentável da produção nos seus mais diversos níveis de desenvolvimento. Embora tal assertiva possa também ser estendida para as telecomunicações, a presença de energia (elétrica, no caso) deve ocorrer em etapa anterior, por ser condição necessária ao desenvolvimento das telecomunicações. Assim como a energia, em suas diferentes formas, é insumo básico nos cenários da água e recursos hídricos e da gestão de resíduos.

Esse papel fundamental da energia, que impacta diretamente não apenas a qualidade de vida, como também de forma indireta os outros componentes da infraestrutura, demonstra sua importância para o desenvolvimento sustentável.

Por outro lado, um enfoque integrado da infraestrutura, incluindo nesse contexto a energia, é fundamental para uma melhor utilização, e de forma adequada, do meio ambiente e dos recursos naturais.

Para a construção dessa visão integrada, é fundamental o reconhecimento das diversas interações e sinergias que ocorrem no âmbito dos componentes da infraestrutura. Reconhecimento que é apresentado neste capítulo, no qual são abordados, de forma consistente com o presente cenário mundial e com o objetivo do livro, os seguintes tópicos:

- Água e recursos hídricos.
- Gestão de resíduos.
- O setor de transportes.
- Telecomunicações.

ÁGUA E RECURSOS HÍDRICOS

A questão da água passou a ser uma das principais preocupações na virada deste século. Já há vários anos que, ao contrário do que se pensava anteriormente, este recurso mineral essencial para a existência de vida na Terra não é mais considerado um recurso inesgotável. Várias regiões do planeta já sentem a sua falta, seja pela escassez em pontos específicos, seja pelo baixo índice de qualidade para o consumo humano.

A água vinha sendo explorada, até pouco tempo atrás, sem critério algum – e, em muitos casos, de forma inadequada –, como motor do desenvolvimento de muitos países, seja na agricultura, na geração de energia elétrica, na indústria, entre outros setores. Atualmente, alguns países têm feito, por meio de medidas conservacionistas, um controle rigoroso do consumo de água e da sua contaminação.

Há duas décadas, vários países vêm implantando políticas nacionais de recursos hídricos, estabelecendo normas e padrões para a gestão desse recurso, que tem sido visto não só como uma necessidade básica mas também um bem econômico. Uma das formas que vem sendo utilizada para mostrar ao consumidor o real valor da água e incentivar o seu uso de forma racional é cobrar pelo seu uso.

Uma das metas assumidas pela comunidade internacional em 2000 e reiterada em 2002 na Rio+10, em Joannesburgo, foi a de reduzir pela metade a proporção de pessoas no mundo sem acesso à água potável e ao saneamento básico.

O grande desafio do século XXI será evitar a crise da água, instaurada pela má gestão do seu uso, e criar mecanismos eficientes que combatam todos os problemas advindos dessa crise, como escassez, má qualidade, distribuição ineficiente, desperdício, conflitos de fronteiras, entre outros. O relatório coordenado pela Organização das Nações Unidas para a Educação, a Ciência e a Cultura (Unesco) e com participação da Organização das Nações Unidas (ONU) – a qual subsidia o Fórum Mundial da Água, que tem sido realizado nesses últimos anos – recomenda que a exploração e o uso da água sejam tratados de forma integrada, ou seja, que nas decisões haja participação conjunta da sociedade, transparência no processo decisório, equidade, responsabilidade, coerência, integração, ética e prevalência dos direitos dos mais pobres.

Água: demanda mundial

Atualmente a demanda mundial por água é estimada em torno de 4.600 km^3, atingindo um volume entre 5.500 e 6.000 km^3/ano até 2050 (Unesco, 2018).

Esse aumento no consumo de água é atribuído ao aumento populacional, ao desenvolvimento econômico, à mudança nos padrões de consumo, entre outros fatores. Nos últimos 100 anos o uso da água no mundo aumentou seis vezes e continua crescendo de forma constante com uma taxa de aproximadamente 1% ao ano.

No período de 2017 a 2050, estima-se que a população mundial deverá aumentar de 7,7 bilhões para entre 9,4 e 10,2 bilhões, sendo que dois terços da população viverá em cidades.

Nesse período, o uso doméstico de água, que corresponde a aproximadamente 10% do total de captação hídrica mundial, deve aumentar significativamente em quase todas as regiões do mundo com destaque para subregiões africanas e asiáticas, Américas Central e do Sul.

De acordo com os dados do relatório World Water Development Report (WWDR), o uso mundial das águas subterrâneas, principalmente para a agricultura, atingiu 800 km^3/ano em 2010, com Índia, Estados Unidos, China, Irã e Paquistão (em ordem decrescente), respondendo por 67% do total de extrações em todo o mundo.

A demanda mundial para produção agrícola e energética (principalmente alimentos e eletricidade), ambas atividades que envolvem uso intensivo de água, deve crescer por volta de 60 e 80%, respectivamente até 2025.

De acordo com o relatório, atender aos 60% de aumento estimado da demanda por alimentos exigirá a expansão das terras cultiváveis, se for mantida a situação atual. Sob as práticas de gestão predominantes, a intensificação da produção envolve o aumento das intervenções mecânicas no solo e do uso de agroquímicos, energia e água. Esses fatores, associados aos sistemas alimentares, respondem por 70% da estimada perda da biodiversidade terrestre até 2050. Contudo, esses impactos, incluindo as exigências por mais terra e mais água, podem ser amplamente evitados se a intensificação da produção tiver como base uma intensificação ecológica que envolva o aperfeiçoamento dos serviços ecossistêmicos para reduzir os insumos externos.

Água: disponibilidade e distribuição no planeta

A água, assim como a energia proveniente do sol, é responsável pela sobrevivência das espécies animais e vegetais no planeta Terra, que é formado em grande parte por ela. Estima-se que 70% da superfície da Terra é composta por água (1.386 milhões de km^3), sendo que, deste total, 2,5% é de água doce e 97,5% de água salgada, sendo esta última não adequada para consumo humano e irrigação de plantações. Logo, o consumo da água doce precisa ser pensado para que não prejudique nenhum dos diferentes usos que ela tem para a vida humana.

A água doce é oriunda do processo de precipitação da evaporação das águas dos mares, lagos e rios. Está presente nos rios, lagos, geleiras e lençóis subterrâneos.

A Figura 2.1 apresenta um esquema do ciclo hidrológico que descreve as etapas pelas quais passa a água no nosso planeta.

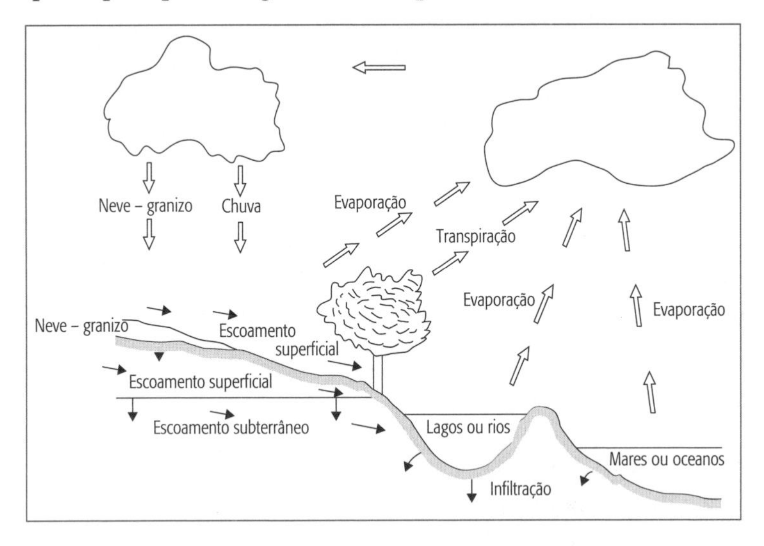

Figura 2.1 – Ciclo hidrológico.
Fonte: Reis (2017).

Dos 2,5% de água doce existente, a maior parte (1,8%) está retida em forma de gelo na Antártica, no Ártico e nos glaciares, não estando disponível para uso humano. O restante (0,7%), que totaliza um volume de 10,7 milhões de km^3, está disponível para satisfazer as necessidades em água da humanidade e dos ecossitemas terrestres.

A Tabela 2.1 apresenta a distribuição da massa de água doce no planeta, num determinado instante.

Tabela 2.1 – Distribuição de massa de água doce (0,7%) no mundo

Localização	Água doce (km^3)	Água doce (%)
Aquífero subterrâneo	10.530.000	93,67
Vapor na atmosfera	129.000	1,19
Lagos naturais	91.000	0,84
Incorporados nos pântanos, solos e nos seres vivos	29.090	0,27
Rios	2.120	0,019
Total	10.781.210	100

Fonte: adaptada de CNA (2019).

Existe uma discrepância entre as zonas mais povoadas e que carecem de mais água e as zonas em que a água é mais abundante. As principais reservas naturais de água subterrânea armazenadas em aquíferos estão em zonas relativamente pouco povoadas. Por outro lado, as grandes massas de água doce gelada encontram-se nas regiões polares e é essencial para a manutenção do nível dos mares e para a estabilidade do clima, sendo, dessa forma, razoável não contar com estas para utilizações humanas.

A água na Terra é distribuída de forma muito desigual. As regiões mais úmidas do planeta estão geograficamente localizadas entre os Trópicos de Câncer e Capricórnio, regiões com abundância desse recurso, como a América Latina e a Ásia – o Brasil, por exemplo, detém 12% das reservas de água doce do planeta. Existem também as regiões desérticas e de rios não perenes, onde a falta de água é constante.

Menos de dez países concentram 60% dos recursos de água doce disponíveis: Brasil, Rússia, China, Canadá, Indonésia, Estados Unidos, Índia, Colômbia e República Democrática do Congo.

As áreas com maior concentração de água doce renovável na Terra incluem as bacias hidrográficas dos rios Amazonas e Orinoco (15% do escoamento total da Terra), na América do Sul; a bacia hidrográfica do rio Yangtze, na zona oeste da Ásia; a zona sul e sudeste asiática (18% do escoamento total da Terra), incluindo as bacias hidrográficas dos rios Brahmaputra, Irrawaddy e Mekong; o Canadá, com cerca de 10% do escoamento da Terra em rios como o Mackenzie e o Yukon; a Sibéria, com as bacias dos rios Yenisey (cerca de 5% do escoamento superficial mundial), Ob e Lena; e as bacias hidrográficas dos rios Fly e Sepik, na Nova Guiné. As bacias hidrográficas ibéricas, com dimensões muito mais reduzidas, tem escoamentos mais modestos.

A Tabela 2.2 apresenta o escoamento total em um ano (km^3) e a área das maiores bacias hidrográficas (km^2) da Terra.

Tabela 2.2 – Escoamento total em um ano (km^3) e área (km^2) das maiores bacias hidrográficas da Terra

Rios	Escoamento total em um ano (km^3)	Área da bacia hidrográfica (km^2)
Amazonas e Orinoco	6.500	7.930.000
Yangtze	1.000	1.808.000

(continua)

Tabela 2.2 – Escoamento total em um ano (km³) e área (km²) das maiores bacias hidrográficas da Terra (*continuação*)

Rios	Escoamento total em um ano (km³)	Área da bacia hidrográfica (km²)
Brahmaputra	900	651.334
Yenisey	620	2.580.000
Irrawaddy	500	413.710
Ob	500	2.972.497
Mekong	450	795.000
Lena	450	2.500.000
Fly e Sepik	300	156.321
Mackenzie	250	1.805.200
Yucon	150	854.696
Douro	23	97.600
Tejo	17	80.600
Minho	12	17.080
Guadiana	7	680
Lima	4	2.480

Fonte: CNA (2018).

A Tabela 2.2 apresenta o escoamento de água em um ano. Todavia, a variação da disponibilidade de água no território de cada país pode ser significativa, com países apresentando regiões muito úmidas e muito secas (por exemplo, Austrália, Brasil e América do Norte).

Por outro lado, a água pode não estar disponível nos períodos em que é necessária, em face das variações nas precipitações e escoamentos registrados nas diferentes estações do ano, com períodos mais secos que alternam com períodos mais úmidos. A ocorrência de fenômenos extremos como as secas e cheias também contribui para a variação na disponibilidade de água em muitos locais. A gestão cuidadosa da interferência humana no ciclo hidrológico é essencial para assegurar o futuro da própria humanidade.

As disponibilidades de água *per capita* diferem muito entre os países. A Tabela 2.3 apresenta dados sobre população urbana e rural, densidade populacional e disponibilidade de recursos hídricos *per capita* para o Qatar (menor disponibilidade *per capita*), Islândia (maior disponibilidade *per capita*) e Brasil (a título de comparação).

Tabela 2.3 – Disponibilidade de recursos hídricos renováveis por habitante (ano 2014) e população (ano 2017)

	Qatar	Islândia	Brasil
População total	2.639.000	335.000	209.288.000
População rural	193.000	10.700	31.119.000
População urbana	2.446.000	324.300	178.169.000
Densidade polulacional (hab/km²)	227,3	3,252	24,58
Recursos hídricos renováveis por habitante (m³)	21,98	507.463	41.316

Fonte: FAO (2019).

O país que possui a menor quantidade de recursos hídricos é o Qatar (21,98 m³ anuais por habitante). O que possui maior disponibilidade de água por habitante é a Islândia (507.463 m³ anuais por habitante). O Brasil, apesar de possuir 12% da água doce do mundo, possui 41.316 m³ anuais por habitante. Eistem outros inúmeros países com maiores disponibilidades de água por habitante que o Brasil (FAO, 2019).

A distribuição de água entre as regiões do Brasil não é ideal. Uma parte da região nordeste é formada por áreas secas, com baixa umidade do solo e, consequentemente, baixa produtividade de biomassa. Além disso, o país possui problemas de abastecimento, decorrentes da combinação de crescimento exagerado das demandas localizadas e de degradação acelerada da qualidade das águas. Na Tabela 2.3 é possível analisar o cenário mundial com base nos dados disponíveis para todos os países em Aquastast Data Base, FAO. Verifica-se que há uma distribuição desigual da água entre indivíduos, mostrada pela pouca relação entre a densidade populacional e a distribuição dos potenciais de água doce nos países.

O Brasil, que detém 12% das reservas de água doce do planeta, perfazendo 53% dos recursos hídricos da América do Sul, tem grande parte de suas fronteiras definida por corpos d'água – são 83 rios fronteiriços e transfronteiriços, além de bacias hidrográficas e de aquíferos. As bacias de rios transfronteiriços ocupam 60% do território brasileiro.

A Divisão Hidrográfica Nacional, instituída pelo Conselho Nacional de Recursos Hídricos (CNRH), estabelece as doze regiões hidrográficas brasileiras indicadas na Tabela 2.4.

São regiões hidrográficas: bacias, grupo de bacias ou sub-bacias hidrográficas próximas, com características naturais, sociais e econômicas similares.

A Tabela 2.4 mostra também a disponibilidade hídrica, área e população das regiões hidrográficas no Brasil. Como pode-se verificar pela vazão média dos rios, o Brasil possui um destacado potencial hídrico (182.633 m³/s). Conforme mostram os dados dessa tabela, a distribuição natural da água no Brasil e a disponibilidade hídrica superficial é bastante desigual. A Região Amazônica somada ao Tocantins-Araguaia é responsável por 87% da disponibilidade hídrica. O restante é distribuído de forma mais homogênea pelas regiões com uma porcentagem maior para a região hidrográfica do Paraná (6,5%).

Porém, a densidade demográfica tem uma relação inversa com a disponibilidade hídrica. Verifica-se que a região com maior potencial hídrico (Amazônica) possui apenas 5,51% da população do país e corresponde a 51,4% do território nacional. Esses números mostram que, no Brasil, o estigma da escassez de água se relaciona principalmente com a péssima distribuição da densidade demográfica. Essa concentração excessiva da população em determinadas cidades começou a se agravar na década de 1960 com o êxodo rural, consequência do modelo de crescimento econômico desigual entre as regiões. A concentração de pessoas em um mesmo local trouxe outro problema típico de cidade grande e de regiões adensadas, que é a inadequada disponibilidade e má qualidade da água servida. Dessa forma, embora o Brasil possua um excelente recurso hídrico, também tem sofrido a problemática da falta de água em função da concentração da população, dificuldades de atendimento, bem como a prática da cultura do desperdício.

As águas subterrâneas são a maior reserva de água doce do planeta. Localizam-se em profundidades variadas, podendo estar sob pressão (aquíferos confinados) ou não (aquíferos não confinados).

Normalmente, as águas subterrâneas são utilizadas para abastecer comunidades menores e espacialmente distribuídas. No tempo, a água também está disponível de forma variável em função das estações climáticas, que são influenciadas pela translação da Terra ao redor do sol. Periodicamente, algumas regiões passam por um longo período de estiagem, perdendo plantações e rebanhos, seguido de um período de excesso de chuva que ocasiona alagamentos que provocam sérios danos a plantações, pastagens, edificações e vida dos seres humanos.

Esses fenômenos são descritos como causas naturais, porém, é sabido que ações antropogênicas têm causado alterações no clima, agravando tais problemas.

É necessário que a água esteja disponível não apenas em quantidade, mas em qualidade para consumo humano e vegetal. Os condicionantes específicos de qualidade da água são definidos pelos padrões de potabilidade que, no Brasil, são estabelecidos pelo Ministério da Saúde. Grandes centros urbanos, em todo mundo, já sofrem não apenas com a escassez quantitativa como também qualitativa da água para consumo.

Tabela 2.4 – Regiões hidrográficas no Brasil e suas disponibilidades de água

Regiões hidrográficas brasileiras	Área (km^2)	Vazão média (m^3/s)	Disponibilidade hídrica (m^3/s)	População total	População (%)	Disponibilidade hídrica (%)
Amazônica	3.870.000	132.145	73.748	9.694.728	5,08	81
Tocantins-Araguaia	920.000	13.779	5.447	8.572.716	4,49	6
Atlântico NE Ocidental	274.300	2.608	320,4	6.244.419	3,27	<0,5
Parnaíba	333.056	767	379	4.152.865	2,17	<0,5
Atlântico NE Oriental	286.800	774	91,5	24.077.328	12,62	0,43
São Francisco	638.466	2.846	1.886	14.289.953	7,49	2,07
Atlântico Leste	388.160	1.484	305	15.066.543	7,9	0,3
Atlântico Sudeste	214.629	3.167	1.145	28.236.436	14,8	1,2
Paraná	879.873	11.831	5.956	61.290.272	32,14	6,5
Paraguai	363.446	2.359	782	2.165.938	1,13	<1
Uruguai	274.300	4.103	565	3.922.873	2,05	0,6
Atlântico Sul	187.552	4.055	647,4	12.976.554	6,80	0,7
Brasil	8.630.582	179.218	91.272,3	190.690.625	100	100

Fonte: baseada em ANA (2019).

Há muito tempo, a água constitui um insumo importante para as atividades econômicas. Antes da descoberta da máquina a vapor e do uso do carvão mineral, era da água que vinha uma boa parte da energia mecânica utilizada pelo homem por meio dos chamados moinhos hidráulicos.

Hoje a água movimenta as turbinas das inúmeras usinas hidrelétricas espalhadas pelo mundo. A água também era utilizada pelas civilizações antigas como forma de poder, exercido por meio de obras de controle de cheias e oferta de água para irrigação e abastecimento das populações (5000 a.C.). Já nessa época existiam conflitos por conta dos desequilíbrios na distribuição das reservas de água pelos territórios.

Diversos fenômenos têm gerado mudanças nas fases do ciclo hidrológico e na qualidade das águas. São citados como principais:

- Desmatamento e alteração da cobertura vegetal. Diminui a evapotranspiração. O solo se torna mais úmido e tem sua capacidade de infiltração alterada, resultando na ocorrência de alagamentos e cheias. Influi no meio aquático por causa da alteração na composição do sedimento e do aumento das matérias em suspensão. Com a implantação de uma agricultura sem controle da erosão, ocorre um aumento do fluxo superficial de águas, carregando solos que promovem o assoreamento de rios, lagos e represas. Segundo a Unesco (2018), a erosão do solo das terras cultivadas leva consigo, todos os anos, de 25 a 40 bilhões de toneladas da camada de solo superficial, reduzindo de forma significativa o rendimento das plantações e a capacidade do solo de regular a água, o carbono e nutrientes. Esse fenômeno causa a perda de 23 a 42 milhões de toneladas de nitrogênio e de 15 a 26 milhões de toneladas de fósforo do solo, com efeitos negativos para a qualidade da água. As atividades pastoris também ocasionam um grande impacto nos recursos hídricos. O relatório do WWR aponta que 7,5% das pastagens em todo o mundo foram degradadas unicamente pelas atividades pastoris. O excesso de pastoreio, a degradação do solo e a compactação da superfície conduzem a maiores taxas de evaporação, a menores níveis de armazenamento de águas subterrâneas e ao aumento do escoamento superficial, todos fatores considerados negativos para os serviços de provisionamento de águas dos campos, incluindo a qualidade da água, e para atenuação dos riscos de inundações e secas. De acordo com o mesmo relatório da WWR, a população afetada atualmente pela degradação/desertificação do solo e pela seca é estimada em 1,8 bilhões de pessoas, o que torna essa categoria a mais importante de "desastres naturais", com base na mortalidade e no impacto socioeconômico relativo ao produto interno bruto (PIB) *per capita*. Mudanças futuras no padrão de chuvas irão alterar a ocorrência de secas e, consequentemente, a disponibilidade de umidade no solo para a vegetação em muitas partes do mundo. A irrigação pode causar problemas em áreas nas quais se emprega grande quantidade de agroquímicos, afetando as águas superficiais e subterrâneas.

- Ocupação do solo. A construção de edificações e pavimentações altera a cobertura do solo, provocando uma redução da infiltração de água e um consequente aumento do escoamento superficial. Ao se reduzir a infiltração, ocorre uma alteração no lençol freático, pois este não é alimentado pela água da chuva. Outra alteração que ocorre no ciclo hidrológico diz respeito à mudança na evapotranspiração das folhagens e do solo, já que este, quando pavimentado, não retém água. Áreas urbanas densamente povoadas, como a cidade de São Paulo, vêm sofrendo com frequência os impactos da falta de cobertura vegetal. Inundações são frequentes nos períodos de chuva, porque o principal rio que corta a cidade não comporta o excesso de água despejado na sua calha.
- Presença de reservatórios artificiais. Construídos para controle de cheias, irrigação, abastecimento de água, cultivo de peixes, recreação e lazer, transporte e geração de energia elétrica, contribuem para o aumento do efeito estufa, em razão da emissão de gás metano produzido na decomposição da biomassa submersa; causam alteração nos lençóis freáticos, surgimento de lagos e secagem de outros, assoreamento das margens, alterando a quantidade (evaporação) e a qualidade da água.
- Alterações climáticas causadas pelo efeito estufa. A elevação na quantidade de gases causadores do efeito estufa na atmosfera é decorrente de queima de combustíveis fósseis, mudança no uso da terra e atividades agrícolas. Essas alterações são caracterizadas pelo aumento da temperatura do planeta, o que ocasiona inúmeros problemas. Pode-se citar como exemplo o derretimento das geleiras, que resulta na alteração do nível do mar e consequente modificação da quantidade e qualidade das águas nas regiões litorâneas.

Com isso, tem havido uma permanente redução das reservas de água doce do planeta, elevação da umidade do ar em algumas regiões, aumento do número de tufões e furacões, entre outros impactos negativos. Segundo dados do documento prévio, elaborado para discussão no 3º Fórum Mundial da Água realizado em março de 2003, se as políticas de uso racional e integrado da água, bem como um tratamento adequado à água servida (esgotos e efluentes industriais), não forem implantados em nível global, o planeta corre sério risco de ter suas reservas de água doce diminuídas em um terço nos próximos 20 anos.

Usos da água

A água no planeta tem inúmeras funções, porém a prioridade no seu uso está, sem dúvida, na satisfação das necessidades biológicas do homem. A água no corpo humano serve para o transporte de materiais e para a manutenção da temperatura corporal. O ser humano também a utiliza para sua higiene pessoal, de sua casa e utensílios, além de precisar dela também para o preparo de alimentos.

De acordo com a Agência Nacional de Águas (ANA, 2018):

> Qualquer atividade humana que altere as condições naturais das águas é considerada um tipo de uso. Cada tipo de uso pode ser classificado como uso consuntivo ou não consuntivo.
>
> Os usos consuntivos são aqueles que retiram água do manancial para a sua destinação, como a irrigação, a utilização na indústria e o abastecimento humano. Já os usos não consuntivos não envolvem o consumo direto de água – a geração de energia hidrelétrica, o lazer, a pesca e a navegação, são alguns exemplos, pois aproveitam o curso da água sem consumi-la.

No setor público, a água é utilizada na lavagem de fachadas de prédios, calçadas, trens e ônibus públicos, na extinção de incêndios, na irrigação de jardins, na ornamentação, por seu uso em chafarizes e fontes, na descarga sanitária em banheiros públicos, e também no lazer em piscinas de clubes e colégios públicos.

Na indústria, a água é empregada nos sistemas de resfriamento, na produção de vapor, na remoção de impurezas, nas lavagens de peças e pisos, como solvente e também como matéria-prima e reagentes na obtenção de hidrogênio, ácido sulfúrico, ácido nítrico, soda e inúmeras reações de hidratação e hidrólise. A água é o único líquido inorgânico encontrado na natureza e é também o único composto químico que ocorre naturalmente nos três estados físicos: sólido, líquido e vapor. Os setores industriais que apresentam consumo significativo de água são: têxtil, frigorífico, curtumes, celulose e papel, açúcar e álcool, cervejarias, conservas, laticínios, óleos vegetais, ferro e aço, acabamento de metais, petróleo, petroquímica, detergentes, entre outros. Rebouças, Braga e Tundisi (2015) descrevem de que forma a água é consumida em cada um desses setores.

No setor energético a água é utilizada na geração de energia elétrica. Nas usinas hidrelétricas, para movimentar as turbinas hidráulicas; nas termelétricas, para alimentação das caldeiras para formação de vapor e resfriamento. Em alguns países, a água subterrânea aquecida pelo gradiente geotermal é utilizada para aquecimento distrital (energia térmica), processos industriais e geração de energia elétrica. O Brasil ainda é fortemente dependente da força das águas para geração de eletricidade. Aproximadamente 65% da energia gerada no país vem das inúmeras usinas hidrelétricas espalhadas por todas as regiões, aproveitando de forma eficiente a diversidade hidrológica entre elas.

Na agricultura, a água é usada na irrigação das diversas culturas, o que exige grandes volumes. Seu uso é do tipo consuntivo. Esse uso vem crescendo no Brasil, tendo em vista a irrigação de áreas secas no Nordeste, no chamado Polígono das Secas, para viabilizar a fruticultura de exportação e o abastecimento de agroindústrias locais, iniciativas do setor privado. Infelizmente, a irrigação realizada pelos órgãos públicos para a fixação do homem no campo não mostrou resultados satisfatórios. De acordo com Braga et al. (2015), diante das grandes vazões envolvidas (chegando a 80% do uso consuntivo, em alguns países), especial atenção deve ser atribuída ao reúso para fins agrícolas.

Segundo o relatório WWDR (Unesco, 2018), as captações de água para irrigação foram identificadas como a principal causa da redução dos níveis das águas subterrâneas em todo o mundo. Prevê-se que na década de 2050 ocorrerá um grande aumento das captações de águas subterrâneas, totalizando 1.100 km^3/ano, o que corresponde a um aumento de 39% em relação aos níveis atuais. Um terço dos maiores sistemas mundiais de águas subterrâneas já está em situação de perigo. As tendências mencionadas acima também pressupõem crescentes captações de água subterrâneas não renováveis (fósseis) – indiscutivelmente um caminho insustentável. De acordo com a ANA (2018), atualmente o Brasil está entre os países com maior área irrigada do planeta, embora ainda utilize apenas uma pequena parte do seu potencial para a atividade.

A Tabela 2.5 apresenta a relação entre a área plantada e a área irrigada, por região, em 2012.

Tabela 2.5 – Relação entre área plantada e área irrigada, por região no Brasil, em 2012

Região	Área plantada (AP) (10^6 ha)	Área irrigada (AI) (10^6 ha)	AI/AP (%)
Norte	2,55	0,10	3,92
Nordeste	12,00	0,70	5,83

(continua)

Tabela 2.5 – Relação entre área plantada e área irrigada, por região no Brasil, em 2012 (*continuação*)

Região	Área plantada (AP) (10^6 ha)	Área irrigada (AI) (10^6 ha)	AI/AP (%)
Sudeste	11,75	0,96	8,17
Sul	19,22	1,27	6,61
Centro-Oeste	12,95	0,28	2,16
Total	58,46	3,31	5,66

Fonte: Braga et al. (2015).

Na pecuária, é usada na dessedentação dos animais. Eles necessitam de água para as suas necessidades metabólicas, como controle de temperatura do corpo, transporte de nutrientes, eliminação de resíduos e participação em reações químicas. A água também é consumida na limpeza e asseio dos estábulos, pocilgas etc.

Na navegação, é utilizada no transporte de cargas e pessoas por vias fluviais, lacustres e marítimas. É da época das civilizações antigas que se tem notícia dos primeiros transportes de carga via embarcações movidas a remo ou vela. O Brasil possui uma extensa rede hidrográfica, porém ainda utiliza pouco esse recurso no transporte de cargas e passageiros. Excluindo-se a bacia do rio Amazonas que, apesar da facilidade de navegação, apresenta obstáculos sérios a sua exploração, dos demais rios de porte, poucos desembocam no mar em costas brasileiras e muitos deles, frequentemente, apresentam desníveis impeditivos à navegação.

Na pesca e aquicultura, a água é utilizada na retirada e criação de organismos aquáticos, como meio de abastecimento alimentar e estudos para preservação das espécies.

Utiliza-se a água para recreação e lazer em piscinas, lagos e oceanos, e na prática de esportes aquáticos. O setor de turismo, considerado um dos setores com maior potencial de desenvolvimento no século XXI, envolve atividades como ecoturismo em águas doces, que são, em muitos países, parte ponderável de seu produto interno bruto.

Segundo o Instituto Brasileiro de Geografia e Estatística (IBGE, 2013), o Brasil dispunha de 6,2 trilhões de m^3 de água em 2015. Desse montante, cerca de 3,2 trihões de m^3 foram retirados da natureza para serem usados em alguma atividade econômica. Na média, o país utiliza apenas pouco mais da metade de seus recursos hídricos na economia. Ainda assim, mais de 99% dessas retiradas são devolvidas à natureza (um exemplo disso são as hidrelétricas). Somente 0,5% dos recursos hídricos (ou 30,6 bilhões de metros cúbicos) são, de fato, consumidos pelas famílias e pelas empresas.

Por causa da grande quantidade de água turbinada pelas hidrelétricas, a eletricidade foi a atividade que mais contribuiu para esse volume (97,3% do total), porém o uso da água nessa atividade é predominantemente não consuntivo (a quantidade de água devolvida para o meio ambiente é igual a quantidade de água retirada).

Excluindo a atividade eletricidade e gás e a de esgoto e atividades relacionadas (na qual a retirada pela atividade Serviços de Esgoto corresponde à coleta de água da chuva escoada pelas redes pluviais, com volumes equivalentes de retirada e retorno ao meio ambiente), as principais atividades que captaram água diretamente foram: agricultura e pecuária (32,5 bilhões de m^3); captação, tratamento e distribuição da água (17,1 bilhões de m^3); e indústria de transformação e construção (6,1 bilhões de m^3).

Os números apresentados acima e na Tabela 2.5 são algumas das informações das Contas Econômicas Ambientais da Água do Brasil 2013-2015 (CEAA), elaboradas pela primeira vez. As CEAA são o resultado de uma cooperação entre IBGE, ANA e Secretaria de Recursos Hídricos e Qualidade Ambiental do Ministério do Meio Ambiente (SRHQ/MMA), com o apoio técnico da Secretaria de Biodiversidade (SBIO) do MMA e da Deutsche Gesellschaft fur Internationale Zusammenarbeit (GIZ) GmbH. O trabalho segue as recomendações da Divisão de Estatísticas das Nações Unidas.

A Tabela 2.6, apresenta os principais indicadores, para o ano de 2015, que permite uma visão sintética do panorama sobre as CEAA no Brasil.

Tabela 2.6 – Principais indicadores do ponto de vista da CEAA

Principais indicadores	Unidades	2015	–
Indicadores de estoque			
Total de recursos hídricos renováveis (TRHR)	hm^3/ano*	6.203.469	–
Total de recursos hídricos renováveis *per capita*	m^3/hab/ano	30.342	–
Volume captado como proporção do TRHR – Índice de retirada (IR)	%	1,1	–
Ïndice de consumo (IC)	%	0,5	–

(continua)

Tabela 2.6 – Principais indicadores do ponto de vista da CEAA (*continuação*)

Principais indicadores	Unidades	2015	%
Indicadores físicos			
Atividades econômicas			
Usos de água total no Brasil	hm³/ano	3.211.421	100
Agricultura, pecuária, produção florestal, pesca e aquicultura	hm³/ano	33.643	1,047
Indústrias extrativas	hm³/ano	1.044	0,0325
Indústrias de transformação e construção	hm³/ano	6.389	0,1055
Eletricidade e gás	hm³/ano	3.114.300	96,77
Água e esgoto	hm³/ano	53.999	1,68
Demais atividades	hm³/ano	2.045	0,063
Famílias			
Uso de água total *per capita* por famílias	L/hab/dia	108	–

* Um hectômetro cúbico (hm³) equivale a 1 milhão de m³.

Fonte: adaptada de IBGE (2018).

A questão da qualidade da água

A tão anunciada escassez de água não se deve apenas à diminuição da sua quantidade na natureza, mas também à má qualidade da água disponível para consumo humano e animal, principalmente nos grandes aglomerados urbanos. No meio aquático, a má qualidade da água provoca o desequilíbrio da cadeia alimentar. Essa qualidade é determinada pelos diferentes usos e ocupação dos solos em torno das bacias hidrográficas e áreas de mananciais.

A água é definida por suas características físicas – estado (líquido, sólido, gasoso), calor específico, densidade, viscosidade, cor, sabor, odor, turbidez – e comportamento dessas em função da temperatura, pressão, presença de sais, entre outros; e por suas características químicas: líquido solvente, dureza, acidez e alcalinidade (medidos pelo pH), radioatividade, presença de oxigênio e dióxido de carbono, entre outros sais, como cálcio, magnésio, sódio, potássio. A água também possui características biológicas definidas pela presença de organismos produtores, consumidores e decompositores, que, dependendo do grupo ao qual pertencem (vírus, bactérias, algas, peixes, moluscos, entre outros), podem ser benéficos ou maléficos à saúde humana e animal.

Para cada necessidade a água deve possuir um nível de qualidade. Para consumo humano e animal, ela precisa, sem dúvida, apresentar características sanitárias e toxicológicas adequadas. Deve ser potável, limpa, isenta de bactérias, vírus, concentrações tóxicas e outros organismos que possam provocar doenças como diarreia, disenterias, cólera, febre tifoide, esquistossomose, entre outras. Já para uso de lavagem de carros, calçadas e fachadas de edificações e geração de energia elétrica, os requisitos de qualidade são menos restritivos. Desde a década de 1950, o homem tem interferido nos ecossistemas de maneira drástica, sendo a água um dos recursos naturais que mais tem sofrido os impactos da ação antropogênica.

A qualidade da água tem sido afetada pelas ações antropogênicas de diversas maneiras:

- Desmatamento. Provoca o aumento de material particulado em suspensão na água e mudança na composição dos sedimentos aquáticos por conta da alteração na sua turbidez.
- Mineração. Prática extensiva no Brasil, tem provocado a contaminação dos mananciais por causa da exploração de minérios, como a bauxita e o ouro. Os metais, chumbo, cádmio, cromo, mercúrio, arsênico, entre outros, em função de sua toxicidade, podem provocar doenças cancerígenas. A exploração de ouro na região norte do Brasil e Pantanal Mato-Grossense tem poluído as águas com mercúrio.
- Despejo de resíduos. Dejetos orgânicos e inorgânicos, muito deles sem nenhum tratamento químico, são despejados diariamente nos lençóis freáticos, rios, lagos e mares. São dejetos variados, oriundos do setor industrial, energético, agrícola e doméstico. O setor energético, mais precisamente o setor petrolífero, polui e contamina o ambiente terrestre e aquático nas suas diversas atividades, como exploração, refino e transporte (navegação marítima e fluvial e dutovias/gasodutos), por meio de vazamentos do óleo bruto e seus derivados.
- Irrigação. Quando utilizados em demasia, fertilizantes e agrotóxicos podem contaminar o lençol freático e a água de córregos e rios, tornando-a imprópria para o consumo humano e animal e para a proliferação das espécies aquáticas.
- Geração de energia elétrica. A energia de origem hidráulica altera o ecossistema aquático principalmente por causa da criação de reservatórios. Estes, criados também para outras finalidades (irrigação, navegação, abastecimento, controle de cheias), alteram o fluxo natural das águas, sua velocidade, turbulência, turbidez. Além disso, aumentam a presença de gás metano em decorrência da decomposição da madeira submersa, entre outros problemas já mencionados, causando um excesso de nutrientes,

seja pela erosão do solo, irrigação ou decomposição da matéria orgânica. O excesso de nutrientes aumenta o efeito da eutrofização (enriquecimento das águas com nutrientes), provocando o aparecimento de algas e outros vegetais aquáticos. As usinas de origem termelétrica, quando usam sistema de refrigeração aberto, despejam nos rios e lagos a água a uma temperatura mais elevada, impactando o meio aquático de várias maneiras.

Existem alguns parâmetros para medir a qualidade das águas, entre eles o Índice de Qualidade da Água (IQA). São exemplos de parâmetros utilizados na formação do IQA: coliformes fecais, pH, demanda bioquímica de oxigênio, nitrogênio, fosfato, temperatura, turbidez, resíduo total e oxigênio total dissolvido.

Os padrões de "potabilidade da água" (conjunto de valores máximos permissíveis das características da qualidade da água destinada ao consumo humano) são definidos pela Portaria n. 36/GM de 1990 do Ministério da Saúde.

A Figura 2.2 apresenta de forma esquemática os principais impactos nos sistemas aquáticos.

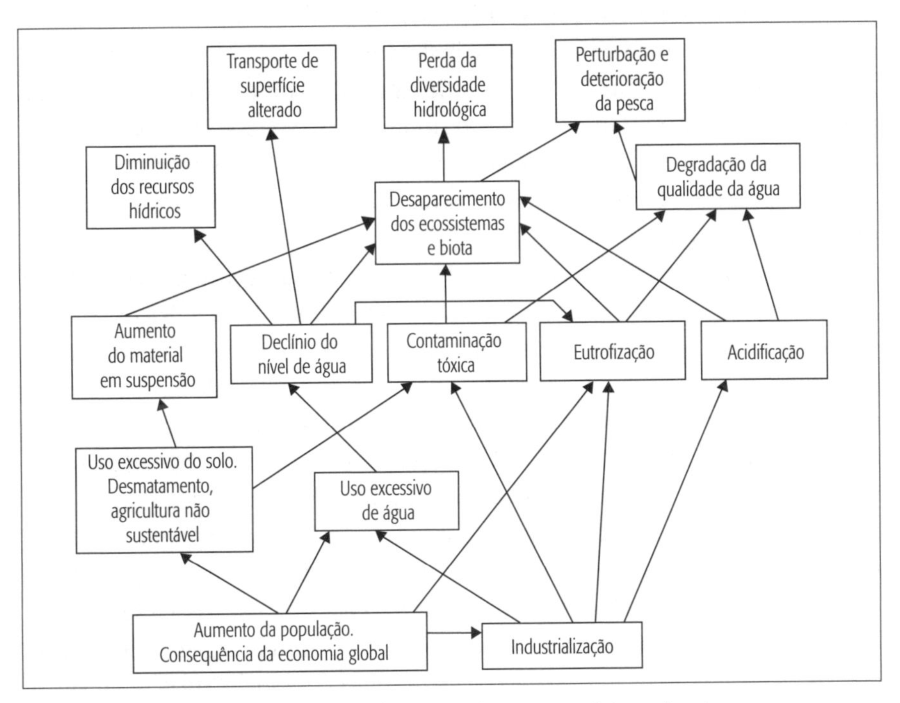

Figura 2.2 – Principais processos de contaminação e poluição das águas e suas consequências.

Fonte: Braga et al. (2015).

Com relação à qualidade da água, o Relatório Mundial das Nações Unidas sobre o Desenvolvimento de Recursos Hídricos (ONU, 2018) aponta que, desde a década de 1990, a poluição hídrica piorou em quase todos os rios da América Latina, Ásia e África. Estima-se que a deterioração da qualidade da água aumentará nas próximas décadas e, com isso, aumentarão as ameaças à saúde humana, ao meio ambiente e ao desenvolvimento sustentável.

Apesar das décadas de regulamentação e de grandes investimentos para reduzir fontes pontuais de poluição hídrica em países desenvolvidos, os desafios relacionados à qualidade da água perduram, em virtude das fontes de poluição hídricas difusas e daquelas sem regulamentação.

A intensificação agrícola aumentou o uso de substâncias químicas em todo o mundo para aproximadamente 2 milhões de toneladas por ano. Os impactos dessas tendências ainda não foram completamente quantificados e analisados. A agricultura continua sendo a fonte predominante de nitrogênio reativo despejado no meio ambiente, assim como uma fonte significativa de fósforo. O desenvolvimento econômico, por si só, não é uma solução para esse problema.

Os maiores aumentos da exposição a poluentes devem ocorrer em países de renda baixa ou média baixa, principalmente por causa do aumento populacional e econômico desses países, em especial os da África, assim como a falta de sistema de gestão das águas residuais (Unesco, 2018). Considerando a natureza transfronteiriça da maior parte das bacias hidrográficas, a cooperação regional será essencial para tratar dos desafios esperados quanto à qualidade da água.

De acordo com Braga et al. (2015), a informação sobre a qualidade da água é necessária para que se conheça a situação dos corpos hídricos com relação aos impactos antrópicos na bacia hidrográfica e é essencial para que se planeje sua ocupação e seja exercido o necessário controle dos impactos. Faz parte do gerenciamento dos recursos hídricos o controle ambiental de forma a impedir que problemas decorrentes da poluição da água venham a comprometer seu aproveitamento múltiplo e integrado, e de forma a colaborar para a minimização dos impactos negativos ao meio ambiente. Braga et al. (2015) apontam que a situação do monitoramento da qualidade da água no Brasil ainda é bastante deficitária. Um levantamento dessa situação divulgado pelo MMA em 2012 e reproduzido por esses autores mostra que, pela classificação do MMA, apenas São Paulo, Minas Gerais e Mato Grosso do Sul classificam-se na situação ótima. No entanto, há uma dificuldade de obtenção de dados no Brasil, principalmente das entidades de meteorologia, ou seja, o acesso à informação é dificultado e quando é permitido, os custos são muito altos.

Segundo Braga et al. (2015), as condições gerenciais das redes de qualidade da água variam com o país, no entanto, observa-se de forma comum que existe coleta sobretudo em locais críticos (quando existem), mas as redes de monitoramento sistemático geralmente não existem. No Brasil, há uma rede básica da ANA que coleta parâmetros (ph, oxigênio dissolvido, consutividade e turbidez) em diferentes pontos do país com peridiocidade semestral.

Captação, tratamento e distribuição de água

Para que a água chegue ao seu destino final para o consumo humano e os setores industriais, comerciais e públicos, ou seja, nas torneiras e bacias sanitárias das residências, hidrantes das ruas, fontes e chafarizes, entre outros equipamentos de uso final de água, ela passa por um sistema de abastecimento composto de instalações e equipamentos responsáveis por sua captação, armazenamento, tratamento e distribuição.

A captação é feita nos mananciais de água: rios e lençóis freáticos – nesse último, pela perfuração de poços. A água é retirada por meio de bombas elétricas ou mecânicas movidas a diesel, gasolina ou energia dos ventos (cataventos). A captação de águas subterrâneas é feita por poço escavado (cacimbão) ou tubular profundo, galeria e túnel. Em algumas regiões, a água jorra sob pressão natural do poço, não exigindo a necessidade do uso de bombas para sua retirada. Muitos proprietários de casas, sítios, fazendas, condomínios residenciais e indústrias, constroem os seus próprios poços, na maioria das vezes, sem atendimento aos critérios técnicos mínimos de uso e proteção, colocando as águas subterrâneas em risco de contaminação pelo esgoto.

No transporte de água dos mananciais até a estação de tratamento e os reservatórios de distribuição são utilizadas *adutoras*. Dependendo da topografia do terreno, é necessário utilizar bombas de recalque. Caso contrário, a água é levada por gravidade ou por um misto desses dois sistemas.

O tratamento da água é realizado com o objetivo de retirar as impurezas e torná-la adequada às normas para o consumo humano. Esse tratamento consiste na retirada de organismos patogênicos e tóxicos, matéria em suspensão, partículas menos sedimentadas, impurezas leves, ferro, manganês, entre outros elementos contaminantes; correção de turbidez, cor, sabor, corrosidade, dureza; e adição de concentração de fluoreto, cujo objetivo é reduzir a incidência de cáries na população.

No Brasil, a maioria das estações de tratamento de água emprega o sistema convencional, constituído das operações e dos processos unitários de coagulação, floculação, sedimentação, filtração, desinfecção com cloro e equilíbrio de carbonatos. Dependendo das características contaminantes dos mananciais, sistemas complementares são empregados. Os seguintes processos unitários complementares podem ser utilizados:

- Colunas de carvão ativado granular, com os respectivos sistemas de regeneração, ou com sistemas de carvão biologicamente ativados, para remoção de micropoluentes orgânicos.
- Sistemas de precipitação química para a remoção de metais pesados, por meio de hidróxido de cálcio ou pelo processo de sulfetos insolúveis ou solúveis. Esses metais podem ser removidos da água por osmose reversa ou ultrafiltração.

A Figura 2.3 mostra um esquema para tratamento avançado de águas poluídas.

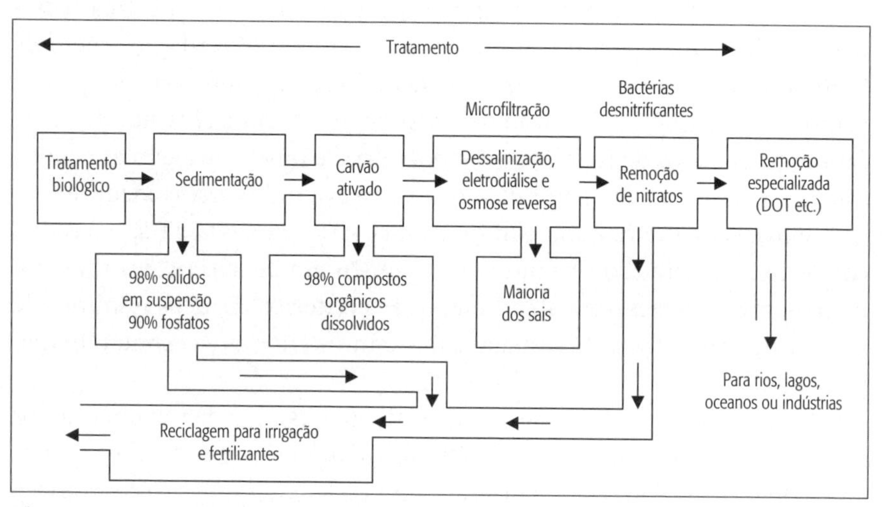

Figura 2.3 – Esquema para retirada de determinados poluentes por tratamento avançado.

Fonte: Braga e Hespanhol (2002).

Os mananciais devem passar por um processo de monitoramento da qualidade de suas águas para identificar e atuar sobre o poluidor, definindo assim o tratamento adequado.

Sabe-se que a solução para purificação da água não é, pura e simplesmente, uma questão tecnológica e financeira. São necessários métodos cada vez mais complexos que podem afetar a qualidade do ambiente. Portanto, métodos para tratamento das águas dos rios que recebem todo tipo de poluente não são considerados totalmente confiáveis.

O reservatório é necessário para acumular a água. Possui a finalidade de manter as condições de pressão mínima e constante para o perfeito funcionamento do sistema de distribuição, atendendo demandas ocasionais, emergenciais e de variação do consumo horário e sazonal.

A distribuição é feita por tubulações que levam a água até os pontos de consumo. Essas devem ser construídas com materiais adequados para evitar vazamentos.

Segundo Braga et al. (2015), os desafios de saúde ambiental impostos ao saneamento urbano de países em desenvolvimento aumentam de complexidade, em face dos conceitos de desenvolvimento sustentado impostos pela sociedade, a partir de meados da década de 1980. A "agenda antiga", que previa a provisão de serviços de saneamento adequados para todas as residências, foi substituída pela "agenda nova", que exige a gestão sustentável dos efluentes urbanos e a proteção da qualidade de recursos hídricos vitais para gerações atual e futuras. Nesse sentido, o conceito de saneamento básico deve ser ampliado para o conceito mais amplo de saneamento ambiental, evitando-se, em adição à provisão de sistemas adequados de coleta e disposição de esgostos e excretas, a contaminação de corpos de água e manguezais pelo lançamento de resíduos líquidos e sólidos, a contaminação do lençol freático em virtude da ausência de sistemas de coleta de esgostos e disposição inadequada de resíduos sólidos e o assoreamento e a redução do fluxo de escoamento em canais de drenagem, pelo lançamento de resíduos em terrenos baldios e margens de curso d'água. Dessa forma, os autores afirmam que o saneamento deve, portanto, desvincular-se de sua conotação atual de mero executor de obras públicas e se constituir em ação integrada direcionada à preservação da qualidade ambiental.

A Tabela 2.7 apresenta os municípios brasileiros com abastecimento de água por rede geral de distribuição, segundo as grandes regiões – 1989/2008.

Tabela 2.7 – Municípios brasileiros com abastecimento de água por rede geral de distribuição

Grandes regiões	1989		2000		2008	
	Quantidade	Percentual (%)	Quantidade	Percentual (%)	Quantidade	Percentual (%)
Brasil	4.245	95,9	5.391	97,9	5.531	99,4
Norte	259	86,9	422	94,0	442	98,4
Nordeste	1.371	93,8	1.722	96,4	1.772	98,4

(continua)

Tabela 2.7 – Municípios brasileiros com abastecimento de água por rede geral de distribuição (*continuação*)

Grandes regiões	1989		2000		2008	
	Quantidade	Percentual (%)	Quantidade	Percentual (%)	Quantidade	Percentual (%)
Sudeste	1.429	99,9	1.666	100,0	1.668	100,0
Sul	834	97,3	1.142	98,5	1.185	99,7
Centro-Oeste	352	92,9	439	98,4	464	99,6

Nota 1: Considera-se o município em que pelo menos um distrito (mesmo que apenas parte dele) é abastecido por rede geral de distribuição.

Nota 2: O total de municípios era de 4.425, de 5.507 e 5.564, em 1989, 2000 e 2008, respectivamente.

Fonte: IBGE (2010).

A Tabela 2.8 mostra municípios com esgotamento sanitário por rede coletora no Brasil, em 2008, por esfera administrativa das entidades prestadoras de serviços, segundo os grupos de tamanho dos municípios e a densidade populacional.

Tabela 2.8 – Municípios com esgotamento sanitário por rede coletora no Brasil (2008)

Grupos de tamanho dos municípios e densidade populacional	Total	Esfera administrativa das entidades prestadoras do serviço					
		Federal	Estadual	Municipal	Privada	Interfederativa	Intermunicipal
Total	100,0	0,1	34,0	61,3	4,6	0,0	0,0
Até 50.000 habitantes	100,0	0,1	33,0	62,6	4,3	0,0	0,0
Mais de 50.000 a 100.000 habitantes	100,0	0,2	38,1	55,2	6,3	0,0	0,2
Mais de 100.000 a 300.000 habitantes	100,0	0,4	43,6	49,4	6,6	0,0	0,2
Mais de 300.000 a 500.000 habitantes	100,0	0,0	46,3	44,8	9,0	0,0	0,0

(continua)

Tabela 2.8 – Municípios com esgotamento sanitário por rede coletora no Brasil (2008) (*continuação*)

Grupos de tamanho dos municípios e densidade populacional	Total	Esfera administrativa das entidades prestadoras do serviço					
		Federal	Estadual	Municipal	Privada	Interfederativa	Intermunicipal
Mais de 500.000 a 1.000.000 habitantes	100,0	0,0	47,6	45,2	7,1	0,0	0,0
Mais de 1.000.000 habitantes	100,0	0,0	57,1	38,1	4,8	0,0	0,0

Nota: O município pode ter entidades prestadoras de serviço de esgotamento sanitário com mais de uma esfera administrativa.

Fonte: IBGE (2010).

A Figura 2.4, também retirada de IBGE (2010), apresenta a evolução percentual das principais variáveis de esgotamento sanitário no Brasil, de 2000 a 2008.

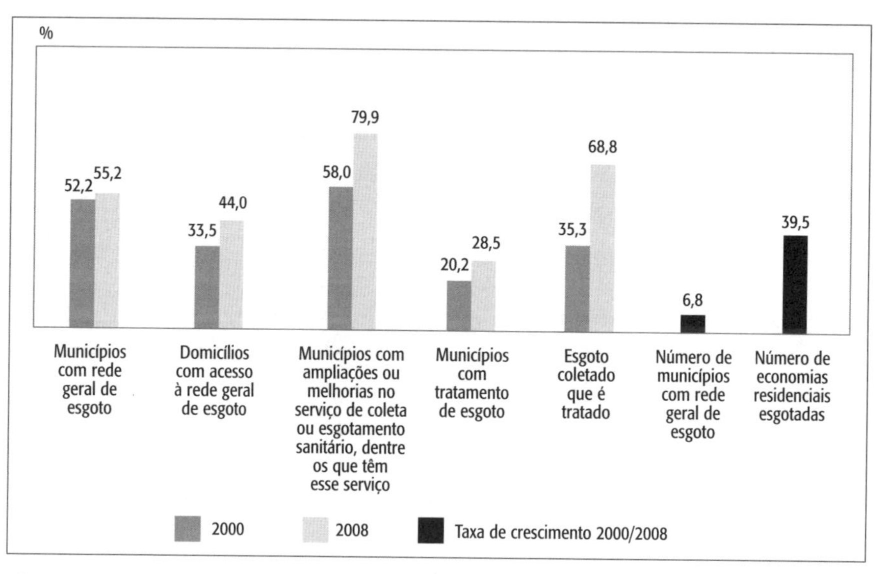

Figura 2.4 – Evolução percentual das principais variáveis de esgotamento sanitário no Brasil, 2000 a 2008.

Nota: O percentual de municípios com tratamento de esgoto, em 2000, refere-se àqueles que coletam e tratam.

Fonte: IBGE (2010).

O gráfico mostra que o percentual de tratamento de esgoto no Brasil vem aumentando, mas há muito ainda por fazer. O número de municípios que trata o esgoto ainda é considerado baixo e a situação é mais crítica nas regiões Norte e Nordeste.

Os esgotos tratados têm papel fundamental no planejamento e na gestão sustentável dos recursos hídricos como um substituto para o uso de águas destinadas a fins agrícolas e de irrigação, dentre outros. A próxima seção apresenta a questão do reúso da água e destaca sua importância para a sustentabilidade do planeta.

Reúso da água

Segundo a Companhia Ambiental do Estado de São Paulo (Cetesb, 2018), a reutilização ou o reúso de água ou o uso de águas residuárias não é um conceito novo e tem sido praticado em todo o mundo há muitos anos. Existem relatos de sua prática na Grécia Antiga, com a disposição de esgotos e sua utilização na irrigação. No entanto, a demanda crescente por água tem feito do reúso planejado da água um tema atual e de grande importância.

Nesse sentido, deve-se considerar o reúso da água como parte de uma atividade mais abrangente, que é o uso racional ou eficiente da água, o qual compreende também o controle de perdas e desperdícios e a minimização da produção de efluentes e do consumo de água.

A questão sobre o reúso da água contaminada nos diversos setores de consumo vem sendo discutida desde a década de 1980 pelo Conselho Econômico e Social das Nações Unidas. É objeto da Agenda 21, um dos documentos elaborados na ECO92, que recomenda aos países que tomem medidas para "vitalizar e ampliar os sistemas nacionais de reúso da água, tornando disponíveis tecnologias e instrumentos apropriados para gestão do uso das águas residuárias". A Conferência Interparlamentar sobre Desenvolvimento e Meio Ambiente realizada em Brasília, em dezembro de 1992, recomendou, sob o item "Conservação e Gestão de Recursos para o Desenvolvimento", que se envidasse esforços, em nível nacional, para institucionalizar a reciclagem e o reúso sempre que possível e promover o tratamento e a disposição de esgotos, de maneira a não poluir o meio ambiente.

Para satisfazer a demanda por água de uso menos restritivo, como descargas sanitárias, lavagem de fachadas e ruas, irrigação de jardins, entre outros, não há necessidade de a água ser de melhor qualidade, ou seja, aquela usada para fins de abastecimento humano – água para beber, higienização, preparo de alimentos, entre outros.

Para se tornar nobre, em muitas cidades, a água passa por um processo rigoroso de tratamento, tendo em vista que esgotos industriais, domésticos e agrícolas são em muitos casos despejados diretamente nos mananciais, sem nenhum controle, e é deste mesmo manancial que a água será retirada para abastecimento.

Nos usos urbanos

São usos que demandam tanto o uso de água de boa qualidade (água potável) quanto os menos restritivos. Dependendo do uso, maior ou menor investimento em processos e tecnologias devem ser feitos para manter a qualidade da água compatível com o uso que se vai fazer dela. Para consumo humano, dependendo dos compostos presentes nos efluentes disponíveis para consumo, torna-se economicamente inviável investir em sistemas avançados de tratamento, além da falta de garantia de proteção adequada à saúde pública.

Os maiores usos potenciais para o esgoto tratado são:

- Irrigação de jardins, praças, campos de futebol, campos de golfe.
- Reserva de proteção contra incêndios.
- Lavagem de trens e ônibus públicos.
- Lavagem de ruas e calçadas.
- Sistemas decorativos: chafarizes, fontes luminosas.
- Descarga sanitária de banheiros públicos em edifícios comerciais e industriais.

Nos usos industriais

Nas indústrias, também há uma ampla gama de usos não restritivos, em maior ou menor grau, com viabilidade de serem supridos por esgoto tratado. Destacam-se:

- Torres de resfriamento.
- Caldeiras.
- Construção civil, como matéria-prima na preparação de concreto e compactação do solo.
- Lavagem de peças, pisos e frota de carros e caminhões.
- Irrigação de jardins.
- Descarga sanitária.
- Processos industriais.

Já há indústrias investindo no tratamento de água para reúso a preços competitivos, se comparados aos praticados com a água potável fornecida pelas empresas públicas de abastecimento.

Nos usos agrícolas

O uso de esgoto tratado no setor agrícola já é uma prática em vários países, particularmente os situados em regiões áridas e semiáridas, como o norte da África e o Oriente Médio. Para atender a expansão demográfica, o aumento da produção mundial de alimentos não depende apenas da expansão da terra cultivada, mas também da quantidade de água disponível para irrigar as plantações. O uso de esgoto tratado na agricultura tem crescido não só por causa da falta de disponibilidade de água, como também de outros fatores, como o custo elevado dos fertilizantes e a aceitação dessa prática pela população. Reúso agrícola é também uma prática que engendra benefícios ambientais e econômicos por meio do aumento da produção agrícola e da renda dos agricultores.

A Figura 2.5 apresenta esquematicamente os tipos básicos de possíveis usos dos esgotos.

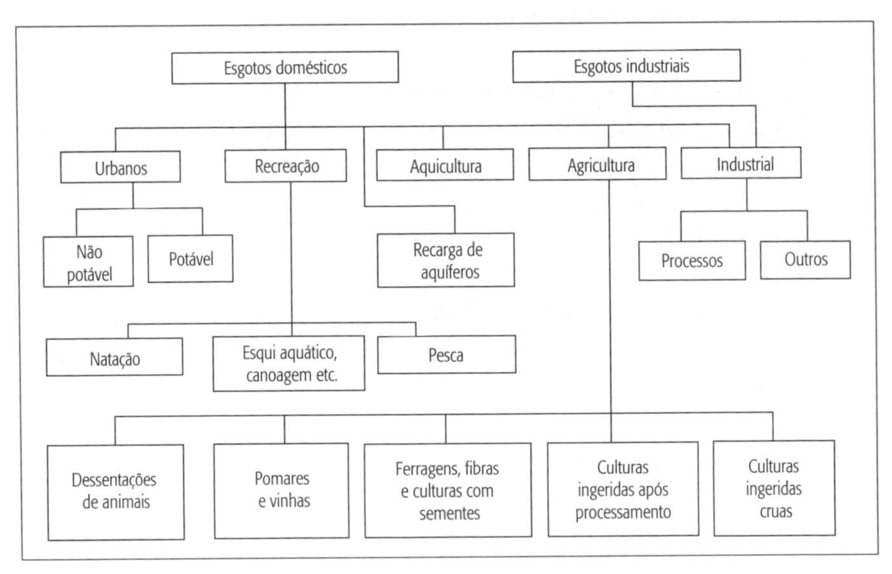

Figura 2.5 – Tipos básicos de possíveis usos de esgotos.
Fonte: Braga et al. (2015).

Segundo a Cetesb (2018), as aplicações da água de reúso, citadas anteriormente, podem ser classificadas por tipo, podendo ser direta ou indireta, decorrentes de ações planejadas ou não.

Reúso indireto não planejado da água ocorre quando a água, utilizada em alguma atividade humana, é descarregada no meio ambiente e novamente utilizada a jusante, em sua forma diluída, de maneira não intencional e não controlada. Caminhando até o ponto de captação para o novo usuário, ela está sujeita às ações naturais do ciclo hidrológico (diluição, autodepuracão).

Reúso indireto planejado da água ocorre quando os efluentes, depois de tratados, são descarregados de forma planejada nos corpos de águas superficiais ou subterrâneas, para serem utilizadas a jusante, de maneira controlada, no atendimento de algum uso benéfico. O reúso indireto planejado da água pressupõe que exista também um controle sobre as eventuais novas descargas de efluentes no caminho, garantindo assim que o efluente tratado estará sujeito apenas à mistura com outros efluentes que também atendam ao requisito de qualidade do reúso objetivado.

Reúso direto planejado das águas ocorre quando os efluentes, após tratados, são encaminhados diretamente de seu ponto de descarga até o local de reúso, não sendo descarregados no meio ambiente. É o caso mais frequente, e destina-se a uso em indústrias e irrigação: irrigação paisagística em parques, cemitérios, campos de golfe, faixas de domínio de autoestradas, *campus* universitário, cinturões verdes, gramados residenciais; irrigação de campos para cultivos: plantio de forrageiras, plantas fibrosas e de grãos, plantas alimentícias, viveiros de plantas ornamentais, proteção contra geadas; usos industriais: refrigeração, alimentação de caldeiras, água de processamento; recarga de aquíferos: recarga de aquíferos potáveis, controle de intrusão marinha, controle de recalques de subsolo; usos urbanos não potáveis: irrigação paisagística, combate ao fogo, descarga de vasos sanitários, sistemas de ar condicionado, lavagem de veículos, lavagem de ruas e pontos de ônibus etc.; finalidades ambientais: aumento de vazão em cursos de água, aplicação em pântanos, terras alagadas, indústrias de pesca; usos diversos: aquicultura, construções, controle de poeira, dessedentação de animais.

Aproveitamento de águas de chuvas. As águas de chuva são encaradas pela legislação brasileira hoje como esgoto, pois usualmente vai dos telhados e pisos para os bueiros onde, como "solvente universal", vai carreando todo tipo de impurezas, dissolvidas, suspensas ou simplesmente arrastadas mecanicamente para um córrego que vai acabar dando em um rio que, por sua vez, vai suprir uma captação para tratamento de água potável. Essa água sofre um processo natural de diluição e autodepuração ao longo de seu percurso hídrico, nem sempre suficiente para realmente depurá-la. Para uso humano, inclusive como água potável, deve sofrer evidentemente filtração e cloração, o que pode ser feito com equipamento barato e simplíssimo, tipo Clorador Embrapa ou Clorador tipo Venturi automático. Em resumo, a água de chuva sofre uma destilação natural muito eficiente e gratuita. Essa utilização é especialmente indicada para o ambiente rural, chácaras, condomínios e indústrias. O custo baixíssimo da água nas cidades, pelo menos para residências, inviabiliza qualquer aproveitamento econômico da água de chuva para ingestão. Já para indústrias, em que a água é bem mais cara, é usualmente viável esse uso.

Benefícios do reúso da água

O reúso da água proporciona inúmeros benefícios. Destacam-se:

- Benefícios para o meio ambiente: menor retirada de água dos aquíferos, preservando a fonte de água e o solo contra erosão; menor descarga de esgoto em águas limpas.
- Benefícios para a saúde pública: menor risco à saúde da população, tendo em vista a menor contaminação da água e a menor proliferação de insetos transmissores de doenças.
- Benefícios econômicos: aumento da produtividade e renda agrícola, redução de custos nas indústrias.

A questão social relacionada à água

Desde a Antiguidade, a água é objeto de conflitos. A posse da água era utilizada como instrumento político de poder por algumas civilizações. As que detinham o controle de inundações de rios e da água para irrigação e abastecimento acabavam estendendo seu domínio a outras regiões e povos.

A água não está limitada às fronteiras políticas dos países, razão pela qual quase metade da superfície terrestre é conformada por bacias hidrográficas de rios compartilhados por dois ou mais países.

Conflitos pela água têm ocorrido por consequência do compartilhamento de uma mesma bacia hidrográfica por dois ou mais países. Como exemplo mais evidente pode-se citar o caso de Israel e Palestina, cujos mananciais disponíveis dependem de acordos entre a Jordânia, a Síria, o Líbano, o Egito e a Arábia Saudita.

Tal fato ocorre porque a água não é uniformemente distribuída no planeta, sendo muito abundante em algumas regiões e escassa em outras.

Os países mais pobres em água estão localizados nas zonas áridas e insulares, e muitos deles são densamente populosos.

Anuncia-se que em um futuro não muito longínquo, guerras poderão ocorrer entre países que se abastecem de um mesmo manancial, tendo em vista que, se não for implantado um amplo programa de uso racional nesses países, haverá escassez de água por causa do crescimento populacional e do consequente aumento da demanda por áreas irrigáveis para a prática da agricultura.

As alterações no clima da Terra e sua influência nas precipitações atmosféricas – em parte provocadas pelo aumento do efeito estufa – têm provocado secas prolongadas em algumas regiões e alagamentos em outras. As secas periódicas dão origem à migração de povos de um país para outro, e o deslocamento de populações dentro de um mesmo país, trazendo sérias consequências para as áreas urbanas. Além disso, provocam atritos com as populações locais por causa da disputa por recursos; exigem uma maior necessidade de investimentos em infraestrutura para o suprimento de recursos (energia, água tratada, esgoto, hospitais etc.), aumentando custos que não podem ser suportados pelas populações mais pobres; custos crescentes com a necessidade de desenvolvimento de novas fontes de água (cidades como São Paulo, por exemplo, precisam retirar água de bacias vizinhas para o abastecimento de sua população); degradação ambiental, necessidade de maiores áreas irrigadas para atender o aumento da produção agrícola; e outras tensões advindas da aglomeração intensiva de populações. Assim, a água não é apenas uma questão político-econômica, mas, antes de tudo e cada vez mais, uma questão sociopolítica. Um dos grandes desafios é conscientizar a comunidade internacional para que esta reconheça que a escassez de água pode vir a ser um instrumento de instabilidade social e política entre nações, e não apenas uma questão ambiental.

De acordo com a Agência Nacional das Águas (ANA, 2018), o Brasil compartilha cerca de 82 rios com os países vizinhos, incluindo importantes bacias como a do Amazonas e a do Prata, além de compartilhar os sistemas de aquíferos Guarani e Amazonas. Esse cenário se traduz em diferentes e oportunas possibilidades para a cooperação e o bom relacionamento entre os países.

No cenário da cooperação internacional, a ANA tem um amplo conjunto de projetos já executados, em negociação ou em implementação, os quais, por se enquadrarem na tipologia da cooperação técnica internacional, são tratados conjuntamente com a Agência Brasileira de Cooperação do Ministério de Relações Exteriores (ABC/MRE). O cenário institucional envolvido contempla parcerias bilaterais, parcerias com organismos e programas internacionais, além de discussões técnicas para o intercâmbio de experiências e conhecimentos sobre distribuição, uso e monitoramento da quantidade e qualidade da água. Essas ações de cooperação internacional, notadamente com países em desenvolvimento, permitem que a ANA contribua, de forma significativa, para a gestão de recursos hídricos no mundo.

Uma questão social importante é a relação emprego e água. De acordo com o documento *Relatório Mundial das Nações Unidas sobre o Desenvolvimento de Recursos Hídricos 2016* – Água e Emprego – Fatos e Números, metade da força de trabalho está empregada em oito setores da indústria diretamente dependentes de água e recursos naturais: agricultura, silvicultura, pesca, energia, manufatura, reciclagem, construção e transportes. Mais de 1 bilhão de pessoas estão empregadas nos setores de pesca, agricultura e silvicultura, os dois últimos representando alguns dos setores mais ameaçados pela escassez de água.

Do ponto de vista da saúde mundial, um dos maiores desafios aos recursos hídricos é a provisão inadequada de serviços de abastecimento de água, saneamento e higiene (SASH), que estão associados a perdas econômicas mundiais de US$ 260 bilhões por ano e direta e fortemente relacionados com a diminuição da produtividade. Embora a solução seja cara, as taxas de retorno estimadas sobre os investimentos em SASH são impressionantes: a cada US$ 1 investido em SASH, pode-se ter o retorno de US$ 3 a US$ 34, conforme a região e a tecnologia utilizada.

Especificamente com relação aos países em desenvolvimento, o relatório da ONU menciona que predominam (75%) grandes infraestruturas financiadas por meio do orçamento do governo e de empréstimos de longo prazo de bancos estatais. Além disso, em 2013, cerca de 90% do total investido na gestão de bacias hidrográficas e na proteção dos ecossistemas aquáticos – cerca de US$ 9,6 bilhões – vieram de fundos públicos. Assim, em termos temáticos, a segunda maior proporção de gastos de estímulo a uma economia verde foi atribuída à água e aos resíduos sólidos, depois da eficiência energética.

Gestão dos recursos hídricos no Brasil – histórico

A primeira lei que instituiu o direito ao uso da água no Brasil é o Código das Águas, de 10 de julho de 1934, que disciplina o elemento água presente na natureza, no que concerne aos seus diversos usos. Antes da criação desse código, vigorava o Alvará de 1804, que estabelecia a livre derivação das águas dos rios e ribeiros, que podia ser feita por particulares, fundamentando-se o direito ao uso da água pela pré-ocupação.

O sistema de direito à água no Brasil, instituído pelo Código de Águas, era considerado o mais completo e avançado para a época, pois nele já continha o "princípio poluidor-pagador", que na Europa foi introduzido somente na década de 1970. O Código estabelece: para fins de utilidade pública – concessão administrativa; para outras finalidades – autorização administrativa. No tocante à derivação de águas públicas de uso comum, o Código estatui que as águas públicas não podem ser derivadas para as aplicações da agricultura, da indústria e da higiene, sem a existência de concessão administrativa, dispensada, todavia, na hipótese de derivações insignificantes. Estas foram posteriormente disciplinadas mediante portaria do Ministério de Minas e Energia, para as quais instituiu a "permissão administrativa", a qual se tornaria inaplicável com a Lei n. 9.433, de 8 de janeiro de 1997, que as declarou independentes de outorga.

Durante os anos após a criação do Código até o final da década de 1970, pouco se avançou com relação a sua atualização. Partes do seu conteúdo, como a questão do domínio hídrico, deixaram de receber a devida regulamentação. Algumas tentativas foram feitas entre 1968 e 1976, porém, dos anteprojetos resultantes, alguns não foram encaminhados ao Congresso Nacional e os que foram não se converteram em lei.

A lei sobre a política nacional de irrigação, promulgada em 1979, veio disciplinar a utilização de águas públicas, superficiais ou subterrâneas para fins de irrigação, embora hoje seu alcance abranja somente as águas superficiais sob domínio da União, pois esta não pode dispor a respeito de águas de domínio estadual, entre as quais as subterrâneas.

Tendo em vista a promulgação da Constituição Federal de 1988, que inseriu mudanças significativas no domínio das águas, alterações no Código de Águas se tornaram necessárias. Destacam-se as seguintes alterações:

- Todos os corpos d'água passaram a ser de domínio público.
- Estabelecimento de apenas dois domínios para os corpos d'água: (i) domínio da União para os rios ou lagos que banhem mais de uma unidade federada ou que sirvam de fronteira entre essas unidades, ou entre o território do Brasil e o de país vizinho, ou que deste provenham ou que para o mesmo se estendam; e (ii) o domínio dos estados para as águas superficiais ou subterrâneas, fluentes, emergentes e em depósito, ressalvadas, neste caso, as decorrentes de obras da União.
- Amplia o domínio hídrico dos estados, incluindo entre os seus bens as águas subterrâneas.

A Constituição também introduziu alterações no campo constitucional relativas à implantação de um sistema nacional de gerenciamento de recursos hídricos. Assim, os estados se viram na necessidade de editar normas disciplinadoras da gestão e da utilização das águas estaduais em suas constituições e leis.

Somente em 1997 a União editou a Lei n. 9.433 (Lei das Águas), que rege sobre a política e o sistema nacional de gerenciamento dos recursos hídricos, introduzindo algumas alterações no Código de Águas. Alterou o prazo de concessão e autorização; modificou o texto que trata da suspensão do direito de uso do recurso quando não utilizado por três anos consecutivos; estatuiu que o uso prioritário da água para consumo humano e dessedentação de animais se dará apenas em situação de escassez; dispôs que os planos de recursos hídricos devem conter as prioridades para outorga de direito de uso dos recursos hídricos, entre outras alterações. Essa lei criou ainda o Sistema Nacional de Gerenciamento dos Recursos Hídricos (Singreh). O Plano Nacional de Recursos Hídricos (PNRH), estabelecico pela Lei n. 9.433/97, é um dos instrumentos que orienta a gestão das águas no Brasil.

O objetivo geral do plano é "estabelecer um pacto nacional para a definição de diretrizes e políticas públicas voltadas para a melhoria da oferta de água, em quantidade e qualidade, gerenciando as demandas e considerando ser a água um elemento estruturante para a implementação das políticas setoriais, sob a ótica do desenvolvimento sustentável e da inclusão social". O Ministério do Meio Ambiente (MMA) é responsável pela coordenação do PNRH, sob acompanhamento da Câmara Técnica do Plano Nacional de Recursos Hídricos (CTPNRH/CNRH).

A Figura 2.6 apresenta a matriz e o funcionamento do Sistema Nacional de Gerenciamento dos Recursos Hídricos (Singreh).

O Conselho Nacional de Recursos Hídricos desenvolve atividades desde junho de 1998, ocupando a instância mais alta na hierarquia do Sistema Nacional de Gerenciamento de Recusos Hídricos, intituído pela Lei n. 9.433. É um colegiado que desenvolve regras de mediação entre os diversos usuários da água sendo, assim, um dos grandes responsáveis pela implementação da gestão dos recursos hídricos no país.

Possui como competências, entre outras:

- Analisar propostas de alteração da legislação pertinente a recursos hídricos.
- Estabelecer diretrizes complementares para implementação da Política Nacional de Recursos Hídricos.

- Promover a articulação do planejamento de recursos hídricos com os planejamentos nacional, regionais, estaduais e dos setores usuários.
- Arbitrar conflitos sobre recursos hídricos.
- Deliberar sobre os projetos de aproveitamento de recursos hídricos cujas repercussões extrapolem o âmbito dos estados em que serão implantados.
- Aprovar propostas de instituição de comitês de bacia hidrográfica.
- Estabelecer critérios gerais para a outorga de direito de uso de recursos hídricos e para a cobrança por seu uso.
- Aprovar o Plano Nacional de Recursos Hídricos e acompanhar sua execução.

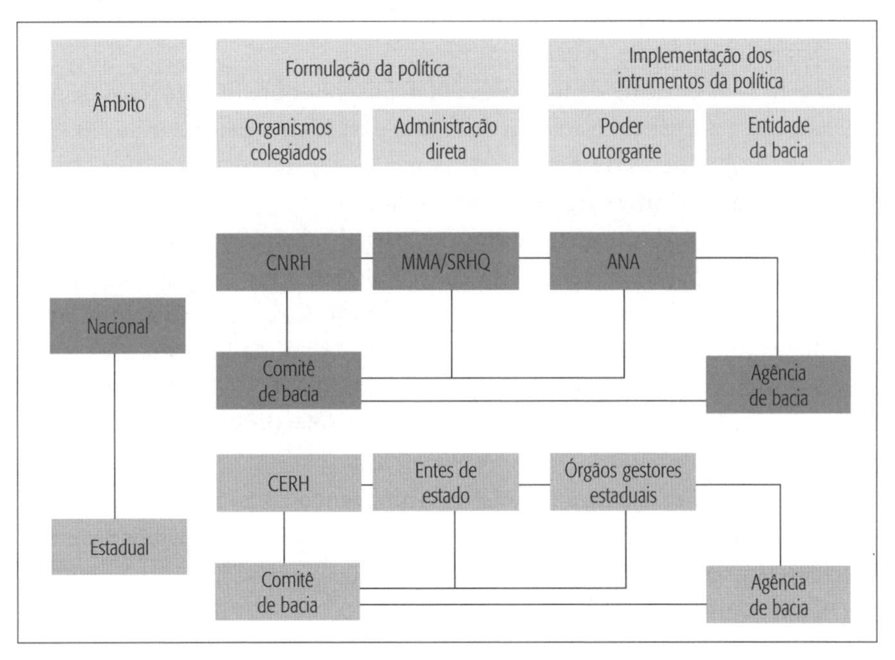

Figura 2.6 – Matriz e funcionamento do Singreh.
Fonte: CNRH (2018).

O conselho é formado por representantes de ministérios e de secretarias da presidência da República com atuação e gerenciamento no uso dos recursos hídricos; de conselhos estaduais de recursos hídricos; de usuários de recursos hídricos; e de organizações civis de recursos hídricos. Como representantes dos usuários fazem parte os seguintes setores: irrigação, indústrias, concessionárias e autorizadas da geração hidrelétrica, pescadores e usuários para lazer ou turismo, prestadores de serviço público de abastecimento de água e esgotamento sanitário, hidroviários. Entre as organizações civis de recursos hídricos, foram definidas as representações de: consórcios e associações intermunicipais de bacias hidrográficas; organizações técnicas de ensino e pesquisa com interesse na área de recursos hídricos; organizações não governamentais com objetivos de defesa de interesses difusos e coletivos da sociedade.

O seguinte conjunto de leis rege o funcionamento do Sistema Nacional de Recursos Hídricos:

- Lei n. 9.433, de 8 de janeiro de 1997. Instituiu a Política Nacional de Recursos Hídricos e o Sistema Nacional de Gerenciamento de Recursos Hídricos.
- Lei n. 9.984, de 17 de julho de 2000. Dispõe sobre a criação da Agência Nacional de Águas (ANA).
- Lei n. 10.881, de 09 de junho de 2004. Dispõe sobre os contratos de gestão entre a Agência Nacional de Águas e entidades delegatárias das funções de Agências de Águas relativas à gestão de recursos hídricos de domínio da União e dá outras providências.
- Lei n. 12.334, de 20 de setembro de 2010. Estabelece a Política Nacional de Segurança de Barragens destinadas à acumulação de águas para quaisquer usos, à disposição final ou temporária de rejeitos e à acumulação de resíduos industriais, cria o Sistema Nacional de Informações sobre Segurança de Barragens e altera a redação do Art. 35 da Lei n. 9.433, de 8 de janeiro de 1997, e do art. 4º da Lei n. 9.984, de 17 de julho de 2000.

O texto da Lei das Águas constitui um avanço considerável na direção dos princípios que regem uma gestão participativa e racional dos recursos hídricos, já praticada em outros países.

Os seguintes princípios deram origem à Lei:

- Alocação da bacia hidrográfica como unidade de planejamento. Facilita o confronto entre as disponibilidades e demandas, sendo essencial para o estabelecimento do balanço hídrico.
- Usos múltiplos da água. Coloca todos as categorias usuárias em igualdade de condições em termos de acesso à água (quebra a hegemonia do setor elétrico).
- Reconhecimento do valor econômico da água. A atribuição de um valor econômico induz ao uso racional, servindo como base para a instituição da cobrança pela utilização dos recursos hídricos.
- Gestão participativa e descentralizada. A filosofia em que se baseia a gestão descentralizada é a de que tudo que pode ser decidido em níveis

hierárquicos mais baixos de governo não será resolvido pelos níveis mais altos. Quanto à gestão participativa, considera-se essencial a participação dos usuários, da sociedade civil organizada, das ONGs e de outros agentes interessados no processo de decisão sobre investimentos e outras formas de intervenção na bacia hidrográfica.

- Estabelece que em situação de escassez a prioridade deve ser dada para o abastecimento humano e a dessedentação de animais.

A Agência Nacional de Águas segue quatro linhas de ação (ANA, 2018):

- Regulação: regula o acesso e o uso dos recursos hídricos de domínio da União, que são os que fazem fronteiras com outros países ou passam por mais de um estado, como, por exemplo, o rio São Francisco. A ANA também regula os serviços públicos de irrigação (se em regime de concessão) e adução de água bruta. Além disso, emite e fiscaliza o cumprimento de normas, em especial as outorgas, e também é a responsável pela fiscalização da segurança de barragens outorgadas por ela.
- Monitoramento: é responsável por acompanhar a situação dos recursos hídricos do Brasil. Coordena a Rede Hidrometeorológica Nacional que capta, com o apoio dos estados e outros parceiros, informações como nível, vazão e sedimentos dos rios ou quantidade de chuvas. Essas informações servem para planejar o uso da água e prevenir eventos críticos, como secas e inundações. Além de, em colaboração com o Operador Nacional do Sistema Elétrico (ONS), definir as regras de operação dos reservatórios das usinas hidrelétricas, para garantir que todos os setores que dividem o reservatório tenham acesso à água represada.
- Aplicação da lei: coordena a implementação da Política Nacional de Recursos Hídricos, realizando e dando apoio a programas e projetos, órgãos gestores estaduais e à instalação de comitês e agências de bacias. Assim, a ANA estimula a participação de representantes dos governos, usuários e das comunidades, em uma gestão participativa e democrática.
- Planejamento: elabora ou participa de estudos estratégicos, como os Planos de Bacias Hidrográficas, Relatórios de Conjuntura dos Recursos Hídricos, entres outros, em parceria com instituições e órgãos do poder público.

No Brasil, experiências em administração e gestão de recursos hídricos segundo a divisão por bacias hidrográficas estão sendo implementadas.

Algumas unidades da Federação já aprovaram e estão implantando os seus planos de recursos hídricos, outras estão ainda se adaptando à nova política de recursos hídricos introduzida pela Lei Federal n. 9.433, alterando mais lentamente as suas respectivas leis de organização de política para o setor.

Para gerir os recursos hídricos, vários decretos vêm sendo implementados ao longo dos anos com o objetivo de: instituir Comitês de Bacias Hidrográficas, estabelecer definições e procedimentos sobre o controle e a qualidade da água do sistema de abastecimento, instituir mecanismos e instrumentos para divulgaçao da informação ao consumidor sobre a qualidade da água para consumo humano, criar grupos executivos e organismos, implantar estrutura regimentar, dentre outros. O primeiro decreto criado foi o de n. 24.643, de 10 de julho de 1934, que decretou o "Código das Águas".

A água e o desenvolvimento sustentável

A sustentabilidade do planeta depende da forma como o homem utiliza os recursos naturais. Estes devem ser usados de modo que o equilíbrio planetário seja mantido, ou seja, não haja comprometimento do equilíbrio climático e da biodiversidade existente.

A água ocupa situação de destaque nesse contexto, pois sem ela não há como manter os ecossistemas naturais (manutenção da flora e fauna), bem como os ecossistemas produtivos (produção agrícola e florestal) por meio das atividades humanas.

A história mostra, desde a Antiguidade, que as civilizações que cresceram e se desenvolveram de forma mais rápida tinham acesso a quantidades substanciais, e de boa qualidade, de recursos hídricos.

Hoje, a água está sendo vista como um fator limitante ao crescimento das cidades, tendo em vista que, em muitas delas, já não há disponibilidade desse recurso em quantidade e qualidade adequada para o consumo.

Como consequência, problemas sociais e econômicos têm surgido: migração da população, fome, doenças diversas, disputas por mananciais, custos de abastecimento não suportado por populações mais pobres, entre outros fatos noticiados todos os dias pelos jornais.

Diante dos inúmeros fatos que vêm ocorrendo e denunciando a agressão à natureza e à água em especial, hoje, esse tema é fonte de preocupação em diversos países e organismos mundiais, como a Unesco, a ONU, o Banco Mundial, entre outros. O Banco Mundial, por exemplo, por meio do seu Departamento de Meio Ambiente, vem discutindo com os países políticas de gerenciamento dos recursos hídricos. Em 1993, em reunião de especialistas em gerenciamento de recursos hídricos, com o então diretor desse departamento, ressaltou-se a necessidade de reconhecer, nos níveis mais altos de governo, que a água e as bacias hidrográficas precisam ser gerenciadas como recursos naturais valiosos para atender a múltiplos objetivos, em vez de apenas insumos para atividades setoriais específicas.

A problemática da água vem sendo tratada nos fóruns mundiais, que acontecem a cada três anos e são organizados pelo Conselho Mundial da Água. Cada fórum dà enfase a um tema. O recém-ocorrido VIII Fórum Mundial da Água em Brasília (março de 2018), teve como bandeira a gestão compartilhada da água, enfocando que "a sustentabilidade hídrica requer ações integradas dentro de países e entre países".

Os acordos firmados nesse Fórum Mundial fortalecem a consciência sustentável e reforçam o compromisso das nações com a preservação dos recursos hídricos.

Vários documentos foram elaborados, com declarações e recomendações de grupos específicos que participaram do Fórum como: autoridades locais e regionais, ministros, Ministério Público, Poder Judiciário, parlamentares, grupos de sustentabilidade, dentre outros.

A *Declaração do Grupo de Sustentabilidade* fez um chamado pela mobilização de todas as partes para garantir o futuro sustentável para o planeta e pelo compromisso de enfrentar os crescentes desafios das questões relacionadas à água.

O *Manifesto dos Parlamentares* abordou o papel dos parlamentares e o direito à água, de forma a reconhecer a necessidade do empenho de partes para garantir segurança hídrica, universalização do abastecimento e diminuição das desigualdades.

Na *Declaração Ministerial*, ministros representantes de 56 países elaboraram o chamado urgente para uma ação decisiva sobre a água. Baseado no objetivo sustentável número 6 (ODS 6): água potável e saneamento, o acordo estimula o compartilhamento de soluções na gestão integrada de recursos hídricos e incentiva a cooperação global por meio de redes formadas durante o fórum (ANA, 2018).

Para enfrentar o desafio de abastecer a população futura com água em quantidade e qualidade adequada, medidas urgentes devem ser tomadas em nível mundial. Destacam-se como principais medidas:

- Gestão da demanda: implantação de medidas de uso racional da água. O desperdício é um dos principais inimigos da água. É praticado nos diversos setores consumidores, bem como na rede de abastecimento por meio de vazamentos pelos dutos. A redução das perdas pela eliminação de vazamentos, pelo uso de tecnologias de uso final mais eficientes e pela eliminação do uso desnecessário (desperdício) contribui significativamente para a diminuição da falta de água, principalmente nas grandes cidades.

- Gestão do suprimento: inclui políticas e ações destinadas a identificar, desenvolver e explorar de forma eficiente e sustentável novas fontes de água, novos processos e tecnologias para aproveitamento dessas fontes.
- Uso de técnicas de reúso da água para finalidades específicas em regiões densamente povoadas.
- Medidas que reduzam as emissões de gases causadores do efeito estufa, que são um dos responsáveis por alterações no balanço hídrico.
- Medidas de gerenciamento integrado das águas de mananciais, compartilhado por dois ou mais países.

Se nada for feito, a escassez de água será o maior problema do futuro, bem maior que a escassez de fontes energéticas. Fontes energéticas são substituíveis, a água, não. A água é uma só e, como vimos, não é inesgotável.

Energia, água e recursos hídricos

Água e energia há muito tempo caminham lado a lado. Na idade média, a força d'água que movia moinhos hidráulicos era usada em aplicações de energia mecânica em substituição à força endossomática, de animais e a dos ventos em algumas localidades.

Com o passar do tempo e a descoberta dos fenômenos eletromagnéticos, a energia da água passou a ser usada para movimentar as turbinas hidráulicas das Usinas Hidrelétricas.

Atualmente, diversas interações e sinergias podem ser encontradas entre energia, água e saneamento, nos mais diversos aspectos, tais como o uso da água para produção de energia, o uso da energia para movimentação e distribuição da água, e a poluição causada à água por aplicações energéticas. Há ainda outras interações:

- Utilização de potencial hidráulico para geração de energia elétrica, nas hidrelétricas como mencionado.
- Utilização da água para produção de vapor e para resfriamento/condensação, nas termelétricas a vapor.
- Produção de energia elétrica utilizando resíduos das estações de tratamento de esgoto (ETEs).

- Utilização de energia para bombeamento em sistemas de irrigação e bombeamento de água.
- Uso do hidrogênio em células à combutível obtido através da eletrólise da água.
- Derramamento de combustíveis em corpos hídricos, por conta de vazamentos ou má operação, em caso de transporte marítimo ou fluvial.
- Uso da energia em várias aplicações de uso final relacionadas à água como: aquecimento da água para diversas finalidades, formação de vapor de água usada em várias aplicações industriais, transporte e distribuição de água para abastecimento, tratamento de água, resfriamento e congelamento de água, dentre outros.
- Uso de energia para transportar pessoas e produtos entre regiões e países por modais aquaviários.
- Uso de energia para dessalinização de água, dentre outros.

Dessas relações entre água e energia, podemos destacar o uso da água na geração de eletricidade e distribuição de água à população. A concentração da população em cidades requer uma grande quantidade de energia para entregar água em quantidade e qualidade nas torneiras e tratar os esgotos gerados. Pode-se considerar que é uma atividade eletrointensiva, ou seja, altamente dependendente de energia elétrica.

No Brasil, especialmente, deve ser dada ênfase ao uso da água na geração hidrelétrica, que representa atualmente um pouco mais que 60% da energia elétrica produzida no país. Deu-se prioridade ao uso desse tipo de fonte tendo em vista os inúmeros rios situados nas várias regiões do território nacional. Ainda hoje investimentos têm sido feitos na construção de usinas hidrelétricas tendo em vista o enorme potencial hidráulico remanescente do país. São usinas de diferentes potências instaladas e com reservatórios de diferentes capacidades de armazenamento de água.

Do início do século XX até a década de 1970, basicamente a água armazenada nos reservatórios das usinas hidrelétricas tinha como função única, movimentar as turbinas hidráulicas.

Na atualidade, a geração de eletricidade é considerada apenas um dos usos múltiplos da água e avaliada segundo uma Legislação Ambiental avançada, no âmbito do Comitê de Bacias Hidrográficas. Em algumas usinas já instaladas, nem toda a água armazenada nos reservatórios é turbinada, sendo parte dessa água usada para irrigação, saneamento de água, lazer, eentre outros usos.

No caso específico da geração de eletricidade, as águas dos mares também são usadas em usinas maremotrizes, usinas de ondas, de gradiente térmico, ou seja, trata-se do uso da energia térmica, cinética e potencial da água do mar para geração de eletricidade, que vêm sendo avaliadas como uma das várias fontes alternativas à geração convencional de eletricidade.

Espera-se que a escassez hídrica, problema já atualmente enfrentado por vários países, deva se intensificar nos próximos 30 anos em função de uma menor disponibilidade de águas superficiais.

Essa falta de água irá afetar todos os setores, inclusive o setor energético. Países com elevada dependência de água para geração de eletricidade como o Brasil irão sentir o impacto na redução da produção de energia de origem hidráulica, principalmente em função da redução dos índices de precipitação.

Todos os principais tipos de ecossistemas e biomas terrestres – e a maioria dos costeiros – influenciam o estado dos recursos hídricos.

Aproximadamente 65% da água que cai sobre a superfície terrestre é armazenada ou evapora a partir do solo e das plantas. Da água que permanece no solo, mais de 95% é armazenada nas zonas de aeração (ou vadosa, de baixa profundidade) e na zona saturada (lençol freático) do solo, excluindo a água que é retida nas geleiras (ONU, 2019).

Embora a água do solo na camada superior seja mais biologicamente ativa e a dos solos corresponda apenas a 0,05% do estoque mundial de água potável, os fluxos ascendentes e descendentes de água e energia através do solo são amplos e fortemente interligados. Esses dados indicam claramente a importância da água do solo para o equilíbrio entre terra, água e energia que existe no planeta Terra, o que inclui a troca entre a água do solo e a precipitação por meio de transpiração, assim como um possível incremento na transpiração, na medida em que o clima se tornará mais quente no futuro.

As decisões quanto ao uso do solo em determinado lugar podem ter consequências importantes para os recursos hídricos, as pessoas, a economia e o meio ambiente em lugares diferentes.

Cerca de 25% das emissões de gases de efeito estufa têm origem nas mudanças do uso do solo, e a perda de água está ligada a muitas tendências de degradação terrestre; as turfeiras, por exemplo, exercem um papel significativo na hidrologia local, no entanto, esse tipo de zona úmida também armazena o dobro de carbono de toda a floresta do mundo e, quando drenadas, as turfeiras se tornam imensas fontes de emissões de gases de efeito estufa (ONU, 2019). Portanto, a gestão da vegetação, dos solos e/ou áreas úmidas é indiscutível.

A situação apresentada demonstra que a sustentabilidade hídrica, e consequentemente energética, requer ações integradas dentro de países e entre países, como enfocado no VIII Fórum Mundial da Água – ocorrido no Brasil.

GESTÃO DE RESÍDUOS

A enorme produção de resíduos associada ao atual modelo de desenvolvimento é, hoje, uma das principais questões enfrentadas em níveis global e local. Além de fazer parte da infraestrutura para o desenvolvimento, entre outras coisas, por sua forte interação com a saúde pública e a degradação ambiental, a produção de resíduos é evidenciada como um aspecto específico a ser enfocado na busca pelo desenvolvimento sustentável. Nesse contexto, sua intrínseca relação com as questões da água e energia também passa a ser um argumento fundamental em prol de um tratamento integrado.

Com relação à água, os resíduos interagem como causadores ou fortalecedores de diversos problemas, como a poluição dos rios, mares e lençóis subterrâneos; dificuldades para expansão do saneamento; enchentes e deslizamentos durante o período de chuvas, entre outros. Problemas esses que são relevantes para a atual agenda mundial.

Com relação à energia, a questão dos resíduos aparece praticamente em toda a cadeia, desde a produção, por meio do uso dos recursos naturais, até o pós-uso, por meio da possibilidade de produção de energia utilizando resíduos. Nesse contexto, podem-se obter inúmeros benefícios buscando a eficiência da cadeia como um todo, e não apenas da cadeia energética. Essa busca encontra-se hoje substanciada nos sistemas de gestão ambiental, no âmbito da ISO 14.000, mais especificamente na Análise de Ciclo de Vida (ACV).

Nessa relação intrínseca da energia com os resíduos, deve-se salientar alguns aspectos importantes, de ordem global ou local, relacionados com os dois extremos da cadeia. Do lado da produção de energia, é importante lembrar que a necessidade energética tem forte dependência dos processos e hábitos do momento. Assim, o consumismo desenfreado que caracteriza o cenário atual da humanidade se reflete na necessidade de maior uso de recursos naturais para produção de energia e, também, no aumento de resíduos resultantes do uso final dos produtos. No caso dos países em desenvolvimento, entre eles o Brasil, esse problema é amplificado pela cultura do desperdício.

Com relação à utilização de resíduos para a produção de energia, destacam-se diversos processos de utilização da biomassa para produção de energia renovável, tais como bagaço de cana, casca de arroz, restos de madeireiras, dejetos de animais, resíduos de esgoto, entre outros. Nesse cenário, pode-se acrescentar a reciclagem de resíduos sólidos urbanos, que é um hábito crescente, resultando na diminuição do uso de recursos naturais e nas necessidades energéticas.

Nesse contexto, é importante salientar a conceituação de gestão integrada de resíduos sólidos urbanos, baseada em um enfoque que integra a diminuição da produção de resíduos com a recuperação energética de parte deles. Essa conceituação envolve desde ações educativas até ações práticas de utilização de resíduos, coadunando-se com os princípios do desenvolvimento sustentável. Além disso, apresenta diversos aspectos que podem ser transportados, com os devidos ajustes, a outras questões tratadas neste livro, gerando novas reflexões e acrescentando novas possibilidades de abordagem integrada.

Dessa forma, em consonância com os objetivos do livro, decidiu-se que o tema de gestão de resíduos, em sua relação com a energia, seria devidamente abordado com a apresentação da gestão integrada de resíduos sólidos urbanos, enfatizando suas relações com a questão energética.

Resíduos sólidos urbanos – a questão do lixo

Como base para um melhor entendimento da gestão integrada de resíduos sólidos urbanos, é necessário apresentar uma visão geral, mas sucinta, da questão do lixo. Para isso, são abordados, a seguir, alguns aspectos desse assunto, que se relacionam mais com o restante do tema aqui abordado. Deve-se ressaltar que esse tema, na verdade, é muito mais vasto e instigante, sugerindo-se para um maior aprofundamento, se desejado, a consulta à bibliografia específica, da qual alguns itens são apresentados neste livro.

Assim, são abordados a seguir, como um preâmbulo para a gestão integrada de resíduos sólidos em suas relações com a energia, os seguintes aspectos: lixo, classificação e responsabilidade; os caminhos do lixo e o cenário da produção do lixo urbano.

Lixo, classificação e responsabilidade

Das definições de lixo, a mais adequada ao tema geral deste livro é a que considera como lixo os produtos e materiais utilizados no nosso dia a dia que se tornaram velhos ou que não prestam mais à sua utilização original. Assim, esses produtos e materiais são descartados, devendo seguir atualmente uma cadeia que envolve coleta, transporte e disposição final.

Em seu contexto geral, o lixo apresenta características tão diversificadas que requer tratamentos específicos, não só quanto aos aspectos da cadeia referida, mas também quanto ao responsável pela mesma cadeia, o que é definido em legislação.

Conforme a Associação Brasileira de Normas Técnicas (ABNT), NBR 10.004, resíduos sólidos têm a seguinte definição:

> Resíduos nos estados sólidos e semissólidos, que resultam de atividades de origem industrial, doméstica, hospitalar, comercial, agrícola, de serviços e de varrição. Ficam incluídos nessa definição os lodos provenientes de sistemas de tratamento de água, aqueles gerados em equipamentos e instalações de controle de poluição, bem como determinados líquidos cujas particularidades tornem inviável seu lançamento na rede pública de esgoto os corpos de água, ou exijam para isto soluções, técnica e economicamente inviáveis em face à melhor tecnologia disponível. (ABNT, 2004)

Existem diferentes formas de classificação do lixo que afetam a legislação existente sobre o seu tratamento. Uma delas, de maior interesse aqui, classifica o lixo de acordo com a sua fonte ou origem.

Nessa classificação, temos os seguintes tipos de lixo:

- Domiciliar: formado por resíduos sólidos de atividades residenciais. Contém grande quantidade de matéria orgânica, plástico, metal, vidro.
- Comercial: formado por resíduos sólidos das áreas comerciais. Composto por matéria orgânica, papéis, diversos tipos de plásticos.
- Público: formado por resíduos de limpeza pública.
- Especial: formado por resíduos, cujo tratamento, manipulação e transporte devem ser especiais, como baterias, pneus, embalagens de agrotóxicos, de combustíveis, venenos.
- Industrial: classificado como lixo especial, deve ser submetido ao mesmo processo. Indústrias urbanas que produzem resíduos semelhantes ao doméstico devem ter o mesmo tratamento. A disposição final inadequada de resíduos industriais, por exemplo, em lixões, na margem das estradas ou em terrenos baldios, compromete a qualidade ambiental e a vida da população.
- Lixo de serviço de saúde: os serviços hospitalares, ambulatoriais e de farmácia são geradores dos mais variados tipos de resíduos, que, em contato com o meio ambiente ou misturado ao lixo doméstico, poderão ser vetores de doenças.
- Tecnológico: materiais descartados de alta tecnologia, tais como aparelhos eletrodomésticos ou eletroeletrônicos e seus componentes, de uso doméstico, industrial, comercial e de serviços.

- Atômico: resíduo tóxico e venenoso formado por substâncias radioativas, resultantes do funcionamento de reatores nucleares bem como materiais e equipamentos oriundos de processo que envolve radioatividade, como equipamentos de raio X usados em diagnóstico de doenças.
- Marítimo: os oceanos recebem toneladas de lixo provenientes de fontes terrestres (75%) ou de embarcações.

A Norma NBR 10.004, da Associação Brasileira de Normas Técnicas (ABNT), classifica os resíduos conforme descrição a seguir:

- Resíduos classe I – Perigosos: são os resíduos que apresentam periculosidade ou pelo menos uma das seguintes características: inflamabilidade, corrosividade, reatividade, toxicidade ou patogenicidade.
- Resíduos classe II – Não perigosos: são os resíduos não perigosos e que não se enquadram na classificação de resíduos classe I e são divididos em: Resíduos classe II A – Não Inertes e classe II B – Inertes.
- Resíduos classe II A – Não inertes: são aqueles que não se enquadram nas classificações de resíduos classe I ou de resíduos classe II B e podem ter propriedades como biodegradabilidade, combustibilidade ou solubilidade em água.
- Resíduos classe II B – Inertes: são quaisquer resíduos que, quando amostrados de uma forma representativa e submetidos a um contato dinâmico e estático com água destilada ou desionizada, à temperatura ambiente, não tiverem nenhum de seus constituintes solubilizados a concentrações superiores aos padrões de potabilidade de água, excetuando-se aspecto, cor, turbidez, dureza e sabor.

Segundo (Menezes, 2018), é sabido que no início da humanidade o homem retirava sua subsistência unicamente daquilo que estava disponível na natureza. Desde então viu-se obrigado a conviver com os resíduos que sobravam do seu consumo. Ocorre que fatores culturais e históricos colaboraram para a mudança no modo de consumo, atingindo hoje um nível que não mais pode ser considerado "sustentável" e sim consumista.

O progressivo aumento da produção de lixo é consequência negativa decorrente do avançado desenvolvimento industrial, do crescimento populacional e do estilo de vida pautado no consumo desmedido. Com o crescimento populacional, se tem uma maior produção de lixo e assim aumenta a responsabilidade sobre a sua destinação, não só no âmbito público, mas principalmente no particular. A Política Nacional de Resíduos Sólidos prevê regulamentações para as fábricas e lojas para que haja uma destinação adequada do lixo produzido e uma responsabilidade sobre os produtos produzidos.

A Constituição Federal de 1988 recepcionou a Lei n. 6.938/81 (Política Nacional do Meio Ambiente) quase que em sua totalidade, a qual estabeleceu critérios e padrões de qualidade ambiental nos quais o uso do recurso ambiental, aliado às normas de manejo, tem uma função preventiva. Essa função resulta de um conjunto de normas, reforçada por um processo de conscientização de preservação do meio ambiente, fazendo com que o cidadão assuma uma posição consciente.

Tal regramento disposto pela União delega aos Estados, ao Distrito Federal e aos municípios a competência para legislar, nos assuntos próprios e de forma eminentemente local, bem como, suplementar à legislação federal no que couber as necessidades locais da população e aos seus interesses. Buscando solucionar as consequências sociais, econômicas e ambientais do manejo de resíduos sólidos sem adequado e prévio planejamento técnico, a Lei n. 12.305/2010 instituiu a Política Nacional de Resíduos Sólidos (PNRS), regulamentada pelo Decreto n. 7.404/2010. Essa lei contém instrumentos variados para propiciar o incentivo à reciclagem e à reutilização dos resíduos sólidos (reciclagem e reaproveitamento), bem como a destinação ambientalmente adequada dos dejetos. Além de propor a prática de hábitos de consumo sustentável.

Um dos instrumentos mais importantes da Política é o conceito de responsabilidade compartilhada pelo ciclo de vida dos produtos. O lixo (resíduos sólidos) é uma questão ambiental e, sendo assim, não pode ser só uma entidade ou pessoa responsabilizada por este. No disposto às responsabilidades pela coleta e destinação do lixo, a Lei n. 12.305/2010, Título III – Das Diretrizes Aplicáveis aos Resíduos Sólidos determina:

> Capítulo III – Das responsabilidades dos Geradores e do Poder Público.
> Seção I – Disposição Gerais
>
> Art. 25 – Determina que o poder público, o setor empresarial e a coletividade são responsáveis pela efetividade das ações voltadas a assegurar a observância da Política Nacional de Resíduos Sólidos e das diretrizes e demais determinações estabelecidas nesta Lei em em seu regulamento.
> Art. 26 – O titular de serviços públicos de limpeza urbana e de manejo de resíduos sólidos é responsável pela organização e prestação direta ou indireta desses

serviços, observado o respectivo plano municipal de gestão integrada de resíduos sólidos, a Lei n. 11.445 de 2007 e as disposições desta Lei e de seus regulamentos.
Seção II – Das responsabilidades compartilhadas

Art. 30 – É instituída a responsabilidade compartilhada pelo ciclo de vida dos produtos, a ser implementada de forma individualizada e encadeada, abrangendo os fabricantes, importadores, distribuidores e comerciantes, os consumidores e os titulares dos serviços públicos de limpeza urbana e de manejo de resíduos sólidos, consoante às atribuições e aos procedimentos previstos nesta Seção.

Parágrafo único. A responsabilidade compartilhada pelo ciclo de vida dos produtos tem por objetivo:
I – Compatibilizar interesses entre os agentes econômicos e sociais e os processos de gestão empresarial e mercadológica com os de gestão ambiental, desenvolvendo estratégias sustentáveis;
II – Promover o aproveitamento de resíduos sólidos, direcionando-os para a sua cadeia produtiva ou para outras cadeias produtivas;
III – Reduzir a geração de resíduos sólidos, o desperdício de materiais, a poluição e os danos ambientais;
IV – Incentivar a utilização de insumos de menor agressividade ao meio ambiente e de maior sustentabilidade;
V – Estimular o desenvolvimento de mercado, a produção e o consumo de produtos derivados de materiais reciclados e recicláveis;
VI – Propiciar que as atividades produtivas alcancem eficiência e sustentabilidade;
VII – Incentivar as boas práticas de responsabilidade socioambiental.

Com relação ao Plano de Gestão Integrada de Resíduos Sólidos, o Relatório de Informações Municipais (IBGE, 2017) apresenta informações baseadas na investigação cujo objetivo era descobrir se o município possuía um Plano Integrado de Resíduos Sólidos, nos termos estabelecidos pela Política Nacional de Resíduos Sólidos (Lei n. 9.605, de 12 de fevereiro de 1998, alterada pela Lei n. 12.305, de 2 de agosto de 2010). Segundo a legislação vigente, a elaboração deste plano é condição para os municípios terem acesso a recursos, incentivos ou financiamentos da União para projetos na área. Este plano deve ser bem detalhado, pois a Lei n. 9.605 prevê 19 itens obrigatórios, que vão desde realização de um diagnóstico até periodicidade de revisão passando por ações corretivas, metas de redução de rejeitos etc. O conteúdo do plano pode ser simplificado no caso de municípios com menos de 20.000

habitantes. Pouco mais da metade dos municípios (54,8%) possuem um Plano Integrado de Resíduos Sólidos. Na grande maioria dos que têm este plano (82,1%), ele abrange apenas o município investigado e não um grupo de municípios. A presença do plano tende a aumentar à medida que se avança de faixas menores para maiores de tamanho de população do município, variando de 49,1% nos municípios de 5.001 a 10.000 habitantes para 83,3% nos com mais de 500.000 habitantes. Em termos das grandes regiões, os percentuais mais elevados são os do Sul (78,9%), Centro-Oeste (58,5%) e Sudeste (56,6%). Situando-se abaixo da média nacional estão as regiões Norte (54,2%) e Nordeste (36,3%). No recorte estadual os maiores índices são os do Mato Grosso do Sul (86,1%) e Paraná (83,1%) e os menores os da Bahia (22,1%) e Piauí (17,4%). Estados de peso, em termos de população, como o Rio de Janeiro (3,5%) e Minas Gerais (43,7%), situam-se abaixo da média nacional.

O documento elaborado pela Abrelpe – Associação Brasileira de Empresas de Limpeza Pública e Resíduos Especiais – *Panorama dos Resíduos Sólidos no Brasil*, 2016, revelou um total anual de quase 78,3 milhões de toneladas de resíduos sólidos urbanos no país, resultante de uma queda de 2% no montante gerado em relação a 2015.

A população brasileira apresentou um crescimento de 0,8% entre 2015 e 2016, enquanto a geração *per capita* de resíduos sólidos urbanos (RSU) registrou queda de quase 3% no mesmo período. A geração total de resíduos sofreu queda de 2% e chegou a 214.405 t/dia de RSU gerados no país. A Figura 2.7 mostra a geração de RSU no Brasil (2015-2016).

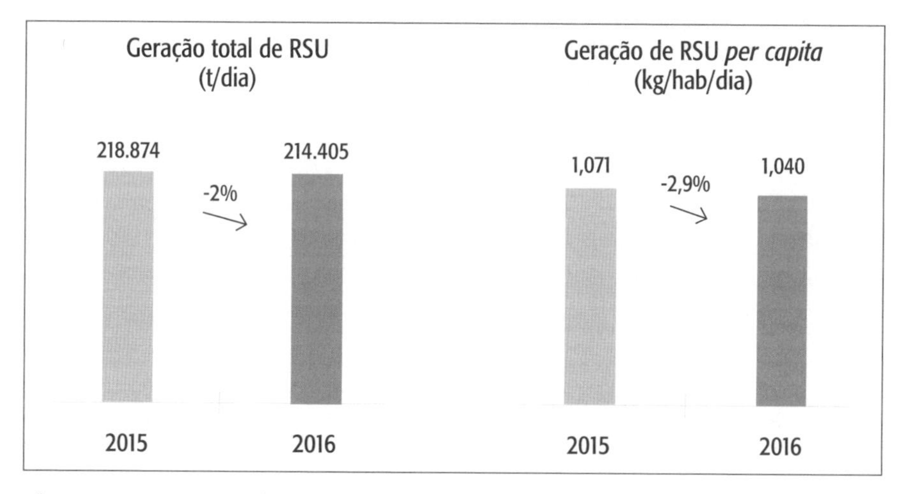

Figura 2.7 – Geração de RSU no Brasil (2015-2016).
Fonte: Abrelpe (2018).

Com relação à coleta de RSU, segundo o relatório, a quantidade de RSU coletada no país apresentou índices negativos condizentes com a queda na geração de RSU, tanto no total como no *per capita* e na comparação com o ano anterior. No entanto, de acordo com a Tabela 2.9, a cobertura de coleta nas regiões e no Brasil apresentou um tímido avanço e a região Sudeste continua respondendo por cerca de 52,7% do total e apresenta o maior percentual de cobertura dos serviços de coleta do país. A Figura 2.8 mostra a coleta de RSU no Brasil (2015-2016).

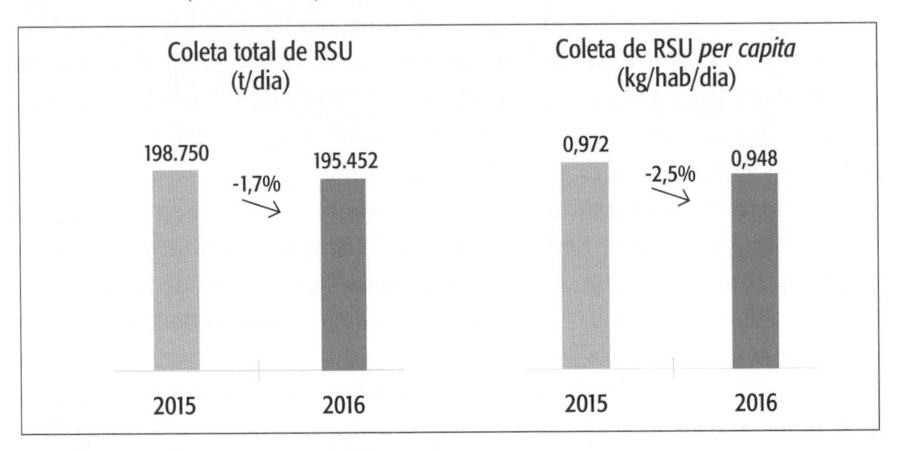

Figura 2.8 – Coleta de RSU no Brasil (2015-2016).
Fonte: Abrelpe (2018).

Tabela 2.9 – Quantidade de RSU coletada por regiões e Brasil

Região	2015	2016	
	RSU total (t/dia)	Equação*	RSU Total (t/dia)
Norte	12.692	RSU= 0,000174(pop tot/1000)+0,551960	12.500
Nordeste	43.894	RSU= 0,000140(pop tot/1000)+0,761320	43.355
Centro-Oeste	16.217	RSU= 0,000200(pop tot/1000)+0,790890	15.990
Sudeste	104.631	RSU= 0,000174(pop tot/1000)+0,855740	102.620
Sul	21.316	RSU= 0,000037(pop tot/1000)+0,681342	20.987
Brasil	198.750		195.452

* Conforme informação disponibilizada no anexo I do Panorama dos Resíduos Sólidos no Brasil (2016) – Abordagem metodológica, a equação permite projetar a média da quantidade de RSU coletada por habitante/dia por município. Essa média pode variar em um intervalo determinado pela margem de erro.

Fonte: Abrelpe (2018).

Os caminhos do lixo

Ao ser jogado fora, o caminho posterior do lixo dependerá da estrutura do município em que foi produzido. Legalmente, as prefeituras são as responsáveis pela coleta, transporte e disposição do lixo domiciliar, comercial e dos espaços públicos. As alternativas possíveis de disposição são: reciclagem, reutilização, compostagem, incineração, aterro sanitário ou depósitos em lixões. Os lixões não são uma alternativa responsável, embora seja a mais comum entre os municípios brasileiros.

- Lixões: modo mais inadequado de disposição final. Os resíduos são depositados a céu aberto, sem nenhuma medida de proteção ambiental e de saúde pública. São frequentes a proliferação de diversos insetos transmissores de doenças e a emissão de poluentes gasosos e líquidos, resultantes da decomposição dos diferentes materiais que contaminam o ar, o solo e os lençóis freáticos.
- Aterro controlado: os resíduos são depositados no solo e cobertos por uma camada de material inerte, geralmente terra ou entulho. Não há impermeabilização da base do solo nem tratamento dos gases ou do chorume – líquido que se forma a partir da decomposição da mistura dos materiais que compõem o lixo. Essa técnica reduz os impactos, mas não resolve o problema.
- Aterro sanitário: modo mais avançado de disposição final de resíduos no solo. Procura resolver os problemas ambientais, de saúde pública e operacionais. Os resíduos são depositados sobre uma camada de material impermeável que protege o solo, com drenagem de gases e chorume. O gás metano produzido pela decomposição do lixo pode ser aproveitado como combustível. O despejo, a compactação e a cobertura são controlados. Há procedimentos para a minimização de odores, de modo a evitar incêndios e a proliferação de insetos e roedores. A compactação tem como objetivo reduzir a área disponível, prolongando a vida útil do aterro, ao mesmo tempo que propicia a firmeza do terreno, possibilitando o seu uso futuro para outros fins. A distância mínima entre um aterro sanitário e um curso de água deve ser de 400 metros. Quando um aterro sanitário recebe a quantidade máxima de resíduos para o qual foi projetado, é desativado, e sua área pode, eventualmente, ser reaproveitada para a implantação de parques de recreação.
- Reciclagem: utilização de produtos descartados como matéria-prima para fabricação de novos produtos. Para que esses resíduos sejam enca-

minhados às usinas e/ou indústrias de reciclagem, o lixo deve ser separado e descartado de forma seletiva e direcionado adequadamente, por exemplo, para postos de entrega voluntária distribuídos pela prefeitura ou pela iniciativa privada em locais predefinidos. A reciclagem integral transforma o material descartável no mesmo produto que lhe deu origem, em produtos similares ou em novos produtos. Como regra geral, o papel deve ser transformado em papel, vidro em vidro, metal em metal, plástico em plástico e matéria orgânica em adubo. A compostagem acelera o processo natural de decomposição de matéria orgânica para formar um composto utilizável como adubo. Toda reciclagem de produtos industrializados gera novos resíduos, sólidos, líquidos ou gasosos, como as dioxinas, resíduos dos materiais que contêm cloro.

- Compostagem: processo biológico de decomposição da matéria orgânica de origem animal ou vegetal. Tem como resultado final o composto orgânico, que pode ser aplicado ao solo para melhorar suas características, sem ocasionar riscos ao meio ambiente. É praticada há muito tempo no meio rural pela utilização de restos vegetais e esterco animal. Pode-se também utilizar a fração orgânica do lixo domiciliar, de forma controlada, em instalações industriais chamadas usinas de compostagem. Muitas dessas usinas possuem biodigestores, que são uma espécie de equipamento que acelera a biodegradação da matéria orgânica pela ação de bactérias na ausência de oxigênio, resultando na produção do composto orgânico ou do biofertilizante, em um espaço de tempo muito reduzido (alguns dias ou mesmo horas).
- Incineração: queima dos resíduos em alta temperatura, geralmente acima de 900°C. É um método de alto custo pela utilização de equipamentos especiais. Necessita de manutenção e supervisão constantes e produz cinzas tóxicas, que devem ser depositadas em aterros especiais e correspondem a 25% do peso inicial. Como lançam na atmosfera dioxinas, furanos, entre outras substâncias causadoras de câncer e de outras doenças graves, que podem afetar o sistema imunológico humano e contaminar o ambiente por muito tempo, as centrais de incineração devem conter filtros e outras tecnologias.

A energia gerada pela incineração pode ser recuperada para a geração de calor e eletricidade, mas exige alta tecnologia e grandes investimentos. O impacto mais grave desse método é a poluição do ar pelos gases da combustão e por partículas não retidas nos filtros e precipitadores, problema muitas vezes ocasionado pela deficiência de mão de obra especializada. Os produtos remanescentes da incineração do lixo são os gases anidrido carbônico (CO_2), anidrido sulfuroso (SO_2), nitrogênio (N_2), oxigênio (O_2), água (H_2O) e cinzas.

A simples queima do lixo nos quintais das residências libera gases venenosos na atmosfera, podendo provocar dor de cabeça, náusea, doenças de pele, irritação nos olhos e nas vias respiratórias no ser humano.

De acordo com a Abrelpe (2016), os índices de disposição final de RSU apresentaram retrocesso no encaminhamento ambientalmente adequado dos RSU coletados, passando a 58,4% do montante anual disposto em aterros sanitários. As unidades inadequadas como lixões e aterros controlados ainda estão presentes em todas as regiões do país e receberam mais de 81 mil toneladas de resíduos por dia, com elevado potencial de poluição ambiental e impactos negativos na saúde. A Figura 2.9 apresenta a disposição final de RSU no Brasil, por tipo de destinação (t/dia).

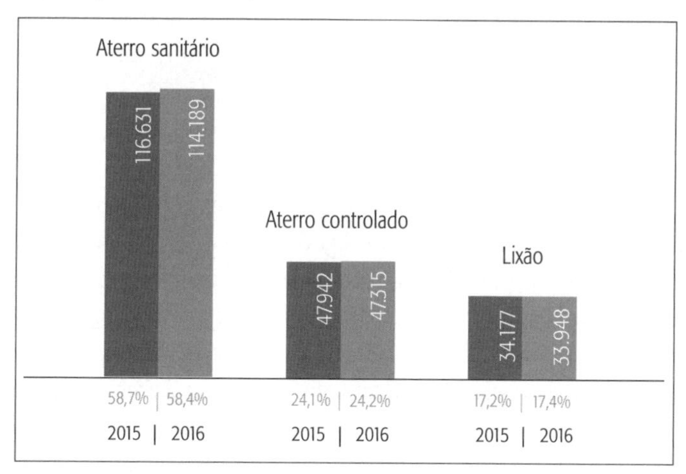

Figura 2.9 – Disposição final de RSU no Brasil, por tipo de destinação (t/dia).
Fonte: Abrelpe (2016).

A Tabela 2.10 apresenta a quantidade de municípios por tipo de disposição final adotada.

Tabela 2.10 – Quantidade de municípios por tipo de disposição final adotada

Disposição final	Brasil 2015	2016 – Regiões e Brasil					
		Norte	Nordeste	Centro-Oeste	Sudeste	Sul	Brasil
Aterro sanitário	2.244	92	458	161	822	706	2.239

(continua)

Tabela 2.10 – Quantidade de municípios por tipo de disposição final adotada (*continuação*)

Disposição final	Brasil 2015	2016 – Regiões e Brasil					
		Norte	Nordeste	Centro-Oeste	Sudeste	Sul	Brasil
Aterro controlado	1.774	112	500	148	644	368	1.772
Lixão	1.552	246	836	158	202	117	1.559
Brasil	5.570	450	1.794	467	1.668	1,191	5.570

Fonte: Abrelpe (2016).

O cenário do lixo urbano

Há uma significativa desigualdade das taxas de geração e composição do lixo entre as diferentes regiões do planeta, as quais podem ser subdivididas em quatro categorias:

- Categoria I: alta densidade demográfica e nível de renda elevado. Por exemplo: Japão, Europa Ocidental, zonas metropolitanas norte-americanas. Características do lixo: alta geração *per capita*, alto teor de embalagens. Gestão do lixo: coleta total do lixo, com foco em programas de coleta seletiva. Incineração usada para a geração de energia. Aterros sanitários com controle ambiental como forma de destinação final.
- Categoria II: baixa densidade demográfica e nível de renda elevado. Exemplo: Canadá, países nórdicos, interior dos Estados Unidos. Características do lixo: alta geração *per capita*, alto teor de embalagens. Gestão do lixo: coleta total do lixo. Aterro sanitário como principal forma de destinação. Iniciativas de reciclagem. Compostagem de resíduos orgânicos.
- Categoria III: alta densidade demográfica e nível de renda baixo. Exemplos: Índia, China, zonas metropolitanas latino-americanas. Característica do lixo: média geração *per capita*, alto teor de alimentos e médio teor de embalagens. Gestão do lixo: coleta inadequada do lixo. Crescente preocupação em fechar lixões e criar aterros sanitários com controle ambiental. Indústria de reciclagem abastecida por trabalho informal nas ruas e lixões.
- Categoria IV: baixa densidade demográfica e nível de renda baixo. Exemplos: África e zonas rurais da América Latina. Característica do lixo: baixa geração *per capita*, alto teor de alimentos. Gestão do lixo: coleta inadequada do lixo. Lixão como forma principal de destinação.

De acordo com dados do World Bank (2015), em 2012 as cidades no mundo geraram aproximadamente 1,3 bilhões de toneladas de resíduos sólidos. A previsão é que este montante atinja, em 2025, 2,2 bilhões de toneladas.

Estima-se que globalmente, o custo do gerenciamento dos resíduos irá aumentar de US$ 205,4 bilhões para US$ 325,5 bilhões. Isso representa um significativo aumento nas taxas *per capita* de geração de resíduos, de 1,2 para 1,42 toneladas por pessoa por dia nos próximos 15 anos. São taxas médias globais, todavia, essas variam consideralvelmente por região, país, cidades, e até mesmo dentro de cidades.

Globalmente, a taxa de aumento do volume de lixo gerado tem aumentado mais rápido que a taxa de urbanização. Há uma forte correlação entre as taxas de geração de resíduos sólidos urbanos e as emissões de gases de efeito estufa. Correlação similar existe com outras taxas municipais como as de aumento da produção de esgostos e consumo total de energia.

Ao tratar a produção de resíduos sólidos de forma mais integrada, dentro de uma visão holística, com foco na forma urbana e na escolha do estilo de vida, é possível obter benefícios supreendentes.

As taxas de produção de lixo são influenciadas por:

- Crescimento demográfico.
- Mudanças de hábitos.
- Melhoria no nível econômico.
- Grau de desenvolvimento industrial.
- Urbanização.
- Clima local.

A questão dos resíduos solídos está inextricavelmente ligada à urbanização e ao desenvolvimento econômico.

A história do lixo está relacionada ao processo civilizatório humano. Quando deixamos de ser nômades e começamos a nos fixar em um território, passamos a conviver com os resíduos gerados. A palavra "lixo" vem do latim *lix*, que significa lixívia ou cinzas. Também do latim provém o termo "resíduo" que significa "sobra": *residuu*.

Ao longo dos tempos, conforme a civilização foi se desenvolvendo, ocorreram mudanças na forma de interação entre a humanidade e o lixo.

Mais recentemente, a Revolução Industrial permitiu a ampliação da produtividade e da densidade urbana, o desenvolvimento dos meios de transporte, a evolução do comércio internacional, o advento de novos materiais, principalmente depois da II Guerra Mundial e, de maneira significativa, a popularização dos meios de comunicação e o advento da publicidade, resultando na ampliação da quantidade de lixo gerado por habitante. Esses pontos de inflexão causaram uma profunda transição no consumo e posterior descarte dos produtos local e mundialmente.

À medida que os países se urbanizam, suas riquezas econômicas aumentam. À medida que a renda e consequentemente o padrão de vida aumentam, o consumo de produtos e serviços aumenta, resultando em um correspondente aumento da geração de resíduos.

Hoje, resíduos sólidos são geralmente considerados uma "questão urbana". Taxas de geração de resíduos tendem a ser menores em áreas rurais visto que, na média, os residentes usualmente são mais pobres, compram produtos não estocáveis (que usam menos embalagens) e que possuem altos níveis de reúso e reciclagem.

Atualmente, mais de 50% da população vive em cidades e a taxa de urbanização está aumentando de modo acelerado. Isso traz um desafio muito grande à disposição do lixo (menos área disponível em zonas urbanas), e ao controle da poluição do ar e da água. Dessa forma, uma gestão integrada, como já mencionado nesta seção, que trate água, resíduos sólidos e energia, é imprescindível.

Os impactos globais da geração de resíduos sólidos estão aumentando rapidamente. São inúmeros os problemas decorrentes da geração de lixo, dos quais destacam-se os seguintes.

Aspecto sanitário e ambiental:

- Contaminação da água pelo chorume produzido pela decomposição da matéria orgânica.
- Contaminação do solo pelas condições favoráveis ao desenvolvimento de fungos e bactérias.
- Poluição do ar pelas emissões de poeira, gases e mau cheiro.
- Disseminação de doenças como o botulismo e o tétano causadas por fungos e bactérias, diarreias infecciosas, amebíase, tifo, peste bubônica e leptospirose, causadas por insetos como baratas, moscas e ratos.
- Riscos de acidentes aéreos com aves.
- Desabamentos provocados pelo lixo jogado nas encostas e carregados pela chuva.
- Enchentes causadas pela obstrução de rios e córregos.

Aspecto social:

- Lixo jogado a céu aberto atrai populações de baixa renda que, por meio de captação e comercialização de materiais recicláveis, buscam uma forma de sustento.
- Alta exposição dos catadores a uma gama de moléstias: ferimentos em geral pela manipulação de objetos cortantes, doenças gastrintestinais e doenças de pele.
- Má qualidade da vida dos catadores.

Aspecto econômico:

- Elevados investimentos para recuperação de áreas e mananciais degradados.
- Altos custos de implantação e operação de aterros que ocupam imensas áreas, cuja vida útil se esgota rapidamente.
- Pesados gastos com saúde no tratamento de doenças ocasionadas pela disposição inadequada do lixo.

De acordo com Abrelpe (2016), a disposição final dos resíduos sólidos urbanos em 2016 demonstrou piora com relação ao ano anterior, de 58,7% para 58,4%, ou 41,7 milhões de toneladas enviadas para aterros sanitários. O caminho da disposição inadequada continuou sendo trilhado por 3.331 municípios brasileiros, que enviaram mais de 29,7 milhões de toneladas de resíduos, correspondentes à 41,6% do que foi coletado em 2016, para lixões ou aterros controlados, que não possuem o conjunto de sistemas e medidas necessários para proteção do meio ambiente contra danos e degradações.

Os recursos aplicados pelos municípios em 2016 para fazer frente a todos os serviços de limpeza no Brasil foram, em média, de cerca de R$9,92 mensais por habitante, uma queda de 0,7% em relação a 2015 (Abrelpe, 2016).

A geração de empregos diretos no setor de limpeza pública também apresentou queda de 5,7% em relação ao ano anterior e perdeu cerca de 17.700 postos formais de trabalhos no setor. O mercado de limpeza urbana no país seguiu a mesma tendência de recessão econômica e movimentou R$ 27,3 bilhões, uma queda de 0,6% em comparação a 2015 (Abrelpe, 2016).

De acordo com a Associação Internacional de Resíduos Sólidos (na sigla em inglês, ISWA), nas regiões da África, Ásia e América Latina estão os principais locais com problemas de coleta e destinação dos resíduos. Há relação direta com as condições de desenvolvimento dos países, com a falta de políticas públicas, poder econômico baixo e a falta de educação formal e informal para a população. As consequências são conhecidas: aumento da degradação ambiental, doenças e mortes prematuras.

Que modelo de desenvolvimento poderá propiciar aumento de consumo das famílias em condição de pobreza e reduzir a geração *per capita* de resíduos sólidos? A recente Política Nacional de Resíduos Sólidos – Lei n. 12.305/2010 – hierarquiza a não geração, seguida da redução, reutilização, reciclagem, tratamento dos resíduos sólidos e disposição final ambientalmente adequada dos rejeitos. A logística reversa e a responsabilidade compartilhada, instituída na Lei, são estratégias na implantação de um modelo de produção e consumo sustentáveis. As responsabilidades do gerador, do importador, do distribuidor, do comerciante, assim como do consumidor do produto com um fluxo reverso dos resíduos, podem impactar positivamente esse objetivo. No entanto, esse caminho ainda não foi construído e, mesmo nos países da Comunidade Europeia, com suas diretrizes rigorosas, os resultados não são alvissareiros (Campos, 2012).

Campos (2012) apresenta como hipóteses que podem estar contribuindo para a geração *per capita* de resíduos sólidos no Brasil:

- Aumento da massa salarial (aumento de empregos).
- Redução do número de pessoas por domicílio e da composição familiar.
- Maior participação da mulher no mercado de trabalho.
- Fluxo de retorno da migração nordestina para o Sul de volta ao Nordeste, estimulando novos hábitos de consumo.
- Maior facilidade na obtenção de crédito para consumo.
- Não cobrança pelos serviços de coleta e manejo dos resíduos sólidos aos munícipes.
- Estímulo frenético ao consumo por veículos de comunicação.
- Uso indiscriminado de produtos descartáveis.

A minimização e o gerenciamento integrado de resíduos

A partir de 1960, a ênfase na correção de problemas e desvios ambientais assumiu grande importância por meio da engenharia sanitária. Onde havia emissões de poluentes para a atmosfera acima de valores toleráveis, propunha-se a instalação de filtros; onde havia emissões de poluentes em rios, propunha-se o tratamento de efluentes; quando se tratava de resíduos sólidos, recomendava-se a disposição confinada. Posteriormente, a valorização de conceitos como eficiência, qualidade e produtividade ressaltou a importância da diminuição de emissões por meio de técnicas de reutilização ou de reciclagem de resíduos.

A partir da década de 1980, fortaleceu-se a ideia da prevenção e da minimização para evitar a geração de resíduos, que vão além da reciclagem e da reutilização. Pela revisão de procedimentos de produção, de mudanças tecnológicas e de melhorias nas práticas gerenciais, a prevenção e a minimização de resíduos são aplicadas com o objetivo de tornar os processos produtivos mais eficientes.

Mais recentemente, o conceito de "poluição zero" tem sido alvo de estudos e de novas propostas pela indústria. A "poluição zero" consiste na redução de poluentes a níveis próximos de zero, por meio da recuperação e reutilização de resíduos da própria indústria, da venda de resíduos como insumos para outras indústrias, da utilização de energia e recursos renováveis, do aumento da vida útil de produtos e, principalmente, da atuação sobre toda a cadeia de ciclo produtivo ou ciclo de vida do produto.

O conceito de minimização de resíduos da indústria se estende aos resíduos sólidos urbanos, que correspondem ao lixo gerado nos centros urbanos, decorrente de atividades residenciais e comerciais.

Assim como para a indústria o conceito de minimização de resíduos engloba a reutilização, reciclagem e a redução da geração de resíduos, a minimização de resíduos sólidos urbanos inclui a redução na fonte, a reutilização, a reciclagem de materiais, a incineração e a compostagem de resíduos.

Fazendo uma analogia com a evolução do conceito da "minimização de resíduos", pode-se dizer que o Brasil se encontra no início do estágio da "reciclagem de materiais". Nos dias de hoje, é comum assistir às campanhas publicitárias ou ler reportagens sobre os benefícios e a importância da reciclagem de materiais; o que não ocorre com a minimização da geração de lixo.

Ao se enfocar os resíduos sólidos urbanos na perspectiva da minimização de resíduos, direciona-se para o gerenciamento integrado de resíduos, que representa um conjunto articulado de ações normativas, operacionais, financeiras e de planejamento que uma administração municipal desenvolve, com base em critérios sanitários, ambientais e econômicos, para coletar, tratar e dispor o lixo na sua cidade, ou seja, gerenciar a diversidade de tipos de resíduos de forma integrada.

Gerenciar o lixo de forma integrada significa usar sistema de coleta, transporte e tratamento adequados, combinar as diferentes soluções disponíveis e, utilizando-se de tecnologias compatíveis com a realidade local, fazer com que o lixo não seja uma fonte de problemas, tanto no presente como no futuro.

A Figura 2.10 apresenta um diagrama ilustrativo, em que cada bloco representa uma atividade levada em consideração pelo gerenciamento integrado de resíduos.

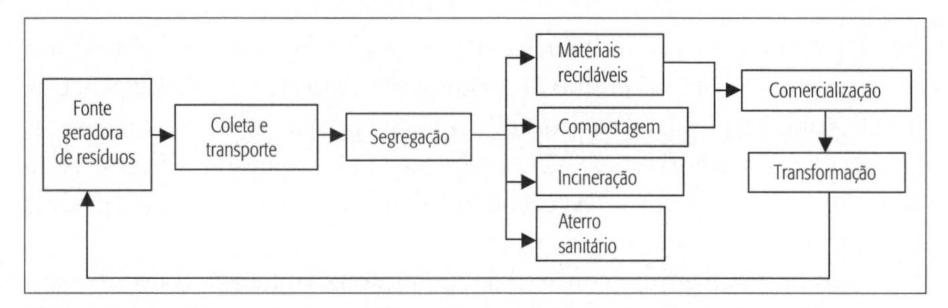

Figura 2.10 – Diagrama esquemático do gerenciamento integrado de resíduos.
Fonte: Kanayama (1999).

Nesse processo, todas as características dos resíduos sólidos urbanos devem ser conhecidas. Para isso, os resíduos são classificados da seguinte maneira:

- No aspecto quantitativo – geração *per capita* de lixo (kg/hab/dia), população, taxa de crescimento populacional (%), além da expansão física da área urbana e outros fatores que venham a influenciar a geração de lixo.
- No aspecto qualitativo – composição física (porcentagem de vidro, plástico, metal, papel etc.) e parâmetros físicos (umidade, densidade e poder calorífico), químicos (carbono, nitrogênio, enxofre, potássio e fósforo) e outros.

O conhecimento da caracterização dos resíduos sólidos urbanos, assim como de suas tendências futuras, possibilita calcular a capacidade e o tipo dos equipamentos de coleta, o tratamento e a destinação final. Revela, por exemplo, as potencialidades econômicas do lixo, subsidiando informações para a escolha do sistema de tratamento e disposição final mais adequados.

Os principais fatores na caracterização do lixo são: o teor de umidade; a produção *per capita*; composição química; riscos associados; tipos de coleta.

Para a otimização do sistema de coleta e transporte, é necessário um fluxo permanente de informações que subsidie o seu planejamento e gerenciamento. Quanto maior a produção de lixo, maior deve ser a frequência da coleta. Porém, quanto maior a frequência, maior o custo total do serviço. Por isso, a restrição econômica influi diretamente no acúmulo do lixo. A organização da coleta tem grande importância na otimização da relação de custo-benefício nesse contexto. Dados como condições de tráfego, relevo e pavimentação das ruas, dimensionamento de áreas de coleta de cada veículo, definição de itinerários e divulgação à população de informações como hora e dia de coleta são fundamentais para a organização da coleta.

Uma característica importante do gerenciamento integrado de resíduos, que nem sempre é executada na prática, é a priorização de ações, muitas vezes conhecida como política dos 3 Rs – "Reduzir, Reutilizar e Reciclar", antes da disposição final. Segundo essa política, cada "R" obedece a uma hierarquia. A reutilização não deve ser considerada até que as possibilidades de redução na fonte tenham se esgotado. A reciclagem não deve ser levada em conta até que as possibilidades de utilização tenham se esgotado, e assim por diante, até se chegar à disposição final.

Em alguns países, e dependendo das circunstâncias, a política dos 3 R pode receber denominações diferentes, mas sua essência é a mesma. Nos Estados Unidos, por exemplo, a Environmental Protection Agency (EPA) considera a redução na fonte e a reciclagem elementos da "minimização de resíduos", como indicado na Figura 2.11.

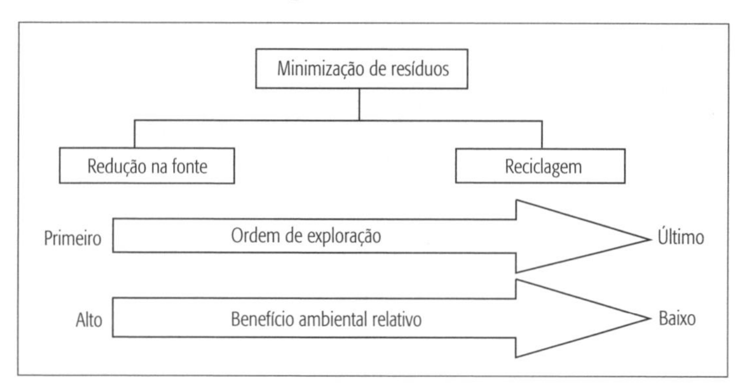

Figura 2.11 – Conceito de minimização de resíduos segundo a EPA.
Fonte: Kanayama (1999).

Segundo a EPA, a redução na fonte é preferível à reciclagem quando vistas de uma perspectiva ambiental. Por esse motivo, ações para a redução na fonte devem ser priorizadas em relação à reciclagem. Como se pode notar, a essência dessas políticas é a mesma. Uma maneira simples e eficaz de se evitar problemas com a disposição final do lixo é evitar a sua geração. Não havendo como evitar a sua geração, é melhor que seja tratada de maneira adequada.

Para o governo britânico, a hierarquia estratégica adotada para o gerenciamento de resíduos recebe denominação de política dos 3 Rs, de reduzir, reutilizar e recuperar, como ilustrado na Figura 2.12.

No Brasil, o terceiro dos 3 Rs é geralmente denominado "Reciclar", em vez de "Recuperar". Cabe ressaltar, no entanto, que a recuperação já envolve a reciclagem, a compostagem de resíduos orgânicos e também a incineração, quando esta é utilizada com a finalidade de gerar energia, ou "Recuperar" energia.

Nessa hierarquia, a reutilização não deve ser considerada até que as possibilidades de redução na fonte tenham se esgotado. A recuperação não deve ser levada em conta até que as possibilidades de utilização tenham se esgotado e assim por diante, até chegar à disposição final.

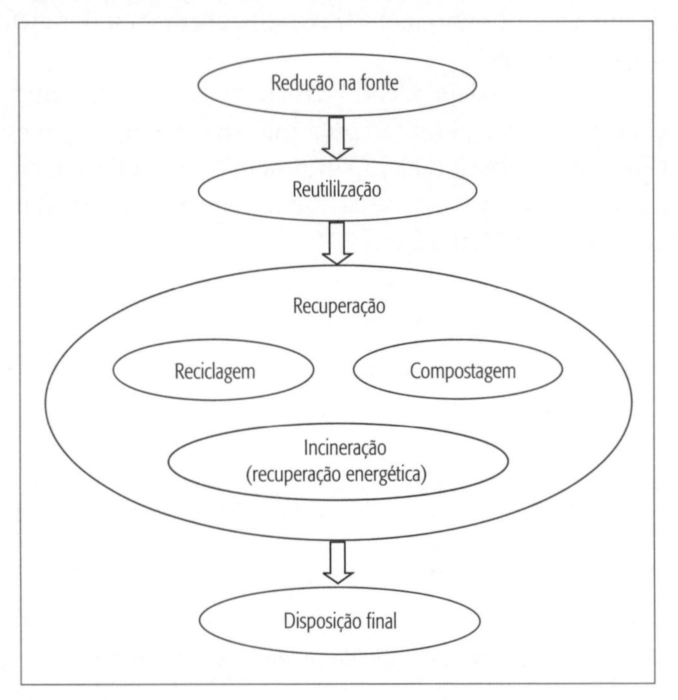

Figura 2.12 – A política dos 3 Rs.
Fonte: Kanayama (1999).

ENERGIA E GERENCIAMENTO INTEGRADO DE RESÍDUOS

O gerenciamento integrado de resíduos, ao enfocar a utilização dos recursos naturais desde a origem até a disposição final, de volta à natureza, apresenta forte relação com a questão energética, em termos da energia necessária para as diversas transformações produtivas necessárias.

Do ponto de vista da otimização de recursos energéticos, pode-se visualizar a seguinte hierarquia nas práticas do gerenciamento integrado de resíduos, o que evidencia a grande importância da redução na fonte:

- Redução na fonte.
- Reciclagem de materiais.
- Incineração de resíduos com recuperação energética.
- Compostagem de matéria orgânica.

De todas elas, as três primeiras são as medidas que mais contribuem para resolver os problemas da escassez de aterro sanitário e de recursos energéticos. Mas para que a minimização de resíduos seja eficiente, elas devem ser aplicadas em conjunto, pois cada uma delas possui isoladamente determinada abrangência quanto aos tipos de material.

Embora a compostagem não represente uma alternativa significativa para a conservação de energia, não há sentido em se priorizar apenas a reciclagem de materiais ou apenas a redução na fonte, pois, por causa do problema da escassez de aterro sanitário, todas as medidas são complementares.

O Quadro 2.1 apresenta uma visão dos tipos de materiais privilegiados em cada uma das medidas da minimização de resíduos.

Quadro 2.1 – Tipos de materiais privilegiados para minimização de resíduos sólidos urbanos (RSU)

Redução na fonte	Praticamente não existe restrição quanto aos materiais. Porém, os produtos mais fáceis de serem reduzidos são os descartáveis em geral.
Reciclagem	A reciclagem é indicada para materiais cuja sucata possa ser facilmente comercializada. Em ordem decrescente, os materiais recicláveis com maior valor de revenda são alumínio, plástico, papel, latas de aço e vidro.
Incineração	A eficiência do processo de incineração está relacionada ao poder calorífico do lixo, influenciado pela alta presença de materiais combustíveis, baixo teor de umidade e baixa quantidade de materiais inertes.
Compostagem	Varrição das feiras públicas, lixo de restaurantes, alimentos em geral e materiais orgânicos.

Fonte: Kanayama (1999).

A minimização de resíduos é uma maneira sistêmica de se reduzir a quantidade de lixo gerado e de conservar energia, pois cada uma das abordagens privilegia determinados tipos de materiais. Enquanto a reciclagem pode ser mais rentável para materiais como alumínio, papel e vidro, a incineração pode ser mais viável para o lixo com alta concentração de materiais combustíveis de baixo teor de umidade. A compostagem atua sobre materiais orgânicos e a redução na fonte pode ser aplicada à maioria dos materiais.

Das quatro linhas de atuação na minimização de RSU, a redução na fonte é a mais importante. Enquanto a redução na fonte atua como medida preventiva de geração de RSU, a reciclagem, a incineração e a compostagem atuam como medidas de mitigação. Atualmente, a aplicação da minimização de RSU não é trivial. Mudanças de hábitos de consumo da população e a participação da sociedade são essenciais.

Trata-se de um desafio reduzir as pressões sobre o meio ambiente e atender às necessidades básicas da humanidade por meio da implementação de padrões de consumo mais sustentáveis. A Agenda 21 ressalta a importância dos governos, da indústria e do público em geral de envidar um esforço conjunto para reduzir a geração de resíduos e de produtos descartados, por meio tanto do estímulo à reciclagem no nível dos processos industriais e do produto consumido, como da redução do desperdício na embalagem dos produtos, ou por meio do estímulo à introdução de novos produtos ambientalmente saudáveis.

Além disso, ela recomenda o auxílio a indivíduos e famílias na tomada de decisões ambientalmente saudáveis de compra, por meio de rotulagem com indicações ecológicas e outros programas de informação sobre produtos relacionados ao meio ambiente; da oferta de informações sobre a consequência das opções e comportamentos de consumo, de modo a estimular a demanda e o uso de produtos ambientalmente saudáveis; da conscientização dos consumidores acerca do impacto dos produtos sobre a saúde e o meio ambiente, e do estímulo a programas expressamente voltados ao interesse do consumidor, como a reciclagem e os sistemas de depósito/restituição.

Nesse contexto, o recente surgimento, em muitos países, de um público consumidor mais consciente do ponto de vista ecológico, associado a um maior interesse por parte de algumas indústrias em fornecer bens de consumo mais saudáveis ambientalmente, constitui um acontecimento significativo que deve ser estimulado.

A seguir, serão enfocadas especificamente a redução na fonte, a reciclagem, a incineração e outras formas de recuperação energética, que configuram as áreas de maior interação entre o gerenciamento integrado de resíduos e a energia.

Redução na fonte

A maioria dos trabalhos referentes à redução na fonte de RSU trata sobre o tema de forma qualitativa, por meio de campanhas ou fornecendo alguns dados gerais de economias e vantagens para os consumidores. Quantificar as vantagens para o governo e para as indústrias, porém, envolve múltiplas variáveis, tornando essa atividade complexa. Por exemplo, como avaliar o impacto na economia ou o índice de desemprego se as indústrias que produzem produtos descartáveis fossem sobretaxadas, fazendo com que o consumidor priorizasse o consumo de produtos mais duráveis? Provavelmente, muitas dessas indústrias acabariam produzindo menos, tendo que reduzir seu quadro de funcionários. Por outro lado, outros postos de trabalho seriam criados nas indústrias em que o consumo de produtos mais duráveis venha a aumentar. Como seria possível prever o aumento ou a diminuição de matéria-prima e energia por conta dessas mudanças? Essas respostas ainda não foram totalmente esclarecidas.

Já os trabalhos que tratam sobre a redução na fonte de processos industriais apresentam metodologias de aplicação e pesquisa detalhadas. A EPA dos Estados Unidos, em seu *Manual de avaliação de oportunidades para minimização de resíduos*, publicado em 1998, apresenta o esquema para a redução na fonte em processos industriais, como mostrado na Figura 2.13.

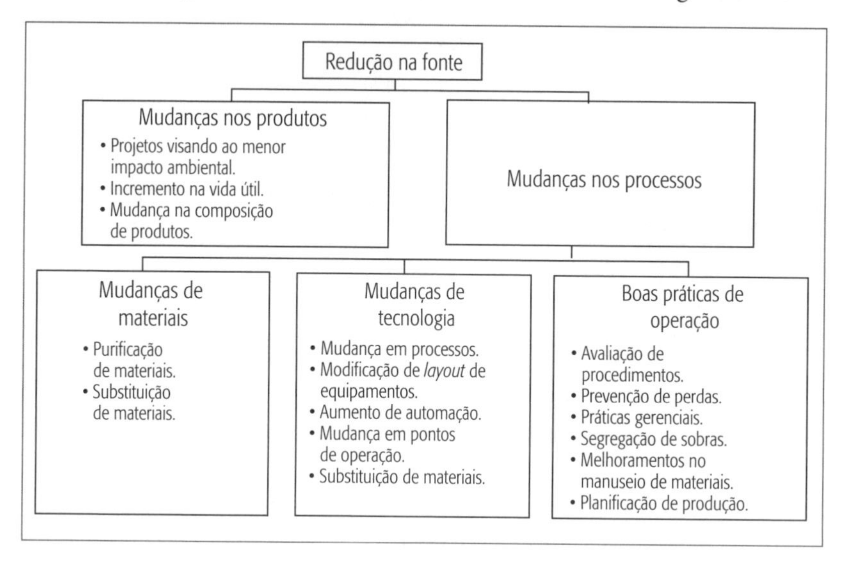

Figura 2.13 – Redução na fonte em processos industriais.
Fonte: Kanayama (1999).

A redução na fonte em processos industriais é uma forma ótima de evitar a geração de resíduos, pois possibilita a substituição de produtos perigosos por outros que sejam confiáveis, otimizando o uso de recursos energéticos e matérias-primas e reincorporando resíduos ao processo.

Economicamente falando, para a indústria, medidas de redução na fonte custam menos que a reciclagem, que, por sua vez, é mais barata que a disposição final. E ainda apresentam gastos menores que medidas de remediação de contaminações ou uma redução de lucros por ineficiência da produção.

O Quadro 2.2 compara qualitativamente o custo associado à redução na fonte com a reciclagem e a disposição. A disposição final sem tratamento é a opção que apresenta maior custo associado em decorrência das medidas de remediação das destruições causadas.

Quadro 2.2 – Hierarquia das opções da gestão ambiental

Opções técnicas			Custo
Redução na fonte	Mudança nos processos	Substituição de matérias-primas e insumos contaminantes	$
		Utilização de tecnologias limpas	
		Melhoramento na gestão e nas práticas de operação	
	Mudança nos produtos	Projetos visando a um menor impacto ambiental	
Reciclagem		Aumento da vida útil do produto	$$$
		Recuperação e reutilização dentro do processo produtivo	
		Reciclagem fora do processo produtivo	
Pré-tratamento e tratamento			$$$$$
Disposição final/destruição/remediação			$$$$$$$$$$

Fonte: Kanayama (1999).

A ISO 14.000 trabalha bastante nesse sentido também. Aplicando-se os procedimentos da ISO, é possível tornar os processos mais eficientes, minimizando a geração de resíduos.

Embora seja uma tarefa complexa, no caso de se desejar calcular a energia conservável por causa das medidas de redução na fonte, a seguinte expressão poderia ser utilizada:

Equação 1: energia conservável por causa das medidas de redução na fonte.

Ec = Q x Ep x Potencial x Aceitação

Sendo:

I) Ec = energia conservada graças à redução da geração de lixo na fonte. Nesse caso, todos os tipos de energéticos utilizados na cadeia de produção (por exemplo, diesel, álcool, eletricidade) devem ter suas unidades convertidas para uma unidade de referência (por exemplo, Wh, joule, cal/h, ou tonelada equivalente de petróleo).

II) Q = quantidade equivalente de determinado material ou produto descartado, em peso.

III) Ep = energia poupada equivalente pela redução de 1 tonelada de determinado material.

O produto Q x Ep pode ser expandido para:

Valor da energia conservável equivalente

$$Q \times Ep = Q_{economizado} \times E_{produção} + (Q_A \times E_{produção} A - Q_B \times E_{produção} B)$$

Em que:

$E_{produção\ A}$ = energia consumida na produção de 1 tonelada do material A.

$E_{produção\ B}$ = energia consumida na produção de 1 tonelada do material B, que substitui o material A.

$Q_{economizado}$ = quantidade de material economizado por meio de medidas simples como utilização do verso de papéis usados, reutilização de copos descartáveis etc.

Q_A = quantidade de material A descartado.

Q_B = quantidade de material B que substitui Q_A.

Reciclagem

A relação entre o tratamento dos RSUs e a energia, no sentido da sua conservação, pode ser claramente evidenciada pelos benefícios da reciclagem de lixo, que é uma concreta ilustração de como os setores de energia e de saneamento podem se relacionar, atuando de acordo com os princípios de desenvolvimento sustentável.

Alguns materiais apresentam altos potenciais de conservação de energia e água associados à sua reciclagem. O plástico, que é produzido a partir de matérias-primas como petróleo, gás natural, carvão mineral e vegetal, apresenta uma economia em torno de 90% com a reciclagem, sendo que alguns desses energéticos são não renováveis, além de o plástico ser um dos piores resíduos para os aterros, pois demora mais de 200 anos para se degradar, e alguns tipos não se degradam.

Outro exemplo de material que propicia benefícios para a conservação de energia é o alumínio, que, de todos os materiais exploráveis, é o que apresenta maior potencial de economia de energia com a reciclagem. A produção de uma lata nova a partir de uma recuperada economiza cerca de 95% de energia do processo industrial.

Ao avaliar um processo de reciclagem, deve-se efetuar uma análise econômica, envolvendo os custos e benefícios, os quais são discutidos a seguir.

Custo do processo de reciclagem

O custo do processo de reciclagem corresponde ao custo de transporte, armazenagem e enfardamento – no caso do papel, trituração; lavagem – no caso dos metais, vidro e plástico; além de outras modalidades de beneficiamento, adotadas conforme as circunstâncias de fornecimento. Adicionalmente, consideram-se também os custos administrativos envolvidos.

Benefício: custo evitado de disposição final

O processo de reciclagem de materiais diminui o volume de lixo a ser disposto. O custo evitado se refere aos custos evitados com aterro sanitário ou incineração, bem como com as operações de coleta, transporte e transbordo envolvidas. Nos custos de aterros e incineradores, são considerados os custos de implantação, operação e manutenção das instalações. Incluem-se também os custos com a frota de veículos utilizados no transporte e no transbordo.

Ganhos decorrentes da economia e do consumo de energia

Partindo do princípio de que a produção, a partir de materiais recicláveis, requer consumo de energia significativamente menor que a produção a partir de matéria virgem, os ganhos decorrentes da economia do consumo de energia são calculados com base nos dados ilustrados na Figura 2.14.

Segundo o gráfico, a produção de 1 tonelada de latas de alumínio a partir da bauxita consome cerca de 16 MWh de energia, enquanto, se for produzido a partir de alumínio reciclado, seriam necessários apenas 0,8 MWh de energia por tonelada de lata de alumínio. Assim, a produção de uma lata de alumínio nova a partir de uma recuperada economiza 95% de energia, por exemplo.

Na produção de uma tonelada de barras de aço, a utilização de sucata consome cerca de 1,8 MWh de energia, enquanto a produção a partir de minério de ferro consome cerca de 6,8 MWh, ou seja, 74% menos energia. Para o papel, a economia de energia é de 71% e, no caso do vidro, é de cerca de 13%, pois o ponto de fusão do vidro reutilizado acontece a uma temperatura de 1.000 a 1.200°C, sendo que o ponto de fusão do vidro com matérias virgens ocorre com temperaturas entre 1.500 e 1.600°C.

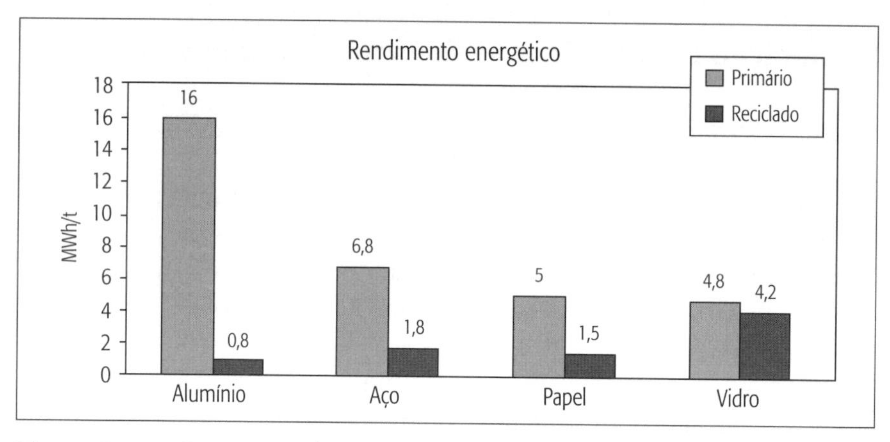

Figura 2.14 – Comparação de rendimento energético por meio da utilização de matéria primária ou de reciclados (MWh/t).

Fonte: Kanayama (1999).

Em outras palavras, na reciclagem de 75 latas de aço, uma árvore que seria utilizada como carvão na produção é poupada. Com cem latas de aço reciclado, poupa-se o equivalente a uma lâmpada de 60 W acesa durante uma hora. No caso do vidro, pode-se dizer que cada tonelada de vidro reutilizado economiza 290 kg de petróleo gastos na fundição.

Existem também outros materiais potenciais. O plástico, que é produzido a partir de matérias-primas como petróleo, gás natural, carvão mineral e vegetal, apresenta uma economia em torno de 90% com a reciclagem.

Com base nesses índices de rendimento energético (Figura 2.14) de cada material, a economia de energia, em razão da reciclagem, é calculada por meio da concentração gravimétrica, ou seja, da massa de cada material contido no lixo, como se esses materiais fossem reciclados, em vez de dispostos em lixões ou aterros. Além disso, pode-se citar outros benefícios não menos significativos, cujo detalhamento foge ao objetivo deste livro, mas que podem ser encontrados, se necessário, na bibliografia:

- Ganhos decorrentes da economia de matérias-primas.
- Ganhos decorrentes da economia de recursos hídricos.
- Ganhos com a economia no controle ambiental.
- Outros ganhos econômicos: custo da energia produzida evitada, redução da importação de determinadas matérias-primas, aumento da vida útil de determinados equipamentos.

Incineração e outras formas de recuperação energética

Incineração simples

A combustão dos resíduos sólidos, nesse caso, é realizada por sistemas que empregam a tecnologia chamada *mass burn*. São sistemas que podem aceitar resíduos sólidos pré-processados para remoção de objetos de grande porte ou materiais separados de acordo com a fonte ou o tipo de atividade. O objetivo do sistema é atingir a combustão completa por meio da combinação eficiente do lixo, do ar e da temperatura, com duração suficiente para minimizar a quantidade de resíduos combustíveis entre as cinzas, assegurando o tratamento sanitário e a destruição de contaminantes orgânicos.

A energia é recuperada a partir da passagem dos gases aquecidos por uma caldeira, que normalmente inclui superaquecedores, com o propósito de aumentar a eficiência do sistema. A energia é transferida para a água no interior das tubulações da caldeira, gerando água quente e vapor e esfriando os gases. O vapor é usado para a geração de eletricidade e, se a localização permitir, para aquecimento residencial e de processos industriais. Esse tipo de planta termelétrica é usualmente denominado pela sigla CHPF (*combined heat and power facility*).

Normalmente, o lixo urbano, excluindo-se algumas variações regionais, apresenta, após a retirada da matéria reciclável/reutilizada/recuperável, um poder calorífico entre 9.000 e 10.000 kJ/kg. Isso significa que a energia elétrica gerada por uma tonelada de lixo é da ordem de 500 kWh a 1 MWh.

Analisando o potencial de geração de lixo, verifica-se que, dependendo das condições tecnológicas e das características do lixo de determinada região, além, é claro, das necessidades energéticas locais, a energia gerada pelo lixo de quatro a dez residências é suficiente para o abastecimento total de uma outra residência.

Resíduos combustíveis (refuse derived fuel – RDF)

O processamento dos resíduos sólidos municipais para a separação da fração combustível da não combustível, como metais, vidros e borralho, resulta em um produto (RDF) composto, predominantemente, de papel, plástico, madeira e resíduos orgânicos. Esse produto contém 20 a 30% mais energia que os resíduos sólidos não tratados, com um poder calorífico de cerca de 12.000 a 13.000 kJ/kg. É possível incinerar esse produto para a produção de eletricidade e calor.

Um dos benefícios da separação da fração do combustível (RDF) é que esse material pode ser cortado em pedaços de tamanhos uniformes ou prensados em blocos, facilitando o manuseio, o transporte e principalmente a combustão. O RDF assim processado pode ser queimado com outros combustíveis, como madeira e carvão, em instalações já existentes.

Gases de aterro sanitário

São gases produzidos a partir da decomposição anaeróbica natural da matéria orgânica. Constituem-se de 40 a 60% de gás metano (CH_4), o restante é predominantemente dióxido de carbono (CO_2). O poder calorífico dos gases de aterro é da ordem de 17.000 kJ/m^3, cerca da metade do gás natural tradicional. Cada tonelada de RSU (MSW) produz cerca desses 70 m^3 de gás.

A conversão para eletricidade pode ser feita com a utilização de motores de combustão interna ou turbinas. Para grandes volumes de gás podem ser utilizadas as usinas térmicas de ciclo combinado.

Biogás

O chamado biogás é semelhante ao gás oriundo da fermentação natural de aterros sanitários, com composição de cerca de 50 a 70% de gás metano e o restante de dióxido de carbono. Mas, ao contrário do ocorrido nos aterros, esse gás é produzido artificialmente em dispositivos denominados biodigestores ou biorreatores.

Esses dispositivos são receptáculos capazes de manter as condições de pleno desenvolvimento dos organismos vivos anaeróbicos que realizam a fermentação dos materiais orgânicos nos resíduos sólidos. O resíduo obtido nesse processo possui características fertilizantes.

Incineração de plásticos

A conversão de resíduos plásticos em energia a partir da incineração é realizada em muitos países. Nesse processo, os plásticos são queimados pura e simplesmente com a finalidade de gerar energia térmica. Deve ser levado em conta que o poder calorífico é equivalente ao de um óleo combustível e, por essa razão, podem constituir-se em uma valiosa fonte energética se não houver a possibilidade de serem reciclados.

Incineração de pneus

O poder calorífico de raspas de pneus também é semelhante ao dos óleos combustíveis, podendo tornar-se uma fonte energética importante. Nos Estados Unidos, cerca de 30% do total dos 275 milhões de pneus descartados são anualmente queimados em caldeiras já projetadas para otimizar essa queima. No Brasil, para o caso dos pneus, há registros de transformação destes em material constituinte do asfalto usado para pavimentação, dutos para captação de água e para contenção de margens dos rios.

Também há vantagens na utilização da queima de pneus em fornos de cimento, porque há a possibilidade de aproveitamento da tela de aço (uma parte do pneu) para o acréscimo de ferro ao cimento, além de sua utilização em vez da necessidade de beneficiamento para produção de lascas.

Responsabilidade compartilhada e logística reversa

Entre os princípios gerais que fundamentaram a Lei da Política Nacional de Resíduos Sólidos está o da responsabilidade compartilhada pelo ciclo de vida dos produtos, que deve atender entre outros, principalmente aos seguintes objetivos:

a) Promover o aproveitamento de resíduos sólidos, direcionando-os para sua cadeia produtiva ou para outras cadeias produtivas.
b) Reduzir a geração de resíduos sólidos, o desperdício de materiais, a poluição e os danos ambientais.
c) Incentivar a utilização de insumos de menor agressividade ao meio ambiente e de maior sustentabilidade.
d) Estimular o desenvolvimento de mercado, a produção e o consumo de produtos derivados de materiais reciclados e recicláveis.

Para alcançar esses objetivos, a responsabilidade pelo ciclo de vida dos produtos deve "ser implementada de forma individualizada e encadeada", de forma compartilhada pelos seguintes agentes:

- Fabricantes.
- Importadores.
- Distribuidores e comerciantes.
- Consumidores.
- Titulares de serviços públicos de limpeza e manejo de resíduos sólidos.

Sendo agentes responsáveis pelo ciclo de vida dos produtos antes do consumo, a Lei determina que cabe aos três primeiros investir "no desenvolvimento, fabricação e na colocação no mercado de produtos aptos, após o uso pelo consumidor, à reutilização, à reciclagem ou a outra forma de destinação ambientalmente adequada", gerando na fabricação a menor quantidade possível de resíduos sólidos. Também devem promover "a divulgação de informações relativas às formas de evitar, reciclar e eliminar os resíduos sólidos associados a seus respectivos produtos", além disso, "quando firmados acordos ou termos de compromisso com o município, participar de ações previstas no Plano Municipal de Gestão Integrada de Resíduos Sólidos, no caso de produtos ainda não inclusos no sistema de logística reversa", abordado adiante nesta seção.

A Lei define que são responsáveis pelas embalagens quem as manufatura ou fornece materiais para fabricação e ainda quem as coloca em circulação, ou ainda produtos embalados em qualquer fase da cadeia de comércio. Fica especificado também que as embalagens devem ser:

I – Restritas em volume e peso às dimensões requeridas à proteção do conteúdo.
II – Projetada de forma a serem reutilizadas de maneira tecnicamente viável e compatível com as exigências aplicáveis ao produto que contém.
III – Recicladas se a reutilização não for possível.

O consumidor é o elo seguinte da cadeia que constitui o ciclo de vida dos resíduos sólidos. É obrigação do consumidor o que antes era apenas recomendação de atitude ambientalmente correta: acondicionar adequadamente e de forma diferenciada, mediante separação por tipo de material descartado, os resíduos sólidos gerados, assim como disponibilizar adequadamente os resíduos sólidos reutilizáveis e recicláveis para coleta ou devolução.

A Lei ainda o isenta dessas obrigações caso o sistema de coleta seletiva não tenha sido implantado no município – que é incentivado e obrigado a estruturá-la. O consumidor também tem papel significativo, devendo retornar aos comerciantes ou distribuidores, após o uso, as embalagens e produtos enquadrados no sistema de logística reversa. Para efeito de estímulo a esta boa prática, a Lei autoriza o poder municipal a criar incentivos econômicos (como descontos de impostos e taxas) ao consumidor que participa da coleta seletiva.

O último elo da cadeia é o administrador público, que tem uma série de obrigações, independentemente do estabelecido no Plano Municipal de Gestão Integrada de Resíduos Sólidos. Entre elas:

I – Adotar procedimentos para reaproveitar os resíduos sólidos reutilizáveis e recicláveis oriundos do serviço público de limpeza urbana e de manejo de resíduos sólidos.
II – Estabelecer sistema de coleta seletiva.
III – Articular com os agentes econômicos e sociais medidas para viabilizar o retorno ao ciclo produtivo dos resíduos sólidos reutilizáveis e recicláveis oriundos do serviço de limpeza urbana e manejo de resíduos sólidos.
IV – Dar disposição final ambientalmente adequada aos resíduos e rejeitos oriundos dos serviços públicos de limpeza urbana e de manejo de resíduos sólidos.

Além da recomendada participação social na elaboração dos Planos de Resíduos Sólidos em todos os níveis, para que as responsabilidades sejam de fato compartilhadas por todos é importante manter abertos os canais de diágolo permanente entre os vários segmentos envolvidos (Sebrae, 2012).

A logística reversa é uma operação destinada a coletar e devolver os resíduos sólidos ao setor empresarial, para reaproveitamentos na produção de novos artefatos ou em outros ciclos produtivos.

A Lei de Resíduos Sólidos define que a responsabilidade pela estruturação e implementação dos sistemas de logística reversa é dos fabricantes, importadores, distribuidores e comerciantes, de forma independente do serviço público de limpeza urbana e de manejo dos serviços sólidos. O Governo estimula a negociação de acordos setoriais entre os diversos agentes econômicos para acelerar a implantação de sistemas eficientes de logística reversa em todo o território nacional (Sebrae, 2012).

As diversas diretrizes para essas atividades e a forma como se processam devem estar indicadas principalmente nos Planos Estaduais, refletindo acordos setoriais previstos na política Nacional, de acordo com a orientação estratégica definida pelo Comitê Orientador para Implementação dos Sistemas de Logística Reversa, em operação sob coordenação do Ministério do Meio Ambiente. Os Planos Municipais ou Integrados devem acolher essas diretrizes e, se for o caso, adaptar nos níveis local e/ou regional o que foi acordado com os representantes dos agentes responsáveis no nível nacional (Sebrae, 2012).

A obrigação dos consumidores nesse processo é acondicionar adequadamente e disponibilizar os resíduos para coleta ou devolução. O descumprimento dessa obrigação sujeita o consumidor à pena que vai de advertência até multa e que poderá ser revertida em prestação de serviços.

A logística reversa é obrigatória e atinge os seguintes setores:

- Eletroeletrônicos e seus componentes – integram esta categoria os equipamentos acionados por controle eletrônico ou elétrico, o que abrange todos os dispositivos de informática, som, vídeo, telefonia, brinquedos, e equipamentos da linha branca, como geladeiras, lavadoras e fogões, além de outros eletrodomésticos como ferro de passar, secadoras, ventiladores, exaustores etc.
- Pilhas e baterias – desde os dispositivos de muito pequeno porte, como as usadas em celulares e relógios até as baterias de automóveis e caminhões.
- Pneus – desde aqueles usados em bicicletas para crianças até os de tratores [Resolução n. 416/2009 do Conselho Nacional do Meio Ambiente (Conama) estabelece condições obrigatórias de gestão do descarte para as peças acima de 2 kg].
- Lâmpadas fluorescentes – vapor de sódio, de mercúrio e de luz mista.
- Óleos lubrificantes, seus resíduos e embalagens.
- Agrotóxicos, seus resíduos em embalagens, assim como outros produtos cuja embalagem, após o uso, constitua resíduo perigoso.

Campos (2012), em seu artigo que relaciona a renda da população com a geração de resíduos, sugere que para muitos a solução do problema pode estar na implantação dos 3 Rs. Para se reduzir a geração dos resíduos sólidos, no entanto, há que se instituir a produção limpa, a logística reversa, a responsabilidade compartilhada e o consumo sustentável. Este modelo pode ser considerado contraditório no Brasil. Para diminuir as extraordinárias desigualdades sociais são necessários recursos, advindos da arrecadação de impostos gerados, entre outros, pela produção de bens de consumo. Para a população abastada é preciso reduzir a avidez pelo consumo que é em geral visto como sinônimo de felicidade. Para reutilizar é preciso repensar o design dos produtos, pois são muitas vezes desenhados para uso e descarte. São feitos com obsolescência programada. O último R – de reciclar – é o que tem conquistado melhores resultados no Brasil, em especial por ser um negócio. Pode significar lucro para o empresário e renda para o catador de material reciclável. É nele que se encontra a coleta seletiva, a triagem, a prensagem, o enfardamento e a comercialização dos resíduos sólidos secos.

O SETOR DE TRANSPORTES

O setor de transportes, formado pelo conjunto dos diversos meios de locomoção de mercadorias e de pessoas, compreende a tecnologia de transporte (motores e turbinas, dentre outras), o meio no qual se dá o transporte (terra, mar, ar, por exemplo), a via de transporte (trajetória percorrida), as instalações complementares (terminais de transporte) e as formas de gestão e controle (logística).

Neste contexto, o setor de transportes é dividido em grandes subsetores, denominados modais, associados principalmente às características das tecnologias de transporte e aos meios nos quais o transporte está sendo efetuado. São cinco principais modais: o modal rodoviário, que compreende os transportes por meio de rodovias; o modal ferroviário, relacionado ao transporte por ferrovias; o modal aquaviário, compreendendo os transportes marítimos e fluviais; e o modal dutoviário, que se refere ao transporte por meio de dutos, como ocorre com o gás natural e no setor de petróleo; e o modal aeroviário, compreendendo as diversas formas de transporte aéreo.

Basicamente, os sistemas de transporte podem ser divididos em transportes de carga e de pessoas. De forma geral, no transporte a grandes distâncias, entre regiões, estados e países predomina a movimentação de cargas, enquanto, nas cidades, há uma divisão entre a movimentação de cargas e de pessoas, com forte presença dos modais de transporte para deslocamento de pessoas. Os transportes regionais são compostos de ferrovias, rodovias, hidrovias e aerovias, ao passo que o transporte urbano pode ser dividido em transporte de massa, englobando o uso de ônibus, metrôs, barcos e trens suburbanos, e em transporte individual, ou seja, automóveis, camionetes e caminhões, motocicletas, bicicletas, animais e helicópteros.

Sendo um dos fatores importantes da infraestrutura para o desenvolvimento, o setor de transportes tem efeitos positivos e negativos sobre a qualidade de vida da população. Como efeitos positivos, pode-se citar a facilidade de intercâmbio entre regiões, possibilitando maiores trocas, seja de pessoas e mercadorias ou até mesmo de serviços, como educação e saúde. Como negativos, pode-se citar a poluição e o desequilíbrio do meio ambiente, principalmente em função do uso indiscriminado de combustíveis derivados de petróleo.

De forma geral, a escolha do sistema de transporte mais adequado para determinada situação envolve análises técnicas e econômicas, expectativas das cargas ou dos passageiros a serem transportados e consideração das condições urbanas e regionais. O grau de dificuldade da escolha está associado a questões como custo, consumo energético, capacidade ofertada, flexibilidade, produtividade, velocidade, regularidade, segurança etc. A melhor decisão a ser tomada, hoje em dia, faz parte do estudo de logística de transportes, que leva em consideração todas as variáveis citadas. Por outro lado, dentre os fatores que influem na escolha do modal pelos usuários se ressaltam o preço de utilização, a infraestrutura disponível e a qualidade dessa infraestrutura.

Além disso, fica bastante claro que os meios de transporte apresentam uma relação intrínseca com a energia, que vai desde o uso da própria energia humana, diretamente, até o desenvolvimento de tecnologias mais sofisticadas na busca por maior eficiência energética e melhor adequação ambiental.

Nesse cenário, as questões energéticas associadas ao setor de transportes apresentam diversas questões importantes, que vão desde o uso da energia como tração (força motriz) nas tecnologias de transporte, até o consumo da energia como componente importante da logística de transportes, por exemplo, na construção de estradas, dentre outros.

O encaminhamento da evolução energética do setor de transportes no sentido da sustentabilidade acena com as seguintes ações básicas:

- Aumento da utilização de fontes alternativas renováveis de energia.
- Aumento da eficiência energética no setor de transportes como um todo.
- Valorização dos subsetores (modais) menos intensivos em energia.

Embora possa parecer simples, implementar essas ações é extremamente difícil, principalmente nos países menos desenvolvidos como o Brasil, no qual podem ser apontadas diversas barreiras às modificações, tanto tecnológicas como de infraestrutura:

- Forte utilização de fontes energéticas derivadas do petróleo.
- Forte assentamento no transporte rodoviário, um contrassenso em um país de dimensões continentais e com grande potencial de utilização de outros modais, como o marítimo e o fluvial, por exemplo.
- Forte capacidade de resistência política, econômica e até mesmo social à alteração das estruturas e padrões atuais, em razão dos interesses cristalizados durante todo período de evolução do setor.
- Falta total de um processo de planejamento de longo prazo, o que ocorre desde o início do grande impulso dado à indústria automobilística, na década de 1950. Uma análise do histórico dos sistemas de transporte nestes quase 70 anos até hoje só demonstra falta de coerência e consistência, destruição de estruturas de diversos tipos de modais, políticas

erráticas e momentâneas, o que continua no cenário atual do país, no qual abundam planos e projetos desagregados, que vão sendo modificados e adiados, sem grandes perspectivas de realização, sendo alguns até mesmo abandonados, depois de investimentos vultuosos.

Do ponto de vista tecnológico, também podem ser apontadas diversas dificuldades para mudanças no setor de transportes, dentre as quais se ressaltam:

- A longa duração dos equipamentos de tração do setor de transportes: um automóvel dura em média 15 anos, uma aeronave entre 25 e 35 anos e navios, mais ainda.
- A dificuldade de incorporação de nova tecnologia de tração na linha de produção de uma fábrica, requerendo adaptações e investimentos que não são viáveis no curto prazo.
- A necessidade de implementação de nova infraestrutura de armazenagem, distribuição e comercialização associada à introdução de nova tecnologia de tração no setor de transportes.

Nesse contexto, este capítulo enfoca a sustentabilidade do setor de transportes do ponto de vista da energia associada ao transporte, mais especificamente, da energia de tração (força motriz) dos veículos de transporte. Deve-se ressaltar que esse é um tema extremamente amplo, complexo e dinâmico, e que o enfoque aqui apresentado, embora sucinto, busca ser representativo e oferecer ao leitor uma base para maiores aprofundamentos, por meio das referências utilizadas e de outras publicações sobre o assunto.

Este capítulo está organizado considerando os seguintes tópicos de interesse:

- Estrutura de dados e informações do setor de transportes.
- Um cenário do transporte no Brasil.
- Os meios de transporte e o meio ambiente.
- Utilização da energia nos vários meios de transporte.
- Tendências e alternativas sustentáveis para o futuro.

Estrutura de dados e informações do setor de transportes

Conforme já apresentado, o uso dos modais pode se destinar ao transporte de passageiros ou ao transporte de cargas (que também é denominado frete).

Os dados e informações relacionadas ao transporte de passageiros utilizam a unidade passageiro quilômetro (pass.km), que corresponde a um passageiro transportado por um quilômetro, independentemente do modal. Enquanto no transporte de cargas se usa a unidade toneladas quilômetro (t.km), correspondente a uma tonelada de carga transportada por 1 quilômetro, independentemente do modal e do tipo de carga transportado.

A variável utilizada para avaliação da energia no setor de transportes é a intensidade energética, definida como a energia consumida por pass.km, no caso do transporte de passageiros ou energia consumida por t.km no caso do transporte de cargas. A medida da intensidade energética reflete a eficiência dos veículos, a utilização de sua capacidade e suas condições de operação.

Um cenário do transporte no Brasil

A seguir, são apresentados dados sobre a distribuição modal e o consumo energético do setor de transportes no Brasil. Informação essa complementada por um enfoque específico de cada um dos modais de transportes: rodoviário, ferroviário, aquaviário (fluvial e marítimo) e aéreo; e por considerações importantes sobre o transporte urbano e os denominados transportes alternativos, cuja importância tem aumentado consideravelmente nas discussões sobre o desenvolvimento sustentável.

Distribuição modal do transporte no Brasil

A Figura 2.15 apresenta a distribuição modal do transporte motorizado de passageiros e de carga no país em 2009, ilustrando a predominância do transporte rodoviário, bem mais pronunciada no transporte de passageiros do que no transporte de cargas.

Considerando apenas o transporte de passageiros, a Figura 2.16 apresenta a distribuição modal do transporte urbano e interurbano em 2009.

Os dados apresentados ilustram, no transporte urbano de passageiros, a predominância dos ônibus em relação aos automóveis, e o transporte ferroviário vem em seguida, em nível pouco maior que o transporte pedestre, que supera o uso de motocicletas e bicicletas. No transporte interurbano, há significativa predominância dos automóveis em relação ao transporte aéreo e aos ônibus.

Por outro lado, com foco apenas no transporte de cargas, verifica-se, em 2009, predominância do transporte rodoviário, com cerca de metade do total,

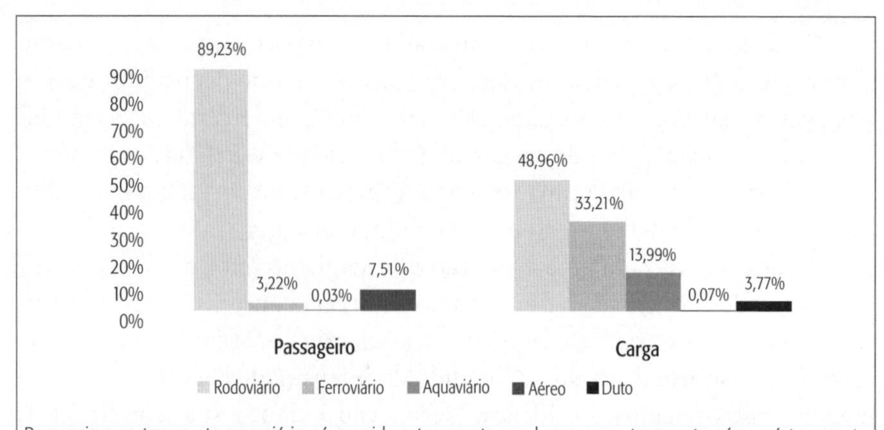

Passageiro: no transporte aquaviário só considera transporte por barca, e no transporte aéreo só transporte nacional; carga: no transporte aquaviário considera carga transportada por cabotagem e navegação interior, e no transporte aéreo só carga nacional

Figura 2.15 – Distribuição modal do transporte motorizado no Brasil em 2009.

Nota: Percentuais calculados com base em dados fornecidos em pass.km e t.km.

Fonte: PBMC (2013).

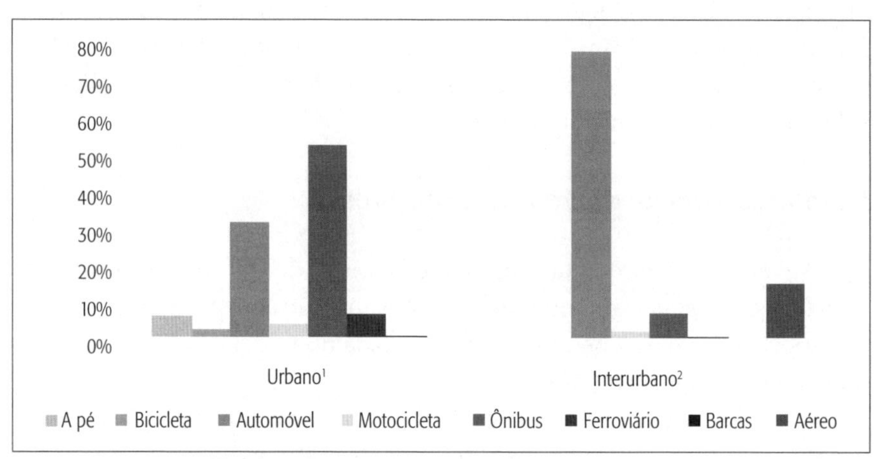

Figura 2.16 – Transporte de passageiros no Brasil em 2009.

Notas: (1) Transporte municipal e intermunicipal; (2) transporte interestadual para cidades com mais de 60 mil habitantes que contém a maior parte da população e frota.

Fonte: PBMC (2013).

ficando o modo ferroviário e os modos fluvial e marítimo (aquaviário), respectivamente, nas segunda e terceira colocações, com cerca de 30 e 14% do total, conforme apresentado na Figura 2.17.

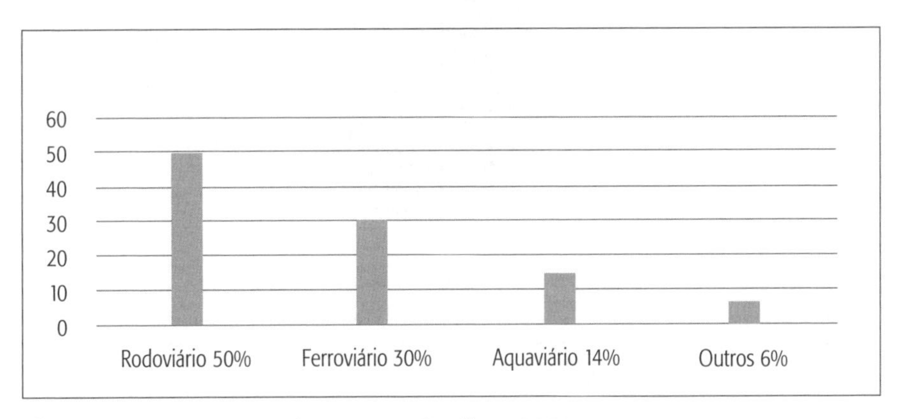

Figura 2.17 – Transporte de cargas no Brasil em 2009.
Fonte: PBMC (2013).

Consumo energético do setor de transportes no Brasil

De acordo com o Balanço Energético Nacional de 2010, da Empresa de Pesquisa Energética (EPE), no mesmo ano de 2009, o setor de transportes participou em 28% do consumo final de energia no Brasil, sendo sua quase totalidade, 92,02%, preenchida pelo transporte rodoviário. Os demais modais tiveram participação relativamente inexpressiva, com 4,59% do transporte aéreo, 2,17% do hidroviário e 1,23% do ferroviário.

A Figura 2.18 ilustra a participação percentual do setor de transportes no consumo energético total em 2009 e a Figura 2.19 ilustra a participação percentual dos diversos modais no consumo energético do setor de transportes em 2009.

Tais números retratam o fato de que o transporte no Brasil, como no restante do mundo, privilegia a modalidade rodoviária. Segundo especialistas, essa modalidade chega a ser da ordem de três vezes mais cara que a ferroviária e nove vezes mais que a marítima ou fluvial. Essa grande ênfase no transporte rodoviário também traz como resultado limitações na logística, que na verdade tem sido desenvolvida muito mais como uma logística de transporte rodoviário do que de transporte como um todo, com suas diversas opções.

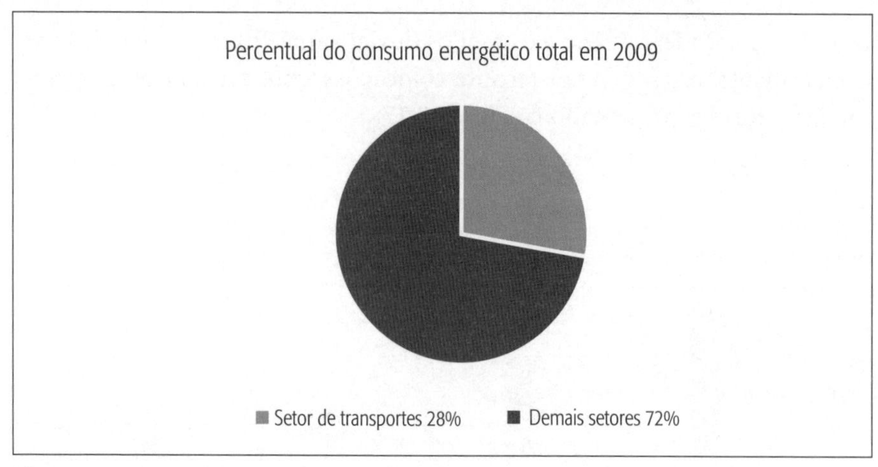

Figura 2.18 – Participação do setor de transportes no consumo energético total em 2009.

Fonte: BEN (2010).

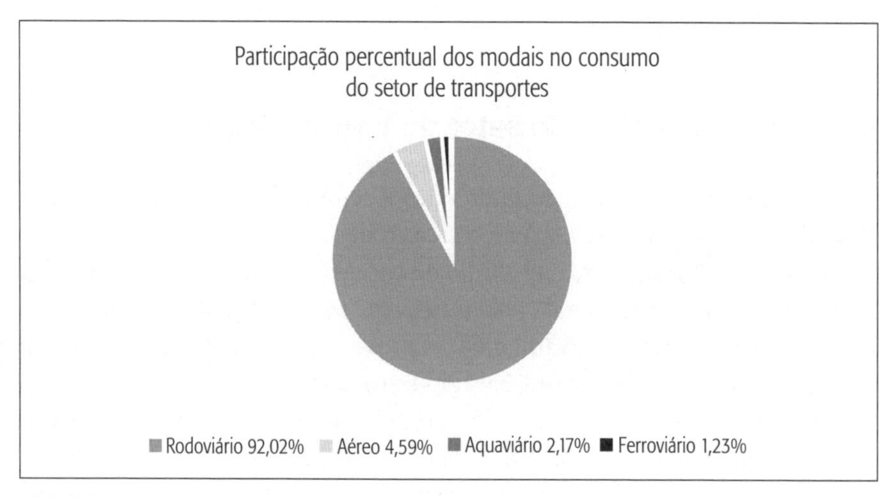

Figura 2.19 – Participação dos diversos modais no consumo do setor de transportes em 2009.

Fonte: BEN (2010).

Do ponto de vista energético, no entanto, o Brasil apresenta características diferenciadas em relação aos demais países, em virtude da significativa participação dos biocombustíveis no transporte rodoviário, pois etanol principalmente e biodiesel suprem 18,8% do consumo, sendo o restante suprido por combustíveis fósseis, sobretudo o óleo diesel, com 48,4%, como mostrado na Figura 2.20.

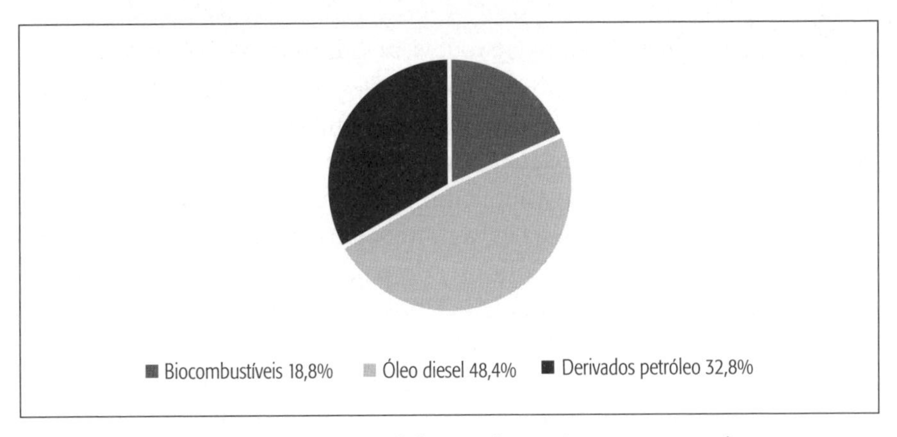

Figura 2.20 – Participação percentual dos combustíveis no consumo do transporte rodoviário em 2009.

Fonte: BEN (2010).

Os meios de transporte

De acordo com as características específicas de utilização, principalmente em função da via, os meios de transporte podem ser classificados como rodoviário, ferroviário, fluvial, marítimo e aéreo. Em virtude de suas características específicas, o transporte urbano é, em geral, tratado à parte. Além disso, devem ser considerados outros meios alternativos de transporte, cuja importância tem sido reavaliada no âmbito da questão do desenvolvimento sustentável.

A seguir, apresenta-se uma visão geral do cenário dos meios de transporte, dando ênfase para o Brasil.

Rodoviário

No Brasil, a partir da década de 1950, houve exagerada ênfase no transporte rodoviário, o que causou um desequilíbrio no sistema de transportes do país, com reflexos no meio ambiente, na distribuição do desenvolvimento e até mesmo na desigualdade social. Esse desequilíbrio se mantém até os dias atuais e configura um dos maiores problemas de infraestrutura no Brasil, que vem sendo enfrentado de forma tímida, principalmente por causa do grande poder de pressão (política, econômica) do setor de transporte rodoviário. Como também acontece no restante do mundo. Diversos trabalhos tentam avaliar o quanto a economia do país perde com esse desequilíbrio e com os problemas daí originados, como o alto custo do transporte de carga; a necessidade de grandes investimentos em rodovias e o alto custo de sua manutenção; os problemas de congestionamento nas grandes cidades, com o consequente efeito em poluição, saúde, qualidade de vida e também no sistema produtivo; as distorções sociais (efeito relacionado também com a grande ênfase no automóvel como fator de *status*); aumento da mortalidade, entre outros.

Diversos especialistas desenvolvem trabalhos visando quantificar o impacto desses problemas na economia do país. Os números que resultam desses estudos, no geral, são bastante altos e são apontados como quantias que, adequadamente aplicadas, resolveriam ou teriam evitado problemas. Apesar de que o assunto não é tão simples assim e sua solução vai muito além de efetuar investimentos adequados, tais valores podem ser utilizados como indicadores de que a situação não está nada bem.

O peso desproporcional que o meio de transporte rodoviário representa hoje em relação aos demais tem levado a um forte impacto econômico, principalmente em decorrência da situação precária de grande parte das rodovias brasileiras e da proliferação de postos de cobrança de pedágio nas malhas rodoviárias privatizadas. Safras colhidas nas regiões mais distantes dos maiores pontos de consumo e de exportação do país, por exemplo, estão sujeitas a fortes dificuldades para seu escoamento, muitas vezes perdendo competitividade por causa do custo do transporte, problema que tem sido resolvido muito lentamente com algum progresso na recuperação de rodovias e abertura de novas estradas. Um grande fator de dificuldade nessa questão são as dimensões continentais do país.

Os problemas causados pelo transporte rodoviário nas áreas urbanas afetam todos os países, o que tem levado, na produção de veículos, ao desenvolvimento de tecnologias motrizes de tração ambientalmente mais adequadas que utilizam fontes de energia alternativas, renováveis e com reduzida emissão de poluentes. As sucessivas crises do petróleo e a grande preocupação com o meio ambiente, principalmente no que se refere a amenizar a poluição atmosférica, força as montadoras a realizar pesquisas e projetos de automóveis visando a utilização de fontes de energia alternativas e produzir motores menos poluentes.

O Brasil credenciou-se como um país inovador ao desenvolver o carro a álcool (etanol), cujo ápice se deu durante as décadas de 1970 e 1980. Embora esse empreendimento tenha tido grande apoio no exterior, pelo menos dos que se preocupam com melhor adequação ambiental e desenvolvimento sustentável, no Brasil passou por altos e baixos, principalmente por causa da falta de políticas estratégicas consistentes, de pressão dos grupos nacionais e internacionais associados às tecnologias atuais de utilização de derivados de petróleo e até mesmo da própria postura dos produtores do álcool.

Mais recentemente, a utilização do etanol ressurgiu com os carros "flex--fuel", que permitem a utilização de dois combustíveis, a gasolina e o próprio etanol. Carros movidos a gás natural comprimido também começaram a ocupar seu espaço, em um processo que acabou por perder a aceleração inicial principalmente pela falta de incentivos e pela limitação da malha de gasodutos no país. Além disso, existe a política de misturar o álcool na gasolina, ocorrem discussões sobre a revitalização da frota rodoviária movida apenas por etanol, desenvolve-se o biodiesel, enquanto os carros elétricos começaram a ocupar, meio timidamente, seu espaço.

Por envolver a energia motriz (tração) do setor de transportes, tais assuntos são tratados em maior detalhe mais adiante neste capítulo, em "Utilização da energia nos vários meios de transporte".

No Brasil, grande ênfase no transporte rodoviário também tem como resultado uma limitação na logística, que, na verdade, tem sido desenvolvida muito mais como uma logística de transporte rodoviário do que de transporte como um todo, com suas diversas opções.

Ferroviário

Embora o Brasil possua um território extenso e, consequentemente, altos custos de transporte interno, esse fato não foi suficiente para influir nas decisões políticas do passado, no qual a estratégia econômica não priorizou investimentos em ferrovias.

A grande disparidade dos investimentos nos modais ferroviário e rodoviário de transporte no país pode ser ilustrada pelos valores apresentados na Tabela 2.11, que mostra a evolução da rede de transporte do país nos anos de 1940, 1962, 1990, 2003, 2005 e 2007, em quilômetros.

Tabela 2.11 – Rede de transporte do país nos anos de 1940, 1962, 1990, 2003, 2005 e 2007

	1940	1962	1990
Ferrovia (km)	38.000	36.572	30.129
Rodovia (km)	185.000	523.000	1.495.192
	2003	**2005**	**2007**
Ferrovia (km)	28.879	28.977	28.607
Rodovia (km)	1.597.377	1.610.038	1.765.278

Fonte: ANTT (2008).

Essa ênfase no transporte rodoviário pesado contrasta com o cenário internacional, no qual o tráfego mundial de mercadorias por via férrea supera 7 bilhões de t.km.

O histórico do sistema ferroviário brasileiro é pleno de idas e vindas: em 1957 o governo encampou, na Rede Ferroviária Federal S.A., a quase totalidade das ferrovias brasileiras; durante a década de 1970, projetos de ampliação da malha ferroviária foram iniciados, mas os mesmos foram logo descontinuados, com forte redução dos investimentos nesse modal; o cenário da década de 1980 e meados da década de 1990 apresentou o pior desempenho operacional do modal em sua história, resultando em uma frota sucateada e vias sem manutenção adequada; o governo, então, optou pela concessão do serviço de transporte ferroviário de cargas, segundo um modelo no qual não houve transferência de ativos, uma vez que as vias, oficinas, terminais e vagões, toda a infraestrutura e equipamentos foram arrendados às concessionárias por período de 30 anos, prorrogáveis por igual período.

Com início da operação dessas concessionárias, houve investimentos na recuperação das vias e reforma dos trens, o que resultou em aumento dos volumes movimentados, mas em nível ainda pequeno quando comparado com o modal rodoviário. Por outro lado, a expansão do sistema, só pode ser realizada com novas concessões ou por investimentos do poder público.

Atualmente, o cenário ainda se apresenta bastante confuso, uma vez que há iniciativas do governo visando maior participação do capital privado, que não têm se realizado por causa de diversos fatores, dentre os quais se ressaltam discordâncias quanto às condições econômicas das concessões. De qualquer forma, o processo não está totalmente estagnado e pode, eventualmente, acelerar.

Enquanto isso, no cenário internacional, ressaltam-se as inovações tecnológicas (tração elétrica, turbo trem, trens de alta velocidade) direcionadas para o aumento da velocidade média de tráfego a um custo energético relativamente baixo, restabelecendo a competitividade das ferrovias, principalmente para as distâncias médias entre 500 e 600 km e para o transporte urbano de alta capacidade (metrô). No Brasil, mais recentemente, tais tecnologias têm sido anunciadas por diferentes governos, tanto federal como estaduais, de forma quase intermitente, mas, por enquanto sem nenhuma concretização efetiva.

Aquaviário – transporte fluvial

Embora o Brasil seja cortado por diversos rios em condições de utilização para o transporte fluvial, este é o meio de transporte menos utilizado, sobretudo para o transporte de mercadorias, sendo que só recentemente se valorizou, ao menos em termos de planos, esse tipo de transporte com objetivos comerciais de porte. Já a utilização para transporte de pessoas, abrangendo o turismo e o comércio local, é bastante antiga em certas regiões, como no caso do Rio São Francisco, no nordeste brasileiro, ou na região Amazônica, onde não há outras opções de locomoção a grandes distâncias.

Diversas obras têm sido efetuadas, ou pelo menos planejadas, para melhorar essa situação. Mas, o ritmo tem sido muito lento, por motivos diversos, a maioria deles similares ao que acontece com os demais modais de transporte.

As principais hidrovias do Brasil são: Hidrovia do Solimões – Amazonas; Hidrovia Tocantins – Araguaia; Hidrovia do Madeira; Hidrovia do São Francisco; Hidrovia Tietê – Paraná e Hidrovia Paraguai – Paraná. O porto fluvial de maior movimento é o de Manaus, no Amazonas, que também é o que tem melhor infraestrutura.

Aquaviário – transporte marítimo

Ao longo do século XX, o transporte marítimo no Brasil esteve relegado a um plano inferior por causa de diversos problemas, a maioria dos quais ainda persiste. Nesse sentido, a utilização do transporte marítimo de carga interna ao país contribui com uma parcela da ordem de apenas 6 a 9% do total desse tipo de transporte, participação irrisória considerando o extenso litoral do país. O mesmo acontece com o transporte de passageiros, que apresenta um enorme potencial de crescimento, principalmente no setor turístico.

Por outro lado, a importância do transporte marítimo no Brasil fica evidenciada pelo fato de cerca de 75% do comércio internacional do país utilizarem esse tipo de transporte.

Vários fatores contribuem para essa situação do transporte marítimo, inclusive o internacional, dentre eles: sucateamento dos portos brasileiros; sucateamento e desestímulo para as empresas de cabotagem nacionais e internacionais; demora excessiva no processo de modernização e redução de custos; desestímulo ao investimento privado em virtude da falta de retorno e problemas de regulação e trabalhistas, assim como falta de capitalização por parte do governo.

Aéreo

A primeira linha aérea comercial foi implantada na Alemanha em fevereiro de 1919; já a transatlântica foi inaugurada em junho de 1939 por um Boeing 314. A partir de 1952, com os motores de reação, a velocidade média subiu cerca de 50% e a capacidade elevou-se para cerca de 150 passageiros. Finalmente, a partir de 1970 foram introduzidos os aviões de grande capacidade, melhorando as condições de tráfego nos aeroportos, pela redução dos custos de operação/assento/km.

Atualmente, o transporte aéreo passa por um novo desenvolvimento, com diminuição de custos operacionais provocada pela adoção dos turborreatores de duplo fluxo Turbofan que consomem 20 a 25% menos combustível e são mais silenciosos. Há anteprojetos de aparelhos com capacidade entre 800 e 1.000 lugares ou 150 a 200 toneladas de carga.

A logística de transporte aéreo e a otimização de carregamento das aeronaves são fatores importantes para sobrevivência das empresas aéreas. O processo de despacho e recebimento de cargas nos aeroportos, atuando de forma a acelerar esse processo, é de fundamental importância para a redução de custos. No transporte de passageiros, a taxa de ocupação de poltronas/voo é um indicativo de competição e sustentação das empresas aéreas. Acordos operacionais ou mesmo associações entre empresas são formas para incrementar as operações, reduzindo custos.

A aviação civil de passageiros no país, já há algum tempo, passa por situação de crise por causa do aumento do número de passageiros, das dificuldades de logística, da inadequação do número, das dimensões e características dos aeroportos e dos altos custos operacionais, ao passo que a aviação de carga está alcançando altos índices de ocupação. Mesmo após alguma modernização pontual como legado da Copa do Mundo de Futebol em 2014 e dos Jogos Olímpicos, em 2016, ainda há muito a fazer para que o país como um todo possua uma malha moderna e confiável, cuja implantação seja uma base para que o país possa se consolidar como destino turístico, se existirem políticas adequadas nesse sentido.

Considerações sobre o transporte urbano e os transportes alternativos

Transporte urbano

A asfixia do transporte nas cidades, principalmente as de grande porte, decorrente em grande parte do uso excessivo e individual do automóvel, traz a necessidade de revalorizar os transportes coletivos. O crescimento tentacular das cidades, provocando migrações cotidianas entre o domicílio e o local de trabalho, tem requerido soluções urgentes nesse domínio. Uma das formas que tem sido preconizada para mitigar essa situação é o desencorajamento do uso do automóvel individual, dando-se prioridade aos transportes coletivos. Mas como isso envolve aspectos culturais e diversas formas de pressão, incluindo as distribuídas pelas diversas mídias que influenciam o dia a dia da população, sua implantação deverá demandar grande esforço da sociedade como um todo. Além disso, há de resolver a questão do transporte de carga que exerce grandes impactos nos grandes centros, que são mais expressivos nos casos das grandes cidades do Brasil, por causa das logísticas equivocadas e do desequilíbrio em prol do transporte rodoviário citado anteriormente. Esses são alguns dos problemas principais de uma questão complexa e bem atual. A construção de metropolitanos (metrôs) representa um esforço importante neste particular, mas muita coisa resta ainda por fazer.

Os transportes urbanos, por sua importância na vida cotidiana, constituem, em termos mundiais, um grande campo de pesquisa e desenvolvimento tecnológicos. O aerotrem é uma solução ainda em fase inicial no Brasil. O problema da integração, isto é, da passagem da velocidade pedestre à velocidade de circulação embarcada, ou entre circulações embarcadas, ainda é o grande desafio para conferir agilidade nos meios de transportes urbanos, dependendo de muito investimento e decisão política.

Há necessidade de se encontrar caminhos que preparem as cidades para enfrentar os seus graves problemas de transporte urbano e para garantir melhor qualidade ambiental para a sociedade. Nesse sentido, há movimentos que propõem a adoção de medidas efetivas de reorganização das cidades e dos seus sistemas de transporte, assim como de maior transparência e participação da sociedade, e das entidades públicas e privadas ligadas a esses sistemas na discussão das soluções a serem adotadas. Essas propostas, assim como várias outras, feitas por entidades públicas e privadas, de ciência política e de direitos humanos, formam um quadro geral que poderia se transformar no arcabouço de um programa de ação efetivo.

Transportes alternativos

Além dos diversos meios de transportes já citados, existem muitos outros alternativos, que, embora de menor eficiência e capacidade, são ainda muito utilizados pelas comunidades. Entre eles: motocicleta, bicicleta, ultraleve, animais de montaria, de carga e de tração, força do próprio homem, asa-deltas, veículos movidos a motor ventilador para deslocamento em regiões alagadas e cobertas por vegetação, trenós e outros menos usuais. Os transportes alternativos, em sua maioria, são pouco poluentes e facilitam a interface entre os meios de transportes de maior capacidade de carga e o deslocamento de pessoas.

Os meios de transporte e o meio ambiente

Rodoviário

O uso de derivados de petróleo no transporte rodoviário é responsável por uma expressiva parcela da poluição atmosférica por causa das emissões de óxido de nitrogênio, monóxido de carbono e hidrocarbonetos.

O fator meio ambiente, aliado às crises mundiais de petróleo, deve estimular, cada vez mais, estudos e pesquisas para a utilização de fontes alternativas de energia no transporte rodoviário.

O nível de poluição do ar é medido pela quantidade de substâncias poluentes que, por sua concentração na atmosfera, tornam o ar impróprio ao bem-estar público, à fauna, à flora e às atividades da população. Essa concentração é mais crítica em áreas urbanas, onde as edificações dificultam a dispersão das emissões. No caso das tecnologias de tração baseadas na utilização de derivados do petróleo, a quantidade e o tipo das emissões dependem do regime de funcionamento dos motores (elemento de tração), de sua regulagem, conservação e manutenção, da velocidade desenvolvida pelos veículos e das condições da pista e do tráfego.

Com exceção dos veículos movidos a hidrogênio, qualquer veículo que utilize energia proveniente do processo de combustão, produz emissões que afetam a qualidade do ar.

Os impactos da emissão de poluentes podem ser caracterizados:

- Quanto ao valor, sendo sempre negativos, pois pioram a qualidade do ambiente.
- Quanto ao espaço, colaborando para agravar o efeito estufa, a chuva ácida e a inversão térmica, que afetam regiões em todo o mundo.
- Quanto ao tempo, atuando a longo e médio prazo, como no caso do aumento de temperatura do planeta em função do acúmulo de dióxido de carbono (CO_2) na atmosfera, e podendo ser cíclico, como no fenômeno da inversão térmica quando as partículas suspensas no ar permanecem em baixa altitude e causando sérios danos à saúde da população.
- Quanto à reversibilidade, o impacto pode ser parcialmente revertido.
- Quanto à incidência, que pode ser direta ou indireta, conforme o local afetado.

Para obtenção de baixos níveis de emissão de poluentes não é necessário apenas existência de motor de tecnologia avançada, mas também de se dispor de combustíveis adequados, que possam reduzir os danos ao meio ambiente. Como nos casos do etanol (álcool) no Brasil e do metanol (obtido a partir do milho), nos Estados Unidos.

O impacto ambiental do transporte rodoviário pode ser positivo ou negativo, existir no presente ou ser um passivo ainda não reparado. Uma rodovia, para possibilitar o tráfego rodoviário, provoca impactos ambientais durante sua construção e na fase operacional. Impactos ambientais remanescentes da época da construção de uma rodovia, listados no EIA/Rima e que ainda não foram eliminados no presente, fazem parte do passivo ambiental da rodovia.

Para obter baixos níveis de emissão de poluentes não é suficiente a existência de um motor de tecnologia avançada, é também necessário dispor de combustíveis adequados, que possam reduzir os danos ao meio ambiente.

O Quadro 2.3 apresenta os principais aspectos e impactos ambientais do transporte rodoviário.

Quadro 2.3 – Aspectos e impactos ambientais do transporte rodoviário

Aspectos ambientais	Impactos ambientais
Obras civis	Desmatamento Danos à fauna, flora e paisagem Erosão do solo Redução de fertilidade do solo Assoreamento de recursos hídricos
Desapropriação	Interferência nas propriedades rurais
Remanejamento da população	Interferência nas propriedades rurais Deslocamento da população residente Interferência nas atividades existentes na área Mudanças de hábitos
Vazamento, cargas perigosas ou não	Depleção de recursos físicos (carga) Interferência no solo Interferência na água
Derramamento de produtos perigosos	Contaminação do solo Contaminação da água
Incêndio – risco	Interferência em áreas verdes Interferência no ser humano Interferência socioeconômica Produção de resíduos
Explosão – risco	Interferência no ser humano Contaminação do solo Poluição do ar Produção de resíduos

(continua)

Quadro 2.3 – Aspectos e impactos ambientais do transporte rodoviário (*continuação*)

Aspectos ambientais	Impactos ambientais
Ruído	Interferência no ser humano Interferência na fauna
Acidentes – risco	Interferência no ser humano Interferência socioeconômica Geração de resíduos
Interrupção do fluxo de carga e passageiros – risco	Interferência no ser humano Interferência socioeconômica
Colisão e choque – risco	Interferência no ser humano Geração de resíduos Depleção de recursos físicos Interferência socioeconômica
Queimada das margens e além	Depleção de recursos naturais Interferência socioeconômica Interferência na flora, fauna e no solo Produção de resíduos

Os principais órgãos institucionais brasileiros envolvidos no controle de emissão veicular são o Conselho Nacional do Meio Ambiente (Conama); o Instituto Brasileiro do Meio Ambiente e dos Recursos Naturais Renováveis (Ibama); e a Companhia Ambiental do Estado de São Paulo (Cetesb). O site da Cetesb (http://www.cetesb.sp.gov.br) é uma fonte de referência básica para maior aprofundamento no assunto.

Observa-se, atualmente, uma tendência mundial voltada ao desenvolvimento de veículos movidos a gás natural e eletricidade. Os fabricantes não sabem prever até quando o motor a explosão estará em uso; apesar dos avanços das tecnologias alternativas, estas ainda não conseguiram chegar ao ponto de os veículos se tornarem mais baratos e acessíveis, com autonomia suficiente para satisfazer os consumidores.

Novas alternativas e tecnologias vêm sendo desenvolvidas para controlar e minorar a poluição ambiental, principalmente no cenário internacional. As células a combustível e os carros elétricos movidos a baterias já começaram a ser utilizados nas áreas urbanas. Há diversos modelos híbridos que utilizam tais tecnologias nas cidades e combustível normal (álcool, gasolina, gás, diesel ou outros) em rodovias, onde a preocupação com a poluição é menor. Tais modelos ainda apresentam, no entanto, altos preços, que os tornam proibitivos para a maior parte da população.

Dos diversos problemas ambientais associados à disposição final dos veículos de transporte rodoviário e seus componentes, ressalta-se a queima indevida de pneus usados nos centros urbanos, e a disposição inadequada destes (nos rios), o que provoca poluição considerável nas grandes cidades. O derramamento acidental ou consequente de trabalhos de manutenção dos combustíveis nos postos de abastecimento também causam impactos ambientais no local de ocorrência, cuja magnitude e importância vai depender principalmente do tipo de combustível e das condições do local da ocorrência.

Outros tipos de ação também têm sido efetuados, como a busca por maior eficiência das tecnologias de tração veicular, rodízio de veículos etc. Tais ações são apresentadas com maior profundidade em "Utilização da energia nos vários meios de transporte", mais adiante, neste capítulo.

Ferroviário

Os principais poluentes gerados no processo necessário para a movimentação da composição ferroviária são: os subprodutos da combustão do óleo diesel; o desgaste das pastilhas dos freios (composto por pó de amianto ou similar); sucateamento das unidades; poluição sonora; resíduos sólidos, líquidos e gasosos gerados na manutenção das unidades; campo eletromagnético nas proximidades das linhas eletrificadas; poluição estética decorrente de cortes, aterros e instalação de trilhos e redes aéreas; resíduos sólidos, líquidos e gasosos gerados nas estações de apoio; poluição visual nas instalações malcuidadas; poluição do solo e da água decorrente de derramamento de produtos; poluição do solo, da água e do ar decorrente de acidentes com composições e cargas.

Dessa lista concisa, desenvolvida para tração com base em óleo diesel, apenas as emissões atmosféricas são diretamente associadas à produção e ao uso de energia pela tecnologia de tração. No caso da tração elétrica, quando possível, as emissões atmosféricas não existirão, configurando uma tecnologia limpa.

O transporte ferroviário apresenta diversos aspectos ambientais que devem ser levados em conta para análise dos impactos significativos, como apresentados a seguir no Quadro 2.4.

Quadro 2.4 – Aspectos e impactos ambientais do transporte ferroviário

Aspectos ambientais	Impactos ambientais
Seccionamento da região geográfica	Problemas para a fauna nativa Problemas com cursos de água
Ruídos	Perturbação sonora que pode prejudicar tanto os seres humanos quanto os outros seres vivos

(continua)

Quadro 2.4 – Aspectos e impactos ambientais do transporte ferroviário (*continuação*)

Aspectos ambientais	Impactos ambientais
Emissão de gases	Poluição da atmosfera
Trepidação da composição	Erosões Desmoronamentos Abalos de construções
Explosão e/ou incêndio – risco	Contaminação do solo Interferência no ser humano Interferência na flora Geração de resíduos Contaminação do ar Interferência no ar Interferência na água Depleção de recursos físicos Interferência socioeconômica
Interrupção do fluxo de carga e passageiros – risco	Interferência no ser humano Interferência socioeconômica
Colisão e choque – risco	Interferência no ser humano Geração de resíduos Depleção de recursos físicos Interferência socioeconômica
Descarrilamento – risco	Acidentes com pessoas Acidentes com cargas perigosas
Obras civis	Desmatamento Danos à fauna, flora e paisagem Erosão do solo Redução da fertilidade do solo Assoreamento de recursos hídricos
Desapropriação	Interferência nas propriedades rurais
Remanejamento da população	Interferência nas propriedades rurais Deslocamento da população residente Interferência nas atividades existentes na área

Aquaviário – transporte fluvial

Como o sistema de propulsão em geral utiliza óleo diesel, os gases de escapamento, principalmente CO_2, irão poluir o ambiente. A concentração será muito pequena e até insignificante dada a pequena concentração das localidades por onde as barcaças irão circular. Torna-se necessário monitorar o ajuste das bombas injetoras dos motores diesel para evitar geração excessiva de gases de escapamento. Todo cuidado deve ser tomado para que o trânsito de barcaças pelo leito dos rios não venha a gerar resíduos e poluentes.

Além disso, há de se considerar a interação desse transporte com a questão dos usos múltiplos da água. Por exemplo, a parte navegável do Rio Tietê, no estado de São Paulo, sofre impacto da poluição despejada no Rio Tietê pela cidade de São Paulo e cidades ribeirinhas rio abaixo, que já chegaram à foz do rio em sua confluência com o Rio Paraná, também navegável. Espera-se que a rota fluvial de comércio venha a ser mais um argumento a favor da limpeza do rio, inclusive com a conscientização das pessoas e dos usuários das embarcações. Outro tipo de poluição que a intensificação do trânsito de embarcações poderá causar é a sonora, que poderá incomodar os habitantes ribeirinhos e provocar alterações na fauna e flora.

A possibilidade de eventual acidente com carga perigosa justifica estudos para viabilizar e implantar planos de controle de riscos para cada tipo de atividade e diferentes dimensões de embarcações e cargas. O setor de meio ambiente necessita manter controle sobre o cumprimento das legislações pertinentes.

Os impactos ambientais positivos com a implantação dos corredores de transporte de cargas, turismo e comércio fluvial são vários e dentre eles se destacam:

- Desenvolvimento das cidades onde são instalados os terminais de carga.
- Geração de empregos.
- Desenvolvimento da indústria naval.
- Fomento ao turismo.
- Desenvolvimento do comércio das regiões envolvidas.
- Geração da riqueza para o interior do país.
- Pesca esportiva, na qual o peixe pescado é devolvido ao rio.
- Turismo ecológico: no rio Amazonas e no Pantanal onde os turistas recebem informações para conscientização ambiental, por exemplo – "evitar jogar latas de lixo no rio, e em acontecimento, interromper a viagem para recuperá-los", "disponibilizar balanças e usá-las nos barcos turísticos para a pesagem dos peixes pescados a bordo".

Os impactos ambientais negativos são relativos ao controle do meio ambiente, dentre os quais se destacam:

- Assoreamento e desbarrancamento das margens dos rios, provocados por manobras das barcaças nas curvas, principalmente nas épocas de seca.
- Destruição da mata ciliar, que além de outras funções serve para alimento dos peixes.
- Impactos no desenvolvimento normal dos peixes e da fauna do rio.

- Trânsito constante de barcaças importuna as populações ribeirinhas dos rios, não trazendo nenhuma contraposição positiva para elas, isto é, não gera progresso.
- Alteração da rotina das comunidades ribeirinhas.
- Desassoreamento dos leitos dos rios, necessários para aprofundar a calha e permitir o transporte de maior tonelagem, se não for efetuado com os necessários cuidados ambientais, poderá gerar impactos desastrosos para os ecossistemas: geração de resíduos, alteração da mata ciliar, danos à fauna e flora, poluição.

Cabe salientar que para a implantação das rotas fluviais, execução de desassoreamento ou qualquer licitação ou trabalho de vulto que envolva a exploração de rotas fluviais depende de elaboração de EIA/Rima com todo processo e atividades que o sistema exige.

Aquaviário – transporte marítimo

Os poluentes diretos são aqueles derivados do funcionamento dos motores de propulsão. Os grandes navios de carga geram poluentes derivados da própria atividade durante as viagens.

Os navios mais modernos são equipados com maquinários destinados a processar os resíduos antes de descartá-los ao mar ou destiná-los nos portos. Já os navios mais antigos dispunham seus resíduos ao longo das viagens, contribuindo para a poluição dos oceanos. Como os navios possuem grandes reservatórios de óleo combustível para consumo próprio, em caso de acidente, ocorrem derramamentos no mar. Nessas situações, as embarcações deverão dispor de planos de emergência para minimizar os impactos.

Petroleiros com milhões de barris de petróleo bruto e navios transportando combustíveis (como os navios metaneiros, que transportam gás natural liquefeito), produtos químicos, produtos perigosos e até combustível e resíduos nucleares cruzam os oceanos todos os dias interligando os países do mundo. Quando grandes acidentes acontecem, dependendo da localização dessas embarcações, a poluição do mar e da costa litorânea é inevitável. Diversas medidas para remediação têm sido tomadas para minimizar os impactos, mas o fato é que, uma vez ocorrido o problema, o impacto se torna chocante e praticamente irreversível. Em função da atuação de órgãos de proteção ao meio ambiente, das pesadas multas e da divulgação rápida das ocorrências, as empresas de navegação marítima têm tomado todo o cuidado possível na elaboração de planos de emergência e treinado seus colaboradores embarcados e em terra. Existem vários exemplos de grandes desastres marítimos com navios. Os acidentes ocorridos em litorais brasileiros vêm recebendo tratamento de reparação ambiental e as multas têm sido de grande vulto.

Não se pode desprezar a poluição gerada pela operação dos portos. A existência de guindastes de grande porte, caminhões, equipamentos pesados e grande quantidade de pessoas poderá causar grandes problemas ambientais, se não houver um controle constante.

Nos portos de embarque e desembarque de petróleo, inclusive no Brasil, com alguma frequência tem ocorrido acidentes com derramamento de petróleo cru ou seus derivados. Substâncias químicas também têm registro de derramamentos.

Os aspectos ambientais, quanto ao transporte marítimo, referem-se aos acidentes provenientes em função da movimentação de cargas, manobras dos navios, construções e reformas das instalações. Os acidentes com navios e suas cargas e equipamentos, tanto em alto-mar como na costa marítima, podem resultar em incêndios, derramamento de produtos, obstrução de canais navegáveis etc. Na região dos portos e nas rotas marítimas percorridas pelos navios, podemos encontrar, como impactos ambientais significativos, a contaminação do solo (portos), poluição do ar e poluição das águas marinhas (costa marítima e alto-mar). A contaminação das águas, além de provocar uma grande mortandade da fauna e flora marinhas na região atingida, impossibilita qualquer atividade econômica nas áreas circunvizinhas.

O Quadro 2.5 apresenta a lista de aspectos e impactos ambientais do transporte marítimo.

Quadro 2.5 – Aspectos e impactos ambientais do transporte marítimo

Aspectos ambientais	Impactos ambientais
Emissões atmosféricas	Poluentes decorrentes do funcionamento dos motores Poluentes emitidos pelas máquinas dos portos
Resíduos	Geração de resíduos pela operação dos navios Geração de resíduos pela operação dos portos Geração de resíduos pela manutenção de navios e máquinas Contaminação do solo e da água
Ruídos	Operação dos navios Operação dos portos Interferência no ser humano

(continua)

Quadro 2.5 – Aspectos e impactos ambientais do transporte marítimo (*continuação*)

Aspectos ambientais	Impactos ambientais
Incêndio e explosão – riscos	Interferência no ser humano Interferência socioeconômica Contaminação do solo Interferência na flora Geração de resíduos Contaminação do ar Interferência na água Depleção de recursos físicos
Vazamento e derramamentos – risco	Contaminação da água Depleção de recursos físicos Interferência socioeconômica Interferência na vida marinha Geração de resíduos
Colisão – risco	Interferência no ser humano Interferência socioeconômica Geração de resíduos Contaminação da água
Ruptura – risco (cascos de navios)	Contaminação da água Depleção de recursos físicos Interferência socioeconômica Interferência no ser humano

Aéreo

O ruído é o maior problema da população que reside próximo aos aeroportos. A tecnologia vem procurando resolver o problema, mas, por enquanto, uma solução é proibir a operação de alguns tipos de aviões em aeroportos dentro de áreas densamente povoadas (por exemplo, os aviões que superam a barreira do som). A poluição resultante da queima do combustível pode alterar o meio ambiente como um todo, porém para a atmosfera das grandes cidades não chega a ser muito significativo, tendo em conta os diversos outros tipos de poluentes existentes.

Em caso de acidentes, a maioria seguida de explosão, o transporte aéreo causa problemas localizados e as medidas mitigadoras minimizam as consequências advindas dos resíduos. Os resíduos resultantes da operação da aviação de carga e de passageiros são tratados conforme legislação pertinente.

A destinação dos resíduos de bordo é realizada nos aeroportos. A operação dos próprios aeroportos gera resíduos tanto operacionais como resultantes dos setores de manutenção.

As atividades de transporte aéreo provocam impactos ambientais na construção e operação dos aeroportos, assim como na operação da frota aérea. O Quadro 2.6 resume os aspectos e impactos ambientais mais importantes, referentes a essas atividades.

Quadro 2.6 – Aspectos e impactos ambientais do transporte aéreo

Aspectos ambientais	Impactos ambientais
Trepidação	Interferência no ser humano Interferência socioeconômica
Colisão e queda – risco	Interferência no ser humano Geração de resíduos Depleção de recursos físicos Interferência socioeconômica Interferência na flora e na fauna Depleção de recursos físicos
Emissões atmosféricas	Poluentes decorrentes de funcionamento dos motores Poluentes emitidos pelas máquinas dos aeroportos
Resíduos	Geração de resíduos pela operação dos aviões Geração de resíduos pela operação dos aeroportos Geração de resíduos pela manutenção de aviões e máquinas dos aeroportos Contaminação do solo e da água
Ruídos	Operação dos aviões Operação dos aeroportos Interferência no ser humano
Incêndio e explosão – riscos	Interferência no ser humano Interferência socioeconômica Contaminação do solo Interferência na flora Geração de resíduos Contaminação do ar Interferência na água Depleção de recursos físicos
Vazamento e derramamentos – risco	Contaminação da água Depleção de recursos físicos Interferência socioeconômica Interferência na vida marinha Geração de resíduos

Considerações sobre o transporte urbano e os transportes alternativos

Urbano

No caso do transporte urbano, convivem diversas das formas de transporte enfocadas anteriormente. Assim, do ponto de vista de geração de poluentes, o enfoque se torna mais complexo pela dificuldade de modelar o efeito conjunto dessas formas de transporte, acrescidos das diversas outras fontes que ocorrem no meio urbano. Em uma análise deste tipo, há de se considerar:

- O crescimento desordenado das cidades, com a geração de miséria crescente para toda a sociedade e especialmente para os setores de renda mais baixa, e com grandes impactos negativos no meio ambiente, no patrimônio histórico e arquitetônico e na eficiência da economia urbana.
- A degradação crescente da qualidade da vida urbana, traduzida pela queda da qualidade do transporte público – do qual depende a maioria da população, pela redução da acessibilidade das pessoas ao espaço urbano, pelo aumento dos congestionamentos, da poluição atmosférica e dos acidentes de trânsito e pela invasão das áreas residenciais e de vivência coletiva por tráfego inadequado de veículos.

O Quadro 2.7 apresenta alguns aspectos e impactos ambientais do transporte urbano.

Quadro 2.7 – Aspectos e impactos ambientais do transporte urbano

Aspectos ambientais	Impactos ambientais
Inundação – risco	Interferência no ser humano Interferência socioeconômica Interferência na flora, fauna e no solo Geração de resíduos
Interrupção acidental do trânsito – risco	Interferência no ser humano Interferência socioeconômica
Emissões de gases	Poluição da atmosfera Interferência no ser humano Interferência na fauna e flora Contribuição para o aquecimento do planeta

(continua)

Quadro 2.7 – Aspectos e impactos ambientais do transporte urbano (*continuação*)

Aspectos ambientais	Impactos ambientais
Trepidação das pistas	Interferência no ser humano Desmoronamento Abalos de construções Interferência socioeconômica
Explosão e/ou incêndio – risco	Contaminação do solo Interferência no ser humano Interferência na flora Geração de resíduos Contaminação do ar Interferência na água Depleção de recursos físicos Interferência socioeconômica
Vazamento, cargas perigosas ou não	Depleção de recursos físicos (carga) Interferência no solo Interferência na água
Derramamento de produtos perigosos	Contaminação do solo Contaminação da água
Colisão e capotamento	Interferência no ser humano Interferência socioeconômica Geração de resíduos Contaminação do solo e água (óleo)
Quedas (motos) – risco	Interferência no ser humano Interferência socioeconômica
Ruído	Interferência no ser humano Interferência na fauna
Acidentes – risco	Interferência no ser humano Interferência socioeconômica Geração de resíduos
Interrupção do fluxo de carga e passageiros – risco	Interferência no ser humano Interferência socioeconômica
Queimada das margens das vias e além	Depleção de recursos naturais Interferência socioeconômica Interferência na flora, fauna e no solo Assoreamento de recursos hídricos Interferência no ser humano
Desapropriação	Interferência nas propriedades rurais Interferência socioeconômica
Remanejamento da população	Interferência nas propriedades rurais Deslocamento da população residente Interferência nas atividades existentes na área Mudanças de hábitos

Transportes alternativos

Embora em menor quantidade, os veículos alternativos motorizados contribuem para aumentar a poluição do ar das grandes cidades (motos, helicópteros, barcos, pequenos aviões, dentre outros). A poluição do solo por descarte de componentes usados (pneus, baterias e óleos) também é considerável, principalmente quando o descarte do resíduo for inadequado.

Muitos transportes alternativos contribuem para evitar o crescimento da poluição causada pelos meios de transportes, quando não usam combustíveis poluentes ou usam combustíveis menos poluentes (carros e ônibus a gás, bicicletas, carros elétricos, tração animal, e outros).

Algumas alternativas para controlar a poluição provocada pelos veículos automotores em áreas urbanas são a extensão da malha ferroviária, principalmente metrôs; o controle do fluxo de veículos em circulação; o controle de regulagem de automóveis e caminhões; a utilização de mais pessoas por condução e a conscientização da população.

Os transportes alternativos, por visarem amenizar as interferências no meio ambiente, causam menos impacto. Os aspectos que continuam evidentes são os relativos aos riscos, conforme o Quadro 2.8.

Quadro 2.8 – Aspectos e impactos ambientais dos transportes alternativos

Aspectos ambientais	Impactos ambientais
Incêndio e/ou explosão – risco	Contaminação do solo Interferência no ser humano Interferência na flora Geração de resíduos Contaminação do ar Interferência na água Depleção de recursos físicos Interferência socioeconômica
Colisão, queda e capotamento – risco	Interferência no ser humano Interferência socioeconômica Geração de resíduos Contaminação do solo e água (óleo)
Atropelamentos – risco	Interferência no ser humano Interferência socioeconômica Depleção de recursos físicos

(continua)

Quadro 2.8 – Aspectos e impactos ambientais dos transportes alternativos (*continuação*)

Aspectos ambientais	Impactos ambientais
Derramamentos e/ou vazamentos – risco	Contaminação do solo e da água Depleção de recursos físicos Interferência no ser humano Interferência socioeconômica
Emissões atmosféricas	Interferência no ser humano Contribuição para o efeito estufa Poluição do ar

Utilização da energia nos vários meios de transporte

Rodoviário

A utilização da energia de tração no transporte rodoviário, no Brasil, de certa forma se insere na cultura do desperdício, além de ser parte primordial do consumismo. Os meios de comunicação e a propaganda têm introduzido cada vez mais, nas casas e na consciência, a moda da mecanização excessiva, do excesso de conforto. Essa é uma das principais causas da deterioração dos sistemas de transporte coletivo das cidades e do estímulo ao uso crescente do automóvel.

A mesma quantidade de combustível consumido por um carro para conduzir uma só pessoa para o trabalho ou para a escola poderia ser utilizada, em outro tipo de veículo, para conduzir 10 ou 20 pessoas em um sistema de transporte coletivo. Se esse veículo, por exemplo, for movimentado por motor elétrico (trólebus), além de consumir muito menos energia e ter uma durabilidade de muito maior, não poluirá o meio ambiente com fumaça, monóxido de carbono, aldeídos e outras emissões tóxicas originadas da combustão.

Nas estradas pode-se observar algo similar. As viagens de fins de semana, que no passado poderiam ser feitas em confortáveis trens elétricos, com uma só máquina conduzindo inúmeros vagões, hoje são realizadas em automóveis, lotando as estradas, que se tornam cada vez mais insuficientes, provocando acidentes e consumindo milhões de litros de gasolina ou de álcool.

Ora, um automóvel de tamanho médio ocupa cerca de 4 metros de uma via pública. Um ônibus razoável transporta cerca de quarenta pessoas confortavelmente sentadas, ocupando não mais que 12 metros de via pública: três vezes mais espaço, para transportar 20 a 40 vezes o número de pessoas. Naturalmente, os ônibus se deslocam devagar na cidade, por causa do congestionamento, pois a área total utilizada pelos ônibus para transportar todos os passageiros seria dezenas de vezes menor que a ocupada pela soma dos automóveis (devendo-se considerar ainda que 4 milhões de automóveis representam uma capacidade instalada equivalente à de uma usina de 300 giga Watts, ou seja, quase o necessário para produzir toda a energia consumida na Suíça).

O transporte rodoviário é responsável por cerca de 90% do consumo de combustíveis derivados do petróleo em todo o mundo, que são tradicionalmente a gasolina e o óleo diesel.

Muitos países estão em busca de novas tecnologias para modificar a composição química desses combustíveis tradicionais, tornando-os mais limpos e diminuindo a emissão de poluentes, sem comprometer o desempenho dos veículos. Uma das formas é por meio da adição de componentes que tornem a queima do combustível mais completa, evitando a emissão de grande volume de poluentes indesejáveis.

Além disso, estão utilizando e buscando fontes de energia alternativas, dentre as quais as mais comuns são: metanol, etanol, biodiesel, GNV (gás natural veicular, comprimido), GLP (gás liquefeito de petróleo), óleos vegetais, eletricidade, energia solar e hidrogênio (via células a combustível).

No Brasil, o álcool combustível (etanol) já está misturado na gasolina em porcentagem crescente ao longo do tempo, atualmente em torno de 25%, ou seja, um quarto do combustível total. A utilização de apenas álcool combustível nos veículos, como já se comentou, passou por um período de grande sucesso, foi descontinuado e atualmente retornou nos veículos *flex fuel*, sendo muito dependente da política governamental, bastante mutável. Quanto aos combustíveis renováveis há ainda o biodiesel e o uso de outros óleos vegetais. O GNV é usado em pequena proporção por causa de limitações associadas principalmente com a disponibilidade de gás e a rede de abastecimento. A eletricidade como energia de tração rodoviária ainda se encontra em fase inicial no país, tendo sofrido atraso por conta da falta de política de longo prazo e a descoberta das jazidas de petróleo e gás do pré-sal.

Considerando o mundo como um todo, tais tipos de energia podem ou não serem competitivos com os combustíveis tradicionais, dependendo das condições oferecidas por cada país para sua utilização.

Ferroviário

As fontes de energia utilizadas para a propulsão das unidades, no transporte ferroviário são obtidas por meio de:

- Queima de biomassa (antigas locomotivas a vapor).

- Queima de óleo mineral (motor diesel).
- Energia elétrica.

Uma das vantagens do sistema ferroviário sobre o transporte rodoviário é o melhor desempenho energético em função do baixo atrito entre as rodas e os trilhos de aço, o que se reflete em menor consumo de energia. Outra vantagem importante é a necessidade de poucas interrupções durante o trajeto (o que diminui as perdas e os transitórios por causa de frenagens e acelerações), já que o trânsito pelos trilhos é praticamente livre.

No Brasil, o início do transporte ferroviário foi impulsionado pela utilização da lenha. A mata Atlântica era vista pelos empreendedores como uma enorme biomassa a ser queimada. Com o passar do tempo e advento de novas tecnologias, as máquinas a vapor foram sendo substituídas por máquinas mais modernas.

Para o transporte ferroviário, hoje em dia, são utilizados os seguintes tipos de energia:

- Óleo diesel.
- Eletricidade.

Um litro de óleo diesel transporta, por quilômetro, uma carga de 30 toneladas por rodovia (30 t.km); 125 toneladas por ferrovia (125 t.km) e 575 toneladas por hidrovia (575 t.km).

Aquaviário – transporte fluvial

No transporte fluvial as barcaças são usualmente deslocadas por empurradores com motor alimentado por óleo diesel, não havendo muita alternativa quanto ao tipo de combustível.

A potência necessária para deslocar a carga é muito menor, em comparação com o transporte rodoviário, representando muita economia de energia: uma chata com 120 metros de comprimento e 11 de largura pode flutuar com até 1,2 mil toneladas de carga – capacidade similar à de 42 caminhões na estrada. A barcaça é empurrada ao ritmo de 14 quilômetros/hora, por um empurrador com apenas 3 vezes a potência de uma carreta. Esse exemplo deixa clara a economia necessária para deslocar a carga, em comparação com os outros modais. Essa vantagem pode ser resumida na verificação da capacidade de transporte de um litro de óleo diesel, por quilômetro, nos principais modais: 30 toneladas por rodovia; 125 toneladas por ferrovia e 575 toneladas por hidrovia.

Aquaviário – transporte marítimo

O combustível mais utilizado no transporte marítimo é o óleo diesel. A propulsão à energia nuclear é utilizada em submarinos.

No século passado era usada a propulsão pelo vento por meio de barcos à vela. Hoje em dia esse tipo de propulsão é utilizada como meio de esporte e em pequenas embarcações de pescadores. Nos primórdios da humanidade era utilizada a força humana nos barcos a remo. O remo ainda é utilizado pelos índios, populações ribeirinhas dos locais mais remotos e também nas competições esportivas. Os grandes navios eram impulsionados pela energia do vapor. Os barcos a vapor utilizam como combustível o carvão ou a lenha e provocam mais poluição ao meio ambiente.

Pela grande tonelagem dos navios atuais, a relação energia/carga torna-se econômica, visto que o esforço mecânico é praticamente constante durante os grandes trajetos e a maior quantidade de energia é gasta para sair da inércia.

O desenvolvimento de novos tipos de energia para a navegação de cabotagem poderá vir a ser no futuro um fator de redução dos custos deste tipo de transporte.

Aéreo

A gasolina de aviação e o querosene são os combustíveis mais usados na maioria das aeronaves. O querosene é usado nos jatos turbo hélice e nos Turbofan. Os aviões com motores à hélice utilizam a gasolina de aviação como combustível.

O maior consumo de combustível é na decolagem e aterrissagem. Nos voos panorâmicos esportivos, com planadores, asa-deltas e seus sucessores, utilizam-se apenas as correntes de ar para sustentação, podendo-se permanecer horas no ar sem que nenhum combustível seja utilizado, a não ser o esforço humano. Os ultraleves em geral utilizam motores de combustão comum (automotivo) e o uso de combustível de aviação também é usual. O consumo é compatível ao dos veículos automotores. Recentemente, no esporte, está sendo utilizada a asa-delta motorizada que utiliza combustível comum. Os helicópteros utilizam combustível de aviação e o consumo é inferior ao dos aviões. Os pequenos aviões e jatos também utilizam a gasolina de aviação. Os dirigíveis, movidos a ar quente, acionados por um maçarico a gás, também têm sido utilizados para voos panorâmicos e para divulgação e marketing de empresas. Os balões a gás têm participado de grandes competições panorâmicas em diversas partes do globo, inclusive conseguiu dar a volta completa na Terra em passado recente. Também utilizam o gás como combustível de aquecimento do ar. Os foguetes aeroespaciais utilizam a reação entre gases como fonte de propulsão para vencer a atmosfera da terra e a força da gravidade. Uma vez no espaço, utilizam os motores para acelerar e para retornar à atmosfera terrestre.

Urbano

No transporte urbano, os combustíveis mais utilizados são a gasolina, o etanol e o óleo diesel. Em menor escala, no Brasil, usa-se o gás natural veicular, que, após fase de grande expansão, está agora em compasso de espera, principalmente por causa de limitações na rede de distribuição. Há mistura de etanol na gasolina e de bioetanol no diesel, para reduzir a poluição nos grandes centros urbanos.

Transportes alternativos

Dentre os meios de transporte que dependem do esforço humano (caminhada, bicicleta, remo e muitos outros) a energia necessária é aquela transformada no metabolismo do organismo humano. Já os veículos de deslocamento e esportes individuais consomem pouca energia, mas em compensação a relação carga/potência é também pequena. Os meios de transportes automotores alternativos ainda carecem de desenvolvimento do estado da arte e mudanças de hábitos para que sejam viáveis. Muitas experiências vêm sendo desenvolvidas com combustíveis alternativos, intercambiáveis e mais eficientes para transporte, principalmente coletivo, mas suas efetivações dependem principalmente de aspectos econômicos, de decisão política e também de conscientização ambiental coletiva. A viabilização de certos transportes com energia alternativa (solar, células a combustível, óleos vegetais, elétrica, gás e muitos outros) dependem do esgotamento dos mananciais atuais ou inviabilização ambiental das fontes energéticas usadas nos meios de transportes hoje em dia. Estudos e testes científicos prosseguem.

Tendências e alternativas sustentáveis para o futuro

A busca pela sustentabilidade energética do setor de transportes, no mundo todo, é um enorme desafio, sobretudo em um cenário no qual a mitigação dos impactos ambientais atmosféricos e a mudança de hábitos (culturais) ocupam lugares de destaque, ao lado de soluções aventadas para a sustentabilidade energética, como o aumento da eficiência energética, do uso de combustíveis renováveis e de fontes energéticas alternativas.

Além disso, muito pode ser feito pela logística de transportes, orientada para o aproveitamento das sinergias positivas das diversas tecnologias, dos diversos combustíveis e dos diversos modais.

Mitigação dos impactos ambientais atmosféricos

No caso do setor de transportes, a mitigação dos impactos ambientais atmosféricos apresenta relação direta com ações relacionadas ao uso eficiente da energia, ao aumento da utilização de combustíveis renováveis e de fontes alternativas de energia, assim como a avanços e inovações na logística de transportes. A adoção de políticas e práticas orientadas à redução e/ou racionalização do uso de transportes motorizados e à promoção da transferência das viagens para equipamentos ou modais mais eficientes e menos impactantes é uma das ações fundamentais neste sentido.

Uso eficiente da energia

O aumento da eficiência no uso da energia no setor de transportes, mesmo no caso da utilização de combustíveis fósseis, é uma das principais vertentes orientadas à mitigação dos impactos ambientais atmosféricos do setor. Como consequência, detecta-se, no cenário mundial atual, grande esforço para reduzir o consumo energético, principalmente no transporte rodoviário, o mais utilizado.

No caso dos veículos movimentados por motores de combustão interna (MCI), que configuram a grande maioria dos equipamentos usados no transporte rodoviário, esse esforço tem apresentado avanços positivos, mas lentos, com dificuldades cuja solução ainda deve consumir uma ou mais décadas.

Usualmente, da energia disponível no combustível armazenado no tanque do veículo, cerca de 75% é perdida na forma de transferência de calor e/ou exaurida com os gases pelo escapamento. Em adição, de 17 a 40% da energia restante é perdida no sistema de transmissão (Power Train). Finalmente, restam entre 15 e 25% da energia originalmente armazenada no tanque de combustível para que o veículo efetivamente se movimente, vencendo as resistências ao rolamento, aerodinâmica, inércia e de rampa.

De forma geral, todos os componentes da cadeia energética apresentada têm sido objeto de ações visando ao aperfeiçoamento e aumento de rendimento. Porém, aumentos localizados de rendimento desses componentes não se refletirão diretamente no consumo de energia.

Uma das formas utilizadas para diminuir as perdas é a utilização de novas tecnologias e novos materiais. No caso específico do Brasil, há um grande potencial de redução do consumo de combustível da frota de veículos, em razão da defasagem tecnológica existente com relação aos mercados automotivos mais avançados, por diversos motivos, principalmente de ordem política, institucional e de organização e postura estratégica empresarial, que não cabe aqui discutir.

Outra forma de aumento da eficiência energética dos veículos é a utilização de sistemas híbridos, formados pela associação de um motor de combustão interna (ou célula a combustível), com um gerador, um dispositivo de armazenagem de energia, em sua grande maioria baterias, e um ou mais motores elétricos. Tais componentes podem ser associados de diversas formas e com diferentes características operacionais, que podem ser adaptadas às condições de tráfego. Os veículos híbridos que utilizam MCI à gasolina nas estradas e permutam para tração elétrica nas condições de trânsito mais pesado das áreas urbanas são exemplos dessa forma de busca de aumento de eficiência e redução de emissões atmosféricas.

Outra solução importante do ponto de vista operacional, é a de uso de tecnologias baseadas no armazenamento de energia durante a frenagem para uso posterior como propulsora do veículo.

Aumento da utilização de combustíveis renováveis e de fontes alternativas de energia

A mitigação dos impactos atmosféricos do setor de transportes também pode ser obtida por meio do uso de combustíveis renováveis ou fontes alternativas de energia com menores taxas de emissão de resíduos atmosféricos, ou até mesmo nenhuma. Nesse cenário se integram os biocombustíveis, e as fontes alternativas de energia para transporte, compreendendo o gás natural veicular, o hidrogênio e a energia elétrica (por meio dos carros elétricos).

Tais alternativas tecnológicas são tratadas separadamente e de forma sucinta a seguir.

Biocombustíveis no setor de transportes

A participação dos biocombustíveis no setor de transportes tem aumentado continuamente, tanto em termos mundiais como no Brasil. No Brasil, a participação de renováveis na matriz energética de transportes é a maior do mundo e continua crescente.

No Brasil, além do uso do etanol diretamente, há mistura do etanol na gasolina, hoje na proporção de 25%. Nos motores a diesel, há mistura de biodiesel. Em termos mundiais, projetos recentes de demonstração na Inglaterra, na Austrália e no Japão comprovam grande potencial de uso de biocombustíveis líquidos em grande escala na aviação e navegação. No Brasil, misturas contendo 20% de biodiesel com o diesel mineral (B20) já foram testadas com sucesso em locomotivas.

Biocombustíveis compatíveis com óleo diesel e gasolina têm tido boa taxa de introdução no setor de transportes, puros ou misturados com os derivados de petróleo, principalmente por não exigir modificações significativas nos motores.

Fontes alternativas de energia no setor de transportes

Além dos biocombustíveis, outras fontes alternativas de energia têm ocupado espaço crescente no setor de transportes: os veículos movidos a gas natural (GNV); os veículos que utilizam hidrogênio, por meio de células a combustível; os veículos elétricos a baterias e os veículos híbridos. Nesse contexto, os veículos elétricos e os veículos híbridos (baterias e MCI ou baterias e células a combustível), dentre os quais se ressaltam o GNV, os veículos elétricos à bateria podem ser recarregáveis (*plug-in*) ou não pela rede elétrica.

Iniciativas promovendo o uso do GNV no transporte público urbano foram realizadas no Brasil na década de 80. No entanto, a inexistência da produção em larga escala de veículos coletivos a gás natural; a baixa qualidade do gás natural distribuído; a falta de disponibilização do suprimento de gás natural na maior parte do país; e razões específicas do comportamento dos usuários debilitaram tais iniciativas e resultaram na situação atual de estagnação.

Veículos movidos por células a combustível (*fuel cells*) aparecem em quantidade muito pequena no transporte urbano (ônibus de grande porte) e, em maior quantidade, em automóveis híbridos no cenário mundial. No Brasil, a tecnologia de células a combustível no setor de transportes é incipiente.

Comparativamente aos veículos tradicionais, os veículos elétricos apresentam diversas vantagens, dentre elas, grandes ganhos de eficiência.

Os veículos elétricos movidos à bateria, embora não emitam poluentes atmosféricos, ainda apresentam dificuldades de entrada em massa no mercado, relacionadas principalmente com custo, peso e infraestrutura e com a logística de recarga ou reposição das baterias. Embora esteja havendo grande e rápido avanço tecnológico, as baterias ainda são mais pesadas do que um tanque de combustível e a limitação de sua capacidade de estocagem energética acaba por restringir a autonomia do veículo. Além disso, no caso dos veículos recarregáveis, o tempo necessário para a recarga, de várias horas, é uma desvantagem com relação aos veículos movidos a combustíveis líquidos, cujo abastecimento toma apenas alguns minutos.

Infraestrutura e logística de recarga também são, no momento, uma desvantagem com relação aos veículos movidos a combustíveis líquidos. A difusão de postos de recarga e a evolução dos sistemas elétricos inteligentes (*smart systems*), que permitirão recarga na própria empresa ou residência do proprietário do veículo são soluções para esse problema, mas ainda demandarão tempo para efetiva implantação. Implantação de logística baseada na criação de postos de troca de baterias também tem sido visualizada.

Atualmente, os principais esforços no desenvolvimento dos veículos elétricos estão direcionados para as baterias.

Aspectos também importantes para a inserção do carro elétrico, que configuram desafio de mudança de hábitos, são a limitação da velocidade em valores menores que a dos veículos tradicionais e o silêncio total do motor em funcionamento.

Por esses motivos, há alguns anos a indústria parece ter privilegiado os carros híbridos, que aliam a potência do motor à gasolina com a economia do motor elétrico. Soluções híbridas têm sido desenvolvidas nas quais as fontes alternativas são utilizadas nas cidades, enquanto o combustível tradicional do veículo (álcool, gasolina, gás, diesel ou outros) é usado nas rodovias, onde o fator poluição é menos concentrado.

Logística: redução e racionalização do uso de transportes motorizados e transferência para meios de transporte mais eficientes e menos impactantes

Redução e/ou racionalização do uso dos transportes motorizados

No caso do transporte de passageiros, a redução e/ou racionalização do uso do transporte motorizado envolve ações relacionadas à gestão da mobilidade. Grande número de ações são sugeridas na literatura e nas discussões desse tema, tais como: limitação ou incentivo ao não uso do automóvel, por meio de cobrança de pedágio, implantação de rodízio ou o aumento do custo de estacionamento; incentivo às práticas de compartilhamento de veículos e adoção de formas não presenciais de trabalho (*home office*), de troca de informações (videoconferência) e de aquisição de bens (*on-line*), por meio da telemática, que podem ser implantadas em separado ou mesmo conjuntamente.

A adoção destas sugestões, contudo, enfrenta dificuldades relacionadas à mudança de hábitos (aspecto predominantemente cultural, já abordado em outras partes deste livro) e à necessidade de disponibilizar infraestrutura adequada, que pode ser um desafio altamente complexo e até mesmo inexequível, sobretudo nos grandes centros urbanos.

A mudança de hábitos deverá requerer, dentre outras atividades, campanhas informativas e educativas voltadas à adoção de práticas ambientalmente sustentáveis em transporte e da prática consciente da mobilidade sustentável. Com relação à disponibilização de infraestrutura adequada, deve-se considerar que nenhuma mudança de hábito deve ser tentada enquanto não houver a infraestrutura necessária para que ela possa ser absorvida pela população. Isto pode envolver também a adoção de políticas de uso e ocupação do solo que permitam proximidade entre as zonas habitacionais daquelas onde existe oferta de empregos e lazer. A falta de infraestrutura pode não só botar a perder a campanha de mudança de hábitos, como também retirar a eventual boa ideia do cenário por um longo tempo.

No que se refere ao transporte de carga, a situação se torna bem mais complexa, por envolver outros tipos de atores, com maior poder de pressão política e econômica do que os passageiros individuais. De qualquer forma, pode-se afirmar que a existência de flexibilidade no uso e ocupação do solo que permita suprimento de produtos e serviços na proximidade das zonas de consumo é um facilitador para a solução dessa questão.

Transferência das viagens para equipamentos ou modos de maior eficiência energética

Este item busca identificar o potencial de redução nas emissões de CO_2 por meio da substituição modal no transporte de passageiros e cargas.

No que se refere ao transporte de passageiros, as principais medidas voltadas a reduzir o impacto ambiental atmosférico do setor de transportes por meio de substituição modal se baseiam na transferência de viagens dos automóveis para os modos de transporte público e coletivo, como ônibus, trens e metrôs.

Incentivar o uso de transportes públicos coletivos depende da sua disponibilidade, o que pode ser um problema nos países em desenvolvimento, como é o caso do Brasil. Ainda assim, o potencial de atração de viagens de automóveis para esses modais depende de medidas que envolvem: integração física, operacional, institucional e tarifária entre os modais de transporte; integração entre as políticas econômica, de transporte, de saúde pública e de inclusão social; e adequação das formas como o poder público desestimula o uso do transporte individual.

Com relação ao transporte de cargas, a situação é bastante diferente, por envolver a estrutura produtiva, peculiaridades dos produtos, seu consumo e seu transporte. Além disso, a substituição de modal pode em certos casos ser impossibilitada por questões físicas e pela natureza estrutural de alguns processos produtivos.

No Brasil, a produção a ser escoada é formada, em sua maior parte, por produtos agrícolas, produtos siderúrgicos, minérios e combustíveis, incluindo o petróleo e biocombustíveis como etanol e biodiesel. A distância entre os centros produtores e consumidores é, em muitos casos, superior a 500 km – o que, aliado às características dos produtos serem, no geral, de grande volume e baixo valor agregado, justifica o uso de modais de grande capacidade, com menor uso de energia por unidade transportada e menos emissões atmosféricas. Além das grandes distâncias, há outros fatores a serem considerados, tais como: o fluxo setorial e regional de produtos; a identificação dos modais mais adequados aos produtos transportados; características específicas da região, dentre outros.

Assim, no Brasil, ainda há muito a ser feito, uma vez que a oferta brasileira de transporte atual se concentra no transporte rodoviário, pouco apropriado para o perfil dos produtos brasileiros e que apresenta deficiências, tais como grande parte da frota de veículos já ultrapassada, com problemas de manutenção e com maior consumo de combustível fóssil. Sem contar o triste estado, insegurança e falta de manutenção das rodovias, com poucas exceções.

Esse cenário de desequilíbrio gritante da integração e interligação de modais no Brasil, falta de manutenção e de políticas equivocadas de preços de produtos energéticos, resultou, ao final de maio de 2018, em uma greve sem precedentes de caminhoneiros que, bloqueando rodovias, parou o país por pelo menos dez dias, com impacto direto na vida de toda a população. Diversas tentativas foram feitas para quantificar os impactos econômicos dessa greve, com resultados sempre discutíveis, em virtde das premissas utilizadas, em geral atreladas a interesses de diversos grupos. Sem falar nos prejuízos socioambientais, muito mais difíceis e complexos de estimar, como enfatizado ao longo deste livro.

Além disso, é importante ressaltar que, no trânsito urbano e em vias que ligam grandes centros como Rio de Janeiro e São Paulo, a quantidade de veículos causa lentidão no tráfego, aumento da poluição sonora e maiores concentrações de poluição atmosférica.

TELECOMUNICAÇÕES

O setor de telecomunicações apresenta uma característica destoante com relação aos demais componentes da infraestrutura para desenvolvimento aqui enfocados:

- Com exceção de alguns componentes físicos, como as torres de comunicação e as estações repetidoras, as rotas associadas às aplicações das tecnologias de telecomunicação se desenvolvem pelo ar, utilizando-se de sinais elétricos de frequências da ordem de kHz (quilohertz) a MHz (mega-hertz), completamente diferentes da frequência típica da energia elétrica de nosso dia a dia (50 ou 60 Hz). Isso permite que os sinais sejam transmitidos de forma praticamente instantânea entre os pontos mais distantes da Terra.
- Os setores de energia, saneamento e transportes envolvem atividades exercidas diretamente sobre a massa terrestre, solo, subsolo, rios, mares etc. Atividades cujo desenvolvimento encontra barreiras físicas e temporais dos mais diversos tipos, as quais dependem diretamente de características específicas de cada projeto, tais como: localização (em áreas rurais, matas, desertos, próximos a áreas urbanas, nas áreas urbanas menos ou mais densamente povoadas); posicionamento em relação à crosta terrestre (projetos na superfície, subterrâneos, subfluviais, submarinos); tipos de tecnologia aplicados; dentre outros.

Dessa forma, embora produtos advindos do avanço tecnológico revolucionário dos componentes eletrônicos de comunicação nos últimos tempos (*chips* cada vez menores e com maior capacidade de transporte de sinais, possibilidade praticamente ilimitada de armazenamento de sinais, dentre outros), também possam ser utilizados nos setores de energia, saneamento e transportes. Embora nestes o meio físico imponha significativas barreiras, que são a causa do grande descompasso de evolução dos projetos de infraestrutura.

Na realidade, esse descompasso entre as telecomunicações e os outros três componentes básicos de infraestrutura apenas vem se somar aos outros descompassos de cunho político, econômico, ambiental e social, que caracterizam a vida atual na Terra.

Esse descompasso se reflete nas mais diversas perplexidades do mundo atual, dentre às quais se ressaltam aquelas relacionadas com globalização e inovação tecnológica; perspectivas de aplicação da internet das coisas (*internet of things - IoT*); e à energia inteligente (*smart power*).

Essas três causas atuais de perplexidade no cenário mundial são enfocadas a seguir, com o objetivo principal de suscitar discussões e reflexões, certamente poucas em relação ao complexo cenário no qual estão imersas, mas mesmo assim espera-se poder colaborar para participação mais ativa nessa questão, uma das mais importantes do mundo atual, que envolve nosso cotidiano e futuro, estejamos conscientes disso ou não.

Globalização e inovação tecnológica

O grande avanço relativamente recente da tecnologia da informação (TI) tem resultado em modificações sem precedentes na história da humanidade, enfatizando uma enorme lista de fraquezas estruturais, ressaltando enormes diferenças de visão e expectativas entre gerações separadas por poucas décadas e produzindo desafios cuja superação é tema de debates calorosos com baixas perspectivas de consenso em médio prazo.

A maior parte da população mundial, tanto de países desenvolvidos como dos demais países, se encontra hoje conectada a um sistema global de informação, praticamente instantâneo, acelerando o denominado processo de globalização que, apesar de acenar com alterações positivas para o futuro da humanidade, tem se ressaltado muito mais pelos seus aspectos negativos, tais como o fracionamento das populações em guetos comportamentais e ideológicos; a utilização inescrupulosa das informações para fins de dominação econômica, política e comportamental; o acelerado crescimento do desemprego e o resultante enorme aumento da disparidade na distribuição da riqueza mundial; e a aceleração de mercados de consumo que vão no sentido oposto ao da busca pela sustentabilidade.

Nesse contexto, sobressaem grandes discussões relacionadas com legislação, regulação e ética, dentre outros aspectos. Discussões que não podem ser dissociadas das grandes disparidades econômicas, tecnológicas e socioambientais características da situação atual do mundo. Tais disparidades afetam diretamente o cenário mundial da inovação tecnológica, como se apresenta a seguir.

Contextualização de pesquisa, desenvolvimento e inovação tecnológica

Pesquisa, desenvolvimento e inovação tecnológica estão intrinsecamente correlacionados. A inovação tecnológica pode ser entendida como a aplicação efetiva e comercial, no dia a dia dos seres humanos, de produtos resultantes de um processo estruturado de pesquisa atrelado ao desenvolvimento tecnológico.

Nesse contexto, considerando-se as grandes disparidades e nuanças existentes entre as nações e populações mundiais, pode-se questionar sobre o significado real do denominado avanço tecnológico. Esse avanço, em termos gerais, é algo complexo, de difícil definição, mas a resposta certamente tem relação com a inovação tecnológica e impacta os mais diversos aspectos da vida humana: político, técnico, econômico, socioambiental etc.

Por outro lado, historicamente, reconhece-se que as guerras têm sido grandes fontes de avanços tecnológicos, que permanecem e se transformam nos tempos de paz. Tempos em que as principais fontes de avanços tecnológicos se encontram atreladas ao comércio e à busca por maior bem-estar dos seres humanos.

Nesse cenário, não é difícil entender que a velocidade com que as tecnologias transitam pela cadeia pesquisa, desenvolvimento e aplicação varia largamente ao longo do espaço e do tempo. Um exemplo clássico de lentidão extrema desse processo é o caso da máquina a vapor: sua primeira descrição foi feita por Hero, em Alexandria, no século I d.C.; sua primeira patente aconteceu em 1698, com base no trabalho de Thomas Savery aperfeiçoado por Thomas Newcombe, 14 anos depois; apenas em 1769 ocorreu sua aplicação prática, por James Watt em máquinas de tecelagem, que foi a base da revolução industrial ocorrida na Inglaterra. Desde a concepção até a concretização como produtos à sociedade, nesse caso, decorreram 18 séculos. Certamente esse é um exemplo excepcional. A velocidade do referido processo tecnológico veio aumentando ao longo do tempo, graças a diversos fatores, dentre eles o próprio avanço do tempo, a maior troca de informações entre as nações, a melhor organização e regulação do comércio internacional, a adoção de normas internacionais.

Nesse contexto, é importante não confundir criatividade com inovação. A criatividade pode motivá-la, mas não é inovação em si.

Qual seria o fundamento da inovação? Podem ser apontadas duas possibilidades sem exclusão mútua: a necessidade básica (homem inventivo enfrentando dificuldade da vida prática); necessidade estruturada (problema não imediato que será resolvido por esforço estruturado da sociedade, justamente no campo de atuação de empresas ou centros de pesquisa inovadores).

No cenário geral da inovação, ressaltam-se diversos aspectos importantes, de caráter social, educacional, organizacional, financeiro e comercial. Daí resulta um consenso em que a inovação é um problema de Estado – garantir segurança, continuidade programática e eficiência passa a ser responsabilidade dos governos (arcabouço normativo, funções de gerenciamento e fiscalização bem dimensionadas, práticas corretas de fomento).

É igualmente importante percorrer o ciclo de inovação, enfatizando-se os conceitos de Ciência e Tecnologia, as fases da pesquisa e do desenvolvimento e as diferenças entre inovação radical e incremental.

- Conceitualmente, pode-se resumir: ciência – conjunto organizado de conhecimentos universais capaz de nos fazer entender fenômenos naturais, ambientais e comportamentais. Conhecimento científico é alcançado graças a esforços sistematizados de pesquisas, permanentemente voltadas às demandas, não só científicas, mas também tecnológicas, ambientais e de convivência social; tecnologia – tema de ampla abrangência, alcançando técnicas, métodos, procedimentos, equipamentos, materiais que possam contribuir para a obtenção de novos ou mais eficientes produtos/soluções. Há pelo menos duas vertentes: uma voltada a produtos propriamente ditos e outra voltada a processos de produção.
- Ciência e tecnologia não devem ser vistas como atividades competitivas, quase antagônicas, mas sim complementares, que podem acarretar a inovação tecnológica em atendimento ao ciclo de pesquisa (básica e aplicada) e ao desenvolvimento experimental.
- O ciclo de inovação inicia-se, por regra, com a pesquisa e o desenvolvimento. Podem ser consideradas três fases: pesquisa básica, pesquisa aplicada e desenvolvimento experimental.
- O grau de comercialização aumenta na medida em que se avança nesse ciclo.
- A parte final do processo da inovação, ou seja, a realização prática de disponibilização à sociedade dos novos produtos, sistemas ou serviços desenvolvidos, viabilizando sua oferta ao mercado, no qual atuam as mais diversas influências, passa a ser a parte mais longa, dura e custosa do ciclo pesquisa/inovação.
- Por fim, pode-se separar a inovação em dois tipos principais: inovação radical, quando é possível ocorrer de uma forma quase que abrupta, como a que ocorre em tempos de guerra e inovação incremental, como a que pode ocorrer de uma forma constante e estruturada ao longo do tempo.

Por outro lado, parece existir consenso na associação do avanço tecnológico à modernidade.

Mas, quando o foco é dirigido ao atual cenário mundial e suas disparidades, surge a questão: modernidade em relação a quê?

Para tentar esclarecer essa questão é importante enfocar diversos aspectos típicos da grande heterogeneidade atual do contexto mundial.

Pode-se afirmar que a inserção de uma nação na tal "modernidade" depende do estágio técnico, comercial e social da mesma nação.

Países desenvolvidos já atingiram estágios tecnológicos capazes de avançar por inovações mais radicais que aqueles em desenvolvimento (pois dispõem de mais recursos econômicos e, simultaneamente, em diferentes campos do desenvolvimento, além de suportarem com maior facilidade longos prazos de desenvolvimento. Seu estágio científico/tecnológico está mais avançado, tem maior massa crítica de conhecimento (quantitativa e qualitativamente), laboratórios incomparavelmente mais bem equipados (também quantitativa e qualitativamente), e suas economias permitem maiores volumes de investimento e podem conviver com prazos de retorno mais dilatados.

Países em desenvolvimento, como o Brasil, podem, em parte, permitir-se investimentos em inovações radicais (descobrindo nichos) e dedicar especial atenção para com as possibilidades de inovação incremental.

Internet das coisas

É neste mesmo conjunto de problemas ainda não compreendidos totalmente pela grande maioria da população mundial que se introduz a denominada internet das coisas (IoT – *internet of things*), que já está disseminando diferentes tecnologias avançadas da TI pelos mais diversos e profundos setores da vida humana; acenando com alterações revolucionárias na estruturação da vida humana, em suas formas de relação mútua, política, social e ambiental.

Tecnologias do tipo inteligência artifical, realidade virtual, realidade aumentada, automação e robotização, por exemplo, já estão produzindo diversos avanços biológicos, medicinais, energéticos e educacionais que não poderiam ser previstos algumas décadas atrás.

Nesse cenário, pode-se visualizar a possível implantação de mundos retratados em diversos livros e filmes, de ficção científica ou não, de cunho filosófico ou não. Pode-se, inclusive, visualizar um mundo encaminhado nos rumos da sustentabilidade. O que contrasta com a realidade atual, na qual aumentam as disparidades entre as nações e populações humanas; crescem os conflitos armados e as ameaças de guerras nucleares; aumenta a utilização e comercialização desenfreada de recursos naturais; e aumenta-se, de forma brutal, a perversa distribuição da riqueza (e do poder).

Esse grande cenário, com seus aspectos positivos e negativos, diferenças tecnológicas, disparidades e desafios, também acolhe e se aplica à denominada energia inteligente, enfocada a seguir.

Energia inteligente (*smart power*)

A energia inteligente (*smart power*) configura uma revolução elétrica consubstanciada pela necessidade de responder a novos desafios impostos principalmente por duas necessidades globais:

- A necessidade de adoção de políticas adequadas a reduzir os impactos das mudanças climáticas, no âmbito das quais a energia cumpre um papel importante.
- A necessidade de maior segurança energética, envolvendo os desequilíbrios entre o suprimento e a demanda, e, no caso do sistema elétrico, a confiabilidade.

Para superar esses desafios, os sistemas de energia elétrica deverão passar por significativas mudanças tecnológicas. Nas próximas décadas (próximos 30 anos?), o sistema elétrico deverá adotar o conceito de rede inteligente, o *smart grid* e a arquitetura do sistema irá mudar de um modelo baseado em controle central e predomínio de grandes fontes geradoras para um modelo com número bem maior de pequenas fontes e inteligência descentralizada. O que causará uma transformação total do modelo operacional dos sistemas elétricos – a primeira grande mudança na arquitetura desde que a corrente alternada se tornou dominante após a Feira Mundial em Chicago, 1893.

Do ponto de vista de componentes físicos, o sistema elétrico do futuro deverá integrar quatro diferentes infraestruturas: a geração com baixo teor de carbono (de grande e pequeno porte); o transporte da energia elétrica (transmissão e distribuição); as redes locais de energia e as redes inteligentes (*smart grids*).

Os principais atributos desse sistema deverão ser:

- Confiabilidade "total" de suprimento.
- Melhor utilização do conjunto da geração centralizada, de tecnologias de armazenamento, fontes geradoras distribuídas e cargas consumidoras controláveis para assegurar o menor custo.

- Mínimo impacto ambiental do sistema elétrico.
- Robustez do sistema elétrico quanto aos ataques físicos e cibernéticos e aos grandes fenômenos naturais.
- Garantia de energia de alta qualidade aos consumidores que o requeiram.
- Monitoramento de todos os componentes críticos do sistema de potência para permitir manutenção automatizada e prevenção de desligamentos.

Além disso, o referido sistema deverá contar com cinco funcionalidades básicas: visualização do sistema em tempo real; aumento da capacidade do sistema; eliminação de gargalos nos fluxos elétricos; capacidade própria de se ajustar a diferentes situações operativas; e aumento da conectividade dos consumidores.

Do ponto de vista não apenas do sistema físico, mas também dos diferentes atores do setor elétrico, envolvendo regulação, consumidores, mercados de energia elétrica, será montado um sistema integrado e flexível, conectando todos os participantes do cenário, como ilustrado na Figura 2.21.

No cenário mundial de hoje, há diversas visões alternativas de como tudo isso será efetuado. Visões que divergem principalmente em alguns detalhes ou tópicos específicos, mas o fato concreto é que todas convergem para a necessidade premente de modificações.

As novas características tecnológicas, econômicas e ambientais tornarão obsoletas diversas práticas atuais do setor elétrico e será fortemente ressaltada a capacidade de controle individual.

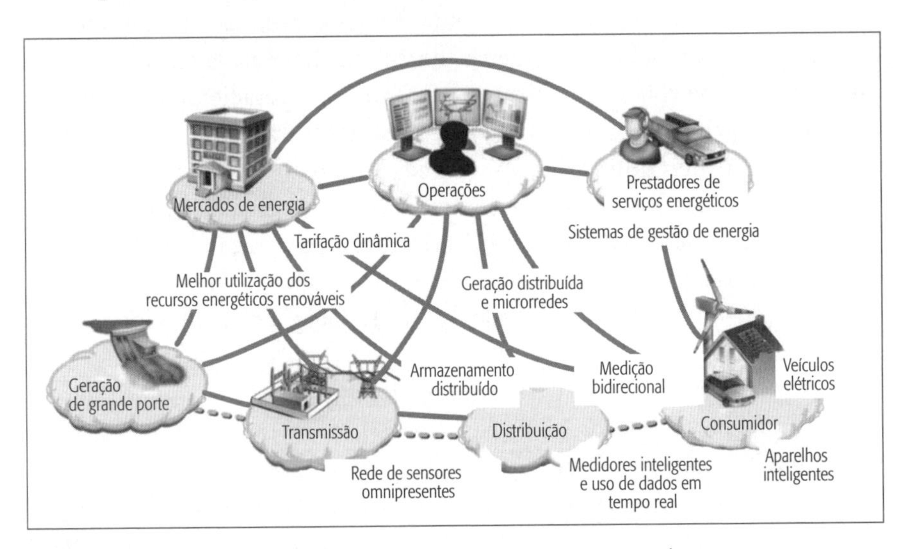

Figura 2.21 – Modelo conceitual da rede inteligente (*smart grid*).

A nova indústria elétrica objetivará três metas principais: a criação de um paradigma de controle descentralizado; a transição para um sistema com predomínio de fontes geradoras renováveis ou com baixo teor de carbono; e a montagem de um modelo de negócio que promova muito mais eficiência.

O sistema elétrico deverá ser extensivamente reformado no período de algumas décadas.

Nesse cenário tecnológico, o futuro do sistema elétrico deve ser orientado para enfocar adequadamente os seguintes aspectos principais: uma grande interação entre o sistema elétrico e os consumidores; busca pela melhor integração das grandes fontes energéticas do sistema centralizado com as pequenas fontes, próximas aos consumidores.

O atual modelo de negócio e a atual estrutura regulatória deverão se submeter a uma mudança radical, com uma nova missão: a de vender serviços energéticos a mínimos custos, e não a de vender máximos kWh.

Um componente importante desse novo modelo será a geração distribuída caracterizada principalmente por projetos de geração de pequeno porte, conectados de forma dispersa à rede elétrica, usualmente ao sistema de distribuição. Em uma concepção mais ampla, geração distribuída refere-se à geração com capacidade na faixa de 50-100 MW, controlada localmente e conectada aos sistemas de distribuição.

Diversas tecnologias de geração e armazenamento podem ser visualizadas para esse tipo de aplicação, que deverá ter um impacto significativo no desempenho dos sistemas elétricos. Podem ser citadas a geração eólica, as pequenas turbinas hidráulicas, geradores diesel, turbinas a gás com baixa inércia, células a combustível, sistemas à biomassa, sistemas fotovoltaicos e termossolares, armazenamento em bobinas magnéticas supercondutoras, armazenamento em baterias, armazenamento de energia por ar comprimido, volantes de inércia e até mesmo armazenamento em veículos elétricos.

Uma microgeração distribuída pode ser vista na Figura 2.21, apresentada anteriormente. Na parte inferior do lado direito, encontra-se a representação do consumidor: um gerador eólico e um sistema solar fotovoltaico, que poderão suprir a energia da residência e até mesmo comercializar excedentes de energia com o sistema elétrico; e um veículo elétrico, um armazenador de energia, que poderá ser carregado para sua utilização como transporte ou até mesmo ser utilizado para "vender" energia para a rede, quando houver sobra.

Embora esse exemplo utilize o carro elétrico, outros sistemas de armazenamento, como os citados anteriormente, poderão ser usados para armazenar energia quando a produção do microsistema for maior que o consumo da residência e suprir a energia faltante ou "vender" energia excedente quando a produção do microssistema for maior do que o consumo.

Com relação aos sistemas de armazenamento e sua utilização para fazer o balanço entre geração e consumo, é importante citar também que tais sistemas podem ser conectados a locais estratégicos dos sistemas de transmissão e de distribuição para melhorar o controle total da rede. Conexão que é permitida pela associação desses sistemas de armazenamento com os equipamentos da eletrônica de potência voltados a aumentar a flexibilidade dos sistemas elétricos: equipamentos da "família" FACTS (*Flexible AC Transmission Systems).*

Energia, Cenários e Recursos Naturais Energéticos

3

INTRODUÇÃO

A questão energética tem um significado bastante relevante no contexto da questão ambiental e da busca pelo desenvolvimento sustentável, e tem influenciado muito as discussões sobre mudanças de paradigma no desenvolvimento humano, principalmente por três motivos abordados ao longo deste livro. Primeiro, o suprimento eficiente de energia é considerado uma das condições básicas para o desenvolvimento econômico, fazendo parte, com outros setores de infraestrutura como transporte, telecomunicações e águas e saneamento, da agenda estratégica de todo e qualquer país. Segundo, vários desastres ecológicos e humanos das últimas décadas têm relação íntima com o suprimento de energia, oferecendo assim motivação e argumentos em favor do desenvolvimento sustentável, de um ponto de vista principalmente ambiental. Por último, e talvez o motivo mais importante, é aquele relacionado com a equidade que, no âmbito energético, pode ser traduzida em universalização do acesso à energia e ao atendimento das necessidades básicas.

Com relação à universalização do atendimento, surgem números que são verdadeiros argumentos contra a inteligência da raça humana: em 2017, segundo a Organização das Nações Unidas (ONU), havia uma estimativa de que em torno de 1 bilhão de pessoas não tinha acesso à energia elétrica. No Brasil, em 2002, a estimativa apontava para cerca de 20 milhões de pessoas não atendidas. Atualmente, esse número foi significativamente reduzido em decorrência de diversos programas voltados à universalização do atendimento no Brasil, embora ainda se tenha, segundo a Agência Nacional de Energia

Elétrica (Aneel), em torno de 1 milhão de residências sem luz. No entanto, em termos mundiais, ainda há um grande desafio. Fora isso, além da universalização, é preciso fornecer, a cada cidadão, o mínimo necessário para atender às necessidades básicas para uma vida digna. Aí o problema passa a ser muito maior do que proporcionar o acesso à eletricidade: envolve questões associadas a grandes temas globais e regionais, tais como maior cooperação e melhor distribuição de renda. Sobre esse assunto, outras considerações serão apresentadas logo adiante, quando for feita a abordagem do consumo energético *per capita*, em termos mundiais.

Nos últimos anos, a questão energética adquiriu uma posição central na agenda ambiental global, principalmente dentro das negociações da Convenção do Clima. Isso porque a atual matriz energética mundial depende ainda em mais de 80% de combustíveis fósseis, cuja queima contribui para aumentar rapidamente a concentração de gases estufa na atmosfera. De modo geral, porém, pode-se dizer que a importância da busca por maior eficiência energética e pela transição para o uso de recursos primários renováveis tem sido ressaltada em toda e qualquer avaliação sobre o desenvolvimento sustentável.

Para que o setor energético se torne sustentável, é necessário que seus problemas sejam abordados de forma compreensiva, incluindo não apenas o desenvolvimento e a adoção de inovações e incrementos tecnológicos, mas também importantes mudanças que vêm sendo implementadas em todo o mundo. Essas mudanças envolvem, por um lado, políticas que tentam redirecionar as escolhas tecnológicas e os investimentos no setor, tanto no suprimento como na demanda, bem como o comportamento dos consumidores, quando se trata daqueles que têm acesso à energia.

Nesse contexto, torna-se importante rever o setor energético dentro de uma visão abrangente, que aborde tanto questões setoriais específicas como também sobre desenvolvimento, equidade e impactos ambientais. Embora tenha se transformado rapidamente durante os últimos anos, o setor energético ainda deverá sofrer grandes mudanças no futuro, não só em função de demandas ambientais e modificações dos mercados, mas também porque novas políticas deverão redirecionar o desenvolvimento tecnológico do setor. Isso, por sua vez, acabará gerando novas transformações internas de caráter competitivo e gerencial.

É necessário estabelecer processos e procedimentos que permitam essa avaliação integrada da energia com outras utilizações de recursos, tais como os formadores da infraestrutura para o desenvolvimento, principalmente com a água e o saneamento. É importante enfatizar o uso de fontes renováveis – preferencialmente locais – e dos programas de eficiência energética.

Nesse contexto, salientam-se os processos e métodos voltados a um planejamento energético eficiente, tais como matriz energética, planejamento integrado de recursos e gestão integrada de recursos, que são enfocados no Capítulo 5 deste livro.

O monitoramento da implementação desses processos e métodos, a avaliação continuada dos resultados e o redirecionamento das estratégias, quando necessário, são partes fundamentais a serem consideradas. Para isso, é importante estabelecer indicadores que permitam avaliar o andamento do processo. Esse assunto também é tratado de forma sucinta a seguir, a fim de melhor localizar a questão no âmbito da energia para um desenvolvimento sustentável.

CENÁRIOS ENERGÉTICOS

Nesse contexto da energia para um desenvolvimento sustentável, é importante citar e avaliar ainda alguns dados e resultados de estudos efetuados em âmbito global.

Em 2016, a demanda total de energia no mundo foi de 13.729 Mtep, sendo 81,6% de combustíveis fósseis, o equivalente a 48 vezes a demanda brasileira, a qual conta com 55,1% de fósseis. Dos 13.729 Mtep consumidos no mundo, 32,0% foram de petróleo, 27,5% de carvão mineral, 21,8% de gás natural, 5,0% de energia nuclear, 2,5% de energia hidráulica e 11,2% de outras fontes não especificadas. As fontes renováveis somaram 13,7%, contra o indicador de 43,5% verificado no Brasil. Entre 1973 e 2015, a demanda cresceu a uma taxa de 1,93% ao ano.

Há uma grande disparidade entre a quantidade de energia usada por pessoa (*per capita*) em várias partes do mundo. A Figura 3.1 mostra essa desigualdade no ano de 2007, em toneladas equivalentes de petróleo, mas que ainda mantém o mesmo perfil atualmente.

Essa figura indica a grande diferença dos padrões de consumo de países da América do Norte (7,75 nos Estados Unidos e 8,17 no Canadá) comparada à média mundial (1,82). Isso trouxe a questão de qual padrão deveria ser adotado como referência em termos mundiais, havendo a clara certeza de que uma globalização energética, com base no padrão da América do Norte, se fosse possível, apenas aceleraria a degradação e a insustentabilidade da organização humana. Foram levantadas indicações de que poderia ser possível adotar um padrão global semelhante ao europeu. Mesmo esse padrão exigiria grande esforço e mudanças, uma vez que os países em desenvolvimento se encontram bem abaixo dele.

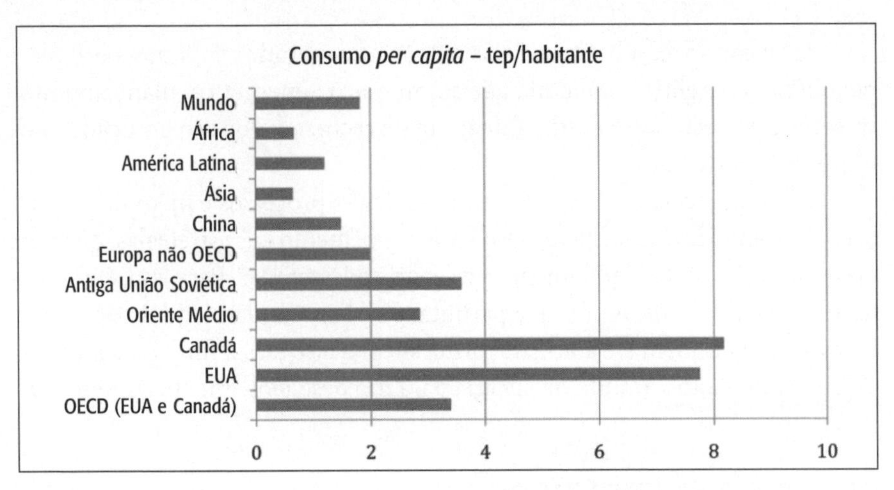

Figura 3.1 – Uso de energia *per capita* em 2007 em diferentes regiões do mundo.

Fonte: IEA (2009).

Legenda: OECD – Organization for Economic Cooperation and Development.

Embora tenham ocorrido modificações no uso de energia *per capita* nas diferentes regiões do mundo associadas às reorganizações dos blocos de países, às maiores taxas de desenvolvimento em áreas específicas (Ásia, por exemplo) e a outras alterações, as disparidades do uso energético *per capita* continuam e, em certos casos, aumentaram. Ou seja, o problema persiste e continua sendo um desafio para a construção de um modelo sustentável de desenvolvimento.

Na discussão sobre o atendimento às necessidades básicas, referidas anteriormente, a universalização do padrão europeu seria uma boa solução. Nesse sentido, é importante lembrar que certos países, como o Brasil, apresentam, em consequência de suas grandes dimensões e heterogeneidades, diversos desses padrões. Por exemplo, na cidade de São Paulo, podem ser encontrados padrões semelhantes aos da Europa e da África.

Com relação ao futuro, diversos cenários energéticos globais têm sido construídos até 2100, tentando não só estimar a demanda de energia até o fim do século, como também verificar as formas pelas quais poderá ser atendida. A despeito de várias incertezas, esses cenários servem para verificar tendências e alertar sobre o planejamento necessário para garantir o suprimento adequado da demanda esperada. Servem ainda como referência para uma análise cautelosa a respeito das medidas, políticas e tecnologias necessárias, caso se deseje redirecionar o processo de desenvolvimento no setor.

Para uma visualização simplificada da matriz energética e sua importância, assunto tratado especificamente no Capítulo 5 deste livro, apresenta-se a seguir o conjunto principal de resultados da análise desenvolvida pelo World Economic Forum (WEC), apresentada no livro *Global Warming* (Houghton, 1997). Esses cenários, utilizados em uma análise efetuada para o período de 1990 a 2100, levam em conta o crescimento populacional e as fontes energéticas mais plausíveis de ocorrência, bem com uma visão realista dos avanços tecnológicos. O livro citado traz muitas informações importantes sobre o tema, e é aqui sugerido como base para quem desejar ou necessitar se aprofundar no assunto.

A seguir, apresenta-se uma visão simplificada da situação mostrada nos referidos estudos para o ano 2020, com o objetivo principal de ilustrar resultados de uma análise de cenários escolhida para configurar o próximo ano, 2020, para o qual as aproximações e hipóteses são mais confiáveis do que para anos muito mais distantes, como 2050 e 2100.

A Tabela 3.1 apresenta as principais hipóteses delineadoras dos cenários extremos utilizados na análise e a demanda total resultante para o ano de 2020.

Tabela 3.1 – As principais hipóteses delineadoras dos cenários extremos para 2020

Caso	A Alto crescimento	C Orientação ecológica
Crescimento econômico % a.a.	Alto	Moderado
OECD	2,4	2,4
CEE/CIS	2,4	2,4
DCs	5,6	4,6
Mundo	3,8	3,3
Redução da intensidade energética % a.a.	Alto	Muito alto
OECD	-1,8	-2,8
CEE/CIS	-1,7	-2,1
DCs	-1,3	-2,4
Mundo	-1,6	-2,4
Transferência de tecnologia	Alto	Muito alto
Aperfeiçoamento institucional (mundo)	Alto	Muito alto
Demanda total possível	Muito alto	Baixo
(Gtoe)	17,2	11,3

Fonte: Houghton (1997).

OECD – Organization for Economic Cooperation and Development; CEE – European Economic Community; CIS – Commonwealth of Independent States (ex-União Soviética); DCs – Developing Countries.

O cenário de *alto crescimento* (cenário A) assume uma alta taxa de crescimento para os países em desenvolvimento. No cenário com orientação ecológica (cenário C), assume-se que as pressões ambientais terão grande influência no crescimento e na demanda de energia. Em tal cenário, bastante otimista, considera-se que a ocorrência de grandes aumentos de eficiência reduzirá o consumo, e que haverá um crescimento substancial na participação de recursos renováveis – tais como biomassa moderna, sol e vento – nas fontes primárias de energia utilizadas.

Comparando o resultado dos cenários mostrados na Tabela 3.1, nota-se que a demanda total de energia varia entre 17,2 Gtoe no cenário de alto crescimento e 11,3 Gtoe no cenário ecológico, ou seja, uma diferença de mais de 50% na demanda total. Essa diferença se deve a um menor crescimento previsto para a economia dos países em desenvolvimento e uma redução bem mais significativa na intensidade energética em todo o mundo, dentro do cenário ecológico. Uma das mensagens que podemos tirar dessa análise é que, com comprometimento e políticas adequadas, é possível trabalhar em função do desenvolvimento sustentável, obtendo resultados significativos em médio prazo.

A análise efetuada indicou que a demanda prevista para o cenário C, de orientação ecológica, era apenas 30% maior em 2020 do que em 1990, o que exigiria medidas significativas no sentido de melhorar a eficiência do setor. Verifica-se ainda uma expectativa de crescimento moderado da demanda total de energia nos países industrializados até 2020. O cenário C previa até mesmo uma redução da demanda nesses países, principalmente por causa do aumento de eficiência no setor. O maior aumento de demanda era esperado nos países em desenvolvimento, onde grandes populações ainda não tinham acesso adequado à energia e outros serviços. O processo de desenvolvimento econômico e o suprimento desses serviços implicariam aumento significativo da demanda. Um gerenciamento adequado do suprimento e da utilização permitiria uma melhoria quantitativa e qualitativa no setor energético desses países.

A matriz energética mundial elaborada nos estudos, para os cenários analisados, indicava que, no ano 2020, o uso de combustíveis fósseis continuaria significativo. A contribuição da energia nuclear tendia a crescer e o mesmo ocorreria em todas as fontes renováveis (novas, tradicionais e hidro).

É importante ressaltar que, embora a energia nuclear não seja renovável, ela não gera emissões diretas. Seus principais problemas são relacionados à segurança (basta lembrar os desastres de Chernobil e Three Miles Island) e ao destino de seus resíduos radioativos, o chamado lixo atômico. Alguns especialistas acreditam que a indústria nuclear deverá encontrar solução aceitável para esses problemas e que a energia nuclear terá papel muito importante no futuro da humanidade.

Ironicamente, esperava-se um maior uso de carvão mineral e um menor uso de novas tecnologias renováveis no cenário ecológico para 2020. Entretanto, isso é um processo transitório, em decorrência do curto prazo de observação do cenário. Na extrapolação dos cenários para um prazo de 100 anos, as fontes renováveis passam a ser responsáveis por metade da demanda, contrastando com apenas 2% em 1990. Apenas no cenário C haveria uma redução nas emissões de CO_2 em relação ao ano de 1990.

Para verificar como a situação real evoluiu desde a elaboração do estudo referido até os presentes dias, podem ser usados dados de estudos mais recentes, o que permite uma série de comparações interessantes, servindo também de monitoramento da evolução do setor energético desde o início daqueles estudos.

Podem-se considerar os resultados da análise de tendências apresentada no relatório EIA/DOE, *Highlights International Energy Outlook 2010*. Nessa análise, os dados do ano de 2035, tendo como base tendências do período 1990-2007, denominado caso de referência, indicavam os seguintes aumentos percentuais de consumo comparativamente a 1990: 42% até 2007, 70% até 2020 e 113% até 2035. Comparando essas taxas com as dos cenários da WEC da Tabela 3.1 para o ano 2020, verifica-se que são muito mais próximas do caso A – Alto Crescimento (aumento de 95% até 2020) que do caso C – Orientação Ecológica (aumento de 28,4% até 2020), o que significa que até então muito pouco se conseguiu fazer para adequar o cenário energético à construção de um modelo sustentável de desenvolvimento.

Essa conclusão é ratificada e confirmada com grande segurança quando se analisa um estudo mais recente e também recomendado aqui para maiores aprofundamentos no tema: o relatório da International Energy Agency (IEA), *Energy Technology Perspectives 2008: Scenarios & Strategies to 2050*, que foi elaborado como suporte ao plano de ação do G8, grupo das oito nações consideradas mais desenvolvidas, àquele momento. O referido relatório apresenta a análise para diferentes cenários, entre os quais são destacados dois: um que considera o objetivo de reduzir as emissões aos níveis correntes até o ano 2050, e outro, mais adequado ecologicamente, embora mais desafiador, de reduzir as emissões atuais em 50% até 2050. Esse relatório apresenta importantes conclusões, salientando os sérios desafios que precisam ser enfrentados pelo setor energético; a piora da situação à medida que o tempo passa (uma vez que nada ou quase nada mais efetivo vem sendo feito, desde as primeiras reuniões, que tinham como referência as emissões em 1990); a necessidade de uma revolução nas formas em que a energia é fornecida e usada; e a necessidade da transformação da economia energética global.

SOLUÇÕES ENERGÉTICAS PARA O DESENVOLVIMENTO SUSTENTÁVEL

De forma geral, as soluções energéticas voltadas ao desenvolvimento sustentável defendidas atualmente seguem determinadas linhas de referência básica.

- Almeja-se a diminuição do uso de combustíveis fósseis – carvão, óleo, gás – e um maior uso de tecnologias e combustíveis renováveis. O objetivo é alcançar uma matriz renovável em longo prazo.
- É necessário aumentar a eficiência do setor energético desde a produção até o consumo. Grande parte da crescente demanda energética pode ser suprida por meio dessas medidas, principalmente em países desenvolvidos, nos quais a demanda deve crescer de forma mais moderada.
- Mudanças em todo o setor produtivo são vistas como necessárias para o aumento da eficiência no uso de materiais, transporte e combustíveis.
- O desenvolvimento tecnológico do setor energético é essencial para desenvolver alternativas ambientalmente benéficas. Isso inclui também melhorias nas atividades de produção de equipamentos e materiais para o setor, além de exploração de combustíveis.
- Políticas energéticas devem ser redefinidas de forma a favorecer a formação de mercados para tecnologias ambientalmente benéficas e cobrar os custos ambientais de alternativas não sustentáveis.
- Incentiva-se o uso de combustíveis menos poluentes. Em um período transitório, por exemplo, o gás natural (GN) tem vantagens sobre o petróleo ou carvão mineral, por produzir menos emissões.

Um fator de grande influência nos cenários energéticos deveria ser a implementação dos controles e ações previstos na Convenção do Clima. Em negociações inicialmente acordadas no Protocolo de Kyoto, em 1997, foram estabelecidas metas de controle de emissões dos gases estufa até o ano 2020. Discutia-se que a responsabilidade mais direta por essas ações seria dos países desenvolvidos, à época, os maiores emissores. Além disso, esperava-se uma crescente participação dos países em desenvolvimento, no sentido de direcionar o seu desenvolvimento de modo a minimizar suas próprias emissões, as quais tendem a crescer rapidamente caso nada seja feito para conter o avanço no uso de combustíveis fósseis, principal fonte de emissões de CO_2.

Nesse contexto, muito pouco se evoluiu até o momento: levou-se muito tempo com quase nenhuma ação até a ratificação do Protocolo de Kyoto pelo número necessário de países, o que ocorreu no final de 2004. A partir daí, por diversos motivos, entre eles a não participação dos Estados Unidos (maior emissor) e o significativo aumento da emissão de alguns países em desenvolvimento (tais como China, Brasil e Índia), não se tem conseguido consenso e as discussões continuam, em âmbito global, enquanto ações efetivas são adiadas para um futuro indefinido. De qualquer forma, ações proativas têm ocorrido, principalmente por causa de políticas específicas de alguns países, posturas adequadas de certos agentes e setores econômicos, e pressões de parte da sociedade.

A influência do processo de descarbonização nos setores de infraestrutura é bastante significativa. No setor de transportes, por exemplo, já há um movimento muito forte para o uso de combustíveis menos poluidores, como metanol, GN e biodiesel, e para o desenvolvimento de veículos com novas formas de acionamento, tais como os veículos elétricos, com uso das células a combustível e os sistemas híbridos elétricos/convencionais. A redução dos impactos ambientais nesse setor pode ser obtida ainda por meio de uma série de ações específicas, como aumento da eficiência térmica e mecânica da máquina, e por políticas que visem diminuir o consumo de energia, por exemplo, o incentivo ao uso e melhoria do transporte coletivo.

No setor elétrico há o desenvolvimento de tecnologias para diminuir o impacto ambiental negativo de usinas baseadas no uso de carvão mineral e derivados usuais do petróleo: maior penetração do GN, que é ambientalmente mais limpo do que outros combustíveis fósseis; desenvolvimento de centrais nucleares mais seguras e com minoração dos problemas de resíduos; e incentivo ao uso das fontes primárias renováveis, como hidrelétricas, solares, eólicas, biomassa e células a combustível.

No setor industrial há mudanças tecnológicas que podem ter impacto significativo na conservação de energia, desde o uso de motores mais eficientes e novas soluções para processamento e gerenciamento de processos. Incentivos financeiros podem ainda ser criados para influenciar a demanda de produtos de maior eficiência energética por consumidores individuais como, por exemplo, aparelhos eletrodomésticos, sistemas de iluminação, aquecimento e refrigeração, dentre outros. Normalmente, tais políticas exigem um amplo trabalho de informação do grande público.

É importante lembrar que o potencial para aumento da eficiência energética não se limita apenas a setores modernos da economia. Mesmo tecnologias tradicionais baseadas no uso da biomassa podem ser significativamente melhoradas, como no uso de fornos industriais para fabricação de tijolos ou mesmo em âmbito residencial. Pequenas modificações podem oferecer benefícios ambientais enormes, diminuindo, inclusive, a pressão sobre florestas, o que normalmente leva ao desflorestamento.

Nesse contexto, são abordados a seguir três temas importantes relacionados à energia e ao desenvolvimento sustentável: fontes renováveis de energia; eficiência energética e conservação de energia; e centralização e descentralização – enfoques locais e globais.

RECURSOS ENERGÉTICOS

O setor de petróleo

O que é o petróleo

O petróleo é encontrado no subsolo com gás natural e água. O petróleo e o gás natural são uma mistura de hidrocarbonetos (compostos de hidrogênio e carbono) de diversos tipos, havendo também presença de enxofre e traços de outros elementos químicos. Na composição do petróleo, o carbono representa entre 83 e 86% da sua massa e o hidrogênio, entre 11 e 13%.

A teoria mais difundida (e aceita) é que a matéria orgânica, depositada em bacias sedimentares, com a ação do tempo, do calor e das pressões das rochas, deu origem ao petróleo e ao gás natural. Para a sua formação, é necessário: matéria orgânica acumulada; existência de uma rocha de formação; existência de rochas acumuladoras; e de uma rocha (chamada de armadilha ou trapa) que impede o escoamento dos hidrocarbonetos do reservatório. Os hidrocarbonetos são encontrados no interior de rochas porosas e não em um leito contínuo.

As características do petróleo variam de acordo com as condições geológicas de sua formação. Na indústria, denomina-se como província petrolífera uma determinada região produtora, com uma reunião de campos de petróleo e/ou gás natural, sendo que campo de petróleo é uma área produtora com vários poços. Há diferenças significativas entre as jazidas, assim o petróleo é classificado basicamente por três características:

- **Base** – Classificação dos óleos em função dos tipos de hidrocarbonetos predominantes. Nos óleos de base parafínica predominam os hidrocarbonetos saturados como metano, propano e butano. O resíduo desse óleo é uma substância cerácea. O óleo de base naftênica tem hidrocarbonetos cíclicos saturados e apresentam um resíduo asfáltico. Nos óleos com base aromática, há hidrocarbonetos cíclicos não saturados, como o benzeno e o tolueno, utilizados na petroquímica, que são propícios para a produção desses derivados.

- **Densidade** – classificação dos óleos pela sua densidade, para a qual se utiliza o grau American Petroleum Institute (API). Os óleos são classificados como leves (acima de 30° API, cerca de 0,72 g/cm³), médios (entre 21° e 30° API) e pesados (abaixo de 2° API, cerca de 0,92 g/cm³). Os óleos leves são mais valorizados porque permitem produção maior de derivados leves, como a gasolina e o GPL, sem a necessidade de investimentos adicionais nas refinarias.
- **Teor de enxofre** – os óleos são classificados como doces (*sweet*) quando apresentam baixo conteúdo de enxofre (menos do que 0,5% de sua massa) ou ácidos (*sour*), quando apresentam teor mais elevado. Os óleos com menor teor de enxofre são os preferidos, pois esse é um elemento poluidor, responsável pela chuva ácida.

Reservas e recursos

As reservas de petróleo são definidas como o volume que se pode extrair de uma jazida pelos métodos conhecidos, de forma viável economicamente. As parcelas que, tecnicamente, podem ser extraídas, mas economicamente sua recuperação é inviável, são classificadas como recurso. Do total do volume de petróleo contido em uma jazida, apenas uma parte (em torno de 30%) é recuperável; das jazidas de gás natural, é possível extrair um montante superior (chegando a 80%). Os números declarados de reservas referem-se aos volumes recuperáveis e não ao total existente nas jazidas. Com o aperfeiçoamento de tecnologias de recuperação, é possível aumentar as reservas. Nos últimos anos, parte do aumento das reservas mundiais deve-se ao incremento da taxa de recuperação do óleo de jazidas descobertas anteriormente.

As reservas são classificadas de acordo com o grau de informação disponível sobre a área. As *reservas provadas* são definidas como os volumes que podem ser extraídos de poços perfurados e já provados. As *reservas prováveis* resultam do volume considerado recuperável e que está nos mesmos campos onde já foram feitos poços. As *reservas possíveis* são os volumes que se estima poder produzir em campos onde foram feitos estudos sísmicos e de correlações com campos próximos já estudados detalhadamente. As reservas totais incluem volumes com menor grau de conhecimento (as *reservas não definidas*) e cuja recuperação é inviável economicamente (as *reservas não econômicas* ou *recursos*).

Os critérios para a classificação das reservas variam. O mais utilizado é o da norte-americana Society of Petroleum Engineers (SPE). A Petrobras, por exemplo, utilizava critérios próprios, mais conservadores, até 1996, quando passou a divulgar as reservas com os critérios da SPE.

O volume declarado de reservas é um valor que tem de ser considerado com cuidado. As reservas norte-americanas, por exemplo, situam-se em torno de dez anos da produção, ou seja, sua extração é suficiente para cobrir a produção deste período – só que há dez anos as reservas eram suficientes para apenas dez anos. A explicação é simples: quando uma empresa detém reservas, cada novo barril descoberto só seria comercializado após a extração das reservas preexistentes (considerando que a empresa não aumente suas vendas). Assim, o valor presente é muito pequeno, no entanto as reservas são suficientes para atender o seu mercado por um longo período.

O petróleo no Brasil e no mundo

O petróleo no mundo

A Figura 3.2 apresenta a distribuição das reservas mundiais de petróleo nos anos de 2000 e 2017. Observa-se que foi nas Américas Central e do Sul onde ocorreu o maior incremento nas reservas provadas nesse período. Cerca de 48% das reservas mundiais de petróleo estão localizadas no Oriente Médio. O continente americano possui cerca de 33% das reservas, localizadas principalmente na Venezuela, sendo que a América do Norte, onde se dá o maior consumo, possui apenas 13,3% das reservas mundiais. A produção mundial de petróleo, em 2017, foi de 92.648.630 barris diários, das quais cerca de 34% foram produzidos pelos países do Oriente Médio.

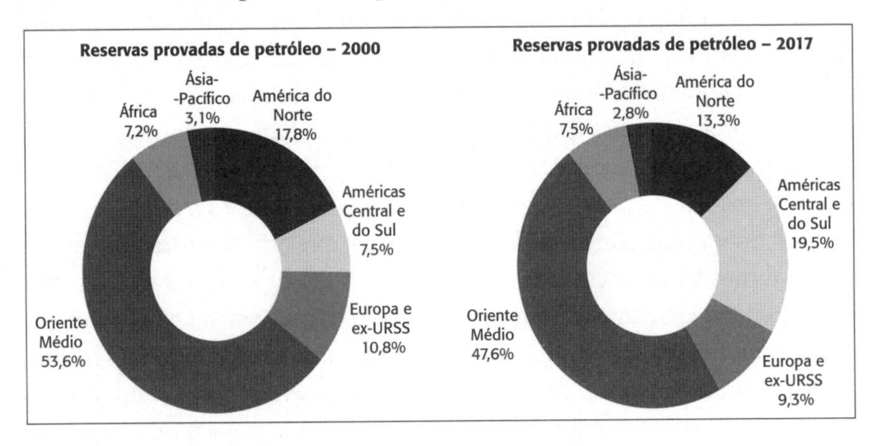

Figura 3.2 – Distribuição das reservas mundiais de petróleo.
Fonte: BP (2018).

O consumo, em 2009, foi de 4.622 Mtep (milhões de toneladas equivalentes de petróleo), sendo os Estados Unidos os maiores consumidores (913 Mtep, ou seja, 19,8% do consumo mundial).

A grande disparidade entre a localização das reservas da produção e do consumo do petróleo, associada à grande dependência atual da economia com relação a esse combustível, está na origem de grandes problemas políticos mundiais no mundo de hoje.

O petróleo no Brasil

Considerando como base de referência o continente sul-americano, o Brasil conta com quase 5 milhões de quilômetros quadrados em bacias sedimentares (ver Figura 3.4) e possui a segunda maior reserva de petróleo após a Venezuela. A Petrobras, empresa estatal de petróleo criada em 1953, atualmente, produz em torno de 2,15 milhões de barris por dia – dados de 2017 (a maior parte vem das plataformas marítimas da Bacia de Campos, RJ). A cada vez, essa produção é obtida sob maior lâmina de água, na qual a Petrobras detém a tecnologia de ponta, possuindo o recorde mundial (em torno de 2.500 metros de lâmina de água). Como base comparativa, em 1990 a produção era de 651 mil barris por dia (ver Figura 3.3), sendo que com esse grande salto na produção, o Brasil já se tornou autossuficiente em petróleo desde 2006.

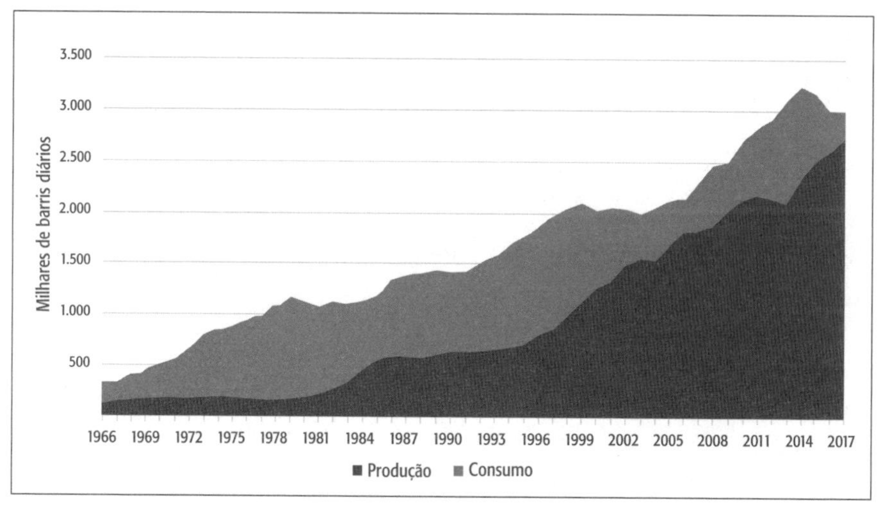

Figura 3.3 – Produção e consumo de petróleo no Brasil (1966-2017).
Fonte: BP (2018).

A oferta interna de petróleo no Brasil está em torno de 36,5% do total e, em 2016, a produção consolidada foi de 146,5 milhões m^3, à qual deve-se agregar a importação de petróleo (e derivados) da ordem dos 9 milhões m^3. Sem esquecer que houve uma exportação de petróleo e derivados que alcançou 49,2 milhões m^3. A política adotada pela Petrobras é de se posicionar estrategicamente nos mercados vizinhos, por meio de parcerias e participação em leilões e licitações.

Na Figura 3.4, podem ser observadas as bacias sedimentares brasileiras, assim como as áreas em que a Petrobras tem direito de exploração, bem como outras companhias.

Figura 3.4 – Bacias sedimentares brasileiras.
Fonte: Petrobras (2019).

A indústria do petróleo no Brasil

Visão geral

De forma geral, os processos componentes da indústria do petróleo e gás natural são divididos no que se pode denominar grandes áreas, as quais podem ser identificadas como subdivisões da cadeia energética total, considerada desde a identificação dos locais de existência da fonte primária de energia, passando pela utilização final dos produtos pelo consumidor, até pelas diversas transformações e meios de transporte ao longo da cadeia.

Nesse contexto, pode-se identificar as três grandes áreas denominadas *Upstream*, *Middlestream* e *Downstream*. Tais áreas compreendem as seguintes atividades principais, descritas no Quadro 3.1 e Figuras 3.5 a 3.7.

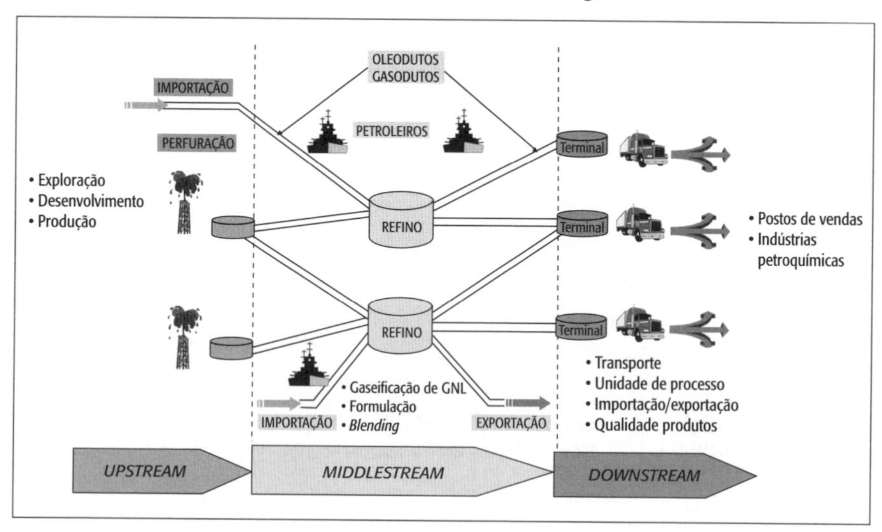

Figura 3.5 – Divisão do setor: *Upstream*, *Middlestream* e *Downstream*.

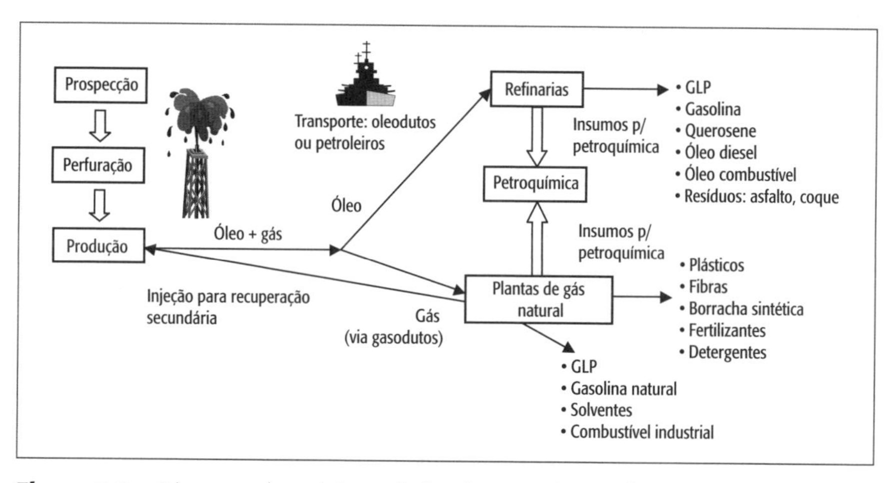

Figura 3.6 – Diagrama da cadeia produtiva do setor de petróleo.

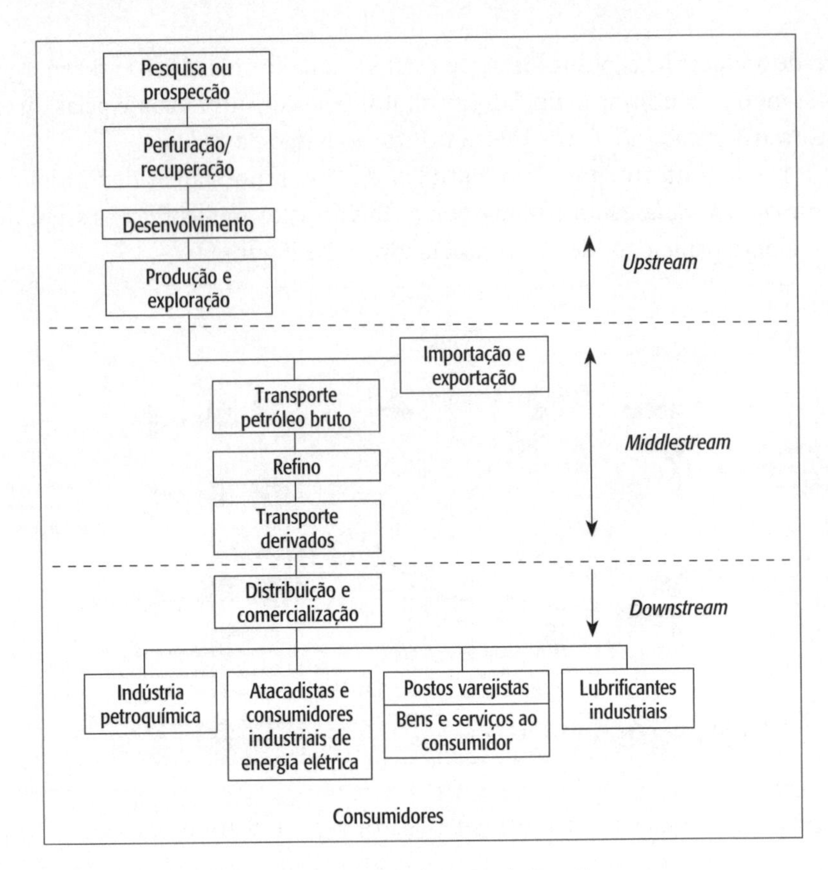

Figura 3.7 – Divisão da cadeia produtiva do setor do petróleo.

Quadro 3.1 – Áreas do setor do petróleo

Área	Atividades
Upstream	• Pesquisa ou prospecção. • Perfuração/recuperação. • Desenvolvimento/produção.
Middlestream	• Transporte – de *Upstream* até refino (unidade de processamento). • Importação/exportação. • Refino. • Transporte – de refino (unidade de processamento) até *Downstream*.
Downstream	• Terminais/bases. • Transporte/distribuição. • Indústria petroquímica.

Os derivados do petróleo e seus usos

- Gás liquefeito de petróleo (GLP): consiste de propano e butano ou da mistura desses hidrocarbonetos. Obtido do gás natural ou pela refinação do petróleo bruto. Dotado de alto poder calorífico, é utilizado principalmente no setor residencial.
- Gasolina: líquido volátil, inflamável, sendo uma mistura extremamente complexa, formada de hidrocarbonetos. É obtida por meio de intrincado processo de destilação, craqueamento, reformação, entre outros que se desenvolvem nas refinarias.
- Querosene: intermediário entre a gasolina e o óleo diesel, é obtido por meio de destilação fracionada do óleo bruto. É largamente utilizado como combustível para turbinas de avião a jato ou turbo hélice, tendo ainda aplicações como iluminante, solvente e pulverizante.
- Óleo diesel: combustível empregado em motores que operam segundo o ciclo diesel. É um líquido mais viscoso que a gasolina, de cor que varia do amarelo ao marrom, possuindo fluorescência azul. No Brasil, há dois tipos de óleo diesel. Um deles utilizado em embarcações e outro queimado em motores de ônibus e caminhões.
- Óleo combustível: o termo óleo combustível usualmente indica produtos que são primariamente queimados para produzir calor. Em sentido mais amplo, a expressão abrange larga escala de produtos que se estendem do querosene aos materiais viscosos. Pode ser originado do óleo bruto, refinação, destilação, misturas de outros óleos.
- Lubrificantes: existem centenas de lubrificantes oriundos do petróleo, cada um atendendo a uma finalidade específica. Uns são líquidos, xaroposos, alguns pastosos, ou mesmo sólidos.
- Parafinas: refere-se a um produto comercial versátil, de aplicação industrial bastante ampla. Como exemplo de sua utilização, têm-se: impermeabilização de papéis, fabricação de vela e fósforos, gomas de mascar, revestimentos de pneus, entre outros.
- Asfaltos: materiais aglutinantes de cores escuras, constituídas de misturas complexas de hidrocarbonetos não voláteis e de elevada massa molecular. Têm origem no petróleo, no qual estão dissolvidos, e a partir do qual podem ser obtidos, seja por evaporação natural de depósitos localizados à superfície terrestre (asfaltos naturais), ou por destilação em unidades industriais.

A Figura 3.8 apresenta um quadro sintético dos derivados de petróleo e gás natural.

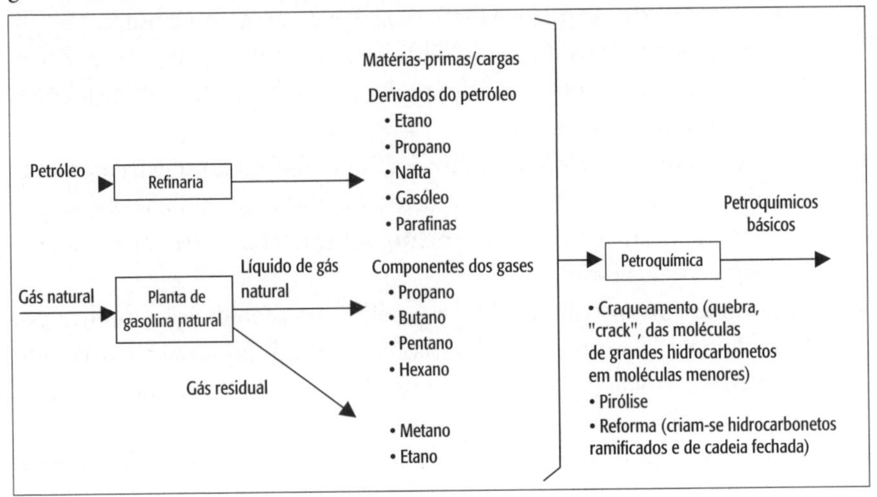

Figura 3.8 – Derivados do petróleo e gás natural.

Descrição das áreas do setor de petróleo

A seguir, como uma referência básica, apresenta-se uma descrição simplificada das características das atividades de cada grande área.

- *Upstream*
  Pesquisa ou prospecção
  Compreende todas as atividades relativas a procura e dimensionamento de estoques da fonte primária de energia, no caso o petróleo, assim como o gás natural associado ou não, quando existente.
  Diversas técnicas são consideradas na pesquisa ou prospecção, entre elas, pode-se salientar a importância da Fotogeologia e da própria Geologia, nas quais despontam as técnicas apresentadas a seguir, no Quadro 3.2.

Quadro 3.2 – Técnicas para pesquisa

Ciência	Métodos
Fotogeologia	Fotogrametria. Aerofotogrametria.

(continua)

Quadro 3.2 – Técnicas para pesquisa (*continuação*)

Ciência	Métodos
Geologia	Geofísica – uso de fenômenos físicos. Métodos potenciais – gravimetria, magnético, aeromagnético. Métodos sísmicos – cargas (explosivos), propagação de ondas, reflexão/refração, computadores. Geoquímica. Paleontologia. Petrologia.

Perfuração/recuperação

Corresponde a todo o complexo processo de perfuração e recuperação utilizado nos poços e campos petrolíferos, em suas diferentes ocorrências, tais como em terra (*onshore*), no mar (*offshore*), em águas rasas ou profundas etc. A Figura 3.9 ilustra o processo.

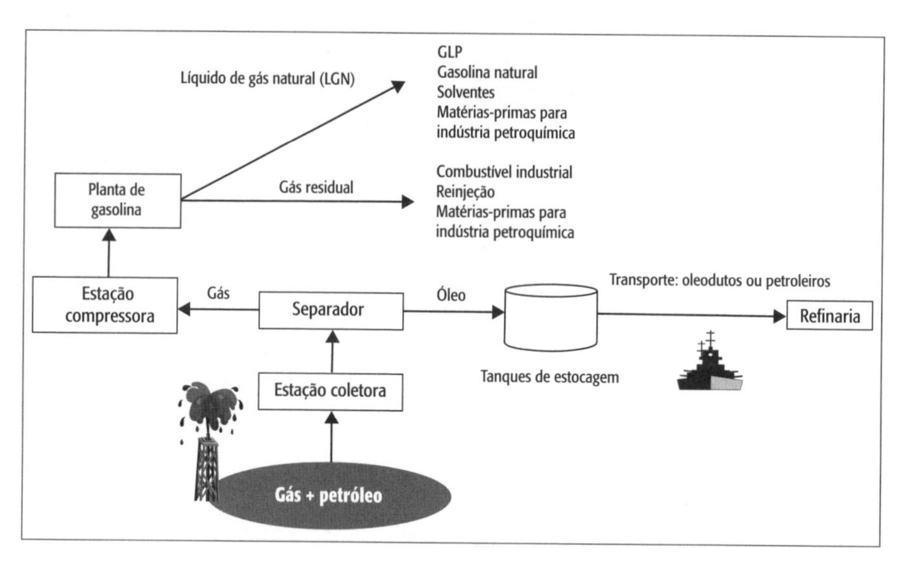

Figura 3.9 – Diagrama das etapas de perfuração e recuperação.

É importante ressaltar a importância e o impacto econômico, na perfuração/recuperação, da localização do campo e do apoio logístico necessário. A perfuração em terra (*onshore*) é usualmente efetuada utilizando torres de perfuração, ao passo que a perfuração no mar (*offshore*), em lâminas d'água de até 100 m, utiliza, em geral, plataformas autoeleváveis (*jack-ups*) e, em águas mais profundas, unidades de perfuração flutuantes, tais como plataformas semissubmersíveis e navios-sonda, mantidos na vertical por âncoras.

A recuperação primária utiliza forças exclusivamente naturais, enquanto a recuperação secundária considera outros métodos, como injeção de vapor e combustão *in situ*.

Desenvolvimento/produção (completação)
Compreende todas as atividades relativas ao desenvolvimento dos poços e campos e à produção, incluindo o gás natural.

- *Middlestream*
  Refino
  O refino (ver Figura 3.10) do petróleo constitui-se em uma série de beneficiamentos pelos quais passa o óleo cru, para obtenção de determinados produtos, chamados derivados. Assim, refinar o petróleo é separar as frações desejadas, processá-las e industrializá-las em produtos vendáveis. Nesse processo, os hidrocarbonetos que formam o petróleo são separados, dando origem a produtos distintos. As frações mais leves do petróleo assumem o estado gasoso, dando origem ao gás de refinaria. Das parcelas seguintes são extraídos gasolina, nafta, GLP e querosene. Entre os derivados médios, destaca-se o óleo diesel. As parcelas pesadas resultam em óleo combustível e asfalto.
  O processo de refino, ilustrado na Figura 3.10, compreende diversas etapas, da destilação ao tratamento dos derivados. As refinarias são adaptadas para trabalhar com um tipo específico de petróleo para otimizar o seu rendimento. Algumas refinarias são altamente complexas, destinadas à produção de uma vasta gama de derivados; outras, entretanto, são muito simples e produzem apenas alguns poucos tipos de produtos.

  Os principais processos do refino são:
  - *Destilação*: separação do petróleo com o uso de calor em torres, na qual cada fração é liberada com a temperatura. A destilação pode ser atmosférica ou a vácuo (utilizada no processamento de parcelas mais pesadas resultantes da destilação atmosférica).
  - *Craqueamento* (*cracking*): processo para quebrar as moléculas maiores do óleo (mais pesadas), resultando em moléculas menores (mais leves). As reações de craqueamento são aceleradas com o uso de catalisadores (substâncias que participam das reações químicas, mas não são consumidas no processo).

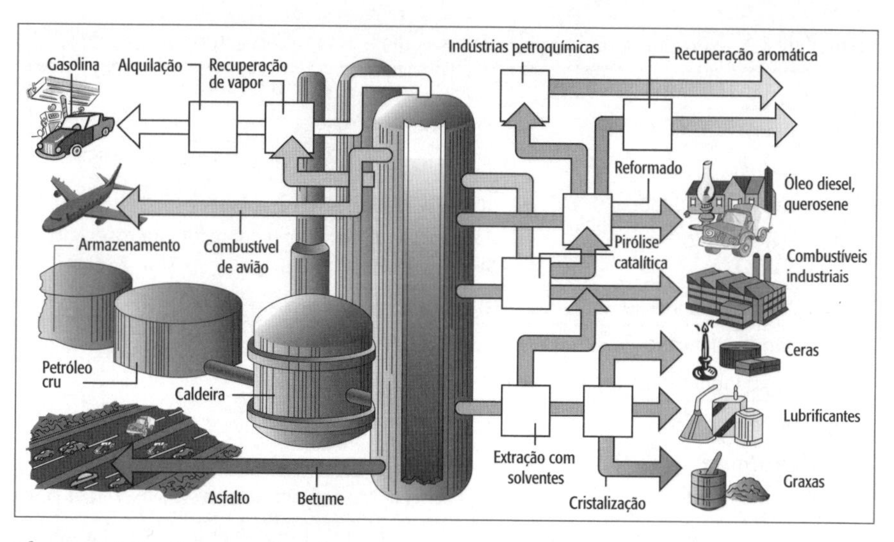

Figura 3.10 – Processo de refino.

- *Reforma*: processo de refinação com o uso de catalisadores em conjunto com variações térmicas nos reatores, com a finalidade de: transformar nafta com baixo índice de octano em outro com índice mais elevado e produzir hidrocarbonetos aromáticos (utilizados na petroquímica).
- *Tratamento de derivados*: são processos de acabamento dos derivados para a melhoria de suas características e a retirada de componentes indesejáveis. Os processos de tratamento podem ser físicos ou químicos. A hidrogenação (ou hidrorrefino) para eliminar compostos de enxofre é um exemplo de processo de tratamento.

O Quadro 3.3 apresenta os produtos obtidos nas diversas fases da refinação.

Quadro 3.3 – Produtos obtidos nas diversas fases da refinação

Método	Produtos obtidos
Destilação primária	Gás de refinaria, gasolina, querosene, gasóleo ou diesel cru reduzido.
Destilação a vácuo	Gasóleo leve, óleo combustível, frações de óleo lubrificante para refino adicional.
Craqueamento térmico	
Viscorredução	

(continua)

Quadro 3.3 – Produtos obtidos nas diversas fases da refinação (*continuação*)

Método	Produtos obtidos
Craqueamento catalítico	
Reformação catalítica	Nafta reformada, gás rico em hidrogênio, GLP.
Coqueamento retardado	Gás, gasolina, gasóleo leve, gasóleo pesado, coque.
Hidrocraqueamento	GLP, nafta leve, nafta pesada, nafta, querosene, diesel, resíduo.
Desasfaltização a solvente	Asfalto, óleo desasfaltado.
Tratamento de derivados	
Produção de lubrificantes e parafinas	

Transporte

Compreende, no *middlestream*, tanto o transporte da área *upstream* para o refino, como o transporte do refino para o *downstream*. Esse transporte é efetuado por oleodutos e petroleiros (ver Quadro 3.4).

Quadro 3.4 – Tipos de transporte e características

Tipo de transporte	Características
Oleodutos	• Possui estações de recalque intermediárias. • No Brasil, apresenta diâmetros de 10 a 150 cm. • Às vezes, pode ocorrer aquecimento no trajeto. • Podem ser terrestres e marítimos.
Petroleiros	• Transporte a granel de petróleo e derivados líquidos. • Navios especiais: GLP, produtos químicos e petroquímicos, gás natural liquefeito – navios metaneiros.

Importação/exportação

Compreendem as atividades de importação e exportação de combustíveis ou de produtos derivados, efetuadas com o objetivo de complementar as necessidades de mercado (importação) ou de colocação no mercado de produtos derivados excedentes (exportação).

Um aspecto importante a ser considerado nesse balanço com o mercado é que as unidades de processamento não apresentam flexibilidade significativa com relação à modificação de sua produção. Isso quer dizer que, muitas vezes, o aumento de produção de um produto derivado para atender à demanda pode resultar em excesso (e necessidade de exportação) de outro derivado.

- *Downstream*

  Terminais/bases

  Podem ser terrestres e marítimos, conforme já citado, nos quais se realiza a estocagem.

  Transporte/distribuição

  Inclui também diversas outras formas de transporte para movimentar os produtos derivados dos terminais e bases até o consumidor: transporte ferroviário, fluvial e rodoviário dos mais diversos tipos, como em todo o país ocorre com o GLP, principalmente na forma de botijões.

  Indústria petroquímica

  Compreende um grande número de processos, gerando uma grande diversidade de produtos, com as mais variadas utilidades, inclusive industriais, conforme Quadro 3.5.

Quadro 3.5 – Produtos da indústria petroquímica

Petroquímicos básicos	Produtos finais
Oleofinas leves e diolefinas	
Eteno	Polietileno, PVC, poliestireno, poliéster e borracha sintética.
Propeno	Polipropileno, acrílico, solventes e plastificantes.
Buteno	Solventes e borracha butílica.
Butadieno	Borrachas sintéticas e resinas ABS.
Isopropeno	Borracha de poli-isopreno.
Aromáticos	
Benzeno	*Nylon*, poliestireno, borracha sintética e detergente.
Tolueno	Solventes e poliuretanos.
Xileno	Solventes, plastificantes, poliéster e PET.
Outros	
Metânio	Metanol e amônia.
Metanol	Solvente e aditivo de gasolina.
Amônia	Fertilizantes.

O setor de gás natural

O que é gás natural (GN)

O GN é uma mistura de hidrocarbonetos leves que, sob temperatura ambiente e pressão atmosférica, permanece no estado gasoso.

Na natureza, ele é encontrado acumulado em rochas porosas no subsolo, frequentemente acompanhado por petróleo (gás associado) ou constituindo um reservatório (gás não associado).

O metano (CH_4) é o principal componente do GN.

De origem semelhante à do carvão e à do óleo, o GN é resultado de um lento processo (milhões de anos) de decomposição de vegetais e animais, em ambiente com pouco oxigênio, em condições de elevadas temperaturas e pressão.

GN é o nome genérico que se dá a uma mistura de hidrocarbonetos e impurezas (gases diluentes e contaminantes), que ocorre na natureza em acumulações denominadas reservatórios. A presença de hidrocarbonetos no GN é, em geral, superior a 90%.

A composição do GN varia de acordo com a sua origem geológica. Os hidrocarbonetos que formam o GN são metano (seu principal componente), etano, propano, butano e outros mais pesados. Os principais diluentes encontrados no GN são o hidrogênio e o vapor d'água, e seus principais contaminantes são o dióxido de carbono e o gás sulfídrico.

As impurezas presentes no GN precisam ser reduzidas ou eliminadas para evitar a obstrução e a corrosão dos gasodutos, além de compatibilizá-lo com as especificações comerciais.

As reservas de GN, assim como a dos demais combustíveis fósseis, ocorrem necessariamente em bacias sedimentares. Entretanto, para que haja acumulação de óleo e GN nas bacias sedimentares, são indispensáveis a presença de determinados fatores geológicos e a sua ocorrência no tempo e na localização adequados. Para tanto, é necessária a existência de rochas geradoras, rochas-reservatório, armadilhas (trapas), rochas de cobertura (selantes) e de condições geológicas que permitam a migração dos hidrocarbonetos das rochas geradoras para as rochas-reservatório encerradas nas trapas.

O GN pode ser encontrado nos reservatórios nas seguintes formas: gás livre e gás dissolvido no óleo.

Nos reservatórios de petróleo existem, de modo geral, três extratos, a saber: água, óleo mais gás dissolvido e gás livre. Conforme a relação entre os volumes de óleo mais gás e gás livre, pode-se classificar um reservatório como sendo produtor de óleo ou produtor de gás.

Os reservatórios, cujo extrato mais importante (do ponto de vista físico e econômico) é o de óleo mais gás dissolvido, são caracterizados como reservatórios produtores de óleo, embora também produzam gás – *gás associado*. Em contraposição, aqueles em que o maior extrato é o de gás livre, denominam-se reservatórios produtores de gás – *gás não associado*. Nesse último caso, por razões econômicas, em geral, não há extração de óleo.

As Figuras 3.11 e 3.12 ilustram as duas formas citadas.

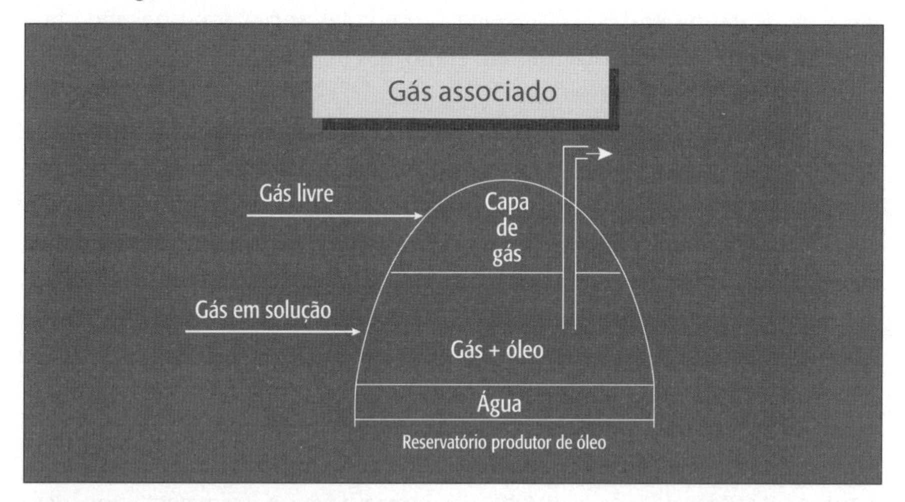

Figura 3.11 – Esquema de reservatório natural de gás natural associado.

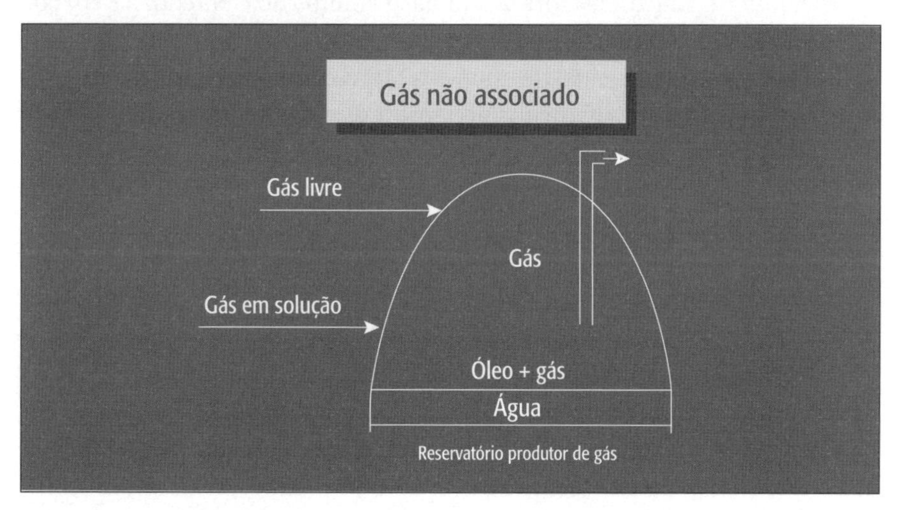

Figura 3.12 – Esquema de reservatório natural de gás natural não associado.

Do ponto de vista da produção, o GN, ao ser extraído dos poços, é denominado seco ou úmido.

O GN úmido proveniente dos poços (gás não associado) ou das estações coletoras (gás associado) contém, em geral, hidrocarbonetos mais pesados que o metano, os quais devem ser extraídos, seja por motivos comerciais, pois possuem alto valor econômico; seja por motivos operacionais, já que devem ser eliminados para tornar o gás apropriado à sua utilização como combustível ou para seu transporte em gasodutos. Por essas razões, o GN úmido é submetido a processamentos em unidades denominadas unidade de processamento de gás natural (UPGN). Nessas unidades, vários produtos são obtidos, tais como: gás seco ou residual, etano, gás liquefeito de petróleo (GLP), gasolina natural e condensados.

O GN seco, efluente de uma UPGN, é a forma como o GN é usualmente consumido para fins combustíveis. GN seco é aquele em que a presença de hidrocarbonetos mais pesados que o metano é pequena, não justificando sua extração comercial. Por outro lado, a presença de pequenas quantidades desses hidrocarbonetos não inviabiliza sua utilização como combustível.

Dependendo de sua composição, o GN fornece, aproximadamente, de 8.000 a 12.700 kcal/kg quando submetido a um processo de queima. Além do alto poder calorífico, que supera o de energéticos como o carvão e a biomassa, o GN apresenta a vantagem de ser pouco poluente. Outra característica importante é a sua possibilidade de liquefação quando submetido a temperaturas inferiores a cerca de -162°C, o que viabiliza seu transporte por meio de veículos criogênicos. Na forma líquida, o volume do GN reduz-se em 600 vezes em relação à forma gasosa.

O metano, seu principal componente, apresenta uma densidade inferior à do ar, o que torna o GN menos perigoso nos casos de escapamento, visto que rapidamente se dissipa.

O GN no mundo

Definição de reservas

A definição de reservas difere entre países, mas, de modo geral, não há grandes divergências nos conceitos utilizados e nos métodos de cálculo. Segundo os padrões internacionais, uma reserva de GN, quanto à segurança de sua existência, pode ser classificada em reserva provada, reserva provável e reserva possível, servindo de base para o planejamento dos investimentos.

- *Reserva provada* é o volume de GN, cuja existência nos reservatórios foi verificada com alto grau de segurança, por meio da perfuração de poços, utilizando-se as técnicas disponíveis – é o que dá origem aos investimentos de desenvolvimento e às operações de produção comercial.

- *Reserva provável* é o volume de GN, cuja existência nos reservatórios foi verificada com razoável grau de segurança, por meio da perfuração de poços, utilizando-se as técnicas disponíveis.
- *Reserva possível* é o volume de GN, cuja existência nos reservatórios foi verificada com insuficiente grau de segurança, por meio da perfuração de poços, utilizando-se as técnicas disponíveis.

Embora se utilizem critérios geológicos e de engenharia de reservatórios para as estimativas das reservas prováveis e possíveis, para que essas reservas possam ser reclassificadas como provadas, há necessidade de pesquisas de avaliação adicionais.

De modo geral, a classificação internacional de reservas é realizada desse modo. No entanto, no Brasil, a Petrobras estabelece uma classificação mais abrangente, segmentando as reservas quanto à economicidade, em explotáveis (quando já se dispõe de tecnologia para a produção econômica) e não explotáveis (não definidas e não econômicas). As reservas explotáveis são aquelas que dependem, para sua extração, apenas de recursos financeiros. Reservas não definidas são aquelas cuja explotação não foi definida em decorrência das limitações das técnicas de produção, insuficiência de dados ou não conclusão dos estudos técnicos e econômicos. Reservas não econômicas são aquelas cuja explotação foi considerada inviável em decorrência dos resultados apresentados pelos estudos técnico-econômicos.

Por esse motivo, o Código de Reservas da Petrobras é considerado mais rigoroso que o padrão internacional, pois trata como não definidas as reservas que em outros países estariam compondo as reservas provadas, prováveis e possíveis.

Reservas de GN no mundo

O GN pode ser encontrado em mais de 80 países no mundo, sendo que, em 2009, as reservas mundiais provadas de GN somavam cerca de 187,49 trilhões de m^3, distribuídas conforme mostrado nas Figuras 3.13 e 3.14.

Observa-se que cerca de 74% das reservas mundiais estão localizadas na Europa Oriental, ex-União Soviética e Oriente Médio.

As Américas Central e do Sul possuem cerca de 4% do total mundial de reservas, sendo localizadas em sua maioria (70%) na Venezuela.

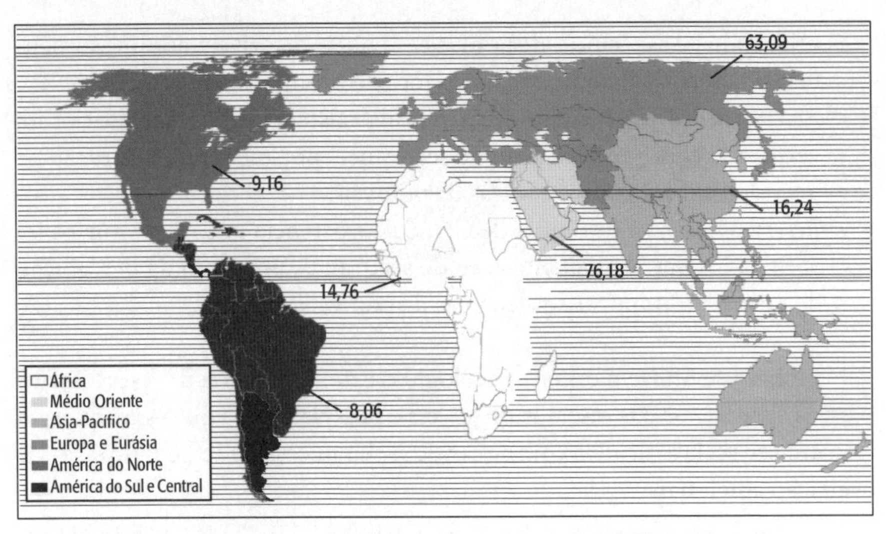

Figura 3.13 – Reservas provadas de GN no mundo, 2009 (trilhões de m³).
Fonte: BP (2010).

Por outro lado, as regiões de maior consumo de GN – Estados Unidos, Canadá e Europa – possuem apenas 6% das reservas mundiais.

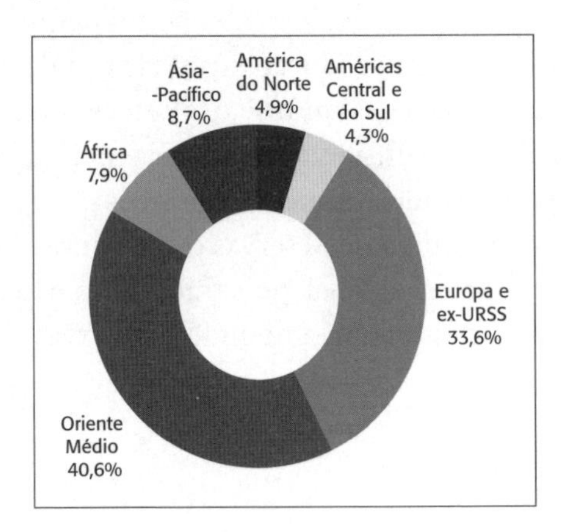

Figura 3.14 – Distribuição por região das reservas provadas de GN no mundo, 2009.
Fonte: BP (2010).

Produção e consumo

A produção de GN está, em sua maioria, concentrada nos países da América do Norte (26%) e países da Europa e ex-União Soviética (29%), que correspondem conjuntamente a quase 55% da produção mundial, conforme indicado na Figura 3.15.

As Américas Central e do Sul correspondem a 5% da produção mundial.

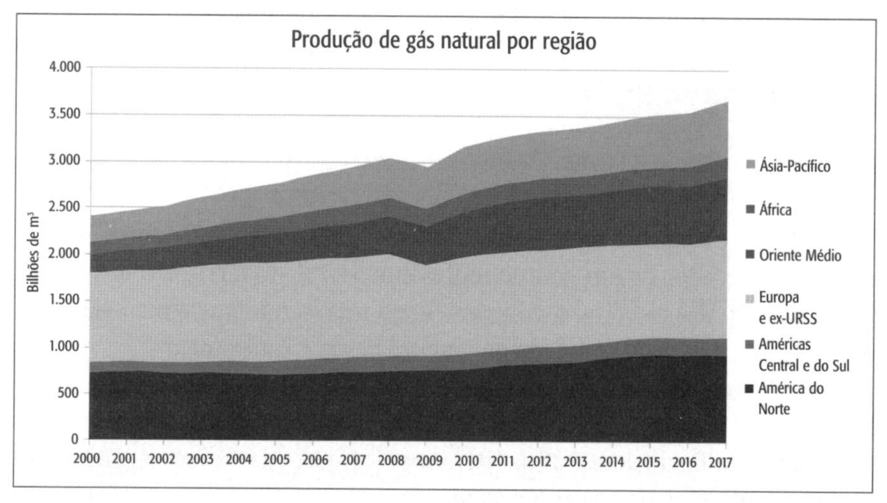

Figura 3.15 – Evolução da produção de GN no mundo.
Fonte: BP (2018).

O consumo de GN no mundo alcançou, em 2017, um total de 3.670 bilhões de m³, distribuídos conforme a Figura 3.16.

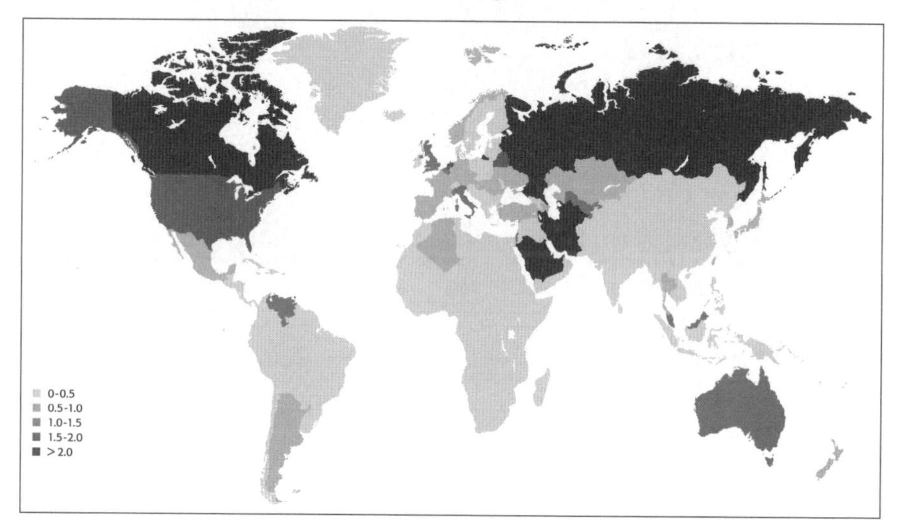

Figura 3.16 – Consumo *per capita* de GN no mundo, 2017 (tonelada equivalente de petróleo).
Fonte: BP (2018).

América do Norte, Europa e países da ex-União Soviética correspondem conjuntamente a 56% do consumo de GN seco do mundo.

As principais regiões exportadoras de GN são: África, Ásia/Oceania e ex-União Soviética; e a principal importadora é a Europa Ocidental.

O gás natural no Brasil

Reservas

O Brasil possui bacias sedimentares com uma extensão de aproximadamente 4,4 milhões de km², o que representa 51,7% do território brasileiro. Cerca de 82% das reservas encontram-se no mar, sendo que a maioria delas se concentra nos estados do Rio de Janeiro, Bahia e Amazonas.

Conforme apresentado na Figura 3.17, as reservas provadas de GN no Brasil, em 2017, estão estimadas em 369,4 bilhões de m³, localizando-se principalmente na Bacia de Campos (RJ). A maior parte das reservas (70%) encontra-se sob a forma de gás associado.

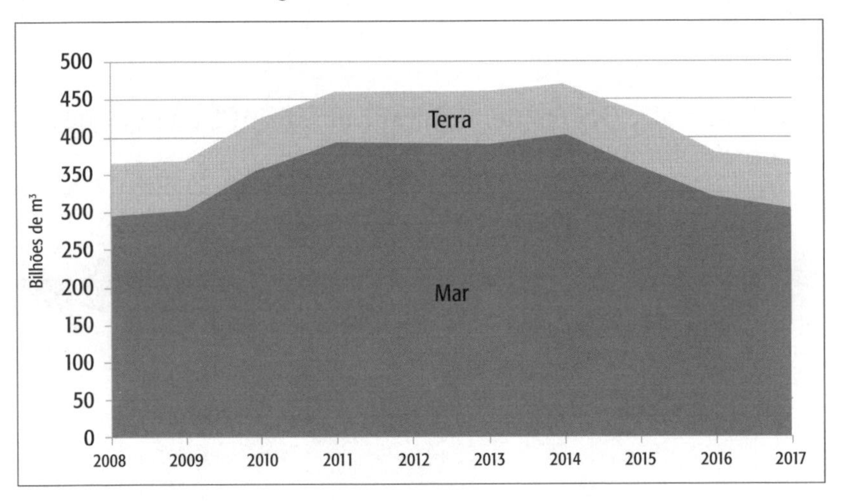

Figura 3.17 – Distribuição das reservas de GN no Brasil, 2008-2017.
Fonte: ANP (2018).

Produção e consumo

A produção bruta de GN no Brasil evoluiu de 1,3 bilhão de m³, em 1970, para 40,1 bilhões, em 2017. A Bacia de Campos (RJ) é responsável por quase 40% do total de GN produzido no Brasil.

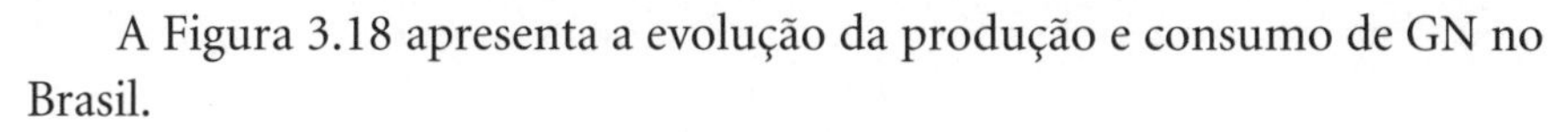

A Figura 3.18 apresenta a evolução da produção e consumo de GN no Brasil.

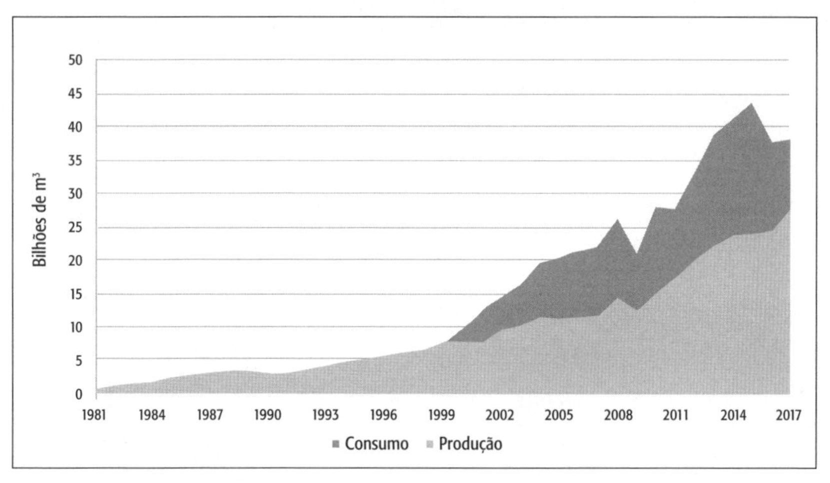

Figura 3.18 – Produção e consumo de GN no Brasil.
Fonte: BP (2018).

Vale destacar que o consumo de GN no Brasil apresentou grandes mudanças em sua estrutura nas últimas décadas, tendo ocorrido um aumento significativo na utilização do GN para geração elétrica.

Indústria de gás natural no Brasil

Visão geral

O GN consumido no Brasil provém de jazidas nacionais, além da importação de gás da Bolívia. Um sistema de suprimento de GN pode ser dividido nas seguintes atividades interligadas: exploração, produção, processamento, transporte e distribuição.

O processo do GN é simples e similar ao do petróleo. O gás é extraído da terra e dos oceanos pela perfuração de poços e depois movimentado para uma planta de processamento para, depois, ser transportado por um gasoduto ou um tanque criogênico.

A Figura 3.19, que apresenta um esquema de transporte do GN visualizado para o gás de Urucu, na Amazônia, ilustra um exemplo da cadeia física do fluxo de GN. O fluxo comercial não necessariamente segue essa rigidez.

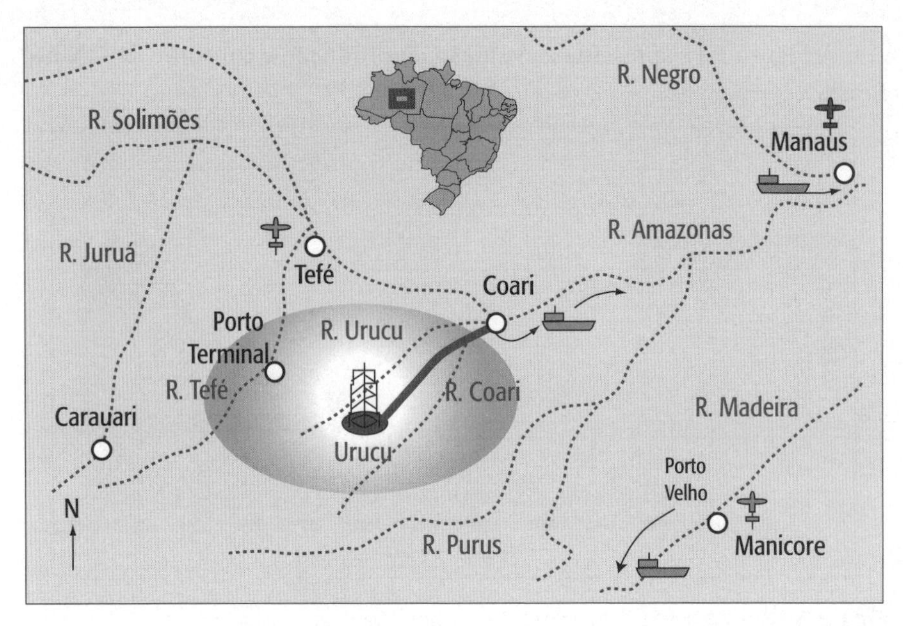

Figura 3.19 – Exemplo da cadeia física do setor de GN.

Aplicações do gás natural

O GN, depois de tratado e processado, é largamente utilizado em indústrias, no comércio, em residências e em veículos.

Nos países de clima frio, seu uso residencial e comercial é predominantemente para aquecimento ambiental. Já no Brasil, seu uso residencial e comercial é na cocção de alimentos e aquecimento de água.

Na indústria, o GN é utilizado como combustível para fornecimento de calor, como matéria-prima em vários setores, tais como: químicos, petroquímico, metalúrgico, de plástico, cerâmico, de vidros, farmacêutico, têxtil, de borracha e pneus, de papel e celulose, de fertilizantes, como redutor siderúrgico; na geração de força motriz e eletricidade e, mais recentemente, em projetos de cogeração de alta eficiência energética.

No comércio e serviços, é utilizado em restaurantes, bares, hotéis, hospitais, shoppings e supermercados, substituindo com vantagens o GLP, o óleo diesel e a lenha.

Em residências, o GN canalizado substitui o GLP, eliminando o uso de botijões.

Na área veicular, o GN comprimido é utilizado em automóveis, ônibus e caminhões, como complemento ou substituindo gasolina, álcool e óleo diesel. Esse tipo de aplicação, mais conhecida no Brasil como gás natural veicular (GNV), é utilizada principalmente na frota de táxis e seu crescimento deve acompanhar a expansão da rede de distribuição de GN pelo Brasil. Crescimento similar, embora em menor volume, pode ser esperado para os automóveis particulares, associado às frotas bicombustíveis (ou de três combustíveis).

Em veículos de grande envergadura (ônibus, caminhões), ainda não é rentável, mas apresenta perspectivas de aplicação em médio prazo em certas condições.

Em alguns casos, o GN comprimido pode ser destinado a pequenos negócios, tais como lanchonetes ou casas de alvenaria, que não forçariam a ampliação da rede principal. Tal uso dependeria sempre do preço relativo e da disponibilidade de GLP e substitutos similares.

Descrição das áreas do setor de gás natural

A seguir detalha-se cada uma das etapas da cadeia do GN.

- *Upstream*

  Exploração

  A exploração é a etapa inicial do processo e consiste em duas fases: a pesquisa, em que são feitos o reconhecimento e o estudo das estruturas propícias ao acúmulo de petróleo e/ou GN, e a perfuração do poço, para comprovar a existência desses produtos em âmbito comercial.

  Produção

  Ao ser produzido, o gás deve passar inicialmente por vasos separadores, que são equipamentos projetados para retirar a água, os hidrocarbonetos que estiverem em estado líquido e as partículas sólidas (pó, produtos de corrosão etc.). Se estiver contaminado por compostos de enxofre, o gás é enviado para unidades de dessulfurização, nas quais esses contaminantes serão retirados. Após essa etapa, uma parte do gás é utilizada no próprio sistema de produção, em processos conhecidos como reinjeção e gás *lift*, com a finalidade de aumentar a recuperação de petróleo do reservatório. O restante do gás é enviado para processamento, que é a separação de seus componentes em produtos especificados e prontos para utilização.

  A produção do GN pode ocorrer em regiões distantes dos centros de consumo e, muitas vezes, de difícil acesso, como a floresta amazônica e a plataforma continental. Por esse motivo, tanto a produção como o transporte, normalmente, são atividades críticas do sistema. Em plataformas marítimas, por exemplo, o gás deve ser desidratado antes de ser enviado à terra para evitar a formação de hidratos, que são compostos sólidos que podem obstruir os gasodutos. Outra situação que pode ocorrer é a reinjeção do gás no reservatório se não houver consumo para ele, como na Amazônia.

Processamento
Nessa etapa, o gás segue para unidades industriais, conhecidas como UPGN, onde ele será desidratado (isto é, será retirado o vapor d'água) e fracionado, gerando as seguintes correntes: metano e etano (que formam o gás processado ou residual); propano e butano (que formam o GLP ou gás de cozinha); e um produto na faixa da gasolina, denominado C5+ ou gasolina natural.

- *Middlestream*
  Transporte
  No estado gasoso, o transporte do GN é feito por meio de dutos ou, em casos muito específicos, em cilindros de alta pressão (como gás natural comprimido – GNC). No estado líquido (como gás natural liquefeito – GNL), pode ser transportado por meio de navios metaneiros, barcaças e caminhões criogênicos, a -160°C, e seu volume é reduzido em cerca de 600 vezes, facilitando o armazenamento. Nesse caso, para ser utilizado, o gás deve ser revaporizado em equipamentos apropriados.
  Comparado com outras fontes de energia, o transporte de GN é muito eficiente, porque a porção de energia perdida entre a origem e o destino é baixa. Gasodutos são um dos meios mais seguros de transporte e distribuição, pois são fixos e enterrados.

  Gasodutos
  Os gasodutos são a forma mais utilizada para o transporte de GN, conduzindo cerca de 95% do volume de gás mundial, e têm sua viabilidade econômica condicionada a volumes relativamente altos de consumo.
  Existem três grupos principais de gasodutos: nacionais, internacionais e regionais, assim como os gasodutos de distribuição local. Os sistemas de transporte principais são os que levam o GN do ponto de produção às redes regionais ou grandes consumidores industriais, tais como usinas termelétricas. Depois desses, o gás é distribuído aos pequenos consumidores, como os residenciais, pela rede de distribuição local.

Para a utilização de gasodutos, são necessários altos investimentos em infraestrutura, que compreende a construção da tubulação, estações de compressão ao longo desta e estações de abaixamento da pressão e medição do gás, conhecidas como *city-gates*.

- Tubulação
  Tipicamente, a tubulação tem diâmetros na faixa de 24 a 47 polegadas (61 a 119 cm) operando em altas pressões (de 40 a 100 bar).
- Estações de compressão
  As estações de compressão são necessárias para manter as altas pressões em que os gasodutos operam e o fluxo desejado ao longo de longas distâncias.
  Essas estações consomem altos percentuais de energia, que provém do próprio gasoduto, podendo chegar a 10% do gás transportado. Esse consumo se dá por meio da queima de parte do GN em grandes compressores a gás, que são usados para comprimir o gás restante.
- *City-Gates*
  Os *city-gates* são os pontos em que o gás é medido e tem sua pressão abaixada, de forma que possa ser entregue nas cidades, por meio de ramais menores de distribuição, para atendimento de concessionárias de distribuição, para o uso na indústria, na geração de energia elétrica etc.
  Além de estarem presentes nos grandes polos de consumo, normalmente, os *city-gates* são planejados de forma conjunta à implantação de polos industriais como uma forma de fomentar o desenvolvimento de determinadas regiões ao longo de um gasoduto.

Gasodutos no Brasil

No Brasil, pode-se distinguir dois tipos básicos de gasodutos, os internos e os de interconexão com outros países, que concretizam a integração energética no Cone Sul e na América Latina como um todo.

Os gasodutos internos encontram-se principalmente nas regiões Norte (Amazonas), Nordeste/Sudeste (faixa litorânea – Atlântico), em função dos locais de produção brasileira.

Os gasodutos ditos de interconexão têm um espectro definido que se limita entre as necessidades de curto prazo e as possibilidades de descobertas no Brasil e nos países vizinhos (como aconteceu na Bolívia). O principal é o gasoduto Bolívia-Brasil (Gasbol).

Desde 1997, quando se concretizou a construção do Bolívia-Brasil, houve uma série de projeções/estudos de planejamento envolvendo gasodutos vindos da Argentina, dentre os quais pode-se destacar os que se apresentaram como mais prováveis, a longo prazo: um denominado Cruz del Sur, com maior certeza de efetivação; outro denominado Mercosur que, com o denominado Transiguaçu, traria GN do Noroeste da Argentina para a região Sul/Sudeste do Brasil.

Atualmente, há diversos projetos em estudo no país, o que poderá aumentar de forma significativa a infraestrutura de gasodutos de transporte no Brasil nas próximas décadas, conforme informações disponibilizadas pela EPE (2019).

Gás natural liquefeito (GNL)

Dependendo dos pontos de produção e de consumo, o transporte do GN somente se torna viável por meio de navios metaneiros, necessitando, para isso, que o gás seja liquefeito para reduzir o seu volume. Essa opção depende de uma infraestrutura de liquefação, de transporte por via marítima ou fluvial e de regaseificação.

A opção pelo transporte no estado líquido é feita quando os centros de produção e consumo são separados por oceanos ou quando as distâncias por terra não justificam economicamente a construção de um gasoduto.

O primeiro grande complexo de liquefação foi concluído em 1965, na Argélia e, a partir de então, iniciou-se o abastecimento da França com GN. Em razão das dificuldades para construção de gasodutos, o Japão investiu na tecnologia de toda a cadeia de GNL e se transformou no maior consumidor em todo o mundo.

- Principais países produtores de GNL
  A maior parte das unidades de liquefação localiza-se na Argélia e na Indonésia, que representam 37 e 27%, respectivamente, da capacidade mundial instalada. A Nigéria tem grande produção de GN associado, mas, apesar de transformar grandes quantidades em GNL, ainda é obrigada a queimar quase 75% de toda a sua produção na boca do poço.

- Processo de liquefação
  As propriedades físicas do GN só permitem a transformação para o estado líquido em baixas temperaturas ou em elevadas pressões. O transporte do GN por via marítima é efetuado no estado líquido, no qual seu volume se reduz em aproximadamente 600 vezes. Por razões de seguran-

ça e economia, o gás é mantido levemente acima da pressão atmosférica e sua temperatura reduzida para -162°C, por meio de um processo que consome grande quantidade de energia. No estado líquido, o GN é conhecido como GNL e é armazenado e transportado em navios metaneiros. Em seguida, ele é armazenado, bombeado, regaseificado e odorizado, para ser conduzido por gasodutos até os centros de consumo.
Apesar dos elevados investimentos no ciclo criogênico do GN, o custo final é competitivo, em virtude do fator de escala e das grandes distâncias percorridas pelos navios metaneiros.

- Navios metaneiros
  Atualmente, diversos navios metaneiros navegam nos oceanos transportando o GNL, sendo que mais da metade dessa frota é destinada ao mercado japonês.
  Os metaneiros são navios especialmente concebidos para o transporte do GNL com segurança máxima, de acordo com normas estabelecidas pela Inter-Governmental Maritime Consultative Organization (Imco).
  Atualmente, existem diversos tipos de navios metaneiros. Os navios com tanques esféricos são os preferidos pelos transportadores (Figura 3.20).
  As esferas são capazes de armazenar mais de 25.000 m^3 de GNL que representam 11.125 t. Os maiores navios contêm cinco esferas e têm capacidade para transportar mais de 125.000 m^3 ou 55.625 t.

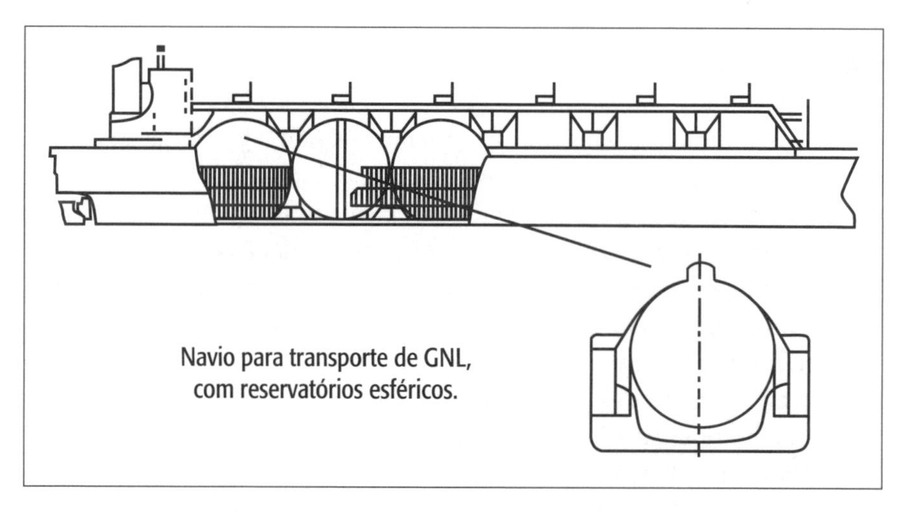

Figura 3.20 – Esquema interno de um navio metaneiro com tanques esféricos.
Fonte: Teri (2002).

O custo de um navio metaneiro com capacidade para 125.000 m³ de GN varia entre US$ 200 milhões e US$ 220 milhões, representando um custo unitário médio de US$ 1.680 por metro cúbico de capacidade.

- Terminais de recebimento de GNL
  Os navios metaneiros descarregam o GNL em terminais munidos de equipamentos de manuseio, armazenagem, bombeamento, regaseificação e odorização.
  Calcula-se que a potência resultante da utilização da energia fria do processo de regaseificação do GNL, para a produção de eletricidade de um terminal de liquefação que produz um fluxo de 15 milhões de m³/dia, pode alimentar uma central termelétrica com 107,8 MW de capacidade, com custo energético praticamente igual a zero. A carga de um navio metaneiro que transporta 125.000 m³, se utilizada totalmente na geração termelétrica no processo de regaseificação, pode produzir 176 MW em processo contínuo, durante cinco dias.
  A energia consumida nas centrais de liquefação também é recuperada nos terminais de recebimento na forma de energia fria, em processos industriais, tais como câmaras frigoríficas, fabricação de oxigênio, de dióxido de carbono e de gelo seco, como também na produção de alimentos congelados. Para possibilitar essa recuperação, os terminais de recebimento são grandes complexos industriais, que envolvem investimentos muito elevados.

- *Downstream*
  Distribuição
  A distribuição é a etapa final do sistema, quando o gás chega ao consumidor, que pode ser residencial, comercial, industrial ou automotivo. Nessa fase, o gás já deve estar atendendo a padrões rígidos de especificação e praticamente isento de contaminantes, para não causar problemas aos equipamentos, o qual será utilizado como combustível ou matéria-prima. Quando necessário, deverá também estar odorizado, para ser detectado facilmente em caso de vazamentos.
  Em alguns mercados, antes de chegar aos consumidores, o gás é armazenado em reservatórios subterrâneos para que a indústria de GN possa atender às flutuações das demandas sazonais, sendo alocados, normalmente, perto das áreas de consumo. As companhias de distribuição podem utilizar o gás armazenado em períodos de pico ou atendimento contínuo

aos seus consumidores; elas também podem vender o gás no mercado *spot* durante períodos fora do pico.

Setor carbonífero

Carvão mineral – conceituação

O carvão mineral é um combustível fóssil que, da mesma forma que o petróleo, foi formado há milhões de anos com a decomposição da matéria orgânica de vegetais depositados em bacias sedimentares. O material orgânico, soterrado, submetido a elevadas pressões e temperaturas em contato com o ar, é transformado em um produto sólido de cor escura, cuja propriedade físico-química depende da formação geológica. Quanto maior a pressão e temperatura a que for submetida a matéria orgânica e quanto mais tempo durar o processo, maior será a quantidade de carbono presente no material e menor a de constituintes voláteis e oxigênio.

Os carvões são classificados de acordo com o estágio de carbonização do material. A Tabela 3.2 apresenta essa classificação.

Tabela 3.2 – Classificação do carvão mineral

Tipo de carvão	Carbono (%)	Matéria volátil (%)	Conteúdo calorífico (kcal/kg)
Antracito	Acima de 86	14	7.300 – 9.100
Betuminoso	Abaixo de 86	14	6.400 – 7.800
Sub-betuminoso	Abaixo de 86	14	4.650 – 6.400
Lignito	Abaixo de 86	14	3.650 – 4.650

Também são variáveis as porcentagens de hidrogênio e oxigênio presentes no carvão mineral. O carvão de melhor qualidade é o antracito, pois possui maior quantidade de carbono e menor de oxigênio e hidrogênio. O estágio mínimo para utilização industrial do carvão é o lignito. O carvão pode ser qualificado pelo seu teor de enxofre e cinzas.

Carvão mineral no Brasil e no mundo

O carvão mineral ainda é um recurso fóssil bastante explorado mundialmente. Constitui-se em um vetor importante no desenvolvimento econômico de diversos países. Embora tenha sido substituído pelo petróleo, energia nuclear e GN em algumas aplicações, ocupa atualmente a segunda posição na matriz energética mundial, ficando atrás somente do petróleo, e é o recurso mais abundante na natureza, sendo, portanto, a longo prazo, a reserva energética mundial mais importante.

Nos últimos anos, o carvão mineral tem enfrentado alguma resistência por parte dos organismos ambientais, principalmente em razão das novas exigências com relação ao controle das emissões de gases de efeito estufa e destruição da camada de ozônio. Porém, os avanços tecnológicos que estão sendo obtidos desde a fase de exploração até a de uso final desse recurso e a ainda pouca atratividade econômica das fontes alternativas (por exemplo, eólica, solar) têm mantido o carvão em uma posição de destaque.

O carvão mineral no mundo

Denominam-se recursos a quantidade de recursos energéticos que são provados, mas no presente ainda não economicamente recuperados, ou geologicamente indicados. Para o carvão mineral, esse termo é usado para todo o recurso disponível no local (*in situ*). Reservas são as quantidades de recursos energéticos conhecidos em detalhes e que podem ser recuperados economicamente usando a tecnologia existente. A estimativa das reservas depende, portanto, do preço, bem como do progresso tecnológico.

Os recursos totais (recursos e reservas) de carvão duro (*hard coal*) e lignito estimados pelo Germany's Federal Institute of Geosciences and Natural Reserves (BGR) somavam 21 trilhões de toneladas no final de 2008. A maioria dos recursos (79%) é de carvão duro (*hard coal*), 16.383 Gt, com 4.384 Gt (21%) de carvão leve. Do total do carvão duro, 15.665 Gt, ou mais de 95%, são classificados como recursos e 728,4 Gt (4,4%) como reservas.

A Figura 3.21 mostra a participação percentual das reservas distribuídas pelas regiões do planeta. Ásia, América do Norte e Commonwealth of Independent States (CIS) – países formados pela antiga União Soviética – respondem por 86% das reservas de carvão duro, dos quais 41% estão na Ásia (quase que exclusivamente na China e Índia), 25% na América do Norte (quase que exclusivamente nos Estados Unidos), e 22% em CIS.

As estimativas da BGR mostram que as reservas suficientes para cobrir a produção atual de carvão irão durar por 125 anos (270 anos para o caso do lignito), duração bem superior às estimadas para o petróleo e o GN.

A produção mundial de carvão duro apresentou um forte crescimento nos últimos anos, com os níveis de produção em 2017 superiores em 60% ao de 2000. A China foi responsável por aproximadamente 70% dos 3 bilhões de toneladas produzidas a mais. A produção mundial em 2017 atingiu 7,73

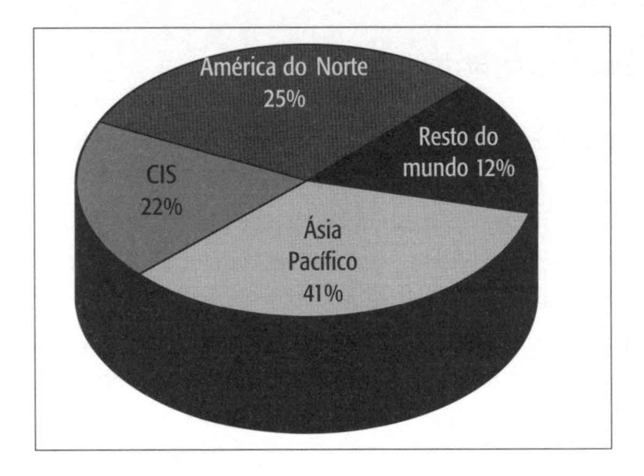

Figura 3.21 – Reservas mundiais de carvão em 2017.
Fonte: BP (2018).

bilhões de toneladas. A Figura 3.22 apresenta a distribuição da produção de carvão duro nas regiões.

A produção mundial de carvão leve declinou de 4 bilhões de toneladas para 951 milhões de toneladas em 2008, tendo permanecido estável em 900-1.000 milhões de toneladas ao ano nos últimos anos, com variações limitadas nas regiões e países em que são produzidos. O maior produtor é a Alemanha e outros grandes produtores são Austrália, ex-República da Checoslováquia, Polônia, Turquia e Estados Unidos.

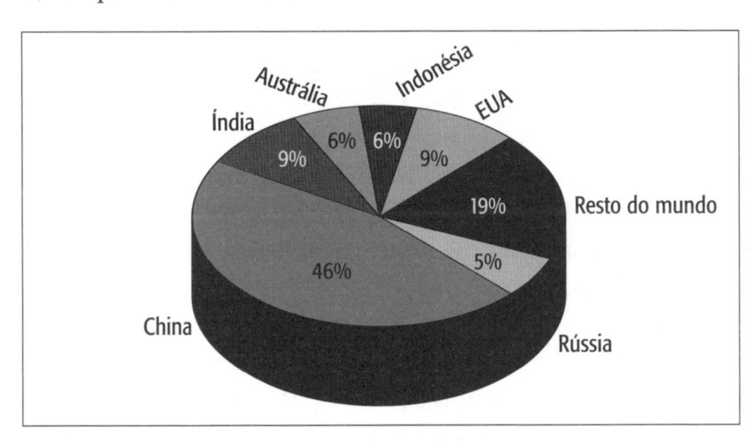

Figura 3.22 – Produção mundial de carvão mineral em 2017.
Fonte: BP (2018).

O carvão mineral no Brasil

As reservas totais brasileiras aumentaram de 1974 a 1986 em 27,36 bilhões de toneladas. A partir deste ano as reservas permaneceram basicamente constantes. Em 2008, as reservas totais brasileiras atingiram 32,32 bilhões de toneladas, sendo 84,6% carvão vapor (energético) e 15,93% carvão metalúrgico. Desde então, as reservas têm se mantido constantes.

No Brasil, encontram-se desde o lignito até o antracito, este último em menor quantidade. Há ocorrências de reservas de carvão nos estados de Minas Gerais, Bahia, Pernambuco, Piauí, Maranhão, Amazonas e Acre. Porém, as reservas significativas e exploradas no Brasil são as situadas na região sul do país, nos estados do Rio Grande do Sul, Santa Catarina e Paraná. Há também no norte do estado de São Paulo uma pequena reserva não significativa.

Conforme apresentado na Tabela 3.3, o Rio Grande do Sul é o estado que possui as maiores reservas, 79% do total das reservas em 2007. Destacam-se a de Candiota, situada no Sul do estado, principal jazida carbonífera do país; as jazidas da parte central (Baixo-Jacuí) e as jazidas de Morungava-Chico Lomã e Santa Terezinha, situadas entre a cidade de Porto Alegre e litoral. A qualidade dos carvões vai de pobre à média, na sua maioria não admitindo transporte nem beneficiamento, sendo usado, portanto, na forma bruta. Apenas o carvão energético das jazidas de Morungava-Chico Lomã e Santa Terezinha admite algum beneficiamento em consequência de sua qualidade superior, porém essa jazida é mais profunda (algumas partes com 800 m de profundidade), o que a torna antieconômica.

Santa Catarina possui 21% das reservas brasileiras. Trata-se de um carvão com qualidade para ser transformado em coque, para uso na siderurgia. Porém, as jazidas menos profundas já foram exploradas, restando, as que ainda não foram, as mais difíceis e profundas e, consequentemente, mais custosas.

As jazidas do Estado do Paraná são pequenas, representando menos de 1% das reservas brasileiras. O carvão bruto extraído é de média qualidade.

A produção brasileira de carvão mineral tem evoluído a uma taxa média baixa e de forma oscilante, como pode ser observado na Figura 3.23, que sintetiza a oferta interna de carvão mineral no Brasil, no período de 1980 a 2016. Acredita-se que se não houver uma política especialmente voltada para esse tipo de energético, essa produção não deverá crescer, pelo menos a médio prazo. Quanto ao carvão metalúrgico, a sua produção tem se mantido em um nível extremamente baixo. Grande parte do carvão consumido na indústria siderúrgica é importado, pois o carvão brasileiro é de baixa qualidade. O carvão coqueificável para uso na siderurgia não tem perspectiva de voltar a ser produzido.

Tabela 3.3 – Evolução das reservas nacionais de carvão mineral por estado – milhões de toneladas.

UF	1995	1996	1997	1998	1999	2000	2001	2002	2003	2004	2005	2006	2007
PR	71	70	70	64	64	64	2	2	5	5	4	4	4
RS	4.502	5.177	5.065	5.763	5.763	5.763	5.086	5.124	5.121	5.281	5.256	5.252	5.247
SC	1.899	1.551	1.556	1.525	1.525	1.525	1.417	1.379	1.396	1.425	1.428	1.391	1.382
SP	19	19	19	19	19	19	3	3	3	3	2	2	2
Total	6.491	6.817	6.711	7.397	7.371	7.377	6.508	6.508	6.525	6.680	6.680	6.648	6.635

Fonte: BEN (2017).

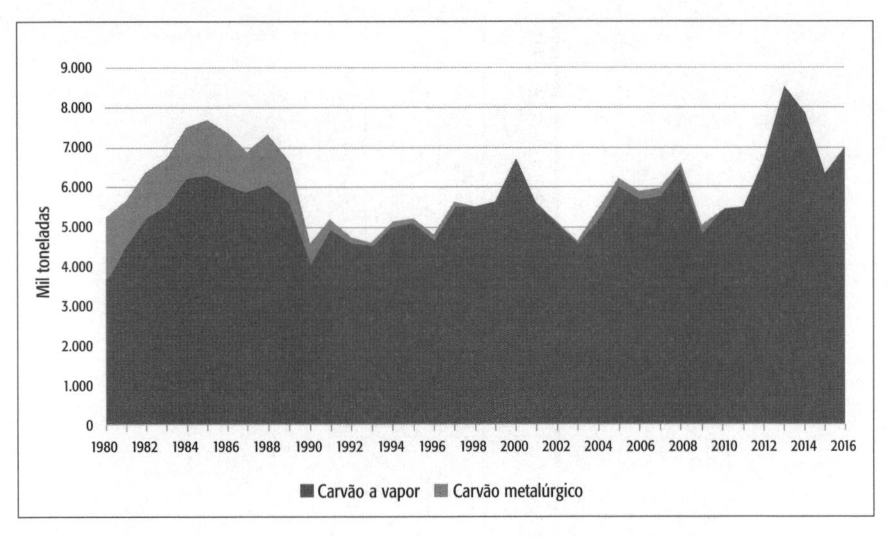

Figura 3.23 – Evolução da produção de carvão mineral no Brasil (mil toneladas).
Fonte: BEN (2017).

O Brasil produz sete tipos de carvão energético, classificados de acordo com seu poder calorífico, que são: CE-3.100 (poder calorífico 3.100 cal/g), CE-3.300, CE-4.200, CE-4.500, CE-4.700, CE-5.200, CE-6.000. Quase todos são obtidos a partir do beneficiamento do carvão *in natura* (Run On Time - ROM). O Brasil, como produtor de carvão, ocupa uma posição mundial inexpressiva de 0,1%.

O carvão mineral tem uma participação de 5,5% na matriz energética brasileira. Apesar de o Brasil ocupar uma posição mundial de destaque na produção de aço, o seu consumo de carvão mineral é irrelevante, representando apenas 0,5% do consumo mundial.

As importações brasileiras de carvão mineral, que são destinadas fundamentalmente para o setor siderúrgico, entre 2006 e 2008, apresentaram um crescimento de 26,8%. Na distribuição por país de origem, em termos de quantidade de carvão mineral importado, os principais fornecedores do Brasil em 2008 foram a Austrália com 33%, os Estados Unidos com 30%, o Canadá com 8%, a China com 6%, a Colômbia com 5% e outros com 18%.

O Brasil produz internamente carvão para a metalurgia somente em pequenas quantidades decorrente do aproveitamento de finos. No restante, a totalidade consumida é oriunda das importações. A composição do consumo total de carvão no Brasil é de 65,44% para o setor siderúrgico, 32,28% para o energético e 1,28% para os finos de carvão. No mercado energético, conforme os dados relativos a 2008 da Associação Brasileira de Carvão Mineral (ABCM), 82,7% do total de carvão mineral consumido no país foi destinado para a geração de eletricidade e 17,83% como combustível industrial, distribuídos entre as seguintes indústrias: papel/celulose 3,46%, petroquímica 2,99%, cerâmica 1,64%, alimentos 1,30% e outros 8,44%.

A expansão do uso do carvão mineral poderia ser maior, porém, em razão da entrada do GN no país, a sua maior participação na matriz energética em médio prazo ficou comprometida.

Energia nuclear

Urânio – composição, características e o ciclo do combustível nuclear

A energia nuclear é a energia armazenada no núcleo dos átomos, mantendo prótons e nêutrons juntos. Essa energia é fóssil no sentido de que os elementos foram formados há cerca de 8 bilhões de anos.

Toda concentração natural de minerais na qual o urânio ocorre em proporções e condições que permitam sua exploração econômica é considerada minério de urânio. O elemento químico urânio é um metal branco-níquel, pouco menos duro que o aço, e encontra-se em estado natural nas rochas da crosta terrestre. Sua principal aplicação é na geração de energia elétrica e na produção de material radioativo para uso na medicina e na agricultura.

O urânio encontrado na natureza é constituído de uma mistura de três isótopos: 99,3% com massa 238; 0,7% com massa 235; e traços com massa 234. Esses três tipos de isótopos são radioativos, ou seja, são instáveis e, com o passar do tempo, decaem, emitindo radiação alfa e convertendo-se respectivamente nos isótopos 234, 231 e 230 do elemento tório. Estes, por sua vez, também se transmutam para outros elementos em uma longa série que termina nos isótopos estáveis de chumbo 206, 207 e 208, respectivamente. O que é aproveitado nos reatores nucleares não é a radioatividade do urânio, mas sim a propriedade de se fissionar (quebrar-se ou partir-se) e liberar grande quantidade de energia quando atingidos por um nêutron.

O fenômeno da radioatividade foi descoberto pelo físico francês Henri Becquerel, em 1896. O fenômeno pode ser descrito de maneira simples como: se um átomo tiver um núcleo muito energético, ele tenderá a estabilizar-se, emitindo o excesso de energia na forma de partículas e ondas. As radiações alfa e beta são partículas que possuem massa, carga elétrica e velocidade. Os raios gama são ondas eletromagnéticas (não possuem massa), que se propagam com velocidade de 300.000 km/s. O tempo necessário para que a atividade radioativa dos elementos seja reduzida pela metade da atividade inicial é denominado de *meia vida dos elementos*. O Quadro 3.6 indica exemplos de aplicação da radioatividade.

Quadro 3.6 – Exemplos de aplicação da radioatividade

Medicina	Diagnóstico; terapia; marca-passo, entre outras.
Arqueologia	Determinação da idade de objetos históricos.
Geologia, sedimentologia	Determinação da idade dos materiais geológicos.
Hidrologia	Detecção da taxa de recarga de água no subsolo por meio de testes com bombas atômicas que liberam o elemento trício, um isótopo radioativo de hidrogênio, também usado na detecção de falhas e barramentos em barragens.
Industrial	Radioesterilização; irradiação de alimentos; *cross-linking* de isolamentos de fios e cabos elétricos; tratamento de lama de esgotos municipais.
Outras aplicações	Controle de insetos e pestes.

A prospecção e a pesquisa de minerais de urânio têm por finalidade básica localizar, avaliar e medir reservas de urânio. Tais trabalhos começam pela seleção de áreas promissoras, indicadas por exame de fotografias aéreas, imagens de radar e de satélite.

O urânio, para ser utilizado como combustível em um reator nuclear para geração de eletricidade, deve ser processado por uma série de etapas: a essas etapas dá-se o nome de ciclo do combustível nuclear.

Mineração e beneficiamento

O minério é extraído da crosta terrestre utilizando técnicas de mineração a céu aberto ou subterrâneas. Em média, os minérios de urânio contêm de 10 a 30 kg por tonelada de rocha extraída. Pode estar associado ao fosfato, molibdênio, zircônio e carvão.

No moinho, situado junto à mina, o urânio é triturado e moído até uma dispersão fina, a qual é lixiviada em ácido sulfúrico para separar o urânio da rocha residual. Ele é então recuperado da solução e precipitado como um concentrado de ácido de urânio (U_3O_8) conhecido como *yellow cake*.

Conversão

Uma vez que o urânio necessita estar na forma de um gás antes que possa ser enriquecido, o U_3O_8 é convertido em gás hexafluoreto de urânio (UF_6), na usina de conversão.

Enriquecimento isótopo

Este processo separa o hexafluoreto de urânio gasoso em dois feixes: um é enriquecido até os níveis requeridos e passa então ao próximo estágio do ciclo de combustível. O outro é empobrecido em U_{235} e é chamado de resíduo. É predominante o U_{238}. Alguns tipos de reatores não necessitam de urânio enriquecido.

Fabricação do combustível

O UF_6 enriquecido é transportado até uma usina de fabricação do combustível, onde é convertido em pó de dióxido de urânio (UO_2) e prensado em pequenas pastilhas cilíndricas (*pellets*). Essas pastilhas são inseridas em tubos finos, feitos geralmente de uma liga de zircônio ou de aço inoxidável, para formarem varetas combustíveis que são então seladas e montadas em conjunto, que constituem o elemento combustível para uso no reator nuclear.

Reator nuclear

Algumas centenas de elementos combustíveis formam o núcleo do reator. Nele, o isótopo U_{235} se fissiona ou se divide, produzindo calor em um processo contínuo, denominado reação em cadeia. O processo depende da presença de um moderador, tal como a água e o grafite, e é totalmente controlado.

Parte do U_{238} no núcleo do reator é convertida em plutônio e cerca da metade deste é também fissionável, fornecendo, aproximadamente, um terço da energia gerada pelo reator. Para manter um desempenho eficiente do reator nuclear, cerca de um terço do combustível queimado é removido a cada ano, e é substituído por combustível novo.

Após o urânio ter sido usado em um reator, ele fica conhecido como combustível queimado e sofre uma série de etapas adicionais que podem incluir:

- Estocagem – os elementos combustíveis queimados, retirados do núcleo do reator, são altamente radioativos e liberam calor. Por isso, eles são armazenados em piscinas especiais, que estão geralmente localizadas no sítio do reator, de forma a permitir que tanto o seu calor como a radioatividade diminuam. A água na piscina serve ao duplo propósito de agir como uma barreira contra a radiação e de dispersar o calor do combustível queimado. Este também pode ser armazenado a seco em instalações especiais. Cada tipo de armazenagem deve ser entendido como uma etapa intermediária antes que o combustível queimado seja reprocessado ou enviado para disposição final.

- Reprocessamento e disposição dos resíduos – o combustível queimado ainda contém aproximadamente 96% de urânio original, dos quais o teor de U_{235} fissionável foi reduzido a menos de 1%. Cerca de 3% do combustível queimado compreende produtos residuais e o 1% restante é o plutônio (Pu), produzido enquanto o combustível estava no reator. O reprocessamento separa o urânio e o plutônio dos produtos residuais, seccionando as varetas combustíveis e dissolvendo os pedaços em ácidos para separar os vários materiais. O urânio recuperado pode ser retornado à usina de conversão, na qual é feita a reconversão para hexafluoreto de urânio e, subsequentemente, seu reenriquecimento. O plutônio grau reator pode ser misturado com urânio enriquecido para produzir um combustível de óxido de misto (MOX), em uma usina de fabricação de combustível.
- Vitrificação – após o reprocessamento, o resíduo líquido de alta atividade pode ser calcinado (fortemente aquecido) para produzir um pó seco que é incorporado em vidro borosilicatado para imobilizar o resíduo. O vidro é então vazado em contêineres de aço inoxidável, cada um com capacidade para 400 kg de vidro.
- Disposição final – os resíduos vitrificados de alta atividade são selados em contêineres de aço inoxidável e as varetas de combustível queimado, encapsuladas em metais resistentes, são enterradas em profundidade no subsolo, em estruturas rochosas estáveis.

Produz-se energia nuclear por meio dos processos de *fissão* e *fusão* dos núcleos dos átomos.

A fissão nuclear utiliza a propriedade de certos isótopos do urânio de se dividirem em dois fragmentos com liberação de grande quantidade de energia, a maioria da qual sob a forma de energia cinética dos fragmentos. Na própria fissão, mais nêutrons são emitidos (cerca de 2,5 por fissão), o que permite manter uma reação em cadeia. O isótopo de urânio que melhor se presta a esse processo é o U_{235}, cuja abundância é de apenas 0,7% no urânio natural.

A fusão nuclear é um processo em que núcleos leves se juntam para formar um núcleo mais pesado. Ou seja, na fusão, dois núcleos leves são fundidos para formar um novo átomo mais pesado. As dificuldades da fusão vêm do fato de que os núcleos possuem cargas elétricas que repelem um ao outro. Para que as reações ocorram, os átomos precisam ter velocidade e, para isso, é necessário que sejam mantidos em uma temperatura mais elevada (milhões de graus) em um gás de alta densidade. Isso é feito, em geral, mediante métodos especiais, pelos quais o gás é confinado em uma dada região do espaço, por meio de combinações adequadas de campos magnéticos. Esse processo normalmente é realizado em máquinas denominadas *tokamaks*.

Energia nuclear no mundo e no Brasil

A energia nuclear no mundo

O urânio, encontrado em rochas e na água do mar, está disponível em grandes quantidades para suprimento das necessidades mundiais energéticas e não energéticas, tanto por causa da quantidade presente na natureza quanto da disponibilidade de tecnologias avançadas para o seu uso.

A reserva medida de urânio é função das quantidades recuperáveis a custos atrativos. O custo de exploração é função da intensidade dos esforços aplicados à mineração. A Tabela 3.4 mostra os países que possuem recursos significativos recuperáveis de urânio. Observa-se que Austrália, Cazaquistão e Canadá, juntos, possuem 52% das reservas mundiais. Essas reservas recuperáveis de baixo custo (US$ 80/kg U) usadas em reatores convencionais são suficientes para suprir as necessidades atuais por mais 50 anos. Dependendo das políticas futuras no campo nuclear e com base no atual conhecimento geológico, recursos recuperáveis a custos mais elevados poderão ser explorados.

Tabela 3.4 – Recursos recuperáveis conhecidos de urânio em 2017

Países	Toneladas de urânio	Participação mundial (%)
Austrália	1,818,300	30%
Cazaquistão	842,2	14%
Canadá	514,4	8%
Rússia	485,6	8%
Namíbia	442,100*	7%
África do Sul	322,4	5%
China	290,4	5%
Nigéria	280,000*	5%
Brasil	276,8	5%
Uzbequistão	139,200*	2%
Ucrânia	114,1	2%

(continua)

Tabela 3.4 – (*Continuação*) Recursos recuperáveis conhecidos de urânio em 2017.

Países	Toneladas de urânio	Participação mundial (%)
Mongólia	113,5	2%
Botsuana	73,500*	1%
Tanzânia	58,200*	1%
EUA	47,2	1%
Jordânia	43,5	1%
Outros	280,6	4%
Total	6,142,600	

Fonte: World Nuclear Association (2019).

A Tabela 3.5 mostra a evolução da produção de urânio entre 2010 e 2017 dos principais países produtores.

Tabela 3.5 – Evolução da produção de urânio (t) para os principais países produtores

País	2010	2011	2012	2013	2014	2015	2016	2017
Cazaquistão	17,803	19,451	21,317	22,451	23,127	23,607	24,586	23,321
Canadá	9783	9145	8999	9331	9134	13,325	14,039	13,116
Austrália	5900	5983	6991	6350	5001	5654	6315	5882
Nigéria	4198	4351	4667	4518	4057	4116	3479	3449
Namíbia	4496	3258	4495	4323	3255	2993	3654	4224
Rússia	3562	2993	2872	3135	2990	3055	3004	2917
Uzbequistão	2400	2500	2400	2400	2400	2385	2404	2404
China	827	885	1500	1500	1500	1616	1616	1885
EUA	1660	1537	1596	1792	1919	1256	1125	940
Ucrânia	850	890	960	922	926	1200	1005	550
África do Sul	583	582	465	531	573	393	490	308
Índia	400	400	385	385	385	385	385	421
República Checa	254	229	228	215	193	155	138	0
Romênia	77	77	90	77	77	77	50	0
Paquistão	45	45	45	45	45	45	45	45
Brasil	148	265	326	192	55	40	44	0
França	7	6	3	5	3	2	0	0
Alemanha	8	51	50	27	33	0	0	0
Malásia	670	846	1101	1132	369	0	0	0
Total	53,671	53,493	58,489	59,331	56,041	60,304	62,379	59,462

Obs.: O total apresentado refere-se à produção total de 38 países produtores.

Fonte: World Nuclear Association (2019).

Grande parte do urânio produzido é queimado nos reatores para produção de eletricidade. Somente na década de 1950 foi dada atenção especial ao processo de fissão do urânio para fins pacíficos, majoritariamente para geração de eletricidade, quando foi instalado o primeiro reator comercial. Atualmente, há 450 reatores operando comercialmente, em 38 países, com capacidade total instalada de 398 MW. Esses reatores suprem 10,5% de toda a energia mundial gerada e sua eficiência de conversão tem aumentado ao longo do tempo. A Figura 3.24 mostra a participação da energia nuclear na geração de eletricidade nos 28 países.

Países como Japão, China, Índia, Rússia e República da Coreia pretendem continuar seus programas nucleares, havendo, dessa forma, uma recuperação dos investimentos em centrais nucleares após um período longo de estagnação.

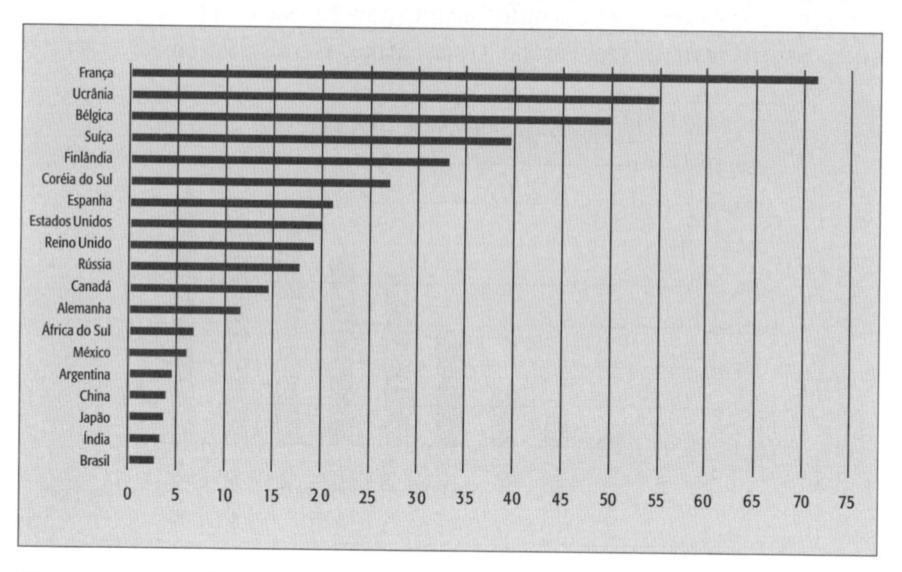

Figura 3.24 – Participação da energia nuclear na geração de eletricidade em alguns países pelo mundo.
Fonte: World Nuclear Association (2019).

Atualmente, cerca de 54 reatores de potência estão sendo construídos em 11 países, como China, República da Coreia, Japão e Rússia. Não se pode deixar de lado também o fato de que nos próximos anos vários reatores serão desativados, pois estarão no final de suas vidas úteis.

A energia nuclear no Brasil

O Brasil possui hoje a sétima maior reserva geológica de urânio do mundo. A classificação das reservas brasileiras de minerais segue a do Código Brasileiro de Mineração que classifica as reservas como inferidas, indicadas e medidas. A IAEA classifica as reservas, como apresentado na seção anterior, com base no critério de custo de extração e beneficiamento. A Figura 3.25 apresenta a evolução das reservas de urânio U_3O_8 nos últimos 35 anos.

No que concerne às reservas de urânio U_3O_8, de acordo com a classificação brasileira, o país apresenta a situação exposta na Tabela 3.6.

As reservas brasileiras estão localizadas em seis estados, destacando-se Bahia e Ceará, com participação diferenciada em cada um; 79% das reservas estão situadas nesses estados, conforme mostra a Tabela 3.7. Os outros estados que possuem reservas são: Paraná, Goiás, Minas Gerais e Paraíba.

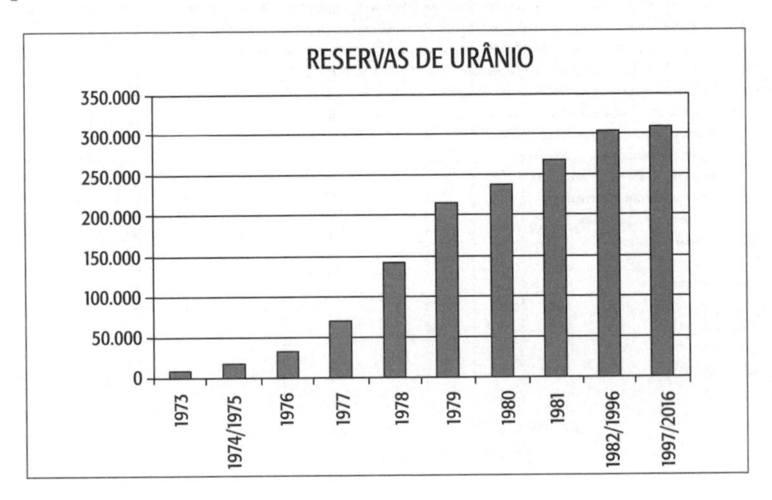

Figura 3.25 – Evolução das reservas totais brasileiras de urânio (tU_3O_8).
Fonte: BEN (2017).

Tabela 3.6 – Reservas de urânio tU_3O_8 no Brasil em 2016

Medidas/ indicadas/ inventariadas	Inferidas/ estimadas	Totais	Equivalente energético em (mil tep)
177.500	131.870	309.370	1.254.681(1)

(1) Consideradas as perdas de mineração e beneficiamento, e sem considerar a reciclagem do plutônio e do urânio.
Fonte: BEN (2017).

Tabela 3.7 – Localização das reservas brasileiras de urânio (t)

Ocorrências	Medidas e indicadas	Inferidas	Total	Participação (%)
Caldas (MG)	500	4.000	4.500	1,45
Lagoa Real (Caitité-BA)	94.000	6.770	100.770	32,57
Santa Quitéria (CE)	83.000	59.500	142.500	46,06
Outras	–	61.600	61.600	19,9
Total	177.500	131.870	309.370	100

Fonte: INB (2010).

As pesquisas na área de identificação de reservas de urânio no Brasil não foram completadas para todo o território nacional. As reservas já inferidas são suficientes para suprir o consumo atual por muito tempo. Caso o programa nuclear seja reativado com força maior, é esperado que sejam realizados investimentos na área de prospecção. Atualmente, o governo estuda formas de viabilizar a conclusão de Angra III, a qual possui parte dos seus equipamentos adquiridos.

A Tabela 3.8 apresenta a evolução da oferta interna atual de urânio U_3O_8 no Brasil.

Tabela 3.8 – Produção, importação e consumo de urânio U_3O_8 (t)

Fluxo	2000	2005	2010	2015	2016
Produção	13,0	129,1	174,3	50,5	0,0
Importação	61,0	508,5	139,9	213,0	411,6
Var. est. perdas e ajustes	126,0	-182,7	161,4	-167,8	63,9
Consumo total	200,0	454,9	475,5	95,7	475,5
Transformação[1]	200,0	454,9	475,5	95,7	475,5

[1] Produção de urânio contido no UO_2.

Fonte: BEN (2017).

O urânio, atualmente, tem uma participação de 1,5% na matriz energética brasileira, sendo que o consumo na sua totalidade é para suprir as usinas nucleares de Angra dos Reis. Na geração de eletricidade, a participação das usinas nucleares é de 2,8%. Hoje, estão em funcionamento as usinas Angra I e Angra II com 650 MW e 1.300 MW de potência, respectivamente.

O Ministério de Ciência e Tecnologia (MCT) é o órgão governamental responsável pela política nacional de energia nuclear. Fomenta a pesquisa e o desenvolvimento dessa tecnologia, coordena o Sistema de Proteção ao Programa Nuclear Brasileiro (Sipron) e supervisiona órgãos de licenciamento e controle, de pesquisa e desenvolvimento, e os do setor industrial. Vinculada ao MCT está a Comissão Nacional de Energia Nuclear (CNEN) que, entre as várias funções, estabelece normas para exploração e uso do urânio e disposição dos rejeitos radioativos, realiza trabalhos de prospecção, fiscaliza as instalações nucleares e realiza pesquisa na área nuclear, entre outras.

Recursos energéticos renováveis

Em virtude dessa importância, elas são tratadas em maior detalhe no Capítulo 4 deste livro. A seguir se apresenta apenas uma visão geral, consistente com os objetivos deste capítulo.

Os principais recursos renováveis utilizados no setor energético são: a energia hídrica; a energia obtida a partir de utilização da biomassa; a energia eólica; a energia solar; a energia dos oceanos; a energia do hidrogênio, como a produzida por células a combustível, e a energia geotérmica. Esses recursos naturais são utilizados no setor energético por meio das tecnologias renováveis, que estão detalhadas no Capítulo 4.

O setor de energia elétrica

O que é energia elétrica

De forma simplista e prática, pode-se descrever a energia elétrica como resultado de um processo adequado de utilização das propriedades físico-químicas e eletromagnéticas da matéria para propiciar o funcionamento de equipamentos fornecedores de usos finais desejados pela sociedade. Essa conceituação abrange a cadeia total da eletricidade, desde a sua produção (ou geração, termo mais usual) até a utilização final, pelo consumidor.

Há duas formas básicas de produzir eletricidade. A primeira, denominada estática por não necessitar do uso de peças móveis, é obtida diretamente dos recursos naturais por meio da utilização de energia. É o caso da energia solar fotovoltaica ou da energia resultante de reações químicas, caso das pilhas e das células a combustível. O tipo de energia elétrica produzida é de corrente contínua, cuja maior utilização atualmente é na alimentação de pequeno porte. Outra forma, em geral associada à utilização de peças móveis, baseia-se na propriedade de certos materiais conduzirem energia elétrica quando colocados em movimento em um campo eletromagnético. Nesse caso, há necessidade de um estágio anterior de produção da energia mecânica para gerar o movimento. Recursos naturais são muitas vezes utilizados diretamente para produzir energia mecânica, como no caso das centrais hidrelétricas e eólicas, nas quais a água e o vento, respectivamente, acionam as turbinas (versões modernas da roda d'água e do moinho de vento) que movimentam os geradores elétricos. Há casos em que os recursos naturais produzem outra forma de energia, que é transformada em energia mecânica, para então ser transformada em elétrica. Por exemplo, na geração termelétrica, um processo químico (combustão) ou nuclear (fissão do átomo) produz energia térmica que aciona turbinas a vapor ou gás, com a finalidade de gerar a energia mecânica necessária para acionar o gerador elétrico.

Um aspecto importante que deve ser ressaltado é que a energia elétrica é considerada uma forma secundária de energia, uma vez que pressupõe a transformação de outra(s) forma(s) de energia, esta(s), sim, obtida(s) por meio da utilização direta dos recursos naturais.

Atualmente, cerca de 20% da energia usada no mundo está na forma de eletricidade, indicando a importância dessa forma de energia. Além disso, verifica-se uma tendência para o aumento dessa participação no consumo energético futuro, o que se deve, principalmente, a algumas características desse tipo de energia, que são:

- Flexibilidade e confiabilidade.
- Variedade de alternativas para produção ambientalmente limpa.
- Limpeza nos usos finais.
- Tecnologia bem dominada e em franco desenvolvimento.
- Integração fácil às novas tendências e tecnologias de globalização, descentralização, informação e maior eficiência.
- Aptidão para fornecer os principais serviços de energia desejados na sociedade atual.

Essa importância da energia elétrica no contexto energético global mostra que a questão do setor elétrico é parte fundamental de qualquer estratégia que visa ao desenvolvimento sustentável da humanidade.

Para que se encontrem alternativas para a transição do setor elétrico, satisfazendo o novo paradigma, é fundamental que se entenda e leve em conta as características do setor desde a sua importância dentro do cenário de desenvolvimento até suas características institucionais próprias. Apenas dessa forma será possível planejar mudanças que possam ser apropriadamente assimiladas pelos atores internos e externos do processo, ou seja, profissionais e agentes do setor e usuários. Só assim as novas necessidades do setor dentro de um novo contexto de interface entre sistemas humanos e natureza poderão ser supridas.

A indústria da energia elétrica no Brasil

O suprimento de energia elétrica

A cadeia da energia elétrica, de forma similar à do petróleo e do GN, pode ser representada por blocos associados a etapas de produção, transporte e utilização. Em virtude de suas características específicas, a utilização é tratada separadamente na seção voltada às aplicações da energia elétrica. No caso da energia elétrica, o suprimento, considerado como a cadeia que cobre desde o processo de transformação da energia primária até a interface com cada tipo de consumidor, está dividido em geração, transmissão e distribuição.

A área de *geração* se preocupa especificamente com o processo da produção de energia elétrica por meio de diversas tecnologias e fontes primárias. Existe uma grande gama de opções para geração de eletricidade, cada uma delas com características bem distintas e específicas em termos de dimensionamento, custos e tecnologia. Fontes renováveis são mais adequadas a um desenvolvimento sustentável, mas respondem ainda por uma parte pequena da matriz energética mundial.

A área de *transmissão* está normalmente associada ao transporte de blocos significativos de energia a distâncias razoavelmente longas. Pode ser também caracterizada por linhas de transmissão com torres de grande porte e com condutores de grande diâmetro, cruzando longas distâncias desde o ponto de geração até pontos específicos, próximos aos grandes centros de consumo da energia elétrica.

A área de *distribuição* está associada ao transporte da energia no varejo, ou seja, do ponto de chegada da transmissão até cada consumidor individualizado, seja ele residencial, industrial ou comercial, urbano ou rural. Cada uma dessas áreas tem características organizacionais, técnicas, econômicas e de inserção socioambiental específicas, cujos principais aspectos estão sumarizados adiante neste livro.

Aplicações da energia elétrica

O propósito fundamental do uso da energia, incluindo a energia elétrica, é assistir à satisfação das necessidades e desejos do homem.

O processo do uso final da energia, ilustrado na Figura 3.26, começa com a obtenção da energia de alimentação pelo consumidor, a qual é transformada em energia útil por meio de uma tecnologia de uso final. Por exemplo, um aquecedor residencial (tecnologia de uso final) transforma o GN ou GLP (do botijão de gás) ou a eletricidade (energia de alimentação) em calor, ou seja, energia útil. Esta, então, é usada por tecnologias de serviço, tais como aquecimento da água, iluminação e transporte.

A tecnologia de serviço, que usa como matéria-prima a energia útil para fornecer um serviço energético, define os limites entre o sistema que fornece o serviço energético e o meio ambiente. Em muitos casos, a tecnologia de serviço é o sistema físico no qual a tecnologia de uso final opera. As características da tecnologia de serviço determinam a quantidade de energia útil requerida para fornecer o serviço energético. Por exemplo, os níveis de isolação e os graus de infiltração determinam a quantidade de calor requerida para aquecer uma casa em um determinado clima.

Atualmente, os principais usos finais da eletricidade no mundo referem-se aos serviços de iluminação, força motriz, aquecimento, refrigeração, entre outros que incluem os serviços eletrônicos de escritório e residenciais. Uma breve descrição de cada um desses serviços é efetuada a seguir.

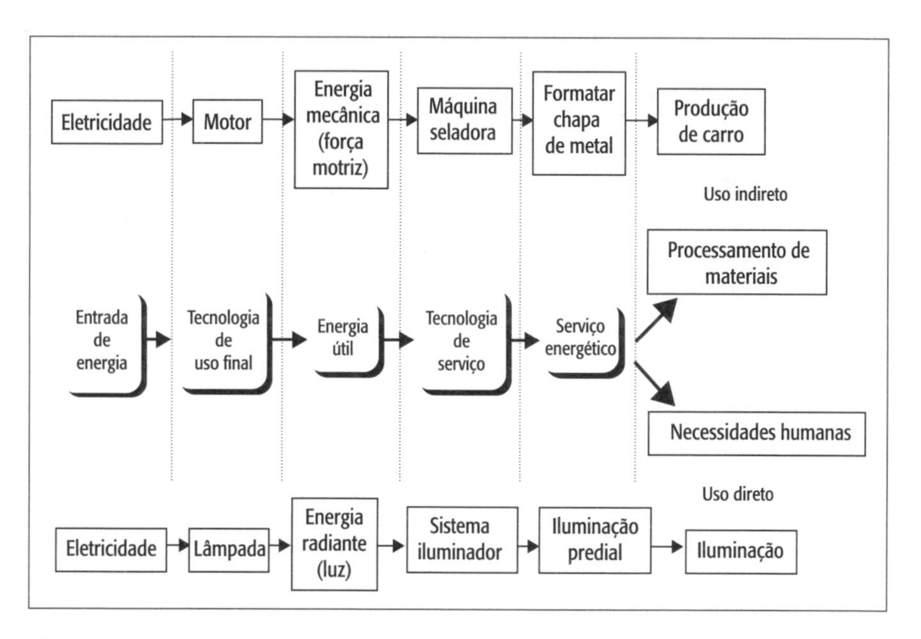

Figura 3.26 – O processo de uso final da energia.

Iluminação

O sistema de iluminação é formado por outros elementos além da própria lâmpada, conforme esquematizado na Figura 3.27.

O processo pelo qual a eletricidade torna-se luz, resultando em uma manifestação que alcança os olhos, é verdadeiramente complexo e a sua compreensão é ainda incompleta. Há muita controvérsia nessa questão, por exemplo, sobre o desempenho visual, ou seja, a velocidade a que os olhos funcionam, a precisão com que uma tarefa visual é executada e a quantidade de iluminação necessária para desempenhar o trabalho visual. Normalmente, são utilizados modelos e normas de referência nos diferentes países (no Brasil, isso é estabelecido pela NBR-5.413).

O fluxo luminoso, medido em lúmens, distribui-se acima da tarefa visual e, conjuntamente com o fundo, produz o contraste, sendo esse último o principal componente da visibilidade.

A fonte de luz é o ponto no qual a energia elétrica é transformada em energia radiante, cuja eficácia é medida em lúmens por watt. A sensibilidade do olho humano não permite uma medida simples, relacionando saída radiante *versus* entrada elétrica, pois a resposta do olho varia pelo espectro visível.

A fonte de luz é o elemento crítico do sistema de iluminação, pois a lâmpada tem vida curta se comparada com os outros elementos do sistema. O desempenho da lâmpada tem características dinâmicas; por exemplo, a eficácia da lâmpada muda no decorrer do tempo, às vezes, aceleradamente. O rendimento pode ser afetado por diversos fatores: pela temperatura do meio ambiente; pelas características da cor, segundo a operação da fonte; pela sujeira que pode causar perda de rendimento da luz; pelas variações no fornecimento da eletricidade que podem diminuir a vida útil da lâmpada, seu rendimento ou a eficácia da luz. Um bom projeto de iluminação deverá buscar o

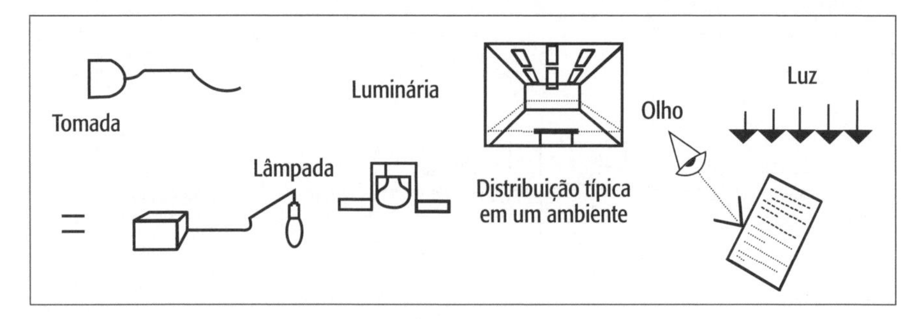

Figura 3.27 – Elementos básicos de um sistema de iluminação.

melhor uso dessas fontes de diferentes eficácias luminosas, considerando a aplicação em andamento e a melhor integração com os recursos naturais locais.

Há uma grande variedade de tipos de lâmpadas elétricas, que apresentam diferentes características e podem ser agrupadas de maneiras distintas, como em incandescentes e de descarga, para ambientes internos e externos. Apresentam-se a seguir os aparelhos mais comuns:

- Lâmpada incandescente produz luz pelo aquecimento elétrico de um filamento (efeito Joule) a uma temperatura tão alta que provoca a emissão de uma radiação na parte visível do espectro eletromagnético.
- Lâmpada de descarga produz luz por uma descarga elétrica contínua em um gás ou vapor ionizado, às vezes, em combinação com pós-fluorescentes, que se depositam na superfície e são excitados pela radiação de descarga. Essa lâmpada é auxiliada comumente pelo reator e pelo *starter*, componentes que deflagram o início da descarga.
- Lâmpada fluorescente tubular (descarga à baixa pressão) gera a luz por partículas fluorescentes ativadas pela energia ultravioleta da descarga. Geralmente, possui um eletrodo em cada extremo do tubo, contém vapor de mercúrio sob baixa pressão e um pouco de gás inerte que facilita a partida.
- Lâmpada de sódio de baixa pressão tem radiação quase monocromática, alta eficiência luminosa e longa vida, e é usada onde a reprodução de cor não tem importância (autoestradas, portos, pátios de manobra etc.).
- Lâmpada de mercúrio de alta pressão precisa apenas do reator para seu funcionamento. Tem aparência branca-azulada, emite luz visível nos comprimentos de onda de cores amarela, verde e azul. É utilizada na iluminação de grandes áreas e fachadas, tanto como iluminação pública quanto como industrial.
- Lâmpada de vapor metálico contém aditivos de iodeto índio, gálio e sódio para melhoria da eficiência e reprodução de cor e sua construção é similar à da lâmpada de mercúrio. Aplica-se na iluminação de centros esportivos, centros de cidades e estacionamentos.
- Lâmpada de luz mista é constituída de um bulbo com gás e tem parede interna revestida com fósforo, contendo um tubo de descarga em série com um filamento de tungstênio. Tem de duas a seis vezes mais eficiência que as incandescentes.
- Lâmpada de sódio de alta pressão irradia energia sobre uma grande parte do espectro visível. Em comparação com a de sódio de baixa pressão ela proporciona uma reprodução de cor razoavelmente boa. Está

disponível com eficiência de 130 lm/W e, por causa dessa elevada eficiência e propriedade de cor agradável, é aplicada em escala crescente em todos os tipos de iluminação externa e iluminação industrial.

- Lâmpada fluorescente compacta é de descarga com gás de mercúrio a baixa pressão, com base provida de *starter* e capacitor conectados a dois tubos de descarga interligados. Essas lâmpadas podem substituir diretamente as incandescentes.

Força motriz

Em uma apreciação global da força motriz relativa ao consumo da energia elétrica e referenciada por meio dos motores elétricos, pode-se dizer que estes significam 2/3 de todo o uso de eletricidade. Motores elétricos dos mais diversos tipos estão embutidos na grande maioria dos equipamentos elétricos industriais, comerciais e residenciais. Por exemplo, podem ser citados diversos eletrodomésticos, como liquidificadores, máquinas de lavar e secar, aparelhos de barbear, ventiladores, aparelhos de ar-condicionado. Embora os componentes do sistema motor elétrico sejam eficientes, apenas 5 a 10% do recurso energético primário chegam a ser usados efetivamente. Isso acontece porque normalmente a energia passa por vários equipamentos intermediários que fazem parte do sistema de força motriz.

Os motores elétricos podem ser de corrente continua CC, e síncronos ou de indução CA. Os de CC são de controle fácil e preciso, e utilizados sempre que seu alto custo de manutenção for justificado. Os síncronos são usados principalmente para grandes instalações, em que sua eficiência é balanceada pelos seus altos custos de instalação. Já os de indução são utilizados onde as questões de confiabilidade e baixo custo são prioritárias, principalmente para aplicações comerciais e industriais (trifásicos), e residenciais (monofásicos).

Apesar do seu importante papel na economia, o avanço tecnológico dos motores elétricos pode ser considerado mínimo quando comparado à intensa revolução que tiveram e ainda têm as tecnologias de comunicação e informática. Contudo, a força motriz conta hoje com novos desenvolvimentos que têm mudado os conceitos de acionamentos dos motores elétricos e melhorado o uso da energia racional eficientemente.

Atualmente, a moderna eletrônica de estado sólido, os materiais magnéticos, e outras tantas tecnologias estão revolucionando os sistemas de força motriz elétrica no mundo todo, proporcionando melhor desempenho dos motores elétricos por meio do ajuste da velocidade pelo controle da frequência feita eletronicamente.

Aquecimento

O uso da energia elétrica, para gerar calor e permitir transferência da energia térmica ao elemento a ser aquecido, tem vários objetivos e diferentes princípios, sendo disponíveis muitas tecnologias eletrotérmicas com características específicas de distribuição espacial de calor e de densidade de energia transferida. As tecnologias de aquecimento elétrico vêm sendo desenvolvidas em seus usos tradicionais, mas atuando pouco em novas aplicações, por causa do baixo rendimento e alto custo, quando comparadas com outras alternativas.

O aquecimento com eletricidade tecnicamente abrange todos os processos, utilizando energia elétrica para conversão em energia útil. Nesse contexto, o ponto em que a energia é convertida em calor determina a classe de aquecimento. Pode-se obter aquecimento aplicando diretamente a eletricidade na forma de um campo eletromagnético ao objeto a ser aquecido (a conversão em calor acontece no interior do elemento-alvo), ou pode-se ter aquecimento indireto usando um meio para transferir calor, de forma que a energia é convertida em calor fora do elemento a ser aquecido (a transferência acontece por meio de convecção, radiação, condução ou da combinação destes). Pode-se também verificar uma mistura dos tipos de aquecimento direto e indireto (aquecimento por arco voltaico).

Existem variadas formas de eletrotermia no mundo. Há uma significativa quantidade de tecnologias e técnicas para aplicação nos processos, entre as quais se destacam: aquecimento resistivo; aquecimento indutivo; aquecimento dielétrico; aquecimento por arco; aquecimento por emissão de plasma; aquecimento por emissão de elétrons; aquecimento por emissão a *laser*.

Existe uma ampla gama de sistemas energéticos que permitem o uso da eletricidade para aquecimento e também várias possibilidades de combinações para responder às necessidades socioculturais, sejam estas residenciais (chuveiros, fornos, água quente etc.), industriais (calor de processo, fundições etc.), ou públicas, entre outras mais específicas. Embora hoje o uso industrial da energia elétrica para aquecimento seja de maior custo do que outras alternativas em geral, e as possibilidades de incrementar a eficiência sejam mínimas, houve momentos, no passado recente, em que se utilizou a eletrotermia como incentivo para utilizar a energia elétrica disponível. Isso aconteceu no Brasil, de 1975 a 1985, em razão de decisões políticas, sendo hoje muito custoso manter sistemas eletrotérmicos, o que faz que a passagem a outros energéticos seja praticamente inevitável.

Refrigeração

A refrigeração é um dos usos finais de importância significativa no mercado de energia elétrica, principalmente em alguns ramos industriais e de serviços, como a indústria alimentícia e de supermercados. Um sistema de refrigeração constitui-se basicamente em um ciclo fechado para um fluido frigorífico, o qual percorre um circuito que passa por um compressor, condensador, válvula de expansão termostática e evaporador. Percorrendo tal circuito, o fluido retira calor do meio (ou ambiente) que se quer resfriar através do evaporador e o transfere ou dissipa ao ambiente exterior através do condensador.

Simplificadamente, isso pode ser explicado da seguinte forma: o compressor aspira os vapores do fluido frigorífico formado no evaporador, elevando a sua pressão e temperatura. Nessa condição, o fluido passa ao condensador (que é apenas um trocador de calor) onde, sob pressão constante, sofre uma transformação de estado, condensando-se com a dissipação de parte de seu calor para o exterior. Isso pode ser feito por resfriamento direto pelo ar externo ou por água. Uma vez liquefeito e em temperatura próxima à do ambiente exterior, o fluido é admitido na válvula de expansão no qual sofre redução brusca de pressão, o que lhe provoca uma queda acentuada de temperatura. Nessa condição, fecha-se o ciclo, sendo o fluido admitido no evaporador, no qual absorve calor do ambiente ou do meio que se deseja resfriar.

No caso do sistema de expansão direta, o evaporador é instalado no ambiente que se deseja resfriar, atuando assim diretamente nele. Já no caso de sistema de condensação à água, a retirada de calor do condensador é feita por meio de um circuito forçado de água, utilizando-se bombas de água e torres de resfriamento. Para aumentar a produtividade nesse sistema, o calor do fluido é retirado do condensador pela água, sendo transferido à atmosfera por meio do arrefecimento da água nas torres de resfriamento.

Um refrigerador é, em geral, um compartimento mantido a baixas temperaturas, por exemplo, para conservação de alimentos. A eletricidade é usada de modo indireto, basicamente por meio de um motor compressor. Encontram-se sobretudo três modelos de equipamentos de refrigeração residencial: refrigeradores (ou geladeiras), congeladores (*freezer*), e geladeira/*freezer* combinados. A geladeira doméstica trabalha entre -6 e 4°C, os congeladores resfriam alimentos a -18°C, e os conservadores somente conservam os já congelados.

Outros usos finais

Os usos finais para energia elétrica, tais como iluminação, força motriz, aquecimento e refrigeração, representam de forma geral a base fundamental de todos os serviços de que o ser humano pode dispor por meio da eletricidade. Há, entretanto, novos tipos de serviços que vêm crescendo em importância.

Um uso final que vem crescendo acentuadamente é o sistema eletrônico de escritório. Esses sistemas, na realidade, têm se disseminado a uma velocidade espantosa e, em virtude da grande flexibilidade e do baixo custo, espalharam-se muito além dos escritórios, fazendo parte, hoje, dos equipamentos básicos de muitas residências, até mesmo porque a tecnologia da informação tem permitido, cada vez mais, a execução de serviços a partir da própria residência de diversos profissionais. Por enquanto, estão sendo colhidos e interpretados dados e informações acerca desses componentes nos diferentes setores de uso de eletricidade. Sabe-se que o uso de energia varia para um mesmo tipo de equipamento. Por exemplo, o microcomputador de mesa usa aproximadamente dez vezes a energia que usa um modelo portátil, ou *laptop*.

As eletrônicas de escritório e residencial ainda não comportam uma definição simples ou amplamente aceita. Parece lógico, entretanto, que os serviços prestados nesse setor sejam considerados em sua variedade, tais como microcomputadores, estações, minicomputadores com terminais, usos periféricos de computadores para armazenamento de dados, comunicação intra e interescritório ou residência. Nesse contexto, este uso final merece uma classificação própria em consequência de suas características específicas e de sua crescente importância para a sociedade moderna.

Do ponto de vista do consumo energético, a importância desses equipamentos se deve muito mais à quantidade. Isso porque o consumo unitário não é tão significativo assim como o de outros equipamentos eletrônicos domésticos, como TVs, dentre outros. Tais equipamentos causam grande preocupação também quanto à qualidade da energia, pois causam distorções que precisam ser corrigidas, por exemplo, por meio de filtros elétricos adequados.

Descrição das áreas de energia elétrica

Geração de energia elétrica e as fontes de energia

A geração (ou produção) de energia elétrica compreende todo o processo de transformação de uma fonte primária de energia em eletricidade, e apresenta uma parte bastante significativa dos impactos ambientais, socioeconômicos e culturais dos sistemas de energia elétrica. Para ilustrar a importância de um desenvolvimento adequado de projetos de geração de energia elétrica, basta verificar a sua significativa participação na produção mundial dos gases estufa.

Os principais processos de transformação que podem conduzir à geração de eletricidade são: transformações de trabalho gerado por energia mecânica, por meio do uso de turbinas hidráulicas (acionadas por quedas d'águas, marés) e cata-ventos (acionados pelo vento); transformação direta da energia solar, como pelo uso de células fotovoltaicas; transformação de trabalho resultante de aplicação de calor gerado pelo sol, por combustão (da energia química), fissão nuclear ou energia geotérmica, pela aplicação de máquinas térmicas; transformação de trabalho resultante de reações químicas, por meio das células a combustível.

Nesse contexto, como já apresentado, as fontes primárias usadas para a produção da energia elétrica podem ser classificadas em não renováveis e renováveis.

Transmissão e distribuição de energia elétrica

A energia elétrica produzida em centrais de geração percorre normalmente um longo caminho até o seu local de uso. Esse percurso envolve os sistemas de transmissão e de distribuição. A necessidade do transporte de energia elétrica ocorre por razões técnicas e econômicas, que variam desde a localização da energia primária até o custo da energia elétrica nos locais de consumo.

As centrais de geração convencionais encontram-se longe dos centros de consumo em virtude de sua própria natureza, como no caso de usinas hidrelétricas que dependem de grandes desníveis em rios, ou do fator de economia de escala, como no caso de usinas termelétricas cujo porte da usina pode implicar a necessidade de localização menos privilegiada em relação à carga.

A energia elétrica gerada nesses aproveitamentos é obtida por geradores elétricos em corrente alternada na frequência nominal da rede elétrica (50 ou 60 Hz). Deve-se lembrar que esses geradores são muito mais robustos e baratos que os de corrente contínua e, por essa razão, é a forma preferencial de geração. Atualmente, outra família de geradores está sendo aprimorada e usada em algumas aplicações. Trata-se dos geradores assíncronos, a partir de máquinas de indução. Entretanto, a grande maioria dos geradores em uso é de máquina síncrona e a tensão nominal de geração varia dependendo do porte da máquina, desde algumas centenas de volts até 20 ou 25 kV.

Transportar grandes quantidades de energia nesse reduzido nível de tensão não é econômico à luz da atual tecnologia, pois a necessidade de se reduzir as perdas de potência elétrica inerentes ao processo de transmissão implicará a necessidade de condutores com bitolas inimagináveis. Por esse motivo, junto às usinas, subestações elevadoras transformam a energia para o nível de tensão adequado, que é função do montante de potência a transportar e da distância envolvida. Próximos dos locais de consumo, subestações transformadoras rebaixam o nível de tensão.

São tensões típicas de transmissão no Brasil os níveis em alta tensão (AT) 138 kV e 230 kV, e em extra-alta tensão (EAT) 345 kV, 440 kV, 500 kV, 765 kV e 800 kV. Há estudos para o uso dos níveis em ultra-alta tensão (UAT) 1.000 kV e 1.200 kV.

Em outros países, e de modo particular na Europa, foram normalizados valores de tensão nominal diferentes daqueles usados no Brasil, porém com níveis de tensão similares e executando as mesmas funções das descritas acima.

Antes de ser consumida, a energia elétrica passa por mais um estágio, isto é, a distribuição. Subestações de distribuição reduzem a tensão do nível de repartição para que a energia possa chegar próximo às casas para permitir o seu uso. As tensões de distribuição são de 3 a 25 kV na rede primária e de 110 a 380 V na rede secundária.

A Figura 3.28 ilustra o que foi dito, considerando duas centrais de geração (X e Y), duas grandes macrorregiões de consumo (M e N) e quatro cidades pertencentes à macrorregião N.

Nessa figura, está ilustrada ainda outra função da transmissão de energia que é a de interconexão de sistemas independentes. A função interconexão é

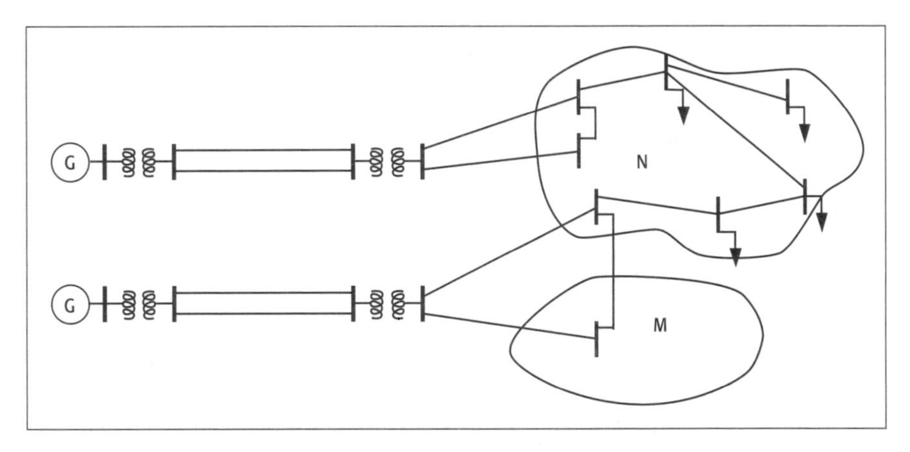

Figura 3.28 – Sistema ilustrativo do transporte de energia.

executada por linhas de transmissão que não almejam suprir diretamente a carga, mas interligar duas regiões visando ao aumento de confiabilidade elétrica e energética ou melhorias ao desempenho operacional.

Em resumo, são quatro as funções dos sistemas de transporte de energia:

- Transmissão: interligação da geração aos centros de carga.
- Interconexão: interligação entre sistemas independentes.
- Distribuição: rede que interliga a transmissão aos pontos de consumo.

As áreas de transmissão e distribuição apresentam características bem específicas que fazem com que seu tratamento seja diferenciado, até mesmo com criação de sistemas de gestão separados dentro de uma mesma empresa.

De forma geral, pode-se caracterizar os sistemas de transmissão por:

- Altos níveis de tensão (acima de 69 kV).
- Manejo de grandes blocos de energia.
- Distâncias de transporte razoáveis (normalmente acima de 100 km no caso do Brasil).
- Sistema com várias malhas, interligando blocos de geração (usinas) a regiões de consumo de grande porte (carga agregada) nos finais ou em pontos bem determinados das linhas.

Os sistemas de distribuição, por sua vez, apresentam:

- Baixos níveis de tensão (abaixo de 34,5 kV).
- Manejo de menores blocos de energia.
- Menores distâncias de transporte.
- Sistema predominantemente radial em condições normais, podendo haver malhas para atendimento em emergência, em que cada ramal alimenta um grande número de cargas.

Transmissão e interligações

A operação interligada traz grandes vantagens ao dimensionamento de sistemas de transmissão. Permite o uso mais otimizado das fontes de geração, com consequente redução do custo, aumenta a flexibilidade operativa e a confiabilidade de suprimento, e reduz o porte de dimensionamento do sistema, pois se tira vantagem da grande diversidade do uso da energia elétrica nos diversos segmentos de consumo. Por essa razão, os sistemas de transmissão começaram a se interligar há muitas décadas atrás e hoje são poucas as regiões desenvolvidas que não fazem parte de sistemas regionais nacionais, ou mesmo transnacionais, que operam interligados.

No Brasil, há dois grandes sistemas interligados: um na região N/NE, e outro nas regiões CO/S/SE. Esses dois sistemas são ligados por meio da interligação Norte-Sul. A Figura 3.29 ilustra o sistema interligado brasileiro.

A principal desvantagem da interligação de diferentes sistemas é a necessidade de uma operação segura do ponto de vista da estabilidade entre geradores, ou seja, um distúrbio em um local pode provocar o desligamento de outros geradores em locais mais distantes (um efeito dominó), agravando substancialmente o defeito. Isso pode e deve ser evitado por meio de um dimensionamen-

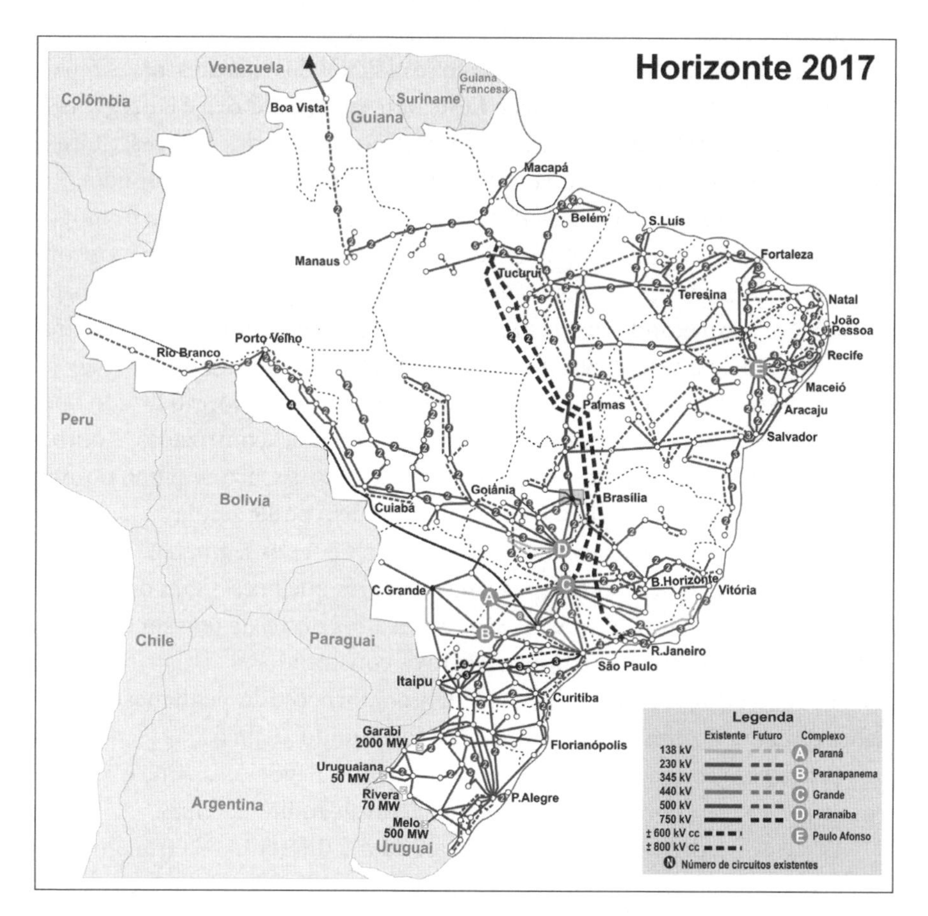

Figura 3.29 – Interligação dos grandes sistemas elétricos brasileiros.
Fonte: ONS (2018).

to adequado do sistema para defeitos frequentes, e de melhoria do sistema de proteção com a adoção de proteções que isolem a área defeituosa.

Outra possível desvantagem de uma forte interligação é o aumento dos níveis de corrente de curto-circuito, o que ocasiona a necessidade de equipamentos mais dispendiosos nas subestações. O aumento dos níveis de curto-circuito, por outro lado, também ocasiona efeitos vantajosos, como a melhoria do desempenho do sistema ante perturbações do tipo de correntes harmônicas, variações da tensão por causa das manobras de cargas ou de equipamentos elétricos etc.

Distribuição de energia elétrica

A energia elétrica é insumo da maior importância em todos os segmentos da sociedade moderna, desde atividades industriais de grande porte, como complexos siderúrgicos, até no apoio aos hábitos cotidianos dos cidadãos mais simples, por meio da iluminação residencial. Distribuir energia elétrica é entregar esse produto a todos os locais de consumo (indústrias, lojas, residências, escritórios, fazendas etc.) no montante e no nível de tensão desejados pelo consumidor.

A distribuição de energia elétrica é vista, usualmente, como um monopólio natural, ou seja, a exploração do serviço de distribuição aos pequenos consumidores de uma mesma região por mais de uma empresa não é economicamente viável, provocando sua realização por apenas uma empresa. Como outros serviços públicos, a distribuição de energia elétrica é direito do cidadão e é dever do Estado zelar por esse direito. Há casos em que o próprio Estado operacionaliza a distribuição por meio de empresas por ele controladas, e outros em que o Estado concede a terceiros a exploração desse serviço, segundo normas e procedimentos regulamentados e fiscalizados pelo poder público.

Conforme foi visto, há tecnologias diferentes para os segmentos de transmissão e de distribuição aos tantos consumidores que necessitam de energia. Por exemplo, enquanto a transmissão utiliza altos níveis de tensões e entrega grandes blocos de energia a poucos centros consumidores, a distribuição se faz por reduzidos valores de níveis de tensão, fornecendo pequenas quantidades de energia a um grande número de consumidores finais. As tecnologias e os processos são tão diferentes que caracterizam negócios distintos, exercidos, muitas vezes, por empresas de características muito diversas.

A natureza das obras e das redes também é diferente. Na transmissão, um pequeno número de obras consome um grande volume de recursos. O planejamento da distribuição, por sua vez, trata de um numeroso conjunto de obras de pequeno e médio porte que são necessárias para que os padrões do produto fornecido sejam adequados aos milhares pontos de consumo.

Cabe às empresas de distribuição de energia elétrica a função de comprar grandes blocos de energia das supridoras, ajustar o nível de tensão a patamares próprios para o consumo de sua clientela (normalmente formada por milhares de consumidores), manter a rede de distribuição e as instalações técnicas operando adequadamente, e prestar serviço de atendimento técnico-comercial aos seus clientes.

O sistema de distribuição de energia elétrica é uma estrutura dinâmica constituída por linhas, subestações, redes de média e baixa tensão, que busca suprir as cargas, atendendo a requisitos técnicos e de qualidade no âmbito de um ambiente socioeconômico que lhe afeta e é por ele influenciado.

O relacionamento da empresa com o consumidor e com o mercado caracteriza os condicionantes que determinam como a empresa deve se comportar tecnicamente, tanto no que diz respeito aos investimentos na expansão, quanto ao atendimento dos atuais consumidores. A função *comercialização* trata da venda do produto ao consumidor, do atendimento técnico comercial (novas ligações, orientações quanto ao uso da energia elétrica) e da prospecção e projeção de mercado.

As várias modalidades de uso final da energia elétrica caracterizam diversos tipos de consumidores atendidos:

- Residenciais.
- Comerciais.
- Industriais.
- Iluminação pública.
- Poderes e serviços públicos.
- Rural.

Energia para um Desenvolvimento Sustentável

4

INTRODUÇÃO

Conforme apontado nos capítulos anteriores, a questão energética tem um significado bastante relevante no contexto da questão ambiental e da busca do desenvolvimento sustentável, e tem influenciado muito as discussões sobre mudanças de paradigma no desenvolvimento humano. O acompanhamento do processo de sustentabilidade deve incluir as diversas dimensões da questão: sociais, políticas, ambientais, tecnológicas e econômicas.

Neste contexto, deve ser ressaltada a importância das metodologias embasadas no uso de indicadores para a medição do grau de desenvolvimento de uma sociedade e da sustentabilidade de seus sistemas produtivos: indicadores que, monitorando variáveis e dados associados aos referidos sistemas, buscam captar a dinâmica do processo evolutivo e permitir a verificação do progresso alcançado ou a correção de rumos para obtenção do progresso desejado, tanto no presente como para as gerações futuras.

Além disso, na orientação da energia para um desenvolvimento sustentável, podem ser ressaltados os seguintes aspectos dentre aqueles abordados nos capítulos anteriores:

- Com maior impacto tecnológico e econômico: o suprimento eficiente de energia é considerado uma das condições básicas para o desenvolvimento econômico, fazendo parte, com outros setores de infraestrutura, como o transporte, as telecomunicações, e águas e saneamento, da agenda estratégica de todo e qualquer país.

- Com maior impacto ambiental e econômico: vários desastres ecológicos e humanos das últimas décadas têm relação íntima com o suprimento de energia.
- Com maior impacto social, político e econômico: o motivo relacionado com a equidade, que, no âmbito energético, pode ser traduzida em universalização do acesso à energia e do atendimento das necessidades básicas da população. Com relação à universalização do atendimento, surgem números que, a nosso ver, são verdadeiros argumentos contra a decantada inteligência da raça humana: em 2000, havia uma estimativa de que cerca de um terço da população terrestre, ou seja, 2 bilhões de pessoas, não tinha acesso à energia elétrica. E a meta, apresentada no World Energy Council (WEC), era de tentar atender, até 2010, pelo menos 1 bilhão dessas pessoas – restaria ainda 1 bilhão, se a população não crescesse. Além da universalização, é preciso fornecer, a cada cidadão, o mínimo necessário para atender às necessidades básicas para uma vida digna. O problema, então, passa a ser muito maior do que proporcionar o acesso à eletricidade: envolve questões associadas a grandes temas globais e regionais, tais como maior cooperação e melhor distribuição de renda.

Tais questões, fundamentais para o estabelecimento de estratégias voltadas a orientar o setor energético como um todo para a sustentabilidade, são enfocadas neste capítulo, que também estabelece uma base para o próximo, no qual são tratadas de forma específica as questões relacionadas, contendo os seguintes tópicos:

- Indicadores Energéticos e Desenvolvimento Sustentável.
- Recursos Naturais, Tecnologias Renováveis e a Produção de energia.
- Eficiência Energética e Conservação de Energia.

INDICADORES ENERGÉTICOS E DESENVOLVIMENTO SUSTENTÁVEL

A determinação de indicadores energéticos no contexto do desenvolvimento sustentável, devido à complexidade das dimensões e dinâmicas envolvidas, requer que sejam consideradas, no mínimo, a evolução histórica, a situação atual e uma extrapolação que verifique possibilidades futuras para que se possa analisar o grau de sustentabilidade de toda a estratégia de desenvolvimento.

Muitas novas metodologias estão sendo constantemente desenvolvidas a fim de captar de forma simplificada e em índices agregados as mudanças na situação de desenvolvimento de países individuais e de todo o mundo. Nem sempre essas novas metodologias estão amplamente disponíveis para serem usadas de forma simples, como outras metodologias mais tradicionais, já estabelecidas e aceitas como indicadores do desenvolvimento. Assim, o que se propõe neste tópico é apresentar alguns indicadores de desenvolvimento, especificamente ligados à questão energética, que possam mostrar, de forma simplificada, o estado de determinado país em relação à sustentabilidade energética, e dessa forma orientar políticas de investimentos nessa área.

Os indicadores apresentados buscam avaliar as condições de sustentabilidade, dando uma indicação de ordens de grandeza do estado de sustentabilidade. Eles podem, assim, ser considerados ferramentas úteis para a implementação dos objetivos na ótica do desenvolvimento sustentável, sendo ainda importantes referências no processo decisório.

Para maior aprofundamento, se desejado, os autores sugerem a vasta literatura e bibliografia existente sobre o assunto, tanto na forma de trabalhos acadêmicos e livros, quanto na forma digital em inúmeros sites confiáveis direcionados à sustentabilidade e energia.

A PIRÂMIDE DOS INDICADORES ENERGÉTICOS

Os indicadores energéticos relacionam o consumo de energia com outras variáveis importantes de um processo ou sistema, podendo ser usados para monitorar e avaliar a evolução do processo ou sistema, o qual se relaciona com a variável considerada e com o consumo energético. Eles podem também ser usados para construir amplas agregações, como no caso de indicadores agregados usados para indicar a perspectiva global da evolução das diversas categorias energéticas. Eles mostram, por exemplo, uma importante mudança nas décadas de 1970 e 1980 do uso direto de combustíveis fósseis para eletricidade e o consequente desenvolvimento de uma relação forte entre o crescimento do PIB e o consumo de eletricidade. Eles também revelam como as duas crises do petróleo afetaram o uso de combustíveis fósseis por meio dos efeitos no preço, que resultaram em uma maior economia de combustível.

Os indicadores podem ainda ser classificados como *descritivos*, quando mostram o uso da energia e suas transformações por setor e, em um nível mais detalhado, por subsetores, e *estruturais* quando mostram de que forma as atividades ou produtos, como produção de aço, veículos automotivos ou aquecimento doméstico, se relacionam com o uso da energia.

O diagrama de pirâmide, apresentado na Figura 4.1, mostra esquematicamente como dados mais detalhados e indicadores podem ser combinados. A base da pirâmide representa a extrema desagregação, enquanto o topo mostra um resultado agregado.

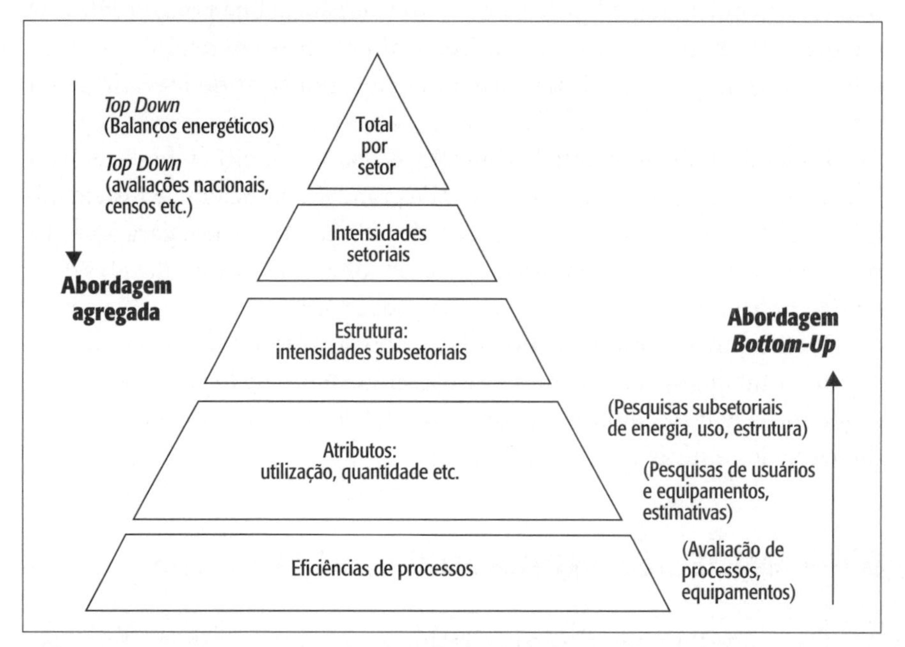

Figura 4.1 – Pirâmide de indicadores energéticos.
Fonte: OECD/IEA (1997).

A pirâmide retrata, dessa forma, uma hierarquia de indicadores energéticos. Também mostra a abordagem *bottom-up* (de baixo para cima), que constrói os indicadores agregados, e a abordagem *top-down* (de cima para baixo), que a partir dos agregados chega à desagregação.

A pirâmide pode representar diferentes conjuntos de rótulos para cada tarefa. O elemento superior, por exemplo, poderia representar a razão entre uso de energia e PIB. O segundo nível de elementos poderia conter a intensidade energética de cada macrossetor. O terceiro nível poderia ter os subsetores ou usos finais que compõem cada setor, enquanto o nível mais inferior – que não é necessariamente o nível final – poderia dispor de mais detalhes.

Obviamente, cada posição descendente na pirâmide requer mais dados e análises mais complexas para reagregar, subindo para um nível mais alto.

INDICADORES DE SUSTENTABILIDADE ENERGÉTICA

Sabemos que promover um maior acesso aos serviços energéticos é essencial para o desenvolvimento sustentável. Também sabemos que há uma necessidade de reduzir dramaticamente os impactos ambientais decorrentes do consumo de energia, tanto em nível local como global. Sabe-se ainda que países altamente dependentes de importação e exportação de energia são vulneráveis a choques externos, e reduzir essa dependência ajudará o desenvolvimento do país, em particular. Isso mostra a íntima relação existente entre a energia e o desenvolvimento sustentável, o que nos permite estabelecer indicadores que possam fornecer subsídios para políticas voltadas ao desenvolvimento energético desse país.

A questão, no entanto, é como escolher um conjunto de indicadores que seja suficientemente preciso na avaliação do progresso no setor energético e também acessível a uma ampla gama de investidores, além de ser baseado em dados relativamente fáceis de se obter.

Se os indicadores precisarem de pesquisas aprofundadas, então não será possível aplicá-los de forma fácil. Por outro lado, se eles não representarem as dimensões-chave do desenvolvimento sustentável, então eles não serão uma ferramenta útil para as políticas públicas, por exemplo. Similarmente, oferecer muitos indicadores torna o processo confuso para os tomadores de decisão, enquanto poucos indicadores simplificariam de forma irreal a natureza complexa do desenvolvimento sustentável.

No Anexo 3 é apresentada uma lista de indicadores apontados pela Commission on Sustainable Development (CSD), incluindo o aspecto social, econômico, ambiental e institucional. No entanto, esses indicadores são muito úteis para que as nações avaliem todos os aspectos da sociedade e economia, mas são muito numerosos para que avaliem um setor, especificamente.

Assim, o Quadro 4.1, a seguir, expõe um conjunto de oito indicadores, dois para cada uma das quatro dimensões – meio ambiente, sociedade, economia e tecnologia – que foram desenvolvidos por um grupo internacional de especialistas na área energética denominado Helio International, rede não governamental com sede em Paris e fundada em 1997.

Quadro 4.1 – Indicadores de sustentabilidade energética e valores vetores

Dimensão	Indicador	Alvo de sustentabilidade (vetor = 0)	Referência para insustentabilidade (vetor = 1)
Ambiental	1. *Impactos globais:* emissões *per capita* de carbono no setor energético 2. *Impactos locais:* nível dos poluentes locais mais significantes relacionados à energia	70% de redução em relação a 1990: 339 kgC/ *per capita* 10% do valor de 1990	Média global em 1990: 1.130 kgC/ *per capita* Nível de poluentes em 1990
Social	3. *Domicílios com acesso à eletricidade:* percentual de domicílios com acesso à eletricidade 4. *Investimento em energia limpa, como um incentivo à criação de empregos:* investimento em energia renovável e eficiência energética em usos finais, como percentual do total de investimentos no setor energético	100% 95%	0% Nível de 1990
Econômica	5. *Exposição a impactos externos: exportação* – de energia não renovável como um percentual do valor total de exportação. *Importação* – de energia não renovável como um percentual da oferta total primária de energia 6. *Carga de investimentos em energia no setor público:* investimento público em energia não renovável como percentual do PIB	Exportações: 0% Importações: 0% 0%	Exportações: 100% Importações: 100% 10%

(continua)

Quadro 4.1 – Indicadores de sustentabilidade energética e valores vetores (*continuação*)

Dimensão	Indicador	Alvo de sustentabilidade (vetor = 0)	Referência para insustentabilidade (vetor = 1)
Tecnológica	*7. Intensidade energética:* consumo de energia primária por unidade de PIB	10% do valor de 1990: 1,06 MJ/US$	Média global de 1990: 10,64 MJ/US$
	8. Participação de fontes renováveis na oferta primária de energia: oferta de energia renovável como um percentual da oferta total primária de energia	95%	Média global de 1990: 8,64%

Fonte: Helio International (2000).

Para cada um dos indicadores é apresentado um vetor para o qual o valor 1 indica uma medida do *status quo*, seja como uma média global ou dados históricos nacionais. O valor "0" indica o alvo de sustentabilidade.

Em outras palavras, uma vez que os indicadores básicos (como uso de energia por unidade de PIB) são normalizados, eles servem de parâmetro para avaliar como um país está em relação às diferentes metas de sustentabilidade. Progressos na direção da sustentabilidade também podem ser comparados não somente dentro de cada país, mas também entre diversos países. Os indicadores ambientais são claros e permitem que cada país escolha o que se acredita ser o problema ambiental local mais importante relacionado à energia.

No entanto, os indicadores sociais são mais desafiadores. Idealmente, a sustentabilidade na área social deveria considerar questões tais como acesso à energia "disponível" (não só eletricidade) e diminuição da pobreza, que são as questões sociais mais importantes para a maioria dos países em desenvolvimento. Seria preciso medir a parcela da população com acesso, por exemplo, ao gás natural e ao gás liquefeito do petróleo, à eletricidade, à biomassa etc. Todavia, isso torna o levantamento difícil, sendo esse o motivo de se limitar o indicador pelo acesso somente à eletricidade.

Outra questão social importante é a criação de empregos. Um número crescente de pesquisas em todo o mundo tem mostrado que os investimentos em energia renovável e eficiência energética podem estimular mais a criação de empregos que investimentos em outras formas de energia.

Na área econômica, há os indicadores dados pelo impacto das importações/exportações de energia e a orientação de investimentos públicos nessa área.

Por fim, os indicadores de dimensão tecnológica são a intensidade energética que mede a eficiência energética geral da economia, e o uso de energia renovável dado pela parcela de oferta primária de energia que vem de energia renovável.

O conjunto dos oito indicadores pode ser representado por um diagrama de radar, tal como na Figura 4.2, na qual os indicadores representam os pontos do radar. Uma vez que o valor 0 está no centro do radar, quanto menor a área deste, mais sustentável será o sistema energético em questão.

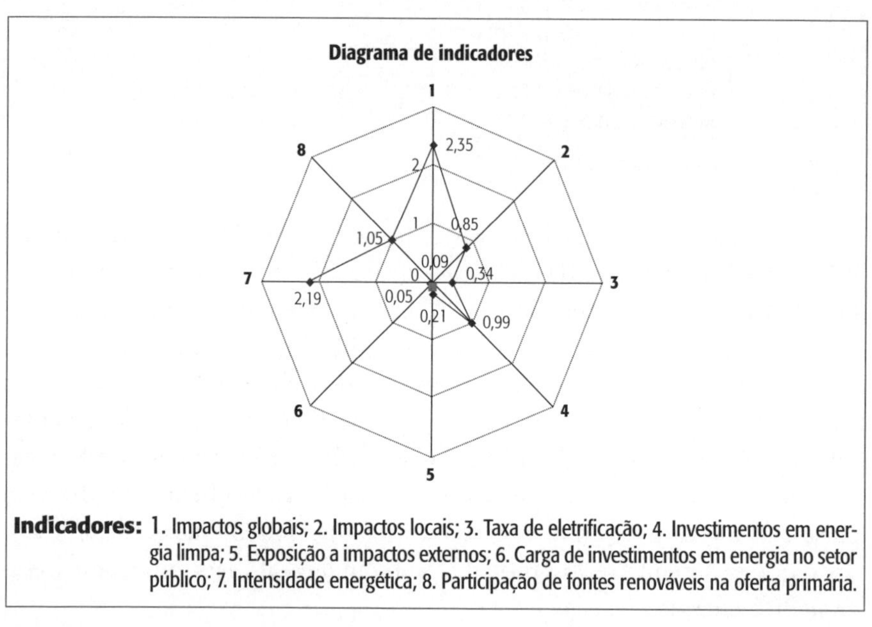

Figura 4.2 – Representação da situação de um certo país.

A Figura 4.2 pode ser, por exemplo, uma tentativa de apresentar a situação de um país em um dado momento, utilizando alguns indicadores básicos. As quatro dimensões – social, ambiental, econômica e tecnológica – são captadas por dois indicadores cada. Os valores apresentados nos eixos, para o país em questão, são obtidos adotando como referência um indicador de um país desenvolvido ou um indicador médio mundial.

Nesse caso, quanto menores os valores dos indicadores, maior é o nível de desenvolvimento alcançado. Além disso, é necessário comparar essa situação com condições passadas e com cenários futuros para que, no final, se tenha um quadro do processo de desenvolvimento do país e da eventual necessidade de reorientá-lo.

RECURSOS NATURAIS, TECNOLOGIAS RENOVÁVEIS E PRODUÇÃO DE ENERGIA

Conforme apresentado anteriormente, uma ação importante a ser tomada com vistas à implementação de um modelo sustentável de desenvolvimento é o aumento do uso das fontes renováveis de energia. Para um melhor entendimento dessa questão, apresenta-se a seguir uma visão geral do uso das fontes renováveis para a produção de energia, com ênfase no Brasil, de forma coerente com os objetivos deste capítulo.

A Figura 4.3 apresenta as fontes básicas de energia no planeta, de acordo com suas relações no sistema solar e com o impacto do tempo.

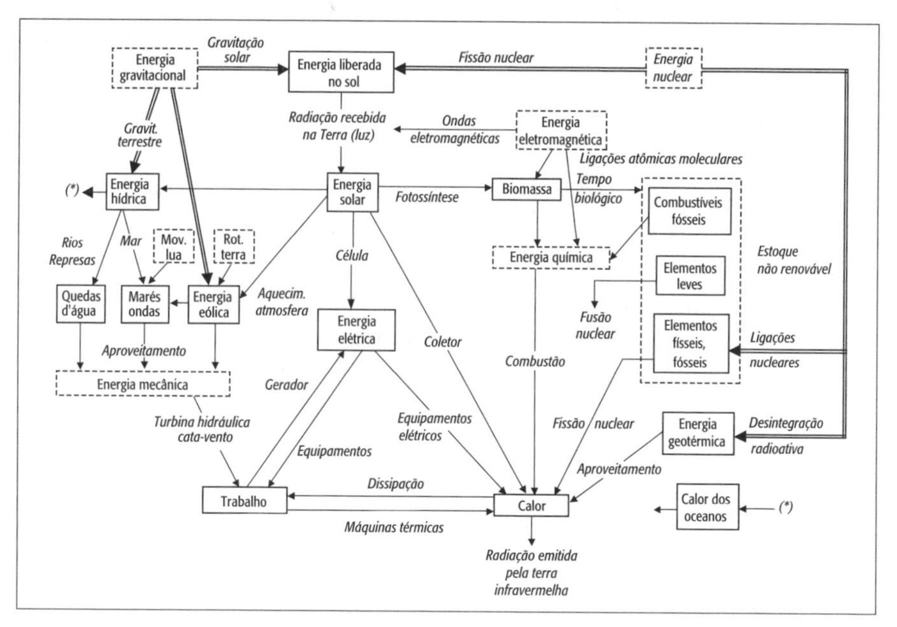

Figura 4.3 – Fontes de energia – origens.
(*) A energia do calor dos oceanos é uma forma de energia hídrica.
Fonte: Reis (2011).

As fontes primárias usadas para a produção da energia podem ser classificadas em não renováveis e renováveis. São consideradas fontes não renováveis aquelas passíveis de se esgotarem por serem utilizadas com velocidade bem maior que os milhares de anos necessários para sua formação. Nessa categoria, estão os derivados de petróleo, o carvão mineral, os combustíveis radioativos (urânio, tório, plutônio etc.), a energia geotérmica e o gás natural. Atualmente, a utilização dessas fontes para produzir energia pode se dar por meio de uma única transformação da fonte primária em algum tipo de energia – como a térmica, por exemplo – por meio de combustão, fissão ou processos geotérmicos. De outra maneira, pode-se dar por meio de uma cadeia de transformações, como é o caso da eletricidade produzida por geração termelétrica, obtida pela transformação da energia térmica do exemplo anterior em energia mecânica e, depois, em energia elétrica.

No caso do Brasil, a maior utilização das fontes não renováveis se dá no setor de transportes, fortemente baseado na utilização dos derivados de petróleo, embora o país apresente a experiência precursora e bem-sucedida de utilização do álcool – fonte renovável a partir da cana-de-açúcar (biomassa). O setor industrial também apresenta uma razoável utilização de fontes não renováveis.

Na geração de eletricidade essas fontes ainda possuem uma expressiva participação (19%) através de derivados de petróleo, carvão mineral e urânio. O setor industrial também apresenta uma razoável utilização de fontes não renováveis.

Fontes renováveis são aquelas cuja reposição pela natureza é bem mais rápida do que sua utilização energética – como águas de rios, marés, sol, ventos – ou cujo manejo pelo homem pode ser efetuado de forma compatível com as necessidades de sua utilização energética – como a biomassa: cana-de-açúcar, florestas energéticas, resíduos animais, humanos e industriais. A maioria dessas fontes apresenta características estatísticas e estocásticas, de certa forma cíclicas, em períodos compatíveis com a operação das usinas elétricas e inferiores à sua vida útil. Tais fontes podem ser usadas para produzir eletricidade principalmente por meio de usinas hidrelétricas (água), eólicas (vento), sistemas solares fotovoltaicos (sol, diretamente) e também centrais termelétricas (sol, indiretamente, gerando vapor e biomassa renovável).

No caso do Brasil, o etanol da cana-de-açúcar é bastante usado no setor de transporte, viabilizado por uma experiência precursora e bem-sucedida de utilização do álcool. Por outro lado, a grande fonte de energia elétrica no início do século XXI, no Brasil, é a geração hidrelétrica, o que deve ainda perdurar por um longo tempo graças ao grande potencial ainda disponível. No entanto, é preciso ter precaução quando se reflete acerca dos diferentes números apresentados para esse potencial, uma vez que eles não consideram o efeito da legislação ambiental sobre os projetos potenciais.

Por meio da geração termelétrica o bagaço da cana possui uma participação elevada na matriz elétrica, sendo esse recurso usado em sistemas de cogeração de energia.

Projetos de cogeração, usando bagaço da cana pelo setor sucroalcooleiro no estado de São Paulo, têm colaborado para o aumento da participação das termelétricas.

Nos próximos itens é feita uma descrição de cada tipo de fonte renovável e apresentada sua importância na matriz energética brasileira.

ENERGIA HIDRELÉTRICA RENOVÁVEL

O ser humano descobriu, desde épocas imemoriais, que a força da água resultante de um desnível do terreno por onde ela passa produz uma energia capaz de realizar trabalho, e que esse trabalho tanto pode ser destrutivo como construtivo. Assim, desde a construção dos equipamentos mais simples, como o monjolo e a roda d'água, até a tecnologia atual de grandes turbinas hidráulicas, o homem aprendeu a dominar a força da água e usá-la em seu benefício.

Hoje em dia, a grande potência gerada por uma turbina hidráulica é capaz de abastecer a iluminação e o consumo de cidades inteiras.

E sua conceituação mais básica, a energia hidrelétrica resulta da transformação de energia hidráulica (potencial e cinética) em mecânica e de mecânica em elétrica. A turbina hidráulica tranforma a energia hidráulica em mecânica. O gerador elétrico tem seu rotor acionado por acoplamento mecânico com a turbina e transforma a energia mecânica em elétrica.

O valor da vazão de água turbinada e suas características ao longo do tempo estão relacionados com o regime fluvial do rio onde se localiza a usina, o tipo de aproveitamento e com o cenário que considere as outras formas de utilização da água.

As centrais hidrelétricas podem utilizar apenas a vazão mantida pelo rio a maior parte do tempo ou vazão resultante de regularização por meio dos reservatórios. Podemos classificar as centrais hidrelétricas em três tipos:

- Centrais a fio d'água: são aquelas que não têm reservatórios de acumulação ou cujo reservatório tem capacidade de acumulação insuficiente para que a vazão disponível para as turbinas seja muito diferente da vazão estabelecida pelo regime fluvial.
- Centrais com reservatório: são centrais que efetuam a regularização da vazão, por meio do armazenamento de água em reservatórios. Com isso é possível contar com uma vazão firme, maior que a mínima natural do rio.

- Centrais reversíveis: são usadas para gerar energia para satisfazer a carga máxima, porém, durante as horas de demanda reduzida, a água é bombeada de um represamento do canal de fuga para um reservatório a montante para posterior utilização.

As primeiras centrais hidrelétricas do mundo foram construídas como aproveitamentos de quedas naturais já existentes nos cursos de água dos rios onde foram instaladas. No Brasil, o primeiro aproveitamento hidrelétrico para atendimento público, considerado também a primeira central elétrica da América do Sul, denominada Marmelos, foi construída no ano de 1889 para atendimento da cidade de Juiz de Fora, com a potência de 250 kW. Nessa época, a geração de energia elétrica tinha basicamente o objetivo de suprir iluminação residencial e pública. A energia elétrica para acionamento de motores ocorreu mais tarde, com o avanço tecnológico.

No Brasil, o conceito de usina hidrelétrica (UHE) compreende usinas geradoras de energia com mais de 30 MW de potência instalada. Usinas com potência entre 1 MW e 30 MW são consideradas Pequenas Centrais Hidrelétricas (PCH), usinas com potência inferior a 75 kW são chamadas de microcentrais hidrelétricas, usinas com potência entre 75 kW e 1000 kW são chamadas minicentrais hidrelétricas. Usinas com potência acima de 30 MW são chamadas grandes centrais hidrelétricas.

Conhecer essa classificação é importante uma vez que leis e regulamentações existentes, estabelecidas tanto pela Agência Nacional de Energia Elétrica (Aneel) como pelos orgãos e entidades ambientais, seguem essa divisão de acordo com a potência instalada.

Brasil, Canadá, Rússia e China são os países com maior número de usinas hidrelétricas. As maiores usinas do mundo encontram-se nesses países, na Venezuela e nos EUA. No Brasil, a maior usina existente é a Itaipu (metade pertence ao Paraguai), com a potência total instalada de 14 GW, considera também a maior da América do Sul. A Tabela 4.1 apresenta algumas das maiores usinas hidrelétricas do mundo atualmente.

Tabela 4.1 – Maiores usinas hidrelétricas do mundo

Usina	Potência (MW)	País
Três Gargantas	18.400	China
Itaipu	14.000	Brasil/Paraguai
Belo Monte	11.233	Brasil

(continua)

Tabela 4.1 – Maiores usinas hidrelétricas do mundo (*continuação*)

Usina	Potência (MW)	País
Simon Bolivar	10.055	Venezuela
Tucuruí	8.535	Brasil
Sayano Susheskaya	6.500	Rússia
Grand Coulee	6.495	EUA
Longtan	6.426	China
Krasnoyarsk	6.000	Rússia
Churchill Falls	5.429	Canadá
Bourassa	5.328	Canadá

Fonte: adaptada de Philippi Jr e Reis (2016).

Em virtude da dimensão do seu território e potencial hídrico, o Brasil tem a maior parte de sua energia elétrica gerada por esse tipo de aproveitamento (atualmente um pouco mais de 60%). Em 2007, a energia hidrelétrica compreendia mais de 90% da energia elétrica produzida no país.

A maior parte dessa energia hidrelétrica no Brasil resultou de um processo de desenvolvimento embasado na construção de grandes usinas. Com relação apenas aos aspectos econômicos, houve um grande esforço de capitalização, que resultou em custos mais baixos de energia. Em meados da década de 1990, cerca de 15% da dívida externa do país relacionava-se a essas obras, entre as quais muitas apresentavam custos unitários na faixa de 1.000 a 1.500 US$/kW, para capacidade, e de 20 a 30 mills/kWh (que equivalem, respectivamente, a 20 e a 30 US$/MWh), para energia.

Esses custos atrativos – mesmo com a inclusão da transmissão – e a priorização inadequada para a avaliação dos impactos ambientais e sociais dos projetos nos estudos de planejamento e nas decisões do setor elétrico resultaram não só na atenuação dos esforços para implantação de usinas de menor porte, como as PCHs, atualmente consideradas até 30 MW, e micro/miniusinas, como também na desativação de diversos projetos dessa grandeza.

Atualmente, esforços têm sido dirigidos para incentivar a execução de usinas menores e locais, e mesmo para recapacitar centrais desativadas. Tais esforços estão em consonância com as modificações estruturais ocorridas na área de energia elétrica no Brasil: descentralização, privatização, aumento da confiabilidade, menores impactos socioambientais, técnicas modernas para diminuição de custos. Por meio do Programa de Incentivo às Fontes Alternativas de Energia Elétrica (Proinfa), incentivou-se a introdução de novas PCHs no sistema brasileiro. As grandes usinas, por sua vez, passaram a sofrer concorrência das termelétricas. Além disso, com exceção das centrais hidrelétricas já iniciadas e que, de uma forma ou de outra, serão terminadas, investimentos em novas centrais de grande porte dependerão da atratividade econômica aos novos atores no cenário do setor elétrico e, cada vez mais, dos aspectos ambientais. Isso não significa que a execução de grandes usinas venha a ser abandonada, uma vez que ainda existem aproveitamentos atrativos, por exemplo, na região amazônica; até mesmo as previsões mais pessimistas de crescimento de carga indicam a impossibilidade de seu atendimento apenas com pequenas centrais ou outras formas de geração – mesmo levando em conta o sucesso total do esforço de conservação de energia. A previsão é de que, no entanto, por causa do maior cuidado com os impactos socioambientais, esses aproveitamentos resultarão em um montante bem menor que o planejado anteriormente.

Do ponto de vista das hidrelétricas, é importante citar também as usinas reversíveis, com muitas perspectivas de aplicação (Serra do Mar) e grande influência nas características de carga do sistema. Outra possibilidade, embora ainda se encontre em fase de pré-aplicação, é a do desenvolvimento bastante promissor de usinas hidrelétricas para operação com rotação ajustável, viabilizada pela eletrônica de potência.

A Tabela 4.2, montada com base nas informações da Aneel (2018), mostra a situação das usinas hidrelétricas no Brasil em termos de potência instalada. Do total instalado de geração elétrica no Brasil, a geração de origem hidráulica participa com 63,86% atualmente.

Tabela 4.2 – Capacidade da geração de origem hidráulica no Brasil (kW)

Empreendimentos em operação		
Tipo	Potência outorgada (kW)	%
CGH	670.583	0,42
PCH	5.103.118	3,17
UHE	101.897.047	60,27
Total	107.670.748	63,86

Fonte: Aneel (2018).

Legenda: CGH: central geradora hidrelétrica; PCH: pequena central hidrelétrica; UHE: usina hidrelétrica.

A Tabela 4.3 apresenta as dez maiores usinas hidrelétricas do Brasil.

Tabela 4.3 – Maiores usinas hidrelétricas do Brasil

Nome	Potência (kW)
Belo Monte	11.233.100
Tucuruí	8.535.000
Itaipu (Brasil)	7.000.000
Jirau	3.750.000
Santo Antonio	3.568.000
Ilha Solteira	3.444.000
Xingó	3.162.000
Paulo Afonso IV	2.462.000
Itumbiara	2.082.000

Fonte: Aneel (2018).

GERAÇÃO TERMELÉTRICA A PARTIR DA BIOMASSA

O conceito de biomassa inclui toda a matéria de origem vegetal existente na natureza ou gerada pelo homem e/ou animais: resíduos urbanos, rurais (agrícolas e de pecuária), agroindustriais, óleos vegetais, combustíveis produzidos a partir de produtos agrícolas e vários outros exemplos.

A bioenergia corresponde à energia produzida a partir da biomassa, assim como os biocombustíveis. Isso inclui o álcool combustível, produzido a partir da cana-de-açúcar e usado como combustível nos automóveis; os resíduos do processamento da cana e de outros produtos agrícolas que são usados para geração de energia nas indústrias; o carvão vegetal, produzido a partir de madeira de resflorestamento, que é usado como matéria-prima na indústria siderúrgica brasileira, entre outros.

É importante notar que, neste caso, trata-se da biomassa produzida de forma sustentável, sem desmatamento, ao contrário da biomassa tradicional, que é proveniente de desmatamento e usada de forma extremamente ineficiente.

As tecnologias tradicionais de uso da biomassa são aquelas de combustão direta (e ineficiente) da madeira, lenha, carvão vegetal, resíduos agrícolas, resíduos de animais e urbanos, com impactos extremamente negativos na saúde. Há também as chamadas tecnologias "aperfeiçoadas" de uso da biomassa, incluindo as tecnologias mais eficientes de combustão.

Por sua vez, as tecnologias modernas de uso da biomassa ("biomassa moderna") são tecnologias avançadas de conversão de biomassa, por exemplo, para a geração de eletricidade a partir de madeira e resíduos rurais/urbanos;

e o uso de biocombustíveis, como o Programa do Álcool no Brasil, o uso do bagaço da cana, biogás e outras biomassas para geração de energia térmica e/ou elétrica.

No Brasil, o bagaço da cana é usado para cogeração de eletricidade, além de geração de eletricidade excedente, que é exportada para a rede elétrica.

O Brasil tem uma matriz energética sustentável, em razão da utilização de energia hidráulica, energia eólica, energia solar (recente), bem como os programas de biocombustível (proálcool e prodiesel).

A bioenergia tem sido parte da matriz energética brasileira há bastante tempo, em consequência de políticas introduzidas no país. Essa é a razão pela qual os gases de efeito estufa (GEE) provenientes da produção de energia no Brasil são relativamente reduzidos quando comparados com outros países (Philippi Jr e Reis, 2016).

A Figura 4.4 mostra a matriz energética brasileira e permite verificar a participação expressiva da biomassa. Considerando a cana-de-açúcar somada a lenha e carvão vegetal, a participação da biomassa é de 25,1%.

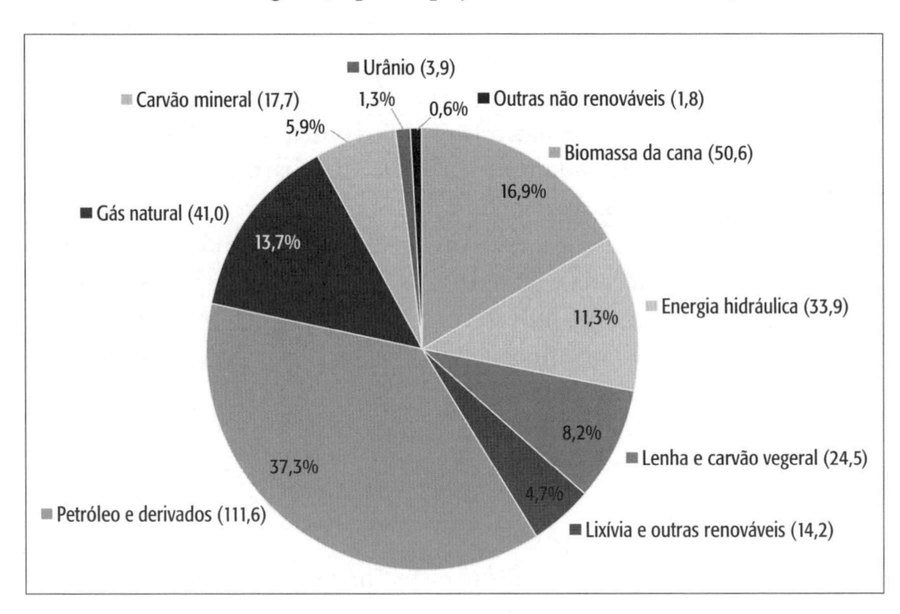

Figura 4.4 – Oferta de energia (299,2 Mtep) – Brasil (2015).
Fonte: BEN (2016).

Na matriz de energia elétrica (Figura 4.5), a biomassa, em termos de potência instalada, já em 2018, ocupa a terceira posição, com 8,74%, atrás da hidráulica (60,8%) e da UTE fóssil (16,24%).

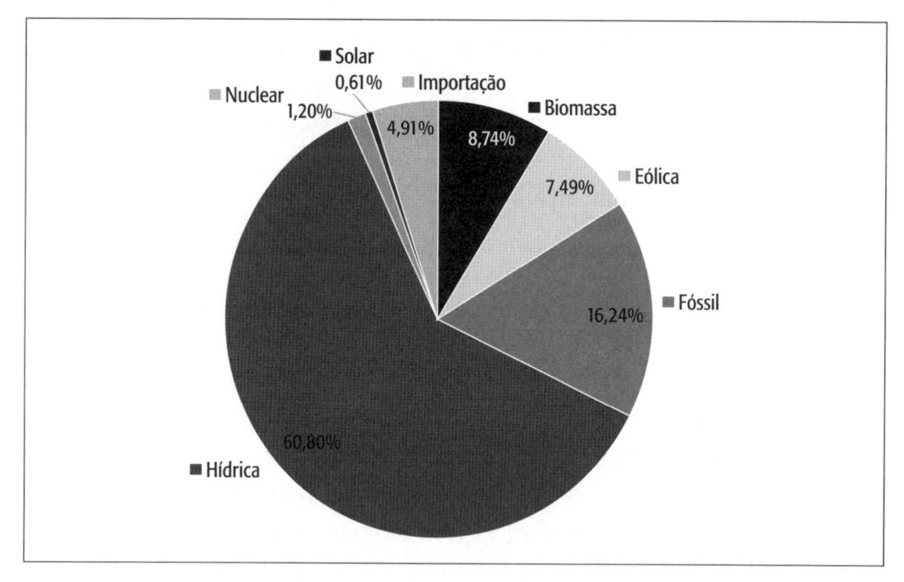

Figura 4.5 – Aneel (2018).

A biomassa (em particular o bagaço da cana) é uma estratégia interessante (ainda mais somada à energia eólica), pois o período da geração de eletricidade nas usinas da região Sudeste e Centro-Oeste corresponde ao período da safra de cana (entre abril e novembro), que, por sua vez, é justamente a época de chuvas mais reduzidas, quando os reservatórios da UHEs apresentam níveis mais baixos e, portanto, uma menor oferta de energia.

O uso da biomassa (lenha, casca de arroz, restos de madeira etc.) também tem sido usado. Essas biomassas restringem-se a pequenos aproveitamentos. A turfa e o xisto betuminoso também apresentam certa perspectiva de aplicação no país. O bagaço da cana-de-açúcar, no setor sucroalcooleiro, é usado em sistema de cogeração, produzindo vapor e eletricidade para consumo próprio. Algumas usinas de açúcar e álcool geram excedentes de energia elétrica, vendem essa energia, disponibilizando-a na rede elétrica.

No Brasil, por meio do Programa de Incentivo às Fontes Alternativas de Energia Elétrica (Proinfa), foram criados incentivos à introdução de energia elétrica produzida a partir da biomassa. Além do Proinfa, outros incentivos que se aplicam também às UTEs que queimam biomassa estão detalhados na seção que trata da energia solar fotovoltaica neste capítulo.

Em certos países, como a Índia, é grande o uso de biomassa vegetal e animal para fins energéticos nas regiões mais pobres. No Brasil, esse tipo de utilização não passou da fase de projetos-piloto e não obteve sucesso, principalmente por causa de problemas culturais, além de outros, associados ao tratamento adequado de projetos de eletrificação (ou energização) rural e de sistemas isolados. Embora esses assuntos sejam de grande importância no contexto do desenvolvimento sustentável, principalmente quanto a aspectos sociais – como equidade (universalização do acesso) e atendimento às necessidades básicas –, sua análise será superficial por não fazer parte do objetivo deste livro.

No contexto da biomassa, mais recentemente, começaram a ser considerados no Brasil os sistemas de geração de energia elétrica a partir dos resíduos sólidos urbanos (lixo). Alguns projetos se encontram em andamento, nas mais diversas fases, nas grandes capitais ou em municípios de porte compatível com a aplicação desse tipo de tecnologia. É importante lembrar que, com vistas a construir um modelo de desenvolvimento sustentável, a questão do tratamento dos resíduos, de qualquer tipo e proveniência, é hoje um dos principais desafios da humanidade. Essa é também uma questão que deve ser tratada de forma integrada no contexto da infraestrutura, incorporando-se a do saneamento.

Examinando de forma integrada, a geração de energia elétrica a partir do lixo urbano é um dos componentes da denominada Gestão Integrada de Resíduos (GIR), discutida no Capítulo 2, voltada ao tratamento da questão, e que apresenta outros aspectos importantes também relacionados à energia, sumarizados a seguir:

- GIR tem como base ações conhecidas como três Rs, isto é, redução, reutilização e reciclagem.
- Objetivos principais: aumentar a eficiência do uso de energia e recursos e reduzir a geração de resíduos ao mínimo.
- Concorrem, para alcançar esses objetivos, as seguintes práticas, apresentadas na ordem decrescente do potencial de economia de energia:
  - Redução na fonte.
  - Reciclagem de materiais.
  - Incineração de resíduos com recuperação de energia (geração).
  - Geração de energia elétrica pela coleta do gás metano, obtido pela decomposição anaeróbica em aterros sanitários, por exemplo.
  - Compostagem de resíduos orgânicos.
  - Quanto à reciclagem e conservação de energia:
    - A produção de 1 tonelada de latas de alumínio por meio da bauxita consome por volta de 16 MWh de energia. Na reciclagem, utiliza-se somente 0,8 MWh, o que implica 95% de economia de energia.

- Para barras de aço, a economia é de 74%; para o papel, 71%; e para o vidro, de aproximadamente 13%. Para certos tipos de cimento, pode-se esperar economia de cerca de 53%.

- Quanto à incineração para produção de energia elétrica (outro método poderia ser a coleta do gás metano, por meio da decomposição anaeróbica): as grandes usinas, que queimam de 500 a 1.000 t/dia de resíduos, têm a vantagem de economia de escala; as usinas menores (50 a 200 t/dia, em municípios de 30 a 200 mil habitantes) apresentam maior flexibilidade de manutenção e de ajuste à demanda.
- Quanto à redução na fonte, esse talvez seja o ponto mais complicado, uma vez que envolve questões educacionais e culturais, além de requerer significativas alterações em setores da cadeia produtiva.

NOVAS TECNOLOGIAS RENOVÁVEIS PARA GERAÇÃO DE ENERGIA ELÉTRICA

As mais importantes no momento são a energia eólica e a solar fotovoltaica, que têm sido aplicadas tanto para suprimento de sistemas isolados como para operação em paralelo com o sistema elétrico de potência como geração centralizada e geração distribuída no Brasil.

Em função dos inúmeros incentivos dados a essas fontes, suas participações na matriz elétrica têm aumentado consideravelmente. A energia eólica já é hoje a segunda fonte de energia mais barata, depois da energia hidráulica de grande porte. A solar, com os incentivos dados pelo governo, tem reduzido nos últimos cincos anos seu custo de geração o que tem possibilitado sua crescente participação conectada à rede elétrica, como apresentado na seção que trata de energia solar.

Energia oceânica e célula combustível no Brasil ainda estão engatinhando, sendo a primeira já objeto de estudo incentivado por um programa específico de pesquisa lançado pela Aneel em 2015. A energia geotérmica, no caso do Brasil, não tem potencial para ser aproveitada em grande escala.

ENERGIA EÓLICA

Energia eólica é a energia cinética contida nas partículas de ar, as quais possuem massa e velocidade de deslocamento. Ainda há dúvidas de quando e onde exatamente o potencial energético dos ventos começou a ser utilizado.

Especula-se que os moinhos de vento foram usados no Egito, perto de Alexandria, há supostamente 3 mil anos, não havendo, no entanto, provas convincentes de que os povos mais desenvolvidos da antiguidade, como egípcios, romanos e gregos, realmente conheciam os moinhos de vento.

A primeira informação confiável extraída de fontes históricas é de que os moinhos de vento nasceram na Pérsia, 200 anos a.C., onde eram usados na moagem de grãos e bombeamento d'água. Eram moinhos bem primitivos, com baixa eficiência e de eixo vertical.

Hoje, a energia eólica é majoritariamente convertida em energia elétrica e tem como principal função o abastecimento tanto de cargas elétricas localizadas em locais remotos como dos inúmeros consumidores conectados às redes de transmissão e distribuição de energia elétrica. Constitui-se uma fonte limpa e renovável de energia e que, ao longo dos últimos 15 anos, tem aumentado consideravelmente sua participação na geração de eletricidade, em função dos diversos incentivos econômicos e de políticas públicas adotadas por diversos países com o objetivo de tornar suas matrizes elétricas mais limpas e diminuir a dependência dos combustíveis fósseis.

A adoção dessas políticas resultou, neste período, no aperfeiçoamento da tecnologia de turbinas eólicas, no aumento da sua potência unitária e no crescimento do número de fabricantes, com consequente redução dos custos dos equipamentos. A Figura 4.6 mostra a evolução do diâmetro do rotor eólico e potência unitária das turbinas nos últimos 30 anos.

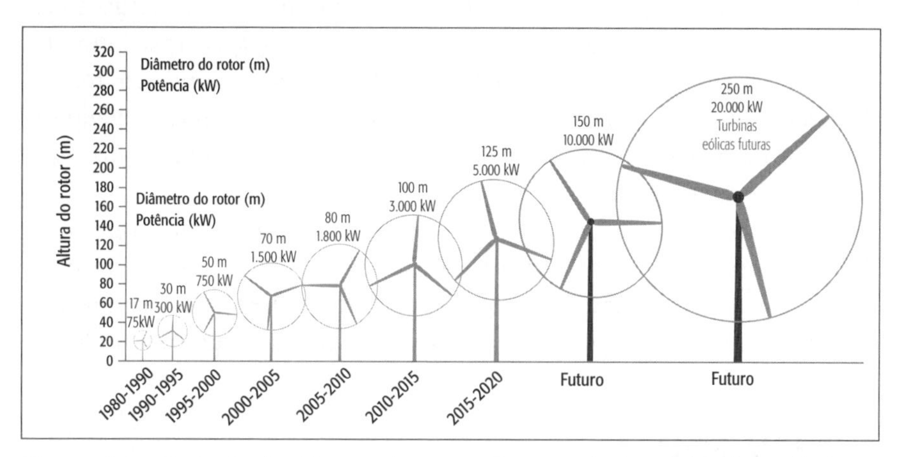

Figura 4.6 – Evolução do diâmetro do rotor eólico e potência unitária das turbinas eólicas.

Fonte: adaptada de USP (2018a).

A operação da turbina eólica consiste em captar a energia cinética dos ventos. Os ventos são responsáveis por girar as pás do rotor eólico tranformando parte da energia cinética em energia mecânica de rotação. Um gerador elétrico acoplado ao eixo do rotor eólico transforma a energia mecânica em elétrica. A Figura 4.7 mostra um modelo de turbina eólica de eixo horizontal usada atualmente na geração de eletricidade.

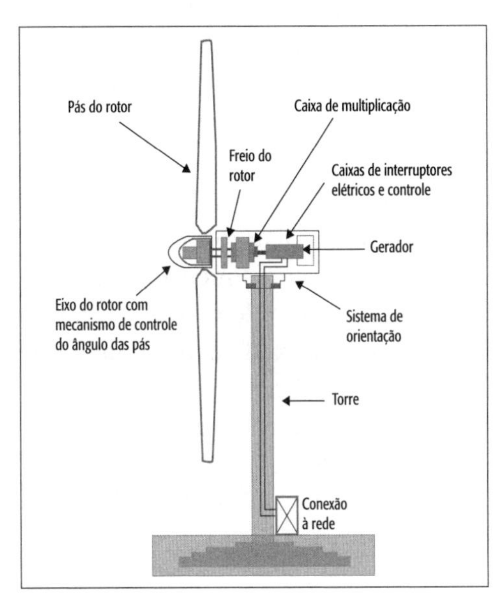

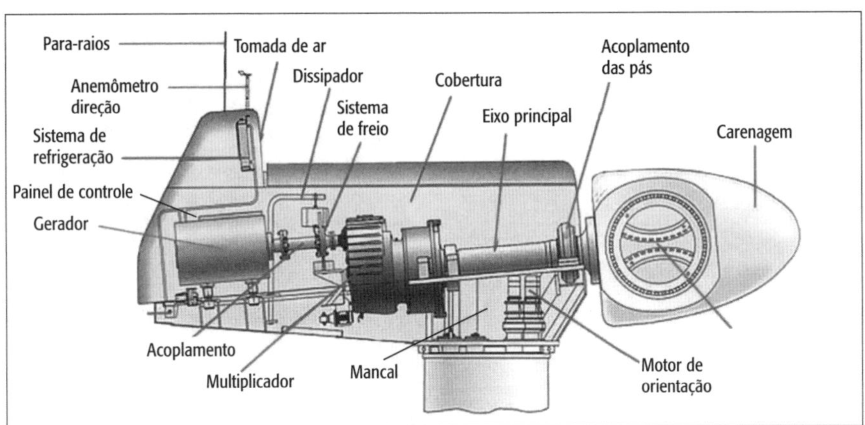

Figura 4.7 – Turbina eólica de eixo horizontal e três pás.

No Brasil, pode-se considerar que a primeira ação que verdadeiramente veio a impulsionar o uso das novas fontes renováveis de energia, em particular a eólica, foi efetuada em 2002 com a aprovação da Lei n. 10.438, que criou o Proinfa, o qual fixou metas para participação dessas fontes no Sistema Elétrico Interligado Nacional.

O Proinfa incorporou características do Sistema *Feed-in*, garantindo o acesso da eletricidade renovável à rede elétrica e o pagamento de preço fixo pela energia gerada diferenciado por tipo de fonte geradora. Também adotou premissas do sistema de cotas, como o leilão de projetos de energia renovável, determinando cotas de potência contratada para cada tecnologia, além de subsídios por meio de linhas especiais de crédito do Banco Nacional de Desenvolvimento Econômico e Social (BNDES), dentre outras premissas adotadas. O Proinfa é responsável por 1.422,9 MW de potência eólica instalada no Sistema Elétrico Brasileiro.

A partir de 2009, com a implantacão pelo Governo do "Sistema de Leilões de Energia Elétrica", a fonte eólica tem concorrido com as demais fontes geradoras de energia no atendimento do mercado das concessionárias distribuidoras de energia elétrica – mercado cativo. A fonte eólica também tem participado no atendimento do mercado livre de energia elétrica, assim como possui uma participação, porém muita pequena, no mercado de geração distribuída, possibilitada pela Lei n. 482, de abril de 2012.

A situação da fonte eólica desde 2009 tem sido bastante favorável. A Figura 4.8 mostra a evolução da capacidade instalada no Brasil.

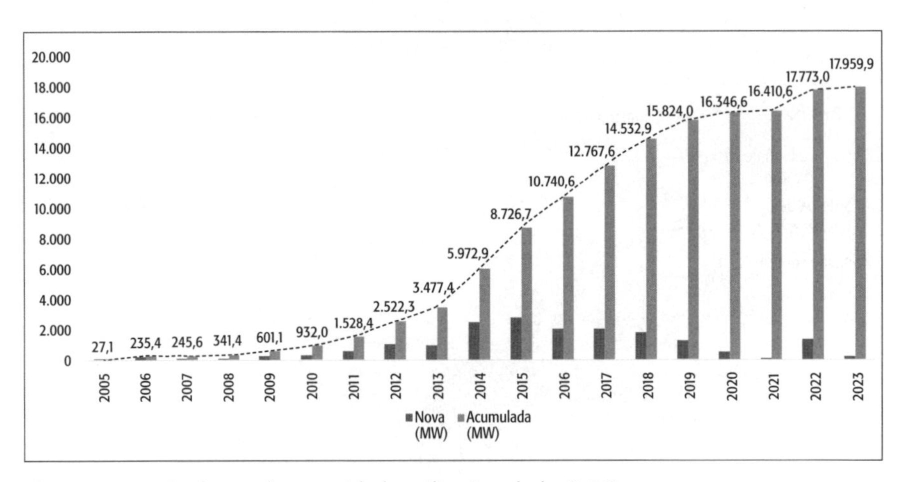

Figura 4.8 – Evolução da capacidade eólica instalada (MW).
Fonte: ABEEólica.

Com a implantação dos leilões e incentivos dados pelo governo, a capacidade eólica, desde o início dos leilões em 2009, tem crescido em média acima de 20% ao ano, valor considerado expresssivo.

De acordo com a ABEEólica, a energia gerada pelas turbinas eólicas atualmente consegue abastecer mais de 10% do país em alguns meses, mais de 60% da região Nordeste e é suficiente para abastecer cerca de 22 milhões de residências por mês.

O Brasil atingiu em fevereiro de 2018, 13 GWs de capacidade instalada de energia eólica, com 518 parques eólicos e mais de 6.600 aerogeradores operando. Os 13 GWs de capacidade instalada de energia eólica ainda significam que o setor já gerou mais de 195 mil postos de trabalho desde seu início, com grande concentração nos últimos oito anos.

Em construção ou já contratados há mais 4,8 GWs, divididos em 213 parques eólicos que serão entregues ao longo dos próximos anos, até 2023, levando o setor para próximo da marca de 19 GW. Isso significa que, em breve, toda a capacidade eólica instalada será maior que a da Usina Hidrelétrica de Itaipu, que possui 14 GWs de capacidade instalada. Esses números devem subir no futuro, tendo em vista que, de acordo com informações divulgadas pelo Setor Elétrico, o Brasil possui aproximadamente 300 GW de potencial eólico a ser explorado. A ABEEólica, em seus relatórios, atribui para a fonte eólica alguns benefícios além de sua natureza renovável:

- Não emite CO_2 na geração de energia, contribuindo para que o Brasil cumpra o Acordo do Clima.
- Tem aumentado sua competitividade, apresentando custos de geração de energia atrativos.
- Fonte geradora de renda – cerca de 4 mil famílias atualmente recebem mais de R$ 10 milhões mensais pelo arrendamento de suas terras.
- Convive harmoniosamente com outras atividades, como a agricultura e criação de animais.
- Geração de emprego – mais de 190 mil postos de trabalho até o momento no Brasil.

Especificamente para o Brasil, a fonte eólica possui a característica de complementaridade com outras fontes como: solar, biomassa e hidroeletricidade. Para o Sistema Elétrico Interligado, ainda majoritariamente embasado em geração de origem hidráulica, pode se considerar que essa característica representa um benefício da fonte eólica contribuindo para firmar energia da geração hidro e reduzir os despachos da geração térmica de origem fóssil.

Mundialmente, a fonte eólica tem também aumentado ano a ano sua participação na geração de eletricidade. A Tabela 4.4 apresenta a capacidade mundial total instalada e o *ranking* dos dez países com maiores participações.

Vale ressaltar que a China, antes de 2009, tinha uma participação mundial inexpressiva. Elevados investimentos e incentivos dados pelo governo chinês ao setor de fontes renováveis de energia fizeram com que o país atingisse em poucos anos a primeira posição no *ranking* mundial. O Brasil, que em 2012 estava na 15ª posição com 2.5 GW instalados, em 2017, atingiu a 8ª posição mundial com 12,77 GW. A fonte eólica possui atualmente (fev./2018) 13 GW instalados, o que corresponde a aproximadamete 10% de participação na matriz elétrica brasileira.

Tabela 4.4 – Fonte eólica: capacidade mundial instalada (MW)

País	MW	%
RP da China	188.232	35
EUA	89.077	17
Alemanha	56.132	10
Índia	32.848	6
Espanha	23.170	4
Reino Unido	18.872	3
França	13.759	3
Brasil	12.763	2
Canadá	12.239	2
Itália	9.479	2
Resto do mundo	83.008	15
Total Top 10	456.572	85
Total mundial	539.581	

Fonte: ABEEólica (2018).

ENERGIA SOLAR

O sol é uma imensa fonte de energia inesgotável. Dele depende a vida na Terra. Muitas fontes de energia renovável derivam do sol, incluindo o uso direto da energia solar para fins de aquecimento ou geração de eletricidade e o uso indireto, como a energia dos ventos, ondas e água corrente, bem como a energia das plantas e dos animais.

Na utilização da energia solar, tanto na forma de energia térmica como na geração elétrica, a variável básica do aproveitamento é a radiação solar incidente nos equipamentos dedicados à captação da energia do sol disponível localmente.

Os níveis de radiação solar em um plano horizontal na superfície da Terra variam com as estações do ano, principalmente em razão da inclinação de seu eixo de rotação em relação ao plano da órbita em torno do Sol. Também variam de acordo com a região, sobretudo em virtude das diferenças de latitude, condições meteorológicas e altitude.

O Brasil, possui um ótimo índice de radiação solar, principalmente o Nordeste brasileiro. Na região do semiárido estão os melhores índices, com valores típicos de 200 a 250 W/m^2 por ano de radiação incidente. Isto coloca o local entre as regiões do mundo com maior potencial de energia solar.

A radiação solar pode ser convertida em energia útil usando várias tecnologias. Destacam-se as seguintes tecnologias em uso:

- Coletores solares planos: prover aquecimento de água e de ambientes a temperaturas relativamente baixas.
- Concentradores solares feitos de espelhos (lentes para concentracão): obtenção de elevadas temperaturas que são utilizadas em processos térmicos ou para geração de eletricidade.
- Células fotovoltaicas: que transformam diretamente a radiação solar em eletricidade.

Tecnologias de utilização da energia solar na forma térmica

Dentre as aplicações mais antigas de sistema solar a baixas temperaturas é possível citar a estufa, utilizada na agricultura em culturas que exigem certas condições ambientais para se desenvolverem, bem como na secagem de produtos agrícolas. A utilização do calor solar para evaporar água do mar e obter sal de cozinha também é uma aplicação antiga, bem como a aplicação da energia solar a baixas temperaturas, muito utilizado nos países do oriente médio, é a dessalinização da água do mar e da água salobra de poços para obtenção de água doce.

No campo do aquecimento ambiental, existem diversas configurações de sistemas utilizados, na sua maioria em países de clima frio. Um deles é o uso de radiadores, em que a água quente passa, introduzindo ar quente no ambiente.

Também o calor solar é utilizado para fins de refrigeração ambiental mediante ciclo de absorção. O calor solar, nesse caso, é utilizado como pré-aquecedor, tendo em vista que esse sistema exige temperaturas mais elevadas.

O uso da energia solar pode se dar também por meio de um sistema passivo. Desse modo, consiste na absorção da energia diretamente para uma edificação em função do seu projeto arquitetônico, com o intuito de reduzir a energia requerida para aquecer o ambiente interno. Normalmente, esse tipo se utiliza do próprio ar para coletar a energia em geral, sem a necessidade de usar bombas ou ventiladores, sendo o sistema parte integrante da edificação. Um edifício projetado de forma eficiente, ou seja, fazendo um bom aproveitamento da luz solar e da circulação de ar, diminui a necessidade de consumir energia elétrica na iluminação e acondicionamento do ambiente.

Para aquecimento de água, o equipamento mais utilizado em vários países, principalmente os de clima frio, são os coletores solares planos, usualmente montado nos telhados das edificações para captar a radiação solar. Os sistemas são instalados para aquecer a água de uso interno das edificações ou aquecer água de piscina. A Figura 4.9 mostra um esquema usual desse tipo de coletor. O sistema é composto basicamente pelos seguintes equipamentos:

- Coletor solar plano: responsável pela captação da energia solar e transferência do calor gerado para a água a ser aquecida.
- Reservatório térmico: responsável pelo armazenamento da água aquecida pela radiação solar para seu uso nos momentos mais convenientes.
- Caixa de água fria: armazenamento da água fria para alimentar o coletor solar bem como utilizar diretamente nas torneiras.

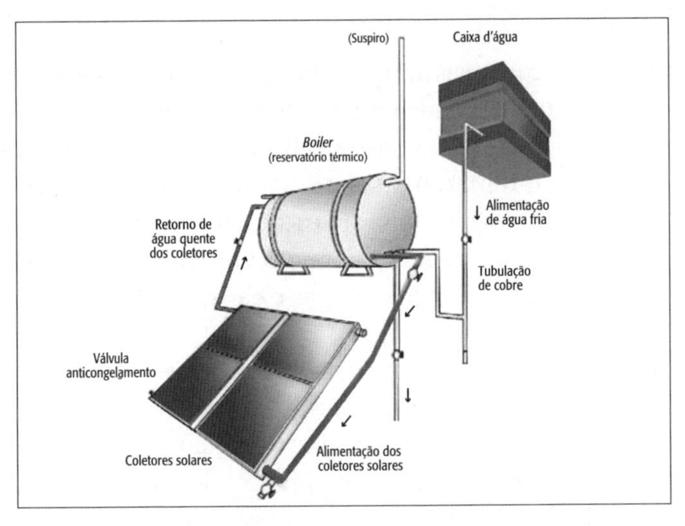

Figura 4.9 – Esquema básico de um coletor solar para aquecimento de água.
Fonte: Philippi Jr e Reis (2016).

Atualmente no Brasil existe um número grande de fabricantes de coletores solares planos. Porém, esse equipamento carece de maiores incentivos por parte do governo com o objetivo de diminuir seus custos e atingir a população de menor renda.

O aquecimento de água usando coletor solar pode ser considerado uma alternativa de eficiência energética, tendo em vista que sua utilização em larga escala pode contribuir para a redução do consumo de energia no horário de pico do sistema elétrico, como substituto parcial ou total dos chuveiros elétricos. Isto pode resultar na redução da necessidade de construção de novas fontes geradoras de eletricidade e, consequentemente, agravamento dos impactos ambientais (Philippi Jr e Reis, 2016).

Tecnologias de utilização da energia solar para geração de eletricidade

Os sistemas que permitem a utilização da radiação solar transmitida à Terra pelo Sol, para geração de eletricidade, podem ser divididos em dois tipos básicos:

- Sistemas fotovoltaicos, que efetuam a transformação da radiação solar diretamente em eletricidade.
- Sistemas termossolares (ou heliotérmicos), nos quais a energia solar é usada para produzir energia térmica que será transformada em energia mecânica e esta, por sua vez, em energia elétrica.

Sistemas fotovoltaicos

O funcionamento das células fotovoltaicas é baseado na propriedade de alguns materiais chamados semicondutores em converterem luz do sol em eletricidade. A essa propriedade dá-se o nome de efeito fotovoltaico. Ele é a base de todo o estudo sobre células solares.

A célula fotovoltaica é a menor unidade de um gerador fotovoltaico. Nela ocorre todo o processo de conversão de energia da radiação vinda do sol em energia elétrica. Esta conversão é consequente de processos que se desenvolvem no nível atômico nos materiais semicondutores, que consiste na emissão de um elétron da banda de valência para a banda de condução quando um fóton incide na célula. A célula é o menor elemento do sistema fotovoltaico, produzindo tipicamente potências elétricas da ordem de 1,5 W (correspondentes a uma tensão de 0,5 V e uma corrente típica de 3 A).

Células solares dos mais variados tipos de estruturas, materiais e eficiência estão disponíveis no mercado. Células solares com até 30% de eficiência já foram desenvolvidas em laboratório, mas apenas células com até a metade dessa eficiência podem, no momento, ser encontradas para venda.

Em função do material semicondutor utilizado no processo de fabricação, as células fotovoltaicas podem ser classificadas em quatro subcategorias:

- Células da 1ª geração – constituídas pelas células clássicas de silício cristalino, representando atualmente mais de 80% do mercado mundial.
- Células da 2ª geração – englobam as células de filme fino. Estas células se diferenciam das de outras tecnologias pela espessura das lâminas de material semicondutor utilizado em suas estruturas (geralmente na faixa de 1 μm contra 300 a 400 μm das células de silício cristalino).
- Células da 3ª geração – a tecnologia dessa geração não é baseada na tecnologia do silício e geralmente não depende da típica junção p-n para separar os portadores de carga gerados. Para atingir altas eficiências três técnicas são atualmente exploradas: células fotovoltaicas com camadas múltiplas, células fotovoltaicas com aumento da concentração dos componentes e células com maior aproveitamento do espectro solar especialmente na região do infravermelho.
- Tecnologias emergentes – são células solares poliméricas, também conhecidas como células solares orgânicas, uma variedade de células solares que produzem eletricidade a partir da luz solar usando polímeros semicondutores. É uma tecnologia relativamente nova e vem sendo estudada por universidades e grupos de indústrias em todo o mundo.

A Figura 4.10 mostra a classificação e as tecnologias de células fotovoltaicas existentes e as que estão em desenvolvimento.

Por conta das baixas tensão e corrente de saída de uma célula fotovoltaica no processo de fabricação, várias células são agrupadas para formar um módulo fotovoltaico. O módulo fotovoltaico é fabricado com diferentes números de células, o que resulta no valor da sua potência total. Dependendo da potência necessária para atendimento da carga, são adquiridos e montados vários módulos formando um arranjo fotovoltaico. A Figura 4.11 mostra um módulo feito de silício monocristalino e policristalino.

A energia solar fotovoltaica é uma fonte intermitente de energia. Durante o dia, a radiação solar incidente varia de intensidade em função da posição do sol e também em função da presença de nuvens. A potência elétrica gerada pelo módulo fotovoltaico varia e, durante o período noturno, não há geração de energia. Além disso, a geração de energia se dá em corrente contínua (CC), o que exige, a depender da aplicação, o uso de um componente denominado "inversor" que transforma a corrente elétrica CC em corrente senoidal alternada (CA) na frequência de 60 Hz para alimentar as cargas elétricas. Assim, um sistema fotovoltaico, a depender da aplicação, é composto não só da fonte geradora como também de vários outros componentes para acondicionar a potência e/ou complementar a geração fotovoltaica (uso de baterias).

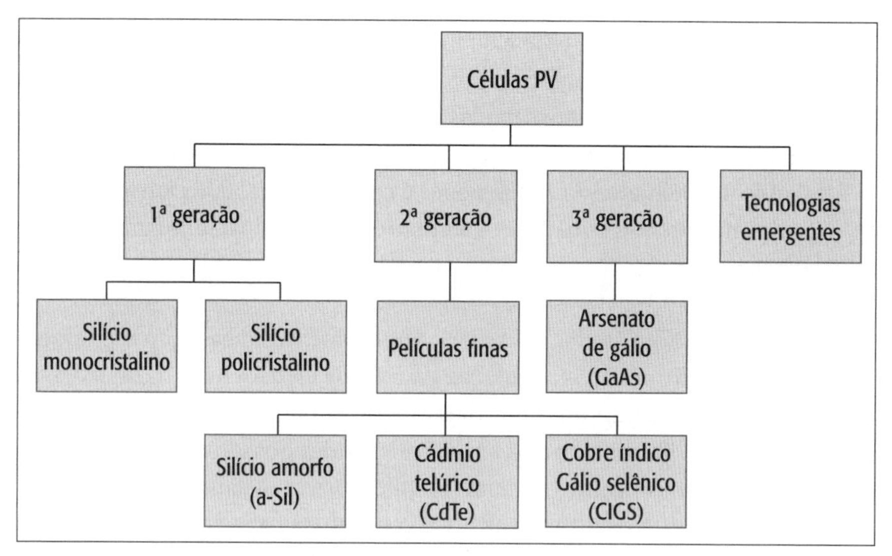

Figura 4.10 – Tecnologias de células fotovoltaicas.
Fonte: Philippi Jr e Reis (2016).

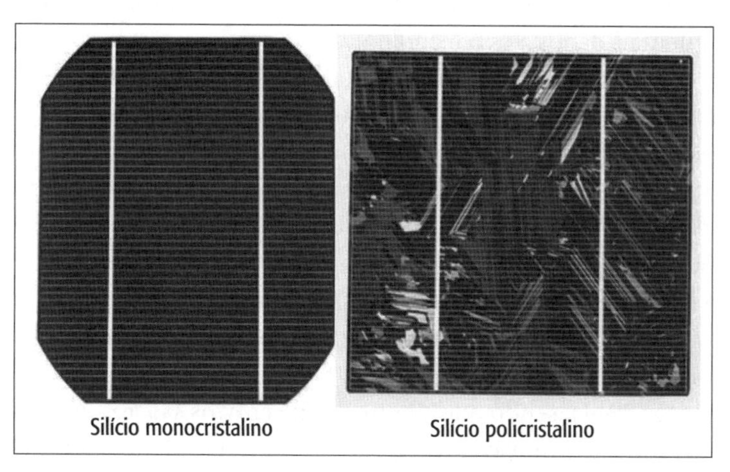

Figura 4.11 – Módulo fotovoltaico fabricado com silício monocristalino e policristalino.
Fonte: Philippi Jr e Reis (2016).

Pode-se, de uma forma mais simplificada, classificar os sistemas fotovoltaicos em três tipos:

- Sistemas autonômos: são sistemas não conectados à rede elétrica de distribuição. São utilizados para alimentação de cargas/microrredes isoladas em áreas rurais ou cargas isoladas em áreas urbanas. Normalmente esses sistemas utilizam armazenamento de energia (baterias) para complementar a geração fotovoltaica intermitente.
- Sistemas conectados à rede elétrica: são sistemas que se conectam à rede elétrica de distribuição. Estes podem ser dividir em sistemas centralizados (usinas ou centrais fotovoltaicas de grande capacidade de potência) e sistemas distribuídos (sistemas fotovoltaicos de menor capacidade instalados nos telhados das edificações e conectados à rede elétrica).
- Equipamentos de consumo: calculadoras, relógios, lanternas, dentre outros.

Desde a introdução das primeiras células fotovoltaicas com tecnologia de silício cristalino, em 1954, a geração de energia elétrica a partir de sistemas fotovoltaicos tem aumentado gradativamente sua participação na matriz elétrica mundial. Durante muito anos, em virtudes dos altos custos de instalação, esses sistemas ficaram restritos a aplicações espaciais e pequenas aplicações autônomas. Nos últimos anos, no entanto, a capacidade instalada de sistemas fotovoltaicos tem aumentado significativamente, uma vez que o aumento da produção dos módulos fotovoltaicos tem resultado na diminuição crescente dos custos em função dos inúmeros mecanismos de incentivos governamentais dados à essa tecnologia.

Em nível mundial, a capacidade total instalada de sistemas fotovoltaicos no final de 2017 era de 402,5 GW. A China atualmente lidera (131 GW), seguida pelos EUA (51 GW), Japão (49 GW), Alemanha (42 GW), Itália (19,7GW), Índia (18GW) e Inglaterra (13 GW). Os demais países possuem capacidades abaixo de 10 GW. A Figura 4.12 apresenta a evolução da capacidade mundial acumulada (GW).

No Brasil, em comparação com a situação mundial, a geração de energia solar fotovoltaica ainda é incipiente. Existem diversos incentivos governamentais para o aproveitamento da fonte, conforme apresentado por Nascimento (2017), sendo que alguns dos incentivos são aplicados também para outras fontes renováveis de geração de energia elétrica. Os principais incentivos existentes listados por Nascimento (2017) são apresentados a seguir:

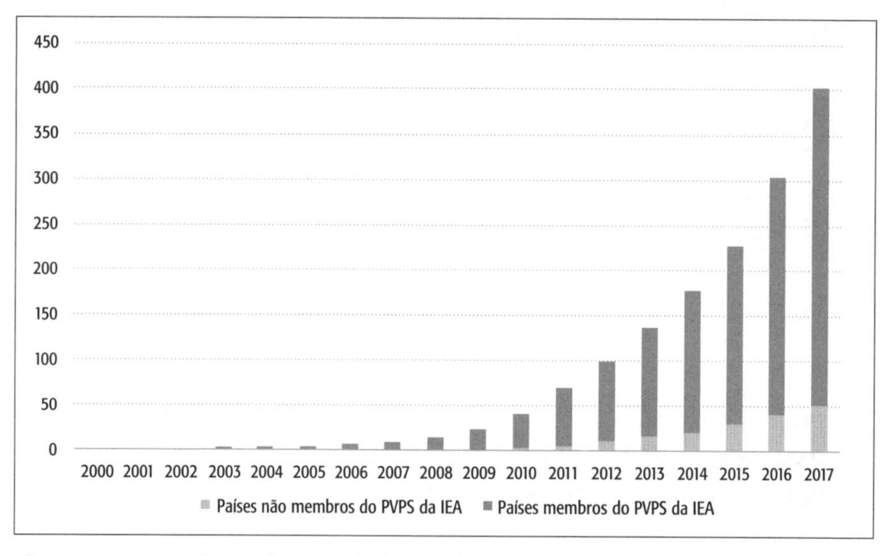

Figura 4.12 – Evolução da capacidade mundial total instalada de sistemas fotovoltaicos (GW).

Legenda: PVPS (Photovoltaic Power Systems Programme); IEA (International Energy Agency).
Fonte: IEA (2018).

- Descontos na Tarifa de Uso dos Sistemas de Transmissão (TUST) e na Tarifa de Uso dos Sistemas de Distribuição (TUSD) para empreendimentos cuja potência injetada nos sistemas de transmissão e distribuição seja menor ou igual a 30.000 kW.
- Venda Direta a Consumidores Especiais (carga entre 500 kW e 3.000 kW) para geradores de energia de fonte solar e demais fontes renováveis, com potência injetada inferior a 50.000 kW. Na aquisição da energia, os consumidores especiais também fazem jus ao desconto nas tarifas de uso.
- Sistema de Compensação de Energia Elétrica para a Micro e Minigeração Distribuídas: instituído pela Resolução Normativa Aneel n. 482, de 17 de abril de 2012, permite que consumidores com geração de até 5 MW a partir de fonte solar ou demais fontes renováveis compensem a energia elétrica injetada na rede com a energia elétrica consumida (sistema *net-metering*).
- Convênio n. 101, de 1997, do Conselho Nacional de Política Fazendária (Confaz): isenta do Imposto sobre Circulação de Mercadorias e Serviços (ICMS) as operações que envolvem vários equipamentos destinados à geração de energia elétrica por células fotovoltaicas e por empreendimentos eólicos; não abrange, no entanto, alguns equipamentos utilizados pela geração solar, como inversores e medidores.

- Regime Especial de Incentivos para o Desenvolvimento da Infraestrutura (Reidi): instituído pela Lei n. 11.488, de 15 de junho de 2007, suspende, por 5 anos após a habilitação do projeto, a contribuição para o PIS/Pasep e Cofins, no caso de venda ou de importação de máquinas, aparelhos, instrumentos e equipamentos novos, de materiais de construção e de serviços utilizados e destinados a obras de infraestrutura, entre as quais as do setor de energia.
- Debêntures Incentivadas: instituído pela Lei n. 12.431, de 24 de junho de 2011, isenta rendimentos de pessoas físicas de Imposto de Renda sobre rendimentos relacionados à emissão de debêntures, por sociedade de propósito específico, e outros títulos voltados para a captação de recursos para projetos de investimento em infraestrutura ou pesquisa e desenvolvimento, entre os quais os destinados à geração de energia elétrica por fonte solar.
- Redução de Imposto de Renda: projetos de setores prioritários (entre os quais o de energia) implantados nas áreas de atuação da Superintendência do Desenvolvimento do Nordeste (Sudene), da Superintendência do Desenvolvimento da Amazônia (Sudam) e da 21 Superintendência do Desenvolvimento do Centro-Oeste (Sudeco) têm redução de imposto de renda.
- Condições Diferenciadas de Financiamento:
  - Banco Nacional de Desenvolvimento Econômico e Social (BNDES): financiamento para o setor de energia elétrica com taxas de juros abaixo das praticadas pelo mercado (TJLP). Para a fonte solar, o BNDES financia até 80% dos itens financiáveis, contra 70% para as demais fontes de energia renováveis.
  - Fundo Nacional sobre Mudança do Clima (FNMC): vinculado ao Ministério de Meio Ambiente (MMA), o Fundo visa assegurar recursos para apoio a projetos ou estudos e financiamento de empreendimentos que visem à mitigação da mudança do clima e à adaptação à mudança do clima.
  - Inova Energia: uma iniciativa destinada à coordenação das ações de fomento à inovação e ao aprimoramento da integração dos instrumentos de apoio disponibilizados pela Finep, pelo BNDES, pela Agência Nacional de Energia Elétrica (Aneel), sendo uma de suas finalidades apoiar as empresas brasileiras no desenvolvimento e domínio tecnológico das cadeias produtivas das seguintes energias renováveis alternativas: solar fotovoltaica, termossolar e eólica para geração de energia elétrica.

  - Recursos da Caixa Econômica Federal (CEF): a CEF disponibiliza linha de crédito por meio do Construcard que permite compra de equipamentos de energia solar fotovoltaica para uso residencial.
- Lei da Informática: isenções tributárias para bens de informática e de automação – a produção de equipamentos destinados à geração de energia elétrica por fonte solar utiliza vários dos produtos alcançados pela chamada Lei de Informática.
- Projetos de Pesquisa e Desenvolvimento (P&D): fonte de recursos para projetos realizados pelas empresas do setor elétrico e aprovados pela Aneel relacionados com desenvolvimento da geração de energia solar fotovoltaica no Brasil.
- Leilões de compra de energia elétrica com produto específico para fonte solar.

Percebe-se, portanto, grande número de incentivos para o desenvolvimento da fonte solar no país. A partir dos incentivos concedidos, observa-se um avanço no desenvolvimento da geração solar fotovoltaica, como pode ser observado na Figura 4.13, que mostra a evolução do mercado de fotovoltaicos e uma projeção para 2018. Ressalta-se que os projetos de geração de energia solar fotovoltaica dividem-se em projetos de geração centralizada, com usinas de maior porte, e de geração descentralizada, a chamada geração distribuída, localizada em casas, edifícios comerciais e públicos, condomínios e áreas rurais.

Apesar do grande número de incentivos para desenvolvimento da geração solar fotovoltaica e dos resultados obtidos nos últimos anos, ainda há muito o que fazer para que a fonte solar se consolide na matriz energética nacional.

Os projetos de geração centralizada são, em geral, aqueles contratados por meio de leilões de energia, com contratos celebrados no Ambiente de Contratação Regulada (ACR). Desde 2013, a participação de centrais solares fotovoltaicas vem crescendo no país por conta dos leilões de energia elétrica. A situação atual, retirada de Aneel (2018), é mostrada na Tabela 4.5. São emprendimentos com os seguintes destinos: PIE (Produtor Independente de Energia); APE (Autoprodução de Energia); REG (Registro); REG-RN 482 (RN/482/2012); SP (Serviço Público). Atualmente, a geração fotovoltaica tem uma participação em termos de potência instalada de 0,82% na matriz elétrica brasileira.

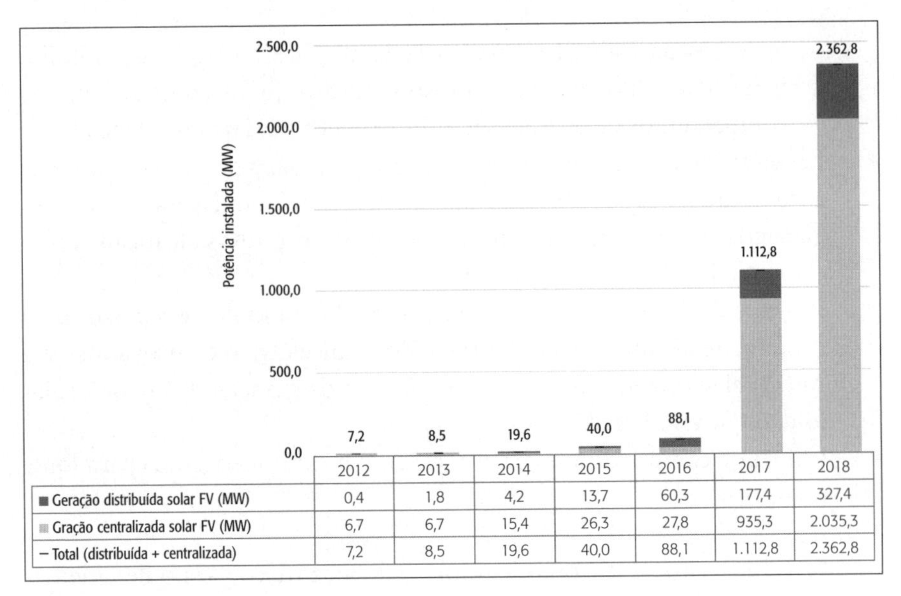

	2012	2013	2014	2015	2016	2017	2018
■ Geração distribuída solar FV (MW)	0,4	1,8	4,2	13,7	60,3	177,4	327,4
■ Gração centralizada solar FV (MW)	6,7	6,7	15,4	26,3	27,8	935,3	2.035,3
– Total (distribuída + centralizada)	7,2	8,5	19,6	40,0	88,1	1.112,8	2.362,8

Figura 4.13 – Potência instalada acumulada (MW) da fonte solar fotovoltaica no Brasil e projeção para 2018.

Fonte: Sauaia (2018).

Tabela 4.5 – Situação dos empreendimentos fotovoltaicos no Brasil (2018)

Quantidade	Potência outorgada (kW)
Empreendimentos em operação	
2.233	1.306.510
Empreendimentos em construção	
29	826.316
Empreendimentos com construção não iniciada	
32	877.195

Com relação à geração distribuída, em 2012, a Aneel deu grande passo para ampliar a geração de energia solar fotovoltaica em unidades consumidoras ao editar a Resolução Normativa Aneel n. 482, de 17 de abril de 2012, que estabelece as condições gerais para o acesso de microgeração e minigeração distribuída aos sistemas de distribuição de energia elétrica, criando o sistema de compensação de energia, no qual injeta-se a energia produzida na rede, sendo tal energia abatida do consumo da própria unidade ou de outra do mesmo titular. A Resolução n. 482, de 2012, que posteriormente foi alterada pela Resolução Normativa n. 687, de 24 de novembro de 2015, estabelece as seguintes definições para micro e minigeração distribuída e para o sistema de compensação de energia:

> Art. 2º
> I - Microgeração distribuída: central geradora de energia elétrica, com potência instalada menor ou igual a 75 kW e que utilize cogeração qualificada, conforme regulamentação da Aneel, ou fontes renováveis de energia elétrica, conectada na rede de distribuição por meio de instalações de unidades consumidoras;
> II - Minigeração distribuída: central geradora de energia elétrica, com potência instalada superior a 75 kW e menor ou igual a 3 MW para fontes hídricas ou menor ou igual a 5 MW para cogeração qualificada, conforme regulamentação da Aneel, ou para as demais fontes renováveis de energia elétrica, conectada na rede de distribuição por meio de instalações de unidades consumidoras;
> III - Sistema de compensação de energia elétrica: sistema no qual a energia ativa injetada por unidade consumidora com microgeração ou minigeração distribuída é cedida, por meio de empréstimo gratuito, à distribuidora local e posteriormente compensada com o consumo de energia elétrica ativa.

Conforme estabelecido no § 1º do art. 6º da Resolução, a energia injetada na rede gerará um crédito em quantidade de energia ativa que deve ser utilizado em até 60 meses. Com a Resolução n. 687, de 2015, criou-se a possibilidade de geração distribuída em condomínios (empreendimentos de múltiplas unidades consumidoras). Nessa configuração, a energia gerada pode ser repartida entre os condôminos em porcentagens definidas pelos próprios consumidores. A mudança na regulamentação da Aneel promoveu outro importante avanço: a figura da "geração compartilhada", que possibilita a união de interessados em consórcios ou em cooperativas, instalando micro ou minigeração distribuída e dessa forma, utilizando a energia gerada para redução das faturas dos consorciados ou cooperados. Em 2015, o Ministério de Minas e Energia, por meio da Portaria MME n. 538, de 15 de dezembro de 2015, criou o Programa de Geração Distribuída (ProGD), que tem como objetivo promover e incentivar a geração distribuída a partir de fontes renováveis e cogeração em edifícios públicos e privados (residenciais, comerciais e industriais).

A Tabela 4.6, retirada de Aneel (2018), apresenta os resultados obtidos até o momento com relação aos sistemas fotovoltaicos e também de outras fontes contempladas pela Resolução Aneel n. 482, a título de comparação. Verifica-se que a geração fotovoltaica vem tendo uma participação expressiva com relação às demais fontes de energia.

Tabela 4.6 – Unidades consumidoras com geração distribuída por tipo de geração

Tipo	Quantidade	Quantidades de UCs que recebem crédito	Potência instalada (kW)
CGH	49	6.856	43.929,98
EOL	56	99	10.311,90
UFV	32.047	38.287	303.171,04
UTE	94	239	30.033,08
Total de usinas: 32.246 Total de UCs que recebem créditos: 45.484 Potência total: 387.446,00 kW			

Fonte: Aneel (2018).

A Tabela 4.7 mostra os mesmos resultados, porém classificando por classe de consumo.

Tabela 4.7 – Unidades consumidoras com geração distribuída por classe de consumo

Classe de consumo	Quantidade	Quantidades de UCs que recebem crédito	Potência instalada (kW)
Comercial	5.229	14.940	182.025,60
Iluminação pública	7	7	80,70
Industrial	824	978	46.412,80
Poder público	276	370	10.747,02
Residencial	24.684	27.400	115.335,71
Rural	1.187	1.745	31.453,13
Serviço público	46	48	1.544,91

Fonte: Aneel (2018).

Geração termossolar (ou heliotérmica)

A geração termossolar é um processo que converte a energia solar em energia térmica, a térmica em mecânica e esta, por sua vez, em energia elétrica. O processo de conversão passa por quatros sistemas básicos: coletor, receptor, transporte e armazenamento, e conversão elétrica. Possuem as seguintes funções:

- Coletor: captar e concentrar a radiação solar incidente na superfície e dirigi-la até o sistema em que a radiação é convertida em energia térmica.
- Receptor: absorve e converte a radiação solar, transferindo o calor a um fluído de trabalho.
- Transporte-armazenagem: o fluído é transferido para o sistema, em que a energia térmica se converte em energia mecânica, por meio de ciclos termodinâmicos. A energia mecânica é convertida em elétrica por um gerador elétrico.

Há dois tipos básicos de sistemas de captação e conversão da radiação solar em energia elétrica:

- Sistemas de conversão heliotermelétrica de receptor central – torres de potência.
- Sistemas distribuídos de conversão heliotermelétrica.

Sistemas de conversão heliotermelétrica de receptor central – torres de potência

O sistema é constituído basicamente por quatro subsistemas principais: o campo de heliostatos, a torre com o receptor, o módulo de armazenamento e o conjunto turbina-gerador.

O campo de heliostatos consiste basicamente em um conjunto de espelhos que direcionam a radiação solar direta para a cavidade receptora.

O receptor, instalado no alto da torre, transfere a energia solar captada e convertida em energia térmica para um fluido térmico. A escolha do fluido térmico é determinada principalmente pela temperatura de operação do sistema, por considerações de custo-benefício e pela segurança operacional. Cinco fluidos têm sido estudados em detalhe para utilização em sistemas de receptor central: óleos térmicos, vapor, mistura de sais (nitratos), sódio líquido e ar (hélio).

A eficiência de uma central desse tipo é da ordem de 15%, sendo o produto da eficiência do ciclo termodinâmico, 26%, a eficiência do receptor, 85%, e a eficiência ótica, 66%. A Figura 4.14 mostra a fotografia da Planta Solar One, localizada em Daggett-Barstow.

Figura 4.14 – Fotografia da Planta Solar One, localizada em Daggett-Barstow.

Fonte: Philippi Jr e Reis (2016).

Sistemas distribuídos de conversão heliotermelétrica

Nos sistemas distribuídos, a energia solar é convertida em energia térmica no próprio coletor solar. Os principais componentes tecnológicos dos processos mencionados são o *concentrador cilindro-parabólico e o disco parabólico.*

Concentrador cilíndrico-parabólico

O concentrador cilindro-parabólico é um coletor solar linear de seção transversal parabólica. Sua superfície refletora concentra a luz solar em um tubo receptor localizado ao longo de um canal onde o foco se transforma em uma linha focal (Figura 4.15). O fluido correndo no tubo é aquecido e então transportado a um ponto central através de uma tubulação projetada para minimizar as perdas de calor. O concentrador cilíndrico-parabólico tem tipicamente uma linha focal horizontal, e, portanto, acompanha o sol somente em um eixo, norte-sul ou leste-oeste. O concentrador cilindro-parabólico opera a temperaturas de 100 a 400°C.

Figura 4.15 – Concentrador cilindro-parabólico.
Fonte: Fadigas (2017).

Concentrador disco-parabólico

O disco-parabólico é um coletor de foco pontual que acompanha o movimento do sol em dois eixos, concentrando a energia solar em um receptor localizado no ponto focal do disco (Figura 4.16). O receptor absorve a energia solar radiante, convertendo-a, por meio de fluido circulante, em energia térmica. A energia térmica pode, então, ser convertida em eletricidade usando um turbogerador acoplado diretamente ao receptor, ou ser transportada através de tubos ao sistema central de potência. O disco parabólico pode alcançar temperaturas de 1.500°C.

Mundialmente, existem centrais de receptor central (torres de potência) instalada nos EUA, Israel, Kuwait e Espanha. A eficiência média desses equipamentos é de 20%. São equipamentos ainda caros e de eficiência inferior às centrais convencionais que utilizam combustíveis fósseis, o que limita a aplicação em larga escala.

Centrais com concentradores cilindro–parabólicos foram construídas e testadas em EUA, Japão e Europa. Conhecidas como Solar Electric Generating Systems (SEGS), esses sistemas, na faixa de 14 a 80 MW, chegaram a atingir eficiências em torno de 15%.

No Brasil, nunca se deu muita atenção a esse tipo de sistema. Porém, mais recentemente, em 2015, a Aneel lançou uma Chamada (n. 019/2015) – Projeto Estratégico "Desenvolvimento de Tecnologia Nacional de Geração Heliotérmica de Energia Elétrica". O projeto teve como principal objetivo a proposição de arranjos técnicos e comerciais para projeto de geração de energia elétrica por meio de tecnologia heliotermelétrica de forma integrada e sustentável buscando criar condições para o desenvolvimento de uma base tecnológica e infraestrutura técnica e tecnológica para inserção desse tipo de fonte na matriz energética brasileira.

Figura 4.16 – Concentrador disco-parabólico utilizado no sistema instalado na Universidade de São Paulo (Campus da capital – Zona Oeste).

Fonte: Fadigas (2017).

Trata-se de um tema de grande relevância e complexidade, tendo em vista os seguintes fatores e perpectivas:

- Facilitar a inserção da geração heliotérmica na matriz energética brasileira.
- Viabilizar economicamente a produção, instalação e monitoramento da geração heliotérmica para injeção de energia elétrica nos sistemas de distribuição e/ou transmissão.
- Incentivar o desenvolvimento no país de toda a cadeia produtiva da indústria heliotérmica com a nacionalização da tecnologia empregada.
- Fomentar o treinamento e a capacitação de técnicos especializados neste tema em universidades, escolas técnicas e empresas.
- Propiciar a capacitação laboratorial em universidades, escolas técnicas e empresas nacionais.

- Identificar possibilidades de otimização dos recursos energéticos, considerando o planejamento integrado dos recursos e a identificação de complementaridade entre uma usina heliotérmica com armazenamento e usinas com geração intermitente/variável.
- Estimular a redução de custos da geração heliotérmica com vistas a promover a sua competição com as demais fontes de energia.
- Propor e justificar aperfeiçoamentos regulatórios e/ou desoneramentos tributários que favoreçam a viabilidade econômica da geração heliotérmica, assim como o aumento da segurança e da confiabilidade do suprimento de energia.

OUTRAS FONTES RENOVÁVEIS

Energia dos oceanos

A energia dos oceanos é classificada como sustentável e limpa. Existem várias formas para aproveitar a energia contida nos fluxos das marés, nas correntes marítimas e nas ondas, assim como no gradiente térmico, salinidade e biomassa marítima.

Os oceanos estendem-se por 71% da superfície do globo terrestre, ocupando uma área de 361 milhões de km^2. Embora o fluxo total de energia de cada uma das fontes citadas seja grande, apenas uma pequena fração desse potencial é passível de ser explorado em um futuro previsível. Há duas razões para isso: primeiro, a energia oceânica é de baixa densidade, requerendo uma planta de grande porte para sua captação; e, segundo, essa energia frequentemente está disponível em áreas distantes de grandes centros de consumo.

Energia das marés

As marés são criadas pela atração gravitacional que a Lua exerce sobre a Terra. A energia das marés é proveniente do enchimento e esvaziamento alternados de baías e dos estuários, que, sob certas condições, fazem com que o nível das águas suba consideravelmente na maré cheia. Essa energia pode ser usada para gerar energia elétrica. Um esquema de aproveitamento de marés contém uma barragem, construída em um estuário e equipada com uma série de comportas, que permite a entrada de água para a baía. Na barragem são instalados os grupos turbo-geradores.

A barragem pode ser operada de diversas maneiras. O método mais simples utilizado é conhecido como geração na maré alta. Durante a maré alta, a água entra na baía através das comportas e é mantida até a maré recuar suficientemente e criar um nível satisfatório em que a água é liberada por meio das turbinas para geração de eletricidade. O processo de liberação das águas é mantido até a maré começar novamente a subir, fazendo com que a diferença de nível caia abaixo de um ponto de operação mínimo. Tão logo a água começa a subir, ela começa a entrar na baía novamente, repetindo o ciclo.

Um segundo método gera eletricidade no ciclo inverso ao anterior, quando a maré flui para fora da baía. Essa técnica não é especialmente eficiente, pois a natureza da inclinação das baías geralmente resulta em baixa produção de energia.

Outro método consiste em extrair energia da maré alta e baixa. No entanto, nem sempre significa mais energia, porque a geração de energia durante a subida da maré irá restringir o reenchimento da baía e limitar a quantidade e energia que pode ser gerada durante a maré alta.

Um fator importante a ser considerado em um projeto de aproveitamento das marés para geração de energia é o comprimento da barragem, necessário para fechar a baía (e aprisionar a água depois que ela é levada pela maré). A relação comprimento da barragem e área total da baía permite comparar diferentes locais, sendo sempre desejável um valor pequeno para essa relação.

Energia das ondas

As ondas, criadas pela interação dos ventos com a superfície do mar, contém energia cinética, que é descrita pela velocidade das partículas de água; a energia potencial, que é uma função da quantidade de água deslocada do nível médio do mar. O aumento da altura e do período das ondas e, consequentemente, dos níveis de energia, depende essencialmente da faixa da superfície do mar sobre o qual o vento sopra e de sua duração e intensidade. Influem ainda sobre a formação das ondas os fenômenos de marés, as diferenças de pressão atmosférica, os abalos sísmicos, a salinidade e a temperatura da água.

A maior concentração da energia das ondas ocorre entre as latitudes 40 e 60° em cada hemisfério, onde os ventos sopram com maior intensidade. A conversão de energia das ondas em eletricidade não é simples, em virtude da baixa frequência das ondas (ao redor de 1 hertz), devendo ser aumentada para a velocidade de rotação das máquinas mecânicas e elétricas.

O pioneiro da tecnologia moderna foi Yohio Masuta, no Japão, em 1940, que desenvolveu uma boia de navegação alimentada por energia de onda, equipada com uma turbina a ar, que era, na verdade, o que mais tarde foi nomeado como coluna de água oscilante. Porém, a primeira usina foi construída na França, "La Range", em 1966.

A crise do petróleo, em 1973, induziu uma grande mudança no cenário das energias renováveis, pois despertou o interesse pela produção em larga escala de geração baseada no uso da energia das ondas. O governo britânico começou, em 1975, um ambicioso programa de pesquisa, sendo seguido, em 1985, pelo governo norueguês. Nos anos seguintes, até o início dos anos 1990, a atividade na Europa permaneceu principalmente em nível acadêmico.

Em 1991, a comissão europeia de energia das ondas, pelo seu programa de P&D em energia renováveis, decidiu apoiar o desenvolvimento da tecnologia e a construção de plantas. Desde então, cerca de 30 projetos de energia das ondas foram financiados.

Nos últimos anos, houve crescente interesse em energia das ondas no Brasil, EUA, Canadá, Coreia do Sul, Austrália, Nova Zelância, Chile, Inglaterra, Argentina, Índia, Rússia, México e outros.

Os sistemas desenvolvidos para extrair a energia das ondas podem interagir com as ondas de diversas maneiras, de acordo com algumas de suas propriedades:

- Variação no perfil da superfície (inclinação e altura das ondas).
- Variações de pressões abaixo da superfície.
- Movimento orbital das partículas fluidas abaixo da superfície.
- Movimento unidirecional de partículas, ou seja, movimento de grandes massas de água na arrebentação, que pode ser provocado natural ou artificialmente.

Estes sistemas podem incluir:

- Estruturas flutuantes, que são balsas atracadas na superfície do mar ou perto dela.
- Estruturas articuladas, chamadas de "seguidores de superfície", pois acompanham o perfil das ondas.
- Equipamentos de bolsas flexíveis que enchem de ar com o crescimento das ondas.
- Colunas d'água oscilantes (OWC), que agem como um pistão para bombear ar (e podem flutuar ou serem fixadas na superfície do mar ou abaixo dela).

- Equipamentos de focalização, usando câmaras perfiladas que aumentam a amplitude das ondas e, portanto, acionam bombas pneumáticas ou enchem um reservatório na linha da costa.

No Brasil, no litoral do Ceará, foi instalada a primeira usina da América Latina, ainda em fase experimental, movida pela força das ondas do mar. Trata-se de um projeto de 100 kW. O sistema de geração foi criado pela Engenharia da Coppe (UFRJ) e patenteado nos EUA. O projeto teve apoio do Governo do Ceará e foi financiado pela Tractel Engenharia por meio de um programa de Pesquisa e Desenvolvimento da Aneel. A Figura 4.17 mostra o sistema instalado no litoral do Ceará.

Figura 4.17 – Usina de energia das ondas instalada no litoral do Ceará.
Fonte: USP (2018b).

Energia proveniente do calor dos oceanos (gradiente térmico)

Uma parte significativa da radiação solar incidente na superfície da Terra é usada no aquecimento das águas do oceano. Essa temperatura decresce com a profundidade dos oceanos. O conceito de conversão de energia térmica dos oceanos (Ocean Thermal Energy Conversion – Otec) explora a diferença de temperatura para produzir eletricidade. Nas regiões tropicais, a superfície do mar chega a atingir temperaturas próximas de 25°C, em contraste com os 5°C de temperatura existentes em profundidades de 1.000 m. Como a eficiência da operação dos ciclos de potência é baixa com pequenas diferenças de temperatura, uma Otec é viável apenas em regiões com gradiente térmico de 20°C ou mais.

As plantas Otec podem ser construídas em terra ou instaladas em plataformas flutuantes ou barcos no mar. Em ambos os casos, o componente essencial é o enorme tubo requerido para levar a água fria à superfície. Para uma planta de 100 MW, o tubo pode alcançar 20 m de diâmetro e comprimento de 600 a 1.000 m.

Tais plantas são projetadas para trabalharem em ciclos abertos ou fechados. Em ciclo fechado, a água quente da superfície é bombeada para um evaporador, no qual um fluido de trabalho (amônia, propano ou freon) é evaporado. O vapor flui por meio da turbina para o condensador, onde é refrigerado e condensado pela água fria bombeada da profundidade do oceano. O fluido condensado é bombeado para o evaporador, fechando o ciclo. Em um ciclo aberto, a água do mar serve como fluido de trabalho e fonte de energia. A água quente do mar é evaporada em uma pressão baixa (0,003 bar), em um *flash evaporator*. O vapor resultante passa então pela turbina e é condensado ou pelo contato direto com a água fria do mar ou pelo condensador de superfície. Em ambos os casos, a condensação do vapor causa diferença de pressão por meio da turbina, que cria um fluxo de vapor suficiente para acionar um gerador e produzir eletricidade. A Figura 4.18 mostra uma planta Otec operando em ciclo fechado.

Usinas geotérmicas

A energia geotérmica é a energia obtida a partir do calor proveniente do interior da Terra. A temperatura do solo aumenta conforme a profundidade, mas, em virtude das zonas de intrusões magmáticas, existem regiões muito mais quentes e mais próximas da superfície, a um potencial geotérmico elevado.

A energia geotérmica é considerada limpa, e seu aproveitamento para geração de eletricidade é igual ao de uma termelétrica, pois o calor produz o vapor de água que movimenta a turbina. Outra grande vantagem é a densidade energética da planta, sendo que a geração geotérmica não precisa de reservatórios e não gera resíduos.

É uma das poucas formas de energia renováveis que não são obtidas direta ou indiretamente da radiação solar. A temperatura de milhares de graus vem do interior da Terra, do magma. Parte da energia do seu aquecimento provém do decaimento radioativo de isótopos de urânio-235, urânio-238, tório-232 e potássio-40. A perda de calor até a superfície gera esse gradiente de calor, aquecendo aquíferos. Na Europa, por exemplo, a cada 30 m de profundidade, a temperatura sobe 1°C.

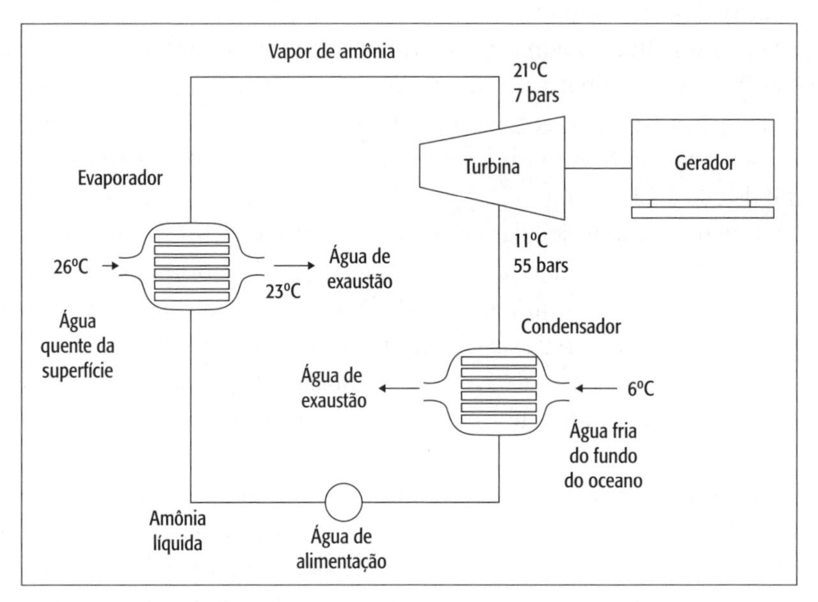

Figura 4.18 – Planta Otec operando em ciclo fechado.
Fonte: Philippi Jr e Reis (2016).

A energia geotérmica está associada a um aquífero, que é uma formação geológica do subsolo constituída por rochas permeáveis, que armazena água em seus poros e fraturas. O aquífero pode ter extensão de poucos a milhares de quilômetros quadrados, ou pode apresentar espessuras de poucos a centenas de metros. Etimologicamente, a palavra *aquífero* pode ser decomposta em: aqui = água; fero = transfere.

Há muitos anos, cientistas reconheceram que o calor existente no subsolo terrestre apresenta um bom potencial para substituir os combustíveis fósseis na geração de eletricidade. A exploração geotérmica teve início na Grécia e na Roma Antiga, onde a água quente era aproveitada para medicina, lazer e uso doméstico.

A primeira usina geotérmica no mundo foi criada em 1904, na Itália (Larderello), e em 1913 já produzia 250 kWe. Hoje, a planta produz 700 MWe e tem previsão de produzir 1 GWe. O projeto de Gaysers, na Califórnia, foi o primeiro do tipo nos EUA, com uma potência instalada de 2,8 GWe. Países com grande potencial geotérmico são: Itália, Islândia, EUA, México, Filipinas, Nova Zelândia, Japão, Turquia, Rússia, China, França, Indonésia, El Salvador, Quênia e Nicarágua.

A energia geotérmica, assim com a biomassa, se for explorada de forma sustentável, pode se configurar em uma fonte não renovável de energia.

Célula a combustível

Células a combustível são dispositivos eletroquímicos em que ocorrem reações de oxirredução, similares a uma bateria, porém, a massa ativa é externa, normalmente na forma de gás nitrogênio. São equipamentos que transformam energia química de combustíveis diretamente em energia elétrica, com uma eficiência em torno do dobro de qualquer máquina térmica.

A geração de energia elétrica através das células a combustível ocorre por meio de duas reações eletroquímicas parciais de transferência de carga em dois eletrodos separados, em um eletrólito apropriado; ou seja, a oxidação de um combustível no ânodo e a redução de um oxidante no cátodo. Escolhendo-se, por exemplo, hidrogênio como combustível e oxigênio (do ar ambiente) como oxidante, têm-se, na denominada célula ácida, a formação de água e a produção de calor, além da liberação de elétrons para um circuito externo, que podem gerar trabalho elétrico.

Atualmente existem vários tipos de células a combustível comerciais, classificadas conforme seu eletrólito:

- Célula a combustível de membrana polimérica (PEM).
- Célula a combustível de ácido fosfórico (PAPC).
- Célula a combustível de carbonato fundido (MCFC).
- Célula a combustível de óxido sólido (SOFC).
- Célula a combustível alcalina (AFC).
- Célula a combustível de membrana polimérica (PEMFC).

O Quadro 4.2 apresenta uma comparação entre os tipos de células a combustível (CAC).

Quadro 4.2 – Comparação de vantagens e desvantagens entre os tipos de CAC

Tipo	Combustível	Vantagens	Desvantagens
PEMFC (polímero sólido)	H_2 e gás natural, metanol ou etanol reformado	Alta densidade de corrente, operação flexível	Contaminação do catalizador com CO (< 10 ppm) Custo da membrana
AFC (alcalina)	H_2	Alta eficiência (83% teórica)	Sensível a CO_2 (< 50 ppm) Gases ultrapuros
PAFC (ácido fosfórico)	Gás natural ou H_2	Maior desenvolvimento tecnológico	Moderada tolerância ao CO (< 2%), corrosão dos eletrodos
DMFC (metanol direto)	Metanol	Utilização de metano direto	Baixa eficiência, baixo tempo de vida útil da membrana
MCFC (carbonato fundido)	Gás natural, gás de síntese	Tolerância a CO e CO_2	Materiais resistentes, reciclagem de CO_2
SOFC (óxido sólido)	Gás natural, gás de síntese	Alta eficiência, a reforma do combustível pode ser feita na célula	Totalmente tolerante ao CO, expansão térmica, problema de materiais

Fonte: Philippi Jr e Reis (2016).

Uma célula a combustível pode converter em torno de 83% da energia contida em um combustível em energia elétrica e calor, pois não há dependência, como no Ciclo de Carnot. Hoje, as células a combustível podem operar com eficiência de 60%.

Centrais de produção de energia através de células, por não possuírem partes móveis, apresentam maiores níveis de confiança se comparadas aos motores de combustão interna e às turbinas de combustão. Não sofrem paradas bruscas em razão do atrito ou falhas das partes móveis durante sua operação.

A substituição de centrais termelétricas convencionais que produzem eletricidade a partir de combustíveis fósseis por células a combustível melhorará a qualidade do ar em virtude da ausência de emissão de poluentes particulados no ar (fuligem), como éxidos nitrosos e sulforosos que causam chuvas ácidas e *smog*, e reduzirá o consumo de água e efluentes.

A flexibilidade no planejamento, incluindo a modulação, resulta em benefícios financeiros estratégicos para as unidades de células a combustível e para os consumidores. As células a combustível podem ser desenvolvidas para funcionarem a partir do etanol, metanol, gás natural, gasolina e outros combustíveis de baixo custo para extração e transporte. Um reformador químico que produz hidrogênio enriquecido possibilita a utilização de vários combustíveis gasosos ou líquidos, com baixo teor de enxofre. Na qualidade da tecnologia alvo de interesse recente, as células a combustivel apresentam um elevado potencial de desenvolvimento. Em contraste, as tecnologias competidoras das células a combustível, incluindo turbinas a gás e motores de combustão interna, já atingiram um estado avançado de desenvolvimento.

Na natureza, o hidrogênio é encontrado ligado ao carbono (hidrocarbonetos) ou ao oxigênio (água), em 70% da superfície terrestre. A quebra dessas ligações, permite produzir hidrogênio gasoso para ser utilizado como combustível. Existem muitos processos que podem ser utilizados para quebrar essas ligações, e todos exigem energia em forma de calor ou radiação solar. Alguns métodos são usados ou estão em desenvolvimento para a produção de hidrogênio. São eles (Philippi Jr e Reis, 2016):

- Reforma de combustíveis líquidos e gasosos.
- Conversão biológica.
- Eletrólise.
- Rota termoquímica.

EFICIÊNCIA ENERGÉTICA E CONSERVAÇÃO DE ENERGIA

Em capítulos anteriores deste livro foram apresentadas soluções energéticas orientadas à sustentabilidade, nas quais se enfatiza, em diversos aspectos, a importância da eficiência energética e da conservação de energia.

No cenário das discussões internacionais e locais sobre sustentabilidade energética, o tema da eficiência está entre os prioritários. Dessa forma, não se pode ter a pretensão de explorar o assunto nesta obra além do necessário para que o leitor possa reconhecer conceitos básicos e atividades voltadas à eficiência energética e à conservação de energia, sugerindo-se pesquisa da vasta literatura disponível sobre o assunto, além da bibliografia aqui apresentada, para aprofundamento no tema.

Com esse objetivo, o capítulo consta dos seguintes tópicos, que são apresentados em seguida:

- Cenário energético da eficiência e conservação.
- Tecnologias, ações de conservação e gestão eficiente de energia.
- Indicadores e níveis de eficiência energética.

- Cenário brasileiro da eficiência energética.
- Eficiência energética e energia inteligente.

Cenário energético da eficiência e conservação

Ao se direcionar o foco para a conservação de energia ou de algum recurso natural, há uma tendência a considerar que o incentivo para economizá-lo venha somente da percepção de sua escassez. Na economia moderna, há quem argumente que esse controle se evidencia principalmente nas leis de mercado, em que as variações entre oferta e procura são refletidas em alterações de preço que, por sua vez, tendem a regular o mercado.

Muito se tem discutido sobre a capacidade do mercado de indicar a escassez de recursos naturais e, dessa forma, promover a sua preservação. Uma linha de economistas ambientais acredita que é possível internalizar o valor dos recursos naturais dentro dos cálculos de custo de produção para atingir esse objetivo. Outra linha argumenta que a variação de preços apenas serve para regular o desequilíbrio temporário entre a oferta e a procura, mas não é eficiente para refletir a escassez absoluta, como no caso da exploração desenfreada de recursos naturais a ponto de levar à exaustão.

De fato, pode-se observar como os recursos naturais renováveis são extraídos em um ritmo que não permite a renovação de seus estoques, e vendidos a preços baixos, a despeito de sua eminente exaustão. Como exemplo, podemos citar as madeiras tropicais, que continuam a ser exploradas em ritmo acelerado e são vendidas a preços ainda módicos nos maiores mercados consumidores.

O mesmo acontece com recursos não renováveis de grande importância na economia moderna, como, por exemplo, o petróleo, cujo preço vem decrescendo a despeito de uma expectativa limitada da duração de suas reservas, e apesar dos efeitos negativos que sua exploração e uso impõem ao meio ambiente e à saúde pública.

Portanto, é importante combinar políticas de preço para correção de distorções nos mercados de recursos naturais com políticas que favoreçam o uso de recursos renováveis e verdadeiramente garantam sua renovação. Em uma economia de mercado, é extremamente importante assinalar o verdadeiro custo de um produto ou recurso, a fim de que o consumidor possa contribuir para o seu uso racional. É ainda necessário que se promova a conscientização da importância de preservar o meio ambiente e que sejam procuradas alternativas facilitadoras desse processo.

Além disso, há a questão do desequilíbrio das forças do mercado e a evolução tecnológica, que também deve ser levada em conta. Análise de custos completos, associada a um processo de educação, informação e decisão participativa dos consumidores e dos afetados diretamente pela degradação dos recursos (que muitas vezes não é o consumidor), acena com início promissor para um caminho, visando outra forma de organização humana, sustentável.

As fontes energéticas impactam com maior ou menor intensidade o meio ambiente. Os grandes avanços tecnológicos nas técnicas de uso da energia nesse último século incidiram com um custo elevado sobre o meio ambiente e a sociedade, por meio da poluição do solo, do ar e da água, e do agravamento das condições de saúde das populações. Há uma desarmonia na relação do homem com a tecnologia, sobretudo por causa da sobrevalorização dos aspectos econômicos, que fere profundamente a ordem natural da vida.

Nesse cenário energético da eficiência e conservação da energia, se ressaltam duas questões:

- Os aspectos complementares e sinérgicos das ações associadas à eficiência energética, conservação de energia e ao uso racional da energia, tratados em "Conservação de energia, eficiência energética e uso racional da energia".
- Os aspectos institucionais relacionados às barreiras e incentivos usualmente encontrados por projetos de eficiência energética e conservação de energia, importantes para situar as dificuldades encontradas pelos projetos de eficiência energética e conservação de energia por conta da oposição de grupos de interesse e de pressão historicamente estabelecidos. Tratados no tópico "Aspectos institucionais: barreiras e incentivos".

Conservação de energia, eficiência energética e uso racional da energia

A conservação de energia elétrica pode ajudar a preservar o meio ambiente e, dessa forma, aumentar também a qualidade de vida. Além disso, a conservação de energia poderá implicar considerável economia para o consumidor, principalmente em indústrias em que a energia é insumo significativo. Na esfera domiciliar, a participação ativa do consumidor no uso racional da energia terá efeitos substanciais no controle da demanda, ao mesmo tempo em que implicará ganhos no orçamento familiar.

Essas ações podem ser realizadas por meio de medidas tanto do lado da oferta de energia, racionalizando-se a produção e distribuição, como do lado da demanda, atuando-se nos usos finais. A demanda pode ser influenciada, por exemplo, pela regulamentação de preços no sentido de refletir os verdadeiros custos de produção e impactos ambientais. Tais ações, adequadamente gerenciadas, poderão, não só melhorar o cenário ambiental e social, como resultar em considerável economia para o consumidor, principalmente em indústrias nas quais a energia é insumo significativo. A participação ativa dos diversos tipos de consumidores no uso racional da energia terá efeitos substanciais no controle da demanda, na qualidade dos serviços energéticos e na economia do setor energético.

No contexto geral da eficiência energética, entende-se por racionalização uma série de medidas que têm em vista a redução do consumo, sem que haja perda de comodidade por parte do consumidor. Portanto, a internalização dos custos de produção e distribuição no preço final da energia elétrica não é suficiente para alcançar a racionalização máxima dos recursos energéticos. Uma boa maneira de racionalizar energia é aumentar a eficiência dos equipamentos utilizados, o que significa ter um equipamento que despenda o mínimo de energia possível para realizar suas tarefas, ou seja, que tenha o mínimo de perdas possível. Um exemplo pode ser dado pelos diferentes tipos de lâmpadas: uma lâmpada será mais eficiente quanto mais energia elétrica e menos calor ela puder converter em luz visível.

Em resumo, conservar energia sem comprometer o crescimento da economia implica abordar questões como a produção de equipamentos que apresentem consumo mais eficiente, preparar a população e os setores produtivos para que utilizem adequadamente as novas tecnologias e garantir a necessária proteção ambiental, além de conscientizar os atores do setor energético das vantagens da conservação. No entanto, no contexto do desenvolvimento sustentável, não se pode esquecer a necessidade de universalização do atendimento; a má distribuição de renda que restringe o acesso às tecnologias mais apropriadas e a importância de educação e transparência de informações. O que, certamente, é um grande desafio para os países em desenvolvimento, nos quais, pelo menos durante período razoável, conservação de energia poderá significar muito mais um desaperto para permitir o atendimento da demanda reprimida do que um ganho direto em economia de energia.

Em certos países industrializados, a situação é bem diferente, sendo possível notar uma redução no consumo de materiais como, por exemplo, ferro e cimento. Isso se deve às novas tecnologias para diminuição e substituição de materiais, reciclagem e variações no nível de investimentos em infraestrutura, o que influencia diretamente no consumo de diversos materiais. Atualmente, os países industrializados mostram ainda tendência para a introdução de tecnologias, leis e políticas de preços que favoreçam a obtenção de maior eficiência energética.

Por outro lado, a modernização da economia nos países em desenvolvimento tem significado uso crescente e em ritmo acelerado de combustíveis fósseis e eletricidade, proporcionando mobilidade, iluminação, condicionamento ambiental, lazer, produção de bens e oferta de serviços. Nesses países, existe uma vantagem potencial de que a modernização é feita com equipamentos mais eficientes energeticamente. Existe hoje um relativo barateamento desses equipamentos, em função da maior escala de produção e consumo destes.

Tradicionalmente, a adoção de novas tecnologias em países em desenvolvimento se dá na medida em que essas tecnologias se tornam mais baratas. Entretanto, fala-se hoje em uma adoção imediata das tecnologias mais modernas – *leap-frogging* – particularmente nos países com desenvolvimento acelerado. Só assim o modelo de desenvolvimento do pós-guerra poderá ser evitado e passaremos mais diretamente para um processo de desenvolvimento sustentável.

Nesse contexto, a eficiência energética apresenta-se como um dos tópicos centrais para a conservação de energia, constituindo-se em uma variável resultante da interação de diversos fatores econômicos, políticos e sociais. Por isso mesmo, ela é influenciada diretamente por mudanças estruturais na economia, caracterizadas por alterações nos padrões tecnológicos e no conteúdo energético do sistema produtivo como um todo e outros fatores, tais como o uso racional da energia, hábitos de consumo e padrão de vida das populações, que também produzem alterações nos níveis de eficiência energética. Como resultado, a conservação de energia requer uma mudança significativa de estruturas e hábitos bastante arraigados na sociedade como um todo.

Assim, as áreas de atuação no campo da conservação energética são extremamente vastas, podendo-se trabalhar desde a informação dos consumidores por intermédio de campanhas publicitárias até a modificação de estruturas tarifárias de modo a induzir consumidores e concessionárias a investirem na conservação de energia. Áreas de ação que podem ser subdivididas em: educação; legislação; tarifação e incentivos; tecnologia e pesquisa. O que fará com que os programas de conservação possam assumir diferentes características.

Aspectos institucionais: barreiras e incentivos

Embora já exista grande conhecimento e experiência prática sobre estratégias políticas, formas gerenciais e alternativas tecnológicas para conservação e uso mais racional da energia, sua aplicação depende fortemente do cenário institucional, tecnológico e social de determinado país.

Dificuldades maiores são encontradas nos países em desenvolvimento e, no geral, podem ser reconhecidas muitas barreiras que impedem um rápido avanço nos níveis de eficiência energética possíveis de ser alcançados, sendo as mais importantes resumidas a seguir.

Barreiras técnicas e econômicas

Custos e incertezas relacionados a novas tecnologias

Embora várias tecnologias para maior eficiência energética já estejam disponíveis, muitas delas são ainda caras se comparadas a outras menos eficientes e já estabelecidas no mercado. Tecnologias que vêm sendo utilizadas há mais tempo tendem a oferecer maior credibilidade quanto à sua capacidade de prestação de serviço, além de serem facilmente adquiridas no mercado.

Falta de conhecimento detalhado sobre as vantagens econômicas e ambientais das várias fontes de energia e seus usos finais

Apesar da existência de vários estudos generalizados, é necessária a realização de estudos específicos e detalhados em âmbito regional – e às vezes local – para que se tenha um quadro claro dos recursos necessários dentro de um programa de conservação e do retorno que é possível obter. A inserção das questões ambientais nesses estudos é essencial, mesmo que seja difícil, já que vários recursos naturais não possuem ainda um valor de mercado, o que favorece uma desvalorização do meio ambiente na comparação de alternativas.

Falta de recursos para avanços tecnológicos

Em países em desenvolvimento, a falta de recursos para pesquisa e desenvolvimento é um fator limitante do avanço tecnológico. Muitas empresas não têm recursos para o desenvolvimento de seus produtos internamente. Além disso, a falta de linhas de crédito específico para investimentos em novas tecnologias e a aversão a riscos também dificultam a adoção de inovações.

Custos relacionados à promoção da eficiência energética e do uso de fontes alternativas

A alocação de recursos para um programa de eficiência energética depende de decisões políticas e comprometimento empresarial. Cabe aos órgãos técnicos responsáveis informar sobre o potencial de conservação e que medidas de conservação as vantagens econômicas podem proporcionar, a fim de motivar uma participação ampla dos vários setores da economia em programas para aumento de eficiência energética.

Barreiras relacionadas aos produtores, distribuidores e fabricantes de equipamentos

Dilema dos fornecedores

Não é de estranhar a resistência aos investimentos em conservação de energia por parte das concessionárias de energia, uma vez que seus lucros são diretamente proporcionais ao consumo de energia. Para evitar esse problema, poderiam ser estabelecidas tarifas especiais que implicassem aumento e não diminuição do lucro da concessionária que se engajasse fortemente em ações para diminuição nas perdas de rede de distribuição e diminuição da demanda.

A centralização da geração

Durante muito tempo incentivou-se a centralização da geração em usinas de grande porte, sejam elas de origem hidráulica, térmica ou nuclear. Isso implica perdas de linha e investimentos no sistema de transmissão, uma vez que é comum o centro gerador encontrar-se distante do centro consumidor. Do ponto de vista econômico e técnico, a utilização de unidades geradoras descentralizadas, como nos sistemas de geração distribuída (GD) pouparia recursos significativos tanto em termos de perdas de linha como em sistema de transmissão, pois estas estariam mais próximas dos centros consumidores.

A resistência à eficiência

Este é um problema diretamente ligado aos custos de produção, uma vez que equipamentos mais eficientes são mais dispendiosos. Isso muitas vezes leva os fabricantes a produzir produtos mais baratos e ineficientes. Para minimizar esse processo perverso pode-se promover a etiquetagem de equipamentos com informações a respeito de seu desempenho, assim como incentivar o estabelecimento de níveis mínimos de eficiência, que seriam revistos ano a ano, de modo a permitir a comercialização somente dos equipamentos que atingissem tais níveis.

Barreiras relacionadas aos consumidores

A falta de informação

A falta de informação de grande parte do público a respeito dos benefícios provenientes da conservação de energia, tanto em âmbito doméstico como corporativo, é questão central no processo de aumento da eficiência do uso de energia. Isso poderia ser combatido por meio de campanhas de esclarecimento e incentivos fiscais e legais, de modo a fazer da conservação de energia um assunto de relevância pública.

Dificuldades de investimentos iniciais para as camadas mais baixas da população

Mesmo que as campanhas e os incentivos fiscais e legais sejam levados a cabo, como supracitado, deve haver preocupação com a capacidade de investimentos iniciais das camadas econômicas mais baixas da população. Para que medidas de conservação de energia sejam realizadas, muitas vezes é necessário substituir uma tecnologia por outra mais eficiente, em geral mais cara. Torna-se, então, necessária a criação de programas que favoreçam as camadas menos abastadas da população, possibilitando o seu acesso às tecnologias energeticamente eficientes.

Indiferença

Esse problema está diretamente relacionado aos consumidores que enxergam na energia um insumo barato e com baixa participação no preço final de seu produto, o que acaba desestimulando os investimentos em programas de conservação de energia. Para evitar esse problema, deve-se estabelecer preços realistas para os combustíveis e para a energia elétrica, incentivando de forma institucional e financeira as medidas de conservação de energia, de modo a torná-las atraentes aos olhos de eventuais investidores.

Falta de apoio

Existem consumidores que possuem motivação e conhecimento técnico a respeito da necessidade de conservação de energia, mas encontram dificuldades em identificar oportunidades de conservação e de quantificar a energia que pode ser economizada. Essa dificuldade poderia ser contornada com incentivos à formação de empresas especializadas em quantificar o potencial de redução de consumo de energia elétrica e em estudar a utilização de fontes de energia alternativas: solar, cogeração a gás, eólica e biomassa, entre outras.

Instabilidade econômica

Os custos e benefícios da conservação da energia dependem muito dos preços futuros da energia. Com essa incerteza, os consumidores tendem a adiar investimentos em conservação de energia, algo que pode ser superado com um plano de estabilização ou de mudança lenta e prolongada dos preços de energia, além da oferta de financiamento em longo prazo ou de investimentos com taxas garantidas de retorno.

Ineficiência resultante do desinteresse de terceiros

Existem consumidores que possuem todos os requisitos para efetuar programas de conservação de energia com capital, conhecimento de causa e acesso a especialistas, mas estão na infeliz posição de utilizar instalações ou equipamentos ineficientes de terceiros. Um caso clássico é o dos locatários que moram em casas com sistemas de aquecimento e refrigeração deficientes, devendo pagar as contas de energia sem que o proprietário se interesse em trocá-los. Uma forma de mudar esse quadro seria o incentivo à etiquetagem dos equipamentos, informando sobre seu desempenho, e campanhas de esclarecimento aos consumidores para que possam exercer pressão sobre os fabricantes de equipamentos.

Barreiras sociais, políticas e institucionais

As necessidades humanas básicas das camadas desfavorecidas da população

Quando se pensa em termos de medidas para aumentar a eficiência do sistema energético, não podemos esquecer da grande população de baixa renda que precisa ser atendida ao menos em suas necessidades mais básicas. O acesso dessa população à energia elétrica pode depender de subsídios especiais, que precisam ser financiados pela sociedade. Além de afetar a demanda total de energia, isso atinge também o custo total do sistema de produção e distribuição, com implicações diretas no custo total que deve ser repassado aos consumidores.

Compatibilidade das estratégias e políticas energéticas com problemas globais

É extremamente importante que o planejamento energético estratégico leve em conta a busca pela sustentabilidade, trabalho que vem sendo canalizado por meio de iniciativas globais, como a Agenda 21, a Convenção do Clima e outros acordos internacionais. As políticas de ação englobarão o enfoque de fontes renováveis de energia, como a solar, a eólica e a biomassa; uso de equipamentos mais eficientes, como motores, carros, caldeiras e fornos; sinergia de tecnologias que permitam o uso simultâneo de diversos usos finais, como a cogeração de calor e potência; mudanças gerenciais no setor energético etc.

Tecnologias, Ações de Conservação e Gestão Eficiente de Energia

Aspectos importantes deste cenário, são:

- Metologias e técnicas de conservação de energia.
- Sistemas de gestão energética.
- Eficiência energética e o ambiente construído.

Tais aspectos são abordados especificamente a seguir.

Metodologias e técnicas de conservação de energia

Técnicas de conservação

As técnicas de conservação de energia podem ser divididas em dois grandes grupos: técnicas passivas e técnicas ativas.

São denominadas *técnicas passivas* aquelas que aproveitam a luz solar, os ventos locais, as sombras de vegetações circunvizinhas, as condições climáticas de umidade da região etc., e também elementos de auxílio à conservação de energia e ao conforto humano.

As *técnicas ativas* são aquelas que atuam sobre sistemas ou equipamentos que necessitam de um energético não passivo para funcionamento. São, por exemplo, as técnicas que visam à substituição de equipamentos pouco eficientes energeticamente por outros, mais eficientes.

Na aplicação das técnicas de conservação de energia elétrica utilizada em auditorias energéticas, deve-se lembrar que, além do insumo energético eletricidade, existem também outros energéticos, como o gás natural, por exemplo, que podem ser utilizados na substituição da eletricidade.

Em auditorias energéticas, a utilização conjunta de técnicas passivas e ativas para conservação de energia é muito importante. Por exemplo, em sistemas de iluminação, o aproveitamento da iluminação natural proveniente das áreas envidraçadas, em conjunto com a utilização de lâmpadas eficientes, pode trazer economias apreciáveis de energia.

Uso racional da energia e suas fontes de obtenção

As áreas de atuação no campo da conservação energética são extremamente vastas; é possível trabalhar desde a informação dos consumidores, por intermédio de campanhas publicitárias, até a modificação de estruturas tarifárias, de modo a induzir consumidores e concessionárias a investir na conservação de energia. Basicamente, as áreas de ação podem ser divididas da seguinte maneira:

- Educação.
- Legislação.
- Tarifação e incentivos.
- Tecnologia e pesquisa.

Em decorrência do grande número de campos disponíveis para atuação, e considerando também a enorme diversidade de setores e níveis nos quais a conservação de energia pode ser tratada, os programas de conservação assumem diferentes características.

Sistemas de gestão energética

Um sistema de gestão energética é formado basicamente por ações de comunicação, diagnóstico e controle, complementados pela criação de uma Comissão Interna de Conservação de Energia (Cice).

Esse sistema, em geral, abrange as seguintes medidas:

- Conhecimento das informações associadas aos fluxos de energia, às variáveis que influenciam os mesmos fluxos e aos processos que utilizam a energia, direcionando-a a um produto ou serviço.

- Acompanhamento dos índices e indicadores que possam servir de controle à evolução energética, como, por exemplo, consumo de energia (total, por unidade), custos específicos dos diversos energéticos, características básicas do consumo, valores médios, contratados, faturados e registrados de energia.
- Atuação com vistas a modificar os índices e indicadores de forma a reduzir o consumo de energéticos.

Um produto importante neste contexto é o diagnóstico energético, que deve incluir pelo menos as seguintes etapas: estudo dos fluxos de materiais e produtos; caracterização do consumo energético; avaliação das perdas de energia; desenvolvimento de estudos para determinar as alternativas técnicas mais econômicas para redução do consumo e das perdas.

Um relatório de diagnóstico energético deve conter pelo menos os seguintes itens:

- Com relação aos *sistemas elétricos*: levantamento da carga elétrica instalada; análise das condições de suprimento (qualidade do suprimento, harmônicas, fator de potência, sistema de transformação); estudo do sistema de distribuição de energia elétrica (corrente; variações de tensão, estado das conexões elétricas); estudo do sistema de iluminação: (iluminância; análise de sistemas de iluminação, condições de manutenção); estudo de motores elétricos e outros usos finais (estudo dos níveis de carregamento e desempenho, condições e manutenção).
- Com relação aos *sistemas térmicos e mecânicos*: estudo do sistema de ar condicionado e exaustão (sistema frigorífico, níveis de temperatura medidos e de projetos, distribuição de ar); estudo do sistema de geração e distribuição de vapor (desempenho da caldeira, perdas térmicas, condições de manutenção e isolamento); estudo do sistema de bombeamento e tratamento de água; estudo do sistema de compressão e distribuição de ar comprimido.
- Com relação aos *balanços energéticos*: análise de uso racional da energia, por exemplo, por meio de estudos técnicos e econômicos das possíveis alterações operacionais e de projeto, como por exemplo, da viabilidade econômica da implantação de sistemas de alto rendimento e de automação e controle digital para melhorar o desempenho energético.

Há estreita relação entre a gestão de energia e o planejamento e matrizes energéticas. Quando são desenvolvidos projetos específicos de eficiência energética em sistemas dos setores industrial, comercial e predial, deve-se enfocar a matriz energética local, considerando-se gestão e planejamento ao nível dos empreendimentos em análise. A construção das matrizes locais pode ser efetuada por um processo estruturado de atividades, que também permitirá monitoração e reavaliação continuadas ao longo do tempo, em função do comportamento das variáveis básicas que influenciam os fluxos energéticos (e de outros recursos) associados ao(s) empreendimento(s). Neste caso, o sistema de gestão energética utilizará dados e informações da matriz energética e se alinhará com o planejamento estratégico do empreendimento.

Eficiência energética e o ambiente construído

A questão da relação da eficiência energética com o ambiente construído tem tido importância crescente no cenário energético, principalmente em razão do formidável crescimento recente da urbanização e da tendência à formação de megalópoles e grandes conglomerados urbanos.

Nesse contexto, tem sido preocupação constante das áreas de urbanização, arquitetura, engenharia e diversas outras, que se inserem no cenário multi e interdisciplinar que envolve essa complexa questão.

Neste capítulo, apresenta-se apenas breve introdução ao assunto, com ênfase nas certificações voluntárias e sua evolução ao longo do tempo. Para maior aprofundamento, citam-se as referências *Eficiência energética em edifícios* e *Energia e sustentabilidade* (Cap. 18, "Cidades e Edificações"; e Cap. 19, "O maravilhoso mundo da Urbanização: urbanização, densidade, eficiência energética e sustentabilidade").

Especificamente após a crise de 1973, que repercutiu de fato nos primeiros três meses de 1974, além da criação da AIE, outro passo importante foi dado no âmbito específico dos edifícios: o desenvolvimento dos primeiros regulamentos com restrições ao consumo de energia, apoiados por força de lei e conhecidos como regulamentos energéticos. Antes da implantação desses regulamentos, o setor dos edifícios, em todo o mundo, nas áreas correlatas à eficiência energética, dependia, para a sua melhor eficiência, do desejo do arquiteto ou do empreendedor em adotar medidas que trouxessem eficiência. Tais medidas eram implantadas por decisões voluntárias dos projetistas ou proprietários. Como apoio técnico e embasamento, muitos países já possuíam cadernos técnicos de apoio ao arquiteto nessas áreas. Tais publicações foram desenvolvidas por institutos de tecnologia governamentais ou organizações da sociedade civil.

Nesse momento surgem as ferramentas de certificação ambiental voluntária, visando à sustentabilidade, como uma resposta do terceiro setor para a questão ambiental, com os chamados selos verdes. Esses selos não são utilizados por força de lei e são usados como opção do mercado e por exigência do cliente. Os custos para obtenção de um edifício certificado são ligeiramente mais elevados nos países mais desenvolvidos como Estados Unidos, Canadá, Austrália, entre outros; ou seja, cerca de 5% do total. Também são mais elevados nos países em vias de desenvolvimento, como é o caso do Brasil. Os selos verdes estão presentes em dezenas de países e as adesões continuam crescendo, principalmente na América Latina.

Não se espera para a segunda década do século XXI o surgimento de uma nova política substancialmente diferente das que já existem, mas espera-se que até o final de 2020 os edifícios verdes sejam regra e não exceção, e que existam exemplos de *Zero Energy Buildings* em todos os países desenvolvidos e em desenvolvimento. Espera-se também que esses fomentem a construção de outros.

Indicadores e níveis de eficiência energética

A análise das condições de eficiência energética em qualquer dos segmentos da sociedade e economia que se deseje estudar requer e permite o estudo da evolução da demanda e suprimento de energia, dos hábitos de consumo e das alterações efetuadas na economia e sociedade. Além disso, permite obter índices, em geral denominados indicadores, que possibilitam a avaliação do potencial de conservação de energia, bastando para tanto, a existência de uma base de dados adequada.

Os indicadores e níveis de eficiência energética são ferramentas básicas nas análises de eficiência energética, sendo definidos de acordo com as características dos objetos de estudo tanto em macro como em microanálises. O sucesso ou fracasso de uma análise de eficiência energética está intimamente ligado a essa definição.

Indicadores e níveis gerais de eficiência energética

São chamados indicadores e níveis gerais de eficiência energética os valores que relacionam grandezas energéticas e grandezas econômicas, permitindo a realização de macroanálises da conjuntura de utilização dos recursos energéticos e respectivos rendimentos, sejam eles por fonte energética ou por setor de consumo.

Eficiência energética de processos e equipamentos

Indicadores de desempenho de processos, sistemas e equipamentos são importantes na avaliação qualitativa e quantitativa do potencial de conservação de energia e aumento de eficiência de seus usos finais. Entretanto, é importante salientar que, em sua utilização, deve-se dedicar atenção à escolha das variáveis e grandezas utilizadas, bem como aos aspectos relevantes ao consumo da energia, uma vez que os vários métodos de análise possuem aspectos bons e aspectos que os desabonam.

Índices e indicadores de intensidade e consumo energético

Indicadores de intensidade e consumo energético formam outro conjunto de ferramentas utilizado nas análises de eficiência e rendimento energético e de potencial de conservação de energia. Permitem a comparação entre processos, sistemas ou equipamentos de mesma natureza, quanto ao consumo de energia. Podemos assim identificar aqueles que se apresentam mais econômicos e eficientes. Alguns exemplos de indicadores de consumo energético são fornecidos na Tabela 4.8.

Os indicadores de intensidade energética permitem a realização de macroanálises sobre a utilização da energia nos diversos setores da economia e sociedade ou, até mesmo, de toda a nação. Para tanto, relacionam variáveis enegéticas, sociais e econômicas. Permitem também o traçado da evolução do uso da energia ao longo dos anos, assim como a elaboração de perspectivas e tendências do mercado de energia, demanda e suprimento para os anos futuros. A Tabela 4.9. mostra alguns desses indicadores.

Tabela 4.8 – Indicadores de consumo de energia

	Indicador
Edificações	
Consumo mensal	kWh / mês – kWh / m^2.mês
Consumo anual	kWh / ano – kWh / m^2.ano
Potência instalada	W / m^2
Transportes	
Automóveis	km / L
Caminhões	km / L / t
Aviões	km / L / passageiro

(continua)

Tabela 4.8 – Indicadores de consumo de energia (*continuação*)

	Indicador
Produção de bens de consumo ou serviços	
Consumo de energia	MWh / mês - MWh / ano
Equipamentos	
Em geral	kWh / mês - kWh / ano
Aparelhos de ar-condicionado	EER - Btu / h / W – kWh / m^2 – kWh / m^3
Refrigeradores	kWh / ano / L
Lâmpadas	Lm / W
Atividade humana	Gcal / ano

Fonte: Reis e Silveira (2012).

Tabela 4.9 – Indicadores de intensidade energética

Setor	Indicador
Industrial	tEP / mil US$ produzidos – GWh / mil US$ produzidos
Comercial	tEP / mil US$ gerados – GWh / mil US$ gerados
Residencial	
Consumo	MWh / hab
Taxa de atendimento	%
Índices gerais	
Consumo final de energia/população	tEP / hab
Consumo final de energia/PIB	tEP / mil US$

Fonte: Reis e Silveira (2012).

Cenário brasileiro da eficiência energética

Este tópico consta de duas partes, apresentadas a seguir:

- Uma dedicada mais diretamente ao cenário atual da eficiência energética no país, com ênfase no setor de transportes e nos setores industrial e de edificações.
- Outra enfocando programas de conservação de energia, eficiência energética e uso racional de energia no Brasil.

Eficiência energética no Brasil

Para permitir uma visualização da situação da eficiência energética no Brasil em termos mundiais, a Tabela 4.10 apresenta valores médios de consumo de energia comercial *per capita* para o Brasil, países em desenvolvimento, América Latina, países industrializados e mundo.

Tabela 4.10 – Consumo de energia *per capita* (em 109 J/pessoa)

Região/país	1999 (*)	2001(**)	2007 (**)
Países em desenvolvimento	34	–	–
América Latina	49	–	–
Brasil	–	45,7	52,8
Países industrializados	221	–	–
Mundo	60	–	–

(*) Hinrichs, Kleinbach e Reis (2015).
(**) BEN (2001) e BEN (2007), respectivamente.

Nota-se que, embora haja uma diferença nos anos de levantamento de dados, o consumo *per capita* no Brasil está um pouco abaixo da média da América Latina e, em 2007, se aproximou da média mundial de 1999. Além disso, o consumo *per capita* no Brasil teve aumento em torno de 15,5% no período de 2001 a 2007.

Dados relacionados à energia, em geral, não sofrem grandes variações abruptas em médio e longo prazo, a não ser em condições de grande crise ou esforços conjuntos em busca de maior eficiência. Nas últimas duas décadas houve várias crises, mas não suficientes para alterar rumos dos dados energéticos em médio ou longo prazo. Por outro lado, esforços no sentido da sustentabilidade e consequente maior eficiência energética continuam derrapando e sendo protelados. Assim, os dados aqui apresentados permitem avaliações comparativas. A atualização, se desejada, pode ser feita utilisando sites energéticos confiáveis, tais como os apresentados nas referências deste livro.

Com relação mais direta ao cenário brasileiro, análises efetuadas com foco em uso de fontes renováveis e eficiência energética, ao final de 2012, cujos resultados e análises constam nas referências Hinrichs, Kleinbach e Reis (2015) e Philippi Jr e Reis (2016) permitiram o levantamento das seguintes evidências principais quanto aos importantes setores de transportes, construção civil (edificações) e indústria no Brasil.

Setor de transportes

Neste livro, a energia no setor de transportes foi enfocada de forma específica no Capítulo 2, ao qual se refere para informações mais detalhadas.

Resumidamente, com base no referido texto, pode-se ressaltar:

- Em termos mundiais, a posição do Brasil se encontra em situação bastante boa quanto à utilização de fontes renováveis (etanol e biodiesel) no setor de transportes, mas apresentando significativa instabilidade principalmente por conta da falta de políticas com continuidade, manutenção de excessiva dependência de transporte rodoviário e consequentemente de derivados do petróleo.
- As políticas brasileiras para uso mais eficiente da energia no transporte são bastante tímidas e submetidas a fortes pressões de grupos de interesse na manutenção da indesejável situação de dependência do transporte rodoviário. Há algum esforço para reduzir o consumo energético no transporte rodoviário, modal de transporte mais utilizado no Brasil, como no restante do mundo, mas grandes dificuldades são encontradas, principalmente, quando a propulsão dos veículos deriva de motores de combustão interna (MCI).
- A lacuna tecnológica existente entre o mercado automotivo brasileiro e os mais avançados indica a existência de um grande potencial de redução de consumo de combustível na frota de veículos brasileiros.
- No Brasil, o Programa Brasileiro de Etiquetagem Veicular pode vir a estimular o desenvolvimento tecnológico, a partir do momento em que este passar a servir de referência para os consumidores na escolha de veículos mais eficientes. Mas tem havido pequena adesão ao programa por parte dos fabricantes.
- Uso de sistemas híbridos, associados a motor de combustão interna ou célula a combustível, ou o uso de motores elétricos, ainda se encontra em fase incipiente no país.
- A substituição modal no transporte de passageiros e cargas, que também pode ter um efeito bastante significativo na eficiência do uso da energia, no aumento do uso de recursos renováveis e na redução da emissão de CO_2, requer atrelamento a políticas articuladas de longo prazo, o que não ocorre no país, onde também se encontra em fase incipiente.

Construção civil – edificações

A eficiência energética em edifícios se baseia na definição de estratégias para redução da demanda por energia mantendo conforto ambiental. Em uma edificação, o consumo para obtenção do conforto térmico é função do número anual de horas de conforto desejado, do desempenho térmico da envoltória do edifício e da eficácia da ventilação natural. O consumo de energia elétrica necessária para iluminação está relacionado à disponibilidade de luz natural internamente nas edificações e ausência de incidência excessiva de radiação solar direta. Dentre outras, essas são questões tradicionalmente discutidas em pesquisas e atividades voltadas ao conforto térmico, conforto luminoso e, mais recentemente, à eficiência energética em edificações.

No Brasil, uma lacuna importante é a pequena e lenta introdução de tecnologias mais avançadas, já disponíveis em termos mundiais. As principais ações realizadas sobre eficiência energética de edificações têm se voltado muito mais ao desenvolvimento de simulação computacional como ferramenta de análise do desempenho do que à inovação. Além disso, há significativa falta de informação no Brasil quanto aos dados fundamentais para a elaboração de estudos sobre o comportamento térmico e energético de edificações e quanto a propriedades de materiais e sistemas construtivos utilizados na construção civil, fato que se torna agravado pela grande extensão do território nacional e sua diversidade climática.

Em áreas específicas, no entanto, podem-se notar avanços, relacionados principalmente à certificação voluntária do ambiente construído, aplicada a edifícios. Tal certificação se refere aos selos verdes ou certificações ambientais para edificações que foram desenvolvidas com objetivo de reduzir o impacto ambiental e incentivar o uso eficiente de energia.

Indústria

A indústria brasileira apresenta significativa participação na economia, com contribuição da ordem de 27% do PIB nacional em 2011, e no sistema energético nacional, com 38% do consumo total de energia no Brasil (sendo 40% provenientes de combustíveis fósseis), em 2010.

Entre as estratégias para maior introdução de fontes alternativas e aumento de eficiência energética, estão a utilização de novas tecnologias específicas de cada indústria e, do ponto de vista operacional, melhor gerenciamento do uso da energia e melhorias em procedimentos operacionais.

Uma abordagem focada nos usos finais energéticos da indústria brasileira permite reconhecimento dos maiores potenciais de economia de energia. De acordo com esses dados, em 2010, os usos térmicos (aquecimento direto e geração de vapor) formaram a maior parcela de consumo industrial de energia (82% no total, sendo 46% pela geração de vapor e 36% pelo aquecimento direto) e apresentam o maior potencial de conservação de energia, em torno de 83%. Acionamentos motrizes participaram com algo como 13% do consumo total da indústria, sendo 93% na forma de energia elétrica, principalmente motores, e representando 9% do potencial total de economia de energia.

Combustíveis fósseis, como gás natural, óleo combustível, coque de petróleo e carvão mineral e seus derivados predominam, sobretudo, em fornos.

Há neste contexto grandes oportunidades para execução de ações relacionadas à busca de maior eficiência e/ou redução de consumo de combustíveis fósseis por unidade de produto, tais como: eficiência energética, com prioridade para medidas que reduzam o uso térmico da energia (melhorias no processo de combustão e recuperação de calor em processos) e para utilização de motores elétricos mais eficientes; cogeração de energia; maior uso de energia renovável, substituindo combustíveis fosseis por biomassa e energia solar térmica; reciclagem de materiais e uso eficiente de materiais, para indústrias tais como siderurgia, alumínio, papel, vidro e cimento, por meio do emprego de sucata na produção de aço e de alumínio, aumento do uso de aparas de papel na indústria papeleira, uso de cacos na produção de vidro e uso de aditivos na produção de cimento.

Programas de conservação de energia, eficiência energética e uso racional de energia no Brasil

Dois importantes programas institucionais relacionados à conservação de energia, eficiência energética e uso racional de energia podem ser ressaltados no Brasil: o Programa Nacional da Racionalização do uso dos Derivados do Petróleo e do Gás Natural (Conpet) e o Programa Nacional de Conservação de Energia Elétrica (Procel). Além disso, no âmbito de Políticas de P&D (Pesquisa e Desenvolvimento), devem ser citados os Projetos de Eficiência Energética e Combate ao Desperdício de Energia Elétrica, gerenciados pela Aneel.

O Conpet, desenvolvido no âmbito da Petrobras e do Ministério de Minas e Energia, tem os seguintes principais componentes: o Programa Brasileiro de Etiquetagem, um programa de conservação de energia que, por meio de etiquetas informativas, indica aos consumidores quais são os aparelhos a gás mais eficientes, enfocando fogões e aquecedores de água; o Programa Brasileiro de Etiquetagem Veicular, desenvolvido pelo Instituto Nacional de Metrologia, Normalização e Qualidade Industrial (Inmetro) em parceria com a Petrobras, que informa o consumo de combustível dos veículos comercializados no país; o Selo Conpet de Eficiência Energética, um incentivo aos fabricantes de equipamentos domésticos a gás; o Conpet na Escola, que apresenta para professores e alunos a importância do uso racional da energia; e o Transportar, relacionado ao apoio técnico para redução do consumo de combustível e da emissão de fumaça preta no setor de transportes.

No site da Conpet (www.conpet.gov.br), podem ser encontradas informações sobre tais componentes, assim como diversas outras, relacionadas com as atividades do Conpet.

O Procel, desenvolvido no âmbito da Eletrobras e do Ministério de Minas e Energia, tem como principais componentes: os Programas de Conservação de Energia Elétrica nos setores de comércio, saneamento, indústrias, edificações, prédios públicos, gestão energética municipal e iluminação pública, que visam incentivar e estabelecer procedimentos para ações de conservação de energia elétrica nas áreas enfocadas, promovendo condições para o uso eficiente de eletricidade, reduzindo os desperdícios de energia, de materiais e os impactos sobre o meio ambiente; o Selo Procel, desenvolvido por meio de parceria do Inmetro com a Eletrobras, se tornou bastante conhecido no país durante e após o racionamento de 2001, e tem por objetivo orientar o consumidor na hora da compra, indicando os produtos com maior nível de eficiência energética, assim como estimular a fabricação e comercialização de produtos mais eficientes; o Procel Educação, desenvolvido pelo Ministério de Educação em parceria com o Ministério de Minas e Energia, que possibilita a atuação dos professores da Educação Básica como multiplicadores e orientadores de atitudes para evitar desperdício de energia elétrica junto aos seus alunos.

No site da Eletrobras (www. eletrobras.com/elb/procel/main.asp), podem ser encontradas informações sobre os programas, assim como diversas outras, relacionadas com as atividades do Procel.

Os Projetos de Eficiência Energética e Combate ao Desperdício de Energia Elétrica, gerenciados pela Aneel, são relacionados à obrigação (incluída no contrato de concessão com a Aneel) das empresas concessionárias do serviço público de distribuição de energia elétrica aplicarem anualmente um montante mínimo de 0,5% de sua receita operacional líquida em ações que tenham por objetivo o combate ao desperdício de energia elétrica.

No site da Aneel (www.aneel.gov.br), há um atalho para Eficiência Energética, local onde são apresentadas todas as informações sobre esses projetos, inclusive o Manual para Elaboração do Programa de Eficiência Energética.

Tais projetos, de eficiência do lado do consumo, são bastante abrangentes, envolvendo principalmente os sistemas de iluminação, climatização, refrigeração, força motriz e aquecimento.

As referências *Eficiência energética em edifícios* e *Energia e sustentabilidade* (Cap. 6, "Eficiência energética") apresentam uma visão geral sobre a eficiência do lado do consumo, abordando, com exemplos, os seguintes tópicos:

Principais usos finais para eficiência no lado do consumo:

- Eficiência no sistema de iluminação.
- Eficiência no sistema de climatização.
- Eficiência no sistema de refrigeração.
- Eficiência no sistema de força motriz.
- Eficiência no sistema de aquecimento.
- Outras considerações da eficiência energética pelo lado do consumo.

Eficiência energética e energia inteligente

Em sua conceituação ampla, a Energia Inteligente (*Smart Power*) configura uma revolução elétrica consubstanciada pela necessidade de responder a novos desafios impostos principalmente por duas necessidades em nível global:

- A necessidade de adoção de políticas adequadas a reduzir os impactos das mudanças climáticas, no âmbito das quais a energia cumpre um papel importante.
- A necessidade de maior segurança energética, envolvendo os desequilíbrios entre o suprimento e a demanda, e, no caso do sistema elétrico, a confiabilidade.

Para atender a esses desafios, ao modificar suas fontes de suprimento, construir novos projetos de transmissão e distribuição e aumentar seus esforços para obter maior eficiência energética, os sistemas de energia elétrica deverão passar por significativas mudanças tecnológicas. Nas próximas décadas (próximos 30 anos?), a indústria deverá adotar o conceito de Rede Inteligente; o *smart grid* e a arquitetura do sistema irão mudar de um modelo baseado em controle central e predomínio de grandes fontes geradoras para um modelo com número bem maior de pequenas fontes e inteligência descentralizada. Isso causará uma transformação total do modelo operacional da indústria – a primeira grande mudança na arquitetura desde que a corrente alternada se tornou dominante após a Feira Mundial em Chicago, em 1893.

Do ponto de vista de componentes físicos, o sistema elétrico do futuro deverá integrar quatro diferentes infraestruturas: a geração com baixo teor de carbono (de grande e pequeno porte); o transporte da energia elétrica (transmissão e distribuição); as redes locais de energia e as redes inteligentes (*smart grids*).

Os principais atributos deste sistema deverão ser:

- Confiabilidade "total" de suprimento.
- Melhor uso possível da geração centralizada e de tecnologias de armazenamento em combinação com recursos distribuídos e cargas consumidoras controláveis e despacháveis de forma a assegurar o menor custo.
- Mínimo impacto ambiental da produção e entrega de eletricidade.
- Redução da eletricidade usada na geração e aumento da eficiência do sistema de suprimento e na eficiência e eficácia dos usos finais.
- Robustez do sistema de suprimento e entrega da eletricidade quanto aos ataques físicos e cibernéticos e aos grandes fenômenos naturais.
- Garantia de energia de alta qualidade aos consumidores que o requeiram.
- Monitoramento de todos os componentes críticos do sistema de potência para permitir manutenção automatizada e prevenção de desligamentos.

Além disso, o referido sistema deverá contar com cinco funcionalidades básicas: visualização do sistema em tempo real; aumento da capacidade do sistema; eliminação de gargalos aos fluxos elétricos; capacidade própria de se ajustar às diferentes situações operativas; e aumento da conectividade dos consumidores.

Do ponto de vista não apenas do sistema físico, mas também dos diferentes atores do setor elétrico, envolvendo regulação, consumidores, mercados de energia elétrica, será montado um sistema integrado e flexível conectando todos os participantes do cenário, como ilustrado na Figura 4.19.

No cenário mundial hoje, há diversas visões alternativas de como tudo isso será efetuado. Visões que divergem principalmente em alguns detalhes ou tópicos específicos, mas o fato concreto é que todas convergem para a necessidade premente de modificações.

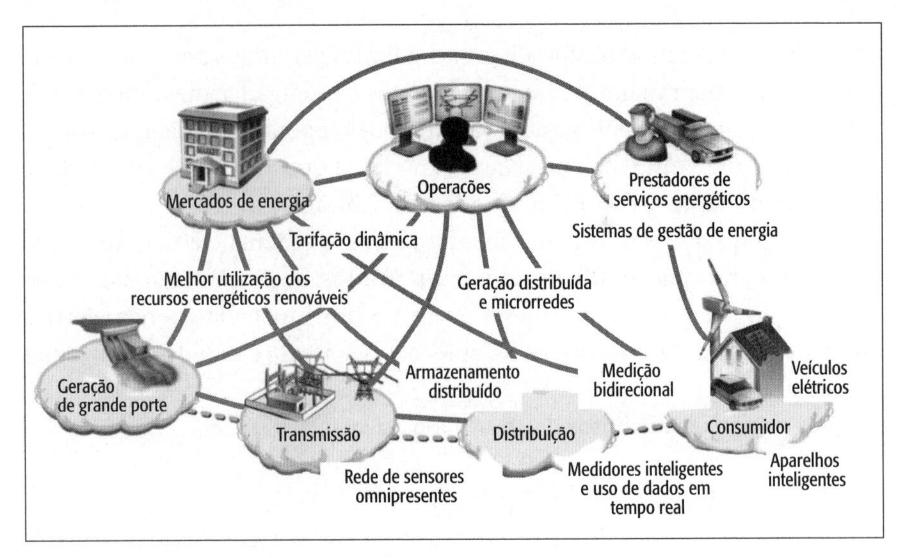

Figura 4.19 – Modelo conceitual da rede inteligente (*smart grid*).
Fonte: Philippi Jr e Reis (2016).

Nesse contexto, é importante ressaltar que, à medida que a indústria se ajustar a essas mudanças tecnológicas e de paradigma, mudanças nos arcabouços financeiros e regulatórios serão necessárias para garantir sua viabilidade. Tecnologia, economia e considerações ambientais tornarão obsoletas diversas práticas atuais do setor elétrico.

Em decorrência dessas transformações, suprimento e controle massivos darão lugar ao controle individual. Longe dos apelos do consumo, vai se buscar mais produtividade e sustentabilidade. A regulação deverá se adaptar a esse novo mundo.

A nova indústria elétrica objetivará três metas principais: a criação de um paradigma de controle descentralizado; a transição para um sistema com predomínio de fontes geradoras com baixo teor de carbono; e a construção de um modelo de negócio que promova muito mais eficiência.

Essas três metas, em conjunto, irão definir o futuro da energia. Um sistema e um modelo que levaram mais de um século para serem montados deverão ser extensivamente reformados no período de algumas décadas. Muitas das tecnologias e instituições para isso ainda estão sendo projetadas ou testadas.

Nesse cenário tecnológico, o futuro do sistema elétrico deve ser orientado para enfocar adequadamente os seguintes aspectos principais:

- Como o setor interage com seus consumidores e como as operações viabilizadas pelo chamado *smart grid* podem revolucionar essa interação.
- Como o sistema elétrico de suprimento também cumprirá um papel fundamental nessa mudança, para permitir a melhor integração das grandes fontes energéticas do sistema centralizado com as pequenas fontes, próximas aos consumidores.
- Como os diversos atores do setor elétrico devem se reestruturar para responder a esses desafios.

As respostas não são de fácil obtenção, em virtude das grandes mudanças necessárias. Assim, o atual modelo de negócio e a atual estrutura regulatória deverão se submeter a uma mudança radical, com uma nova missão: a de vender serviços energéticos a mínimos custos, e não a de vender máximos kWh.

Matriz Energética | 5

INTRODUÇÃO

Para orientar o setor energético nos rumos da sustentabilidade é necessário que seus problemas sejam abordados de forma compreensiva, incluindo não apenas o desenvolvimento e a adoção de inovações e incrementos tecnológicos, mas também as importantes mudanças que vêm ocorrendo no cenário mundial. Mudanças que envolvem, por um lado, políticas que tentam redirecionar as escolhas tecnológicas e os investimentos no setor, tanto no suprimento como na demanda, e por outro lado, o comportamento dos consumidores, quando se trata daqueles que têm acesso à energia.

Como consequência, torna-se importante enfocar o setor energético de forma abrangente, que aborde tanto questões setoriais específicas como também questões de caráter geral e global. A transformação do setor energético, embora estivesse ocorrendo de forma mais rápida durante os últimos anos, tem sido acelerada mais recentemente em decorrência da verdadeira revolução associada ao avanço tecnológico das telecomunicações, como foi abordado de forma mais específica em diversos tópicos dos capítulos anteriores deste livro.

Nesse contexto, aumenta a importância da adoção de estratégias adequadas para orientar os sistemas energéticos nos rumos da sustentabilidade, o que aumenta a importância do conhecimento das características básicas do planejamento energético, das matrizes energéticas, assim como das metodologias e ferramentas disponíveis para que o planejamento energético seja orientado para o desenvolvimento sustentável.

Uma base para esse conhecimento é apresentada neste capítulo, para isso organizado nos seguintes tópicos principais:

- Planejamento energético e a matriz energética.
- Matrizes energéticas internacionais.
- Planos energéticos nacionais.
- Bases para um planejamento energético voltado ao desenvolvimento sustentável.

PLANEJAMENTO ENERGÉTICO E MATRIZ ENERGÉTICA

Por permitir a representação de forma quantitativa e normatizada, o histórico do encaminhamento dos diversos energéticos pela sua cadeia energética, desde a captura e utilização dos recursos naturais até os usos finais da energia, a Matriz Energética é instrumento fundamental para a execução de um planejamento correto e para o estabelecimento de políticas e estratégias, quando elaborada para cenários futuros, em geral de 20 a 30 anos.

Em determinado ponto no tempo, o entendimento adequado da matriz energética e de sua forte relação com a determinação de estratégias e políticas requer conhecimento dos diversos recursos energéticos disponíveis e passíveis de uso no cenário tecnológico atual da humanidade, assunto tratado detalhadamente no Capítulo 3 deste livro.

O conjunto de recursos naturais da matriz energética engloba: os setores do petróleo e do gás natural, o setor carbonífero, as fontes de energia nuclear e os recursos energéticos renováveis já tradicionais ou em suas formas com maior possibilidade de aplicação em médio e longo prazo: energias solar, hidráulica, eólica, da biomassa, oceânica, geotérmica e do hidrogênio.

No Capítulo 3, procurou-se enfatizar os principais aspectos desses recursos em sua relação com a indústria da energia, em nível de aprofundamento compatível com as necessidades para entendimento da matriz energética. Para maiores aprofundamentos, se desejado, as referências apresentadas neste livro podem ser um bom ponto de partida.

Nunca é demais lembrar que a matriz energética de determinado país, em suas perspectivas de evolução ao longo do tempo, é um instrumento fundamental para a execução de um planejamento energético adequado.

Embora as principais referências à matriz energética ocorram de forma mais institucional em termos de mundo, países e estados, seus conceitos podem ser aplicados a qualquer delimitação na qual se pretende analisar o desempenho energético: indústrias, edifícios, centros de educação, residências etc.

Além disso, é importante explicar aqui a diferença conceitual entre o que se denomina matriz energética e o que se denomina balanço energético, pelo menos no Brasil.

Na realidade a diferença básica está na relação nos períodos de coleta e tratamento dos dados e de emissão de resultados. O modelo de simulação em determinado ponto no tempo é essencialmente o mesmo.

Assim, o balanço energético, que é elaborado pela Empresa de Planejamento Energético (EPE) e apresentado anualmente nos sites da empresa (http://www.epe.gov.br) e do Ministério de Minas e Energia (MME) (http://www.mme.gov.br), ao qual a EPE é vinculada, configura a própria matriz energética do Brasil, porém, assentada em apenas um cenário de dados medidos e voltada ao passado. Já a matriz energética, também publicada nos referidos sites, é projetada ao futuro, cria cenários alternativos de análise baseados em expectativas de evolução e é emitida em períodos maiores (por exemplo, a cada cinco anos, no caso de um planejamento de 30 anos).

A conexão importante entre os dados do balanço energético e dados da matriz energética se dá na utilização de dados e informações do balanço como tendência para criar pelo menos um cenário futuro, como se verá mais adiante.

Um cenário dentre outros criados na construção da matriz energética base e orientação de estratégias e táticas do planejamento energético.

Com o objetivo de apresentar uma visão geral e introdutória da matriz energética e sua utilização no planejamento energético do Brasil, são enfocados a seguir: a experiência brasileira com o balanço energético e a matriz energética – breve resumo histórico; os modelos para elaboração da matriz energética, enfocando as ferramentas disponíveis (*softwares* ou aplicativos) e os modelos de análise; índices e indicadores representativos da evolução energética; as bases de dados.

A partir dessa visão introdutória, são apresentadas, então, importantes considerações acerca da construção da matriz energética.

Por fim, enfoca-se diretamente o balanço energético nacional, de forma bastante objetiva e prática, para permitir ao leitor um entendimento adequado e aplicado da matriz energética.

EXPERIÊNCIA BRASILEIRA COM O BALANÇO ENERGÉTICO E A MATRIZ ENERGÉTICA

Simplificadamente, pode-se dizer que a matriz energética é uma série de balanços energéticos periódicos, elaborados para um período futuro, considerando diferentes cenários de evolução dos fatores que podem afetar a matriz. Dessa forma, devidamente elaborada, a matriz energética é um instrumento poderoso para o estabelecimento de estratégias e políticas nacionais.

Em consonância com a prática mundial, estudos recentes efetuados no Brasil sobre a matriz energética têm considerado um período futuro de 20 anos, evoluindo ano a ano, mas com revisão em períodos que vão de três a cinco anos. O Brasil só tem se preocupado com a elaboração de uma matriz energética de longo prazo muito recentemente. O que se tem feito no país, já há algum tempo, é o balanço energético nacional (BEN) do ano findo, que permite uma análise histórica do que aconteceu nos últimos 10 ou 15 anos. A necessidade de tempo para preparação final e emissão definitiva do balanço faz com que o balanço emitido em determinado ano contemple informações coletadas até dois anos antes. Assim, o Balanço Energético Nacional de 2018 comtempla dados até o final de 2016.

O balanço energético mostra as inter-relações entre oferta, transformação e uso final de energia, cujo foco principal é o planejamento energético. No Brasil, o primeiro balanço energético nacional (BEN) foi elaborado pelo Ministério das Minas e Energia em maio de 1976, e contém o registro do consumo dos últimos dez anos das fontes primárias e a projeção futura para os próximos dez.

Ao longo do tempo, como apresentado no Quadro 5.1, o BEN foi abandonando as prospecções futuras, para focalizar, em mais detalhes, a situação do momento.

Atualmente, o BEN apresenta os fluxos energéticos das fontes primárias e secundárias de energia, desde a produção até o consumo final. A energia primária, provida diretamente pela natureza, na forma de petróleo, gás natural (GN), carvão mineral, energia hidráulica, lenha etc., tem sua maior parcela consumida e/ou transformada em refinarias, usinas de GN, coqueria, usinas hidrelétricas etc. A energia secundária, na forma de óleo diesel, gasolina, coque de carvão mineral, eletricidade etc., é resultado dessa transformação. Há também uma parcela de energia primária consumida diretamente, como lenha, carvão etc., denominada consumo final. Uma parcela da energia secundária também vai diretamente para o consumo final e a outra é convertida em óleo combustível, eletricidade, nafta, gás canalizado etc. O consumo final desagrega-se em energético e não energético; o energético abrange: o próprio setor energético, o residencial, o comercial, o público, o agropecuário, o de transporte (rodoviário, ferroviário, aéreo e hidroviário) e o industrial (cimento, ferro-gusa e aço, ferroligas, mineração/peletização, não ferrosos, química, alimentos e bebidas, têxtil, papel e celulose, cerâmica e outras indústrias).

Os desenvolvimentos do balanço e da matriz seguem normas e padrões internacionais.

Uma descrição detalhada do BEN, necessária para melhor entendimento tanto do balanço como da matriz energética, é apresentada adiante, em "Balanço energético nacional".

Com relação ao Quadro 5.1, é importante ressaltar a recente retomada dos estudos de prospecção futura da matriz energética, por meio do Plano Nacional de Energia (PNE), que foi publicado em 2009 como PNE – 2030, e apresenta prospecções e análise de alternativas de desenvolvimento energético para o país até 2030 e considerando diferentes cenários de evolução. Estudos desse tipo, com sua revisão periódica, são documentos de grande importância para o planejamento e elaboração de estratégias e políticas energéticas. O PNE também será enfocado mais adiante neste capítulo.

Tanto o BEN como o PNE estão disponíveis no site da Empresa de Pesquisa Energética (EPE): http://www.epe.gov.br.

Quadro 5.1 – Balanço energético e matriz energética nacionais – histórico

• Década de 1970 Ministérios de Minas e Energia e Planejamento – Matriz Energética Brasileira (MEB) Matriz Consolidada de Energia para 1970 e projetadas para 1975, 1980 e 1985
• Em 1975 Instituição oficial do Balanço Energético Nacional (BEN). De 1976 a 1979, o BEN apresentava estatísticas dos últimos 10 anos e prospecções para os próximos 10 anos
• Em 1979 Instituiu-se o Modelo Energético Brasileiro (MEB). Apresentação de metas a serem alcançadas até 1985. Com o MEB, o BEN deixou de ser prospectivo
• Em 1990/1991 Reexame da Matriz Energética Brasileira Apresentação de diretrizes da política e alguns dados de oferta e demanda de energia para 1995, 2000 e 2010
• Atual Balanço Energético Nacional Plano Nacional de Energia – PNE 2030

MODELOS PARA ELABORAÇÃO DA MATRIZ ENERGÉTICA

Basicamente, são *softwares* (*apps*) nos quais podem ser implementados e simulados modelos que, com base no estabelecimento de relações adequadas, permitem a análise e o cálculo prospectivo da oferta e consumo de energia, assim como do balanço entre a oferta e consumo, considerando as características específicas de cada tipo de energético (rendimento, perdas no transporte, perdas comerciais etc.), para cada setor considerado: residencial, comercial, industrial (e seus diversos subsetores), rural, público, de transportes. A avaliação de impactos ambientais é prevista em muitos desses *softwares*, em geral, em termos de poluição atmosférica. *Softwares* mais flexíveis e abertos para implementação de modelos pelos usuários permitirão, obviamente, a obtenção de melhores resultados, uma vez que tornam possível a implementação de modelos com características específicas de cada situação.

Nesses modelos, de forma geral, a análise da oferta baseia-se na relação da energia líquida disponibilizada pelos diversos recursos naturais energéticos do país e pela importação, descontando-se daí a exportação.

A análise do consumo, por outro lado, baseia-se, em geral, na utilização de relações (modelos) que permitem associar o consumo energético de diferentes setores e subsetores da economia (tais como, setores comercial, residencial, industrial etc. a subsetores, por exemplo, do setor industrial, de cerâmica, de papel e celulose, de alumínio, de cimento, de petroquímica etc.) com variáveis e índices globais e regionais/locais (tais como PIB, evolução dos preços dos energéticos, políticas de uso eficiente de energia, estratégias energéticas, restrições ambientais, políticas de universalização do atendimento energético etc.).

Entre esses modelos (associados a *softwares*) podem-se citar, no Brasil: os modelos utilizados na montagem do BEN e do PNE, modelos de balanço energético de secretarias de energia e órgãos estaduais; modelos de prospecção de mercado para planejamento da Eletrobrás e Petrobras, além de diversos outros, desenvolvidos e utilizados no âmbito de universidades, institutos de pesquisa, consultoras e ONGs (algumas vezes parciais e/ou simplificados).

No âmbito internacional, podem ser citados também diversos modelos, tais como o da Organização Latino Americana para o Desenvolvimento (Olade), do Department of Energy (DOE) dos Estados Unidos, da International Energy Agency (IEA), com sede em Paris, e do Stockholm Environmental Institute (SEI).

ÍNDICES E INDICADORES REPRESENTATIVOS DA EVOLUÇÃO ENERGÉTICA

Nos modelos a serem desenvolvidos, devem-se explicitar índices e indicadores representativos da evolução energética que não são considerados na maior parte dos modelos existentes. Tais índices permitirão que se possa avaliar (ou simular, dependendo do caso), de forma quantitativa, os resultados de estratégias e políticas voltadas à área energética.

Por exemplo, o cálculo da intensidade energética (energia/PIB) de um índice equivalente setorial (energia por unidade de produção de um setor) ou de comércio exterior (energia por unidade de exportação; energia por unidade de importação) poderá estar associado a políticas voltadas à eficiência energética, nos dois primeiros casos, e a políticas comerciais, nos outros casos.

Diversos indicadores e índices poderão ser implementados para avaliação dos mais diversos aspectos, tais como sociais, ambientais, econômicos, tecnológicos, índices de universalização do atendimento, energia disponibilizada *per capita*, intensidade energética, utilização de recursos renováveis, qualidade ambiental da produção e uso da energia. A regionalização dos índices permitirá uma avaliação das disparidades regionais e o estabelecimento de políticas distributivas.

BASES DE DADOS – COMENTÁRIOS GERAIS

Diversas bases de dados estão disponíveis no país e deverão ser consideradas (após triagem e análise de consistência) no estabelecimento da base de dados globais para a elaboração da matriz energética.

Diversas bases de dados internacionais disponíveis, inclusive aquelas associadas a *softwares* e modelos citados acima, poderão ser consideradas para a extração das informações de caráter global, necessárias para a elaboração da matriz brasileira.

No Brasil, além das bases de dados associadas aos modelos também acima citados, existem diversas outras, como as dos ministérios e outros órgãos e institutos do governo federal; de secretarias e órgãos dos diversos estados da União; de centros de excelência energéticos (de biomassa, de recursos renováveis etc.); das agências reguladoras; de universidades, institutos de pesquisa e ONGs; de associações de classe (indústria, comércio etc.), entre outras.

Há, por outro lado, um grande número de informações que não serão encontradas, por exemplo, por não estarem disponíveis, ou serem disponíveis apenas em pequena quantidade, ou não serem confiáveis. Nessa situação, podem ser identificadas, *a priori*, diversas informações regionais e estaduais, sociais e ambientais etc. Nesse caso, há de se decidir quais dados (internacionais, médios, *default* etc.) utilizar nos modelos, se este ficará "congelado" para posterior implementação, ao mesmo tempo que há de se estabelecer critérios e procedimentos para que os referidos dados passem a ser coletados de forma sistemática e consistente.

CONSIDERAÇÕES ACERCA DA MATRIZ ENERGÉTICA

Alguns aspectos importantes devem ser ressaltados quanto ao desenvolvimento de uma matriz energética alinhada com a busca pela sustentabilidade: a necessidade de um planejamento estratégico "de verdade" para o país e a revolução causada pela disseminação acelerada da tecnologia da informação (TI).

Alguns desses aspectos são enfocados a seguir, de forma bastante sucinta, com o objetivo principal de colaborar para uma discussão aberta e sem preconceitos sobre o tema.

Quanto ao alinhamento com os preceitos da sustentabilidade

Ao se enfocar a estrutura necessária para a elaboração de uma matriz energética nacional de longo prazo direcionada à sustentabilidade, devem ser considerados pelo menos três pilares básicos de sustentação, sobre os quais deverá se assentar o processo de tratamento da energia, com vistas ao planejamento de longo prazo. Tais pilares estão relacionados com o cenário energético atual e a necessidade de uma visão integrada, consistente e transparente da questão.

Um desses pilares é a importância de integração da visão de planejamento com a do acompanhamento tecnológico e de fomento. Essa integração é fundamental para que a elaboração dos cenários para planejamento seja aderente às políticas tecnológicas e de fomento, com vistas a fornecer todas as informações necessárias para análise e decisão.

O segundo pilar é a necessidade do estabelecimento de procedimentos para montagem de um sistema integrado, transparente e consistente de informações, com dados e modelos para simulação e análise. Esse sistema é fundamental para a execução das tarefas visualizadas e, no contexto global do setor energético, também deverá ser consistente com os requisitos de um banco geral de informações, necessário para a elaboração do planejamento integrado, do planejamento de longo prazo e dos planos decenais: da eletricidade, dos combustíveis, de eficiência energética e das fontes renováveis.

O terceiro pilar, de grande importância principalmente no caso de estudos de longo prazo, é a necessidade de o processo de planejamento apresentar características dinâmicas de avaliações periódicas associadas a uma monitoração continuada do cenário da energia. Isso porque o cenário apresenta grande efervescência, não só em termos nacionais, como internacionais, principalmente porque a questão ambiental tem sido cada vez mais influente e uma maior ênfase tem sido dada a uma adequada utilização dos recursos naturais.

Quanto à necessidade de um planejamento estratégico "de verdade"

Com relação a este assunto, a orientação é bastante simples: basta permitir que as agências reguladoras, no geral, realmente representem o Estado e não o Governo, o principal requisito de sua instalação.

Para isso, é necessário que as agências disponham de independência política e financeira, o que não tem ocorrido no país.

Por isso, sempre é bom lembrar, os mandatos das diretorias das agências reguladoras são intercalados com as dos diferentes governos: a elas deve caber a incumbência de zelar para que a transição entre os governos se dê de forma adequada, sem traumas e retrocessos causados por interesses não discutidos abertamente.

O planejamento estratégico energético, sem qualquer dúvida, terá aplicação mais efetiva e flexível dentro deste tipo de arcabouço regulatório.

Quanto à revolução causada pela disseminação acelerada da tecnologia da informação (TI)

Com relação a este assunto, a orientação também é bastante simples: é preciso criar condições educacionais e tecnológicas para que o país possa avançar nos processos de inovação, para buscar recuperar o grande atraso em diversas áreas.

Com relação à energia, este assunto é abordado de forma específica em diferentes capítulos deste livro:

- No tópico "Telecomunicações", no Capítulo 2.
- No tópico "Eficiência energética e energia inteligente", no Capítulo 4.
- No Capítulo 6, mais adiante.

Além de se encontrar diluído ao longo de todo o livro, dada a importância do assunto.

O BALANÇO ENERGÉTICO NACIONAL

Introdução

O BEN apresenta os fluxos energéticos das fontes primárias e secundárias de energia, desde a produção até o consumo final, nos principais setores da economia. Em sua versão atual sempre apresenta dados do ano anterior, sendo revistos os dados do penúltimo ano. Por exemplo, no BEN 2017, são incorporados os dados do ano de 2016 e revistos os dados de 2015, não havendo alteração nos dados históricos dos anos anteriores.

O BEN apresenta de forma consolidada os principais dados energéti-energéticos do país, tais como produção e consumo de energéticos, resultado da compilação de diversas fontes de dados. Os critérios adotados na apropriação dos dados dos balanços energéticos são baseados em sete normas técnicas, elaboradas especificamente para o BEN. A classificação de consumo setorial do BEN segue o Código de Atividades da Receita Federal.

A seguir se apresenta um resumo de aspectos importantes do Balanço Energético objetivando servir mais como um guia para uma incursão no documento, facilmente acessível no site da EPE.

Histórico

No Brasil, o primeiro BEN foi elaborado pelo Ministério das Minas e Energia, em maio de 1976, contendo o registro do consumo dos últimos dez anos das fontes primárias e projeção para os próximos dez.

Conceitos básicos

Um melhor entendimento do balanço pode ser obtido se alguns conceitos básicos forem, inicialmente, conhecidos. São eles:

Energia primária: é associada aos recursos energéticos disponíveis diretamente na natureza, como o petróleo, GN, carvão mineral, energia hidráulica, lenha etc.

Centros de transformação: em que a maior parcela da energia primária é consumida (transformada). São exemplos as refinarias de petróleo, plantas de GN, coquerias, usinas hidrelétricas etc.

Energia secundária: é aquela associada aos produtos resultantes dos centros de transformação após processamento dos recursos primários, como óleo diesel, gasolina, coque de carvão mineral, eletricidade etc. Parte da energia primária que entra nos centros de transformação é perdida, não sendo convertida, portanto, em energia secundária.

Consumo final: corresponde à outra parcela de energia primária que é consumida diretamente nos diversos setores da economia. São exemplos: o consumo de lenha para cocção de alimentos, o consumo de carvão para produzir vapor em fornos e caldeiras na indústria etc.

Com a energia secundária acontece o mesmo, a maior parcela vai diretamente para o consumo final nos setores da economia e a outra vai para os centros de transformação, nos quais é convertida em outras formas de energia secundária. Exemplos: óleo combustível em eletricidade, nafta em gás canalizado etc. Deve-se destacar, ainda, que o consumo final de fontes primárias e secundárias pode ser energético e não energético (como, por exemplo, o óleo lubrificante utilizado nos motores da indústria automobilística). O consumo total de cada fonte de energia primária e de energia secundária é representado, portanto, pela soma de energia transformada com a energia que foi para consumo final.

Consumo final energético: abrange diversos setores da economia, tais como: o próprio setor energético, o residencial, o comercial, o público, o agropecuário, o de transporte e o industrial. Por sua vez, o setor de transporte é desagregado em rodoviário, ferroviário, aéreo e hidroviário; e o setor industrial em cimento, ferro-gusa e aço, ferroligas, mineração/peletização, não ferrosos, químico, alimentos e bebidas, têxtil, papel e celulose, cerâmica e outras indústrias.

Oferta interna de energia: é a quantidade de energia que se disponibiliza para ser transformada e/ou para consumo final. Expressa, portanto, a energia antes dos processos de transformação e de distribuição.

Consumo final de energia: é a quantidade de energia consumida pelos diversos setores da economia, para atender às necessidades dos diferentes usos, como calor, força motriz, iluminação etc. Não inclui qualquer quantidade de energia que seja utilizada como matéria-prima para produção de outra forma de energia.

A diferença entre a oferta interna de energia e o consumo final corresponde à soma das perdas na distribuição e armazenagem com as perdas nos processos de transformação (refinarias, destilarias, centrais elétricas, coquerias etc.).

Importação: é a quantidade de energia primária e secundária, proveniente do exterior, que entra no país.

Exportação: é a quantidade de energia primária e secundária que se envia do país ao exterior.

Estrutura geral

A Figura 5.1, uma síntese da metodologia, expressa o balanço das diversas etapas do processo energético: produção, transformação e consumo. Conforme se observa, a estrutura geral do balanço é composta por nove partes:

- Energia primária.
- Energia secundária.
- Total geral.
- Oferta.
- Transformação.
- Perdas.
- Ajustes estatísticos.
- Consumo final.
- Produção de energia secundária.

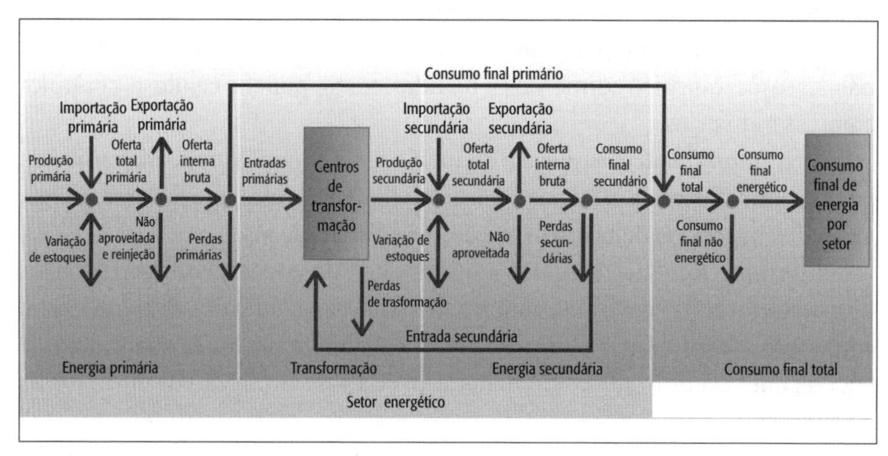

Figura 5.1 – Estrutura geral do BEN.

A seguir, a descrição de cada elemento que constitui o balanço energético consolidado.

Energia primária

Produtos energéticos providos pela natureza na sua forma direta, tais como petróleo, GN, carvão mineral, resíduos vegetais e animais, energia solar, eólica etc.

Fontes de energia primária: petróleo, GN, carvão para produzir vapor, carvão metalúrgico, urânio (U_3O_8), energia hidráulica, lenha e produtos da cana (melaço, caldo de cana e bagaço).

Outras fontes primárias: incluem resíduos vegetais e industriais para geração de vapor, calor etc.

Energia secundária

Produtos energéticos resultantes dos diferentes centros de transformação que têm como destino os diversos setores de consumo e eventualmente outro centro de transformação.

Fontes de energia secundária: óleo diesel, óleo combustível, gasolina (automotiva e de aviação), GLP, nafta, querosene (iluminante e de aviação), gás (de cidade e de coqueria), coque de carvão mineral, urânio contido no UO_2 dos elementos combustíveis, eletricidade, carvão vegetal, álcool etílico, (anidro e hidratado) e outras secundárias de petróleo (gás de refinaria, coque etc.).

Produtos não energéticos do petróleo: derivados de petróleo, que, apesar do significativo conteúdo energético, são utilizados para outros fins (graxas, lubrificantes, parafinas, asfaltos, solventes etc.).

Outras secundárias: alcatrão obtido na transformação do carvão metalúrgico em coque.

Total geral

Consolida todas as energias produzidas, transformadas e consumidas no país. É a soma do total de energia primária e secundária.

Oferta

Quantidade de energia que se coloca à disposição para ser transformada e/ou para consumo final.

Produção: energia primária que se obtém de recursos minerais, tais como vegetais e animais (biogás), hídricos, reservatórios geotérmicos, sol, vento, marés. Tem sinal positivo.

Importação: quantidade de energia primária e secundária proveniente do exterior, que entra no país e constitui parte da oferta no balanço. Tem sinal positivo.

Variação de estoques: diferença entre o estoque inicial e o final de cada ano. Um aumento de estoques em um determinado ano significa uma redução na oferta total. No balanço, têm sinal negativo as entradas, e positivo, as saídas.

Oferta total: Corresponde à soma da produção, importação e variação de estoques, obedecendo-se os sinais de convenção.

Exportação: quantidade de energia primária e secundária que se envia do país ao exterior. É identificada com sinal negativo.

Não aproveitada: quantidade de energia que, por condições técnicas ou econômicas, atualmente não está sendo utilizada. É caracterizada com sinal negativo.

Reinjeção: quantidade de GN que é reinjetado nos poços de petróleo para uma melhor recuperação desse hidrocarboneto. Tem sinal negativo.

Oferta interna bruta: quantidade de energia que se coloca à disposição do país para ser submetida aos processos de transformação e/ou consumo final. Corresponde à soma da oferta total, exportação não aproveitada e reinjeção, obedecendo-se os sinais de convenção.

Transformação

O setor transformação agrupa todos os centros de transformação em que a energia que entra (primária e/ou secundária) transforma-se em uma ou mais formas de energia secundária com suas correspondentes perdas na transformação.

Centros de transformação: refinarias de petróleo, plantas de GN, usinas de gaseificação, coquerias, ciclo do combustível nuclear, centrais elétricas de serviço público e autoprodutoras, carvoarias e destilarias.

Outras transformações: inclui os efluentes (produtos energéticos) produzidos pela indústria química, do processamento da nafta e outros produtos não energéticos de petróleo.

Total transformação: é a soma dos centros de transformação de outras transformações. Apresenta a soma algébrica de energia primária e secundária que entra e sai do conjunto dos centros de transformação.

Perdas

Perdas na distribuição e armazenagem: perdas ocorridas durante as atividades de produção, transporte, distribuição e armazenamento de energia. Como exemplo, pode-se destacar: perdas em gasodutos, oleodutos, linhas de transmissão de eletricidade, redes de distribuição elétrica. Não se incluem nessa linha as perdas nos centros de transformação.

Ajustes estatísticos

Ferramenta utilizada para compatibilizar os dados correspondentes à oferta e consumo de energia provenientes de fontes estatísticas diferentes. Ajustes: quantificam-se os déficits e superávits aparentes de cada energia, produtos de erros estatísticos, informações ou medidas.

Consumo final

Nesta parte, detalham-se os diferentes setores da atividade socioeconômica do país, para onde convergem a energia primária e secundária, configurando o consumo final de energia.

Consumo final: energia primária e secundária que se encontra disponível para ser usada por todos os setores de consumo final do país, incluindo o consumo final energético e o consumo final não energético. Corresponde à soma do consumo final não energético e energético.

Consumo final não energético: quantidade de energia contida em produtos que são utilizados em diferentes setores para fins não energéticos.

Consumo final energético: agrega o consumo final dos setores energético, residencial, comercial, público, agropecuário, de transportes, industrial e consumo não identificado.

Consumo final do setor energético: energia consumida nos centros de transformação e/ou nos processos de extração e transporte interno de produtos energéticos, na sua forma final.

Consumo não identificado: corresponde ao consumo que, pela natureza da informação compilada, não pode ser classificado em nenhum dos setores anteriormente descritos.

Por sua vez, os setores de transporte e industrial estão ainda subdivididos da seguinte forma:

Transporte: rodoviário, ferroviário, aéreo e hidroviário.

Industrial: cimento, ferro-gusa e aço, ferroligas, mineração/peletização e não ferrosos/outros da metalurgia, química, alimentos e bebidas, têxtil, papel e celulose, cerâmica e outros.

Produção de energia secundária

Corresponde à soma dos valores positivos referentes aos centros de transformação.

Deve ser observado que a produção de energia secundária aparece no bloco relativo aos centros de transformação, tendo em vista ser toda ela proveniente da transformação de outras formas de energia. Assim, para se evitar dupla contagem, a linha de "produção" da matriz fica sem informação para as fontes secundárias.

RESUMO DO CONTEÚDO

O balanço é dividido em nove capítulos, estruturados da seguinte forma:

1. *Análise energética e dados agregados*
   Apresenta os destaques de energia por fonte e os dados agregados utilizados nos estudos.
2. *Oferta e demanda de energia por fonte*
   Apresenta, para cada fonte de energia primária e secundária, a contabilização da produção, importação, exportação, variação de estoques, perdas, ajustes e consumo total (esse último desagregado pelos setores da economia).
3. *Consumo de energia por setor*
   Apresenta para cada setor da economia o consumo final de energia discriminado por cada fonte primária e/ou secundária.
4. *Comércio externo de energia*
   Apresenta as importações, exportações e dependência externa de energia.
5. *Balanços de centros de transformação*
   Apresenta os balanços dos centros de transformação, caracterizando a energia que entra e sai dos centros, com as respectivas perdas de transformação.
6. *Recursos e reservas energéticas*
   Apresenta os recursos e reservas das fontes primárias de energia, e respectivas metodologias de apuração.

7. *Energia e socioeconomia*
   Apresenta indicadores de energia, economia e população (consumos específicos, relações energia/PIB, gastos em divisas, preços de energéticos etc.).
8. *Informações energéticas estaduais*
   Apresenta informações parciais sobre balanços energéticos estaduais e regionais e relações energia/população.
9. *Anexos*
   I. *Capacidade instalada*
      Apresenta a capacidade instalada de geração elétrica e de refino.
   II. *Autoprodução de eletricidade*
      Apresenta dados relacionados à autoprodução de eletricidade no país.
   III. *Dados mundiais de energia*
      Apresenta os principais dados de energia dos países e regiões.
   IV. *Estrutura geral do balanço*
      Apresenta a conceituação da metodologia do balanço energético.
   V. *Balanço de energia útil*
      Apresenta o balanço de energia útil.
   VI. *Estrutura geral do BEN*
   VII. *Tratamento das informações*
      Apresenta as "instituições-fontes de dados" do BEN, os aspectos peculiares no tratamento das informações, inclusive na parte de consumo setorial, e os esclarecimentos, julgados necessários, para dirimir dúvidas quanto a alterações em relação aos balanços anteriores.
   VIII. *Unidades*
      Apresenta as unidades usadas e comentários sobre como são obtidos os poderes caloríficos, as densidades e os fatores de conversão para tonelada equivalente de petróleo (TEP), das fontes primárias e secundárias de energia.
   IX. *Fatores de conversão*
      Apresenta fatores de conversão das unidades.
   X. *Balanços energéticos consolidados*
      Apresenta as matrizes anuais em que são consolidados todos os fluxos de energia das diferentes fontes primárias e secundárias.
   XI. *Balanços energéticos (unidades comerciais)*

UNIDADES

Para expressar os fluxos energéticos do balanço de energia, faz-se necessária a adoção de uma única unidade. Assim, no BEN, é adotada a unidade básica "tonelada equivalente de petróleo – tep", coerente com o Sistema Internacional de Unidades.

Com exceção da eletricidade, que leva em consideração rendimentos de processos de transformação, todos os demais produtos energéticos são convertidos para tep, levando em conta apenas os seus respectivos poderes caloríficos em relação ao poder calorífico do petróleo.

A seguir, são descritos alguns conceitos e informações importantes relacionados às unidades, que facilitam o entendimento do BEN.

Unidades de medida (comerciais)

Unidades que normalmente expressam as quantidades comercializadas das fontes de energia, por exemplo, para os sólidos, a tonelada (t) ou libra (lb); para os líquidos, o metro cúbico (m^3) ou barril (bbl); para os gasosos, o metro cúbico (m^3) ou o pé cúbico ($pé^3$); e para a eletricidade, o watt (W) para potência e watt-hora (Wh) para energia.

Unidade comum

Unidade na qual se convertem as unidades de medidas utilizadas para as diferentes formas de energia. Essa unidade permite adicionar, nos balanços energéticos, quantidades de energias diferentes.

Segundo o Sistema Internacional de Unidades, o joule ou o quilo-watt-hora são as unidades regularmente utilizadas como unidade comum, entretanto, outras unidades são correntemente utilizadas por diferentes países e organizações internacionais, como a tonelada equivalente de petróleo (tep), tonelada equivalente de carvão (tec), a caloria e seus múltiplos, British Thermal Unit (BTU) etc.

Fatores de conversão

Coeficientes de equivalência: coeficientes que permitem passar as quantidades expressas em uma unidade de medida para quantidades expressas em uma unidade comum. Por exemplo, no caso do Brasil, para se converter tonelada de lenha em tep, utiliza-se o coeficiente 0,306, que é a relação entre o poder calorífico da lenha e o do petróleo (3.300 kcal/kg/10.800 kcal/kg), ou seja, 1t de lenha = 0,306 tep.

A Tabela 5.1 apresenta um resumo dos fatores de conversão para algumas unidades mais usadas.

Tabela 5.1 – Fatores gerais de conversão de energia

De:	TJ	Gcal	Mtoe	MBtu	GWh
Para:	Múltiplos de:				
TJ	1	2.388×10^{2}	2.388×10^{-5}	9.478×10^{2}	2.778×10^{-1}
Gcal	4.187×10^{-3}	1	1.000×10^{-7}	3.968	1.163×10^{-3}
Mtoe	4.187×10^{4}	1.000×10^{7}	1	3.968×10^{7}	1.163×10^{-4}
MBtu	1.055×10^{-3}	2.520×10^{-1}	2.520×10^{-8}	1	2.931×10^{-4}
GWh	3.600	8.598×10^{2}	8.598×10^{-5}	3.412×10^{3}	1

Tonelada equivalente de petróleo (tep)

É a unidade comum na qual se convertem as unidades de medida das diferentes formas de energia utilizadas no BEN.

Caloria (cal)

Quantidade de calor necessária para elevar a temperatura de um grama de água de 14,5°C a 15,5°C, à pressão atmosférica normal (a 760 mm Hg).

$$1 \text{cal} = 4{,}184 \text{ J e } 1\text{J} = 0{,}239 \text{ cal.}$$

Para essa definição de caloria vale: 1 tep = 10^7 kcal.

É importante notar que para medição da energia contida em alimentos, a definição de caloria é a quantidade de calor necessária para elevar a temperatura de um quilograma de água de 14,5 a 15,5°C à pressão atmosférica normal (a 760 mm Hg), ou seja, uma cal energética alimentar corresponde a 103 cal térmica. Essa utilização do mesmo nome para unidades energéticas diferentes costuma trazer confusão, agravada quando se sabe que certos alimentos apresentam nos rótulos mistura entre cal e kcal (utilizam o símbolo cal em vez de kcal para o mesmo número de unidades energéticas). Assim, é necessário tomar cuidado com essas questões sempre que se tratar da unidade caloria.

Poder calorífico

Quantidade de calor, em kcal, que desprende 1 kg ou 1 m^3N de combustível, quando da sua combustão completa[1].

Watt (W)

Unidade de potência. O watt é a potência de um sistema energético no qual é transferida uniformemente uma energia de 1 joule durante 1 segundo.

$$1\ W = 1\ J/s$$

Watt-hora (Wh)

Energia transferida uniformemente durante uma hora. 1 Wh = 1 x 3.600 s x J/s = 3.600 x (0,239 cal) = 860 cal. Assim no conceito teórico: 1 kWh = 860 kcal.

Joule (J)

Unidade de trabalho, energia e quantidade de calor. O joule é o trabalho produzido por uma força de 1 newton cujo ponto de aplicação se desloca 1 metro na direção da força.

$$1\ J = 1\ Nxm$$

Newton (N)

Unidade de força. O newton é a força que, aplicada a um corpo de massa de 1 quilograma, transmite uma aceleração de 1 metro por segundo ao quadrado. Considerando a aceleração da gravidade 9,806 m/s^2, tem-se 1 N = 0,102 kg.

[1] Os combustíveis que originam H_2O nos produtos da combustão (proveniente de combustão ou de água de impregnação) têm um poder calorífico superior e um poder calorífico inferior. Como o H_2O, na maioria das vezes, escapa pela chaminé sob forma de vapor, o poder calorífico inferior é que tem significado prático.

DOCUMENTOS E PLANOS ENERGÉTICOS NACIONAIS

Aqui será apresentada uma visão ilustrativa e sucinta dos principais documentos e planos energéticos nacionais emitidos no Brasil. Esses documentos podem ser encontrados nos sites da EPE e do MME.

O Balanço Energético Nacional (BEN)

A seguir, a título de ilustração, serão apresentados alguns dados obtidos no BEN 2016, incluindo comparação com dados mundiais obtidos no site da International Energy Agency (IEA), enfocados mais adiante neste capítulo.

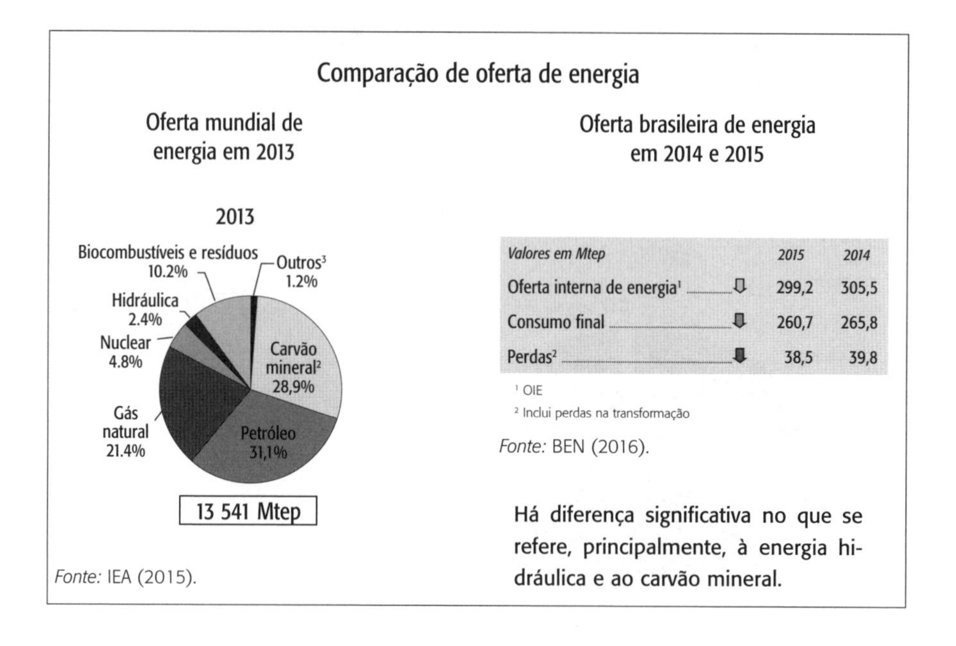

Valores em Mtep	2015	2014
Oferta interna de energia[1] ⇩	299,2	305,5
Consumo final ⇩	260,7	265,8
Perdas[2] ⇩	38,5	39,8

[1] OIE

[2] Inclui perdas na transformação

Fonte: BEN (2016).

Há diferença significativa no que se refere, principalmente, à energia hidráulica e ao carvão mineral.

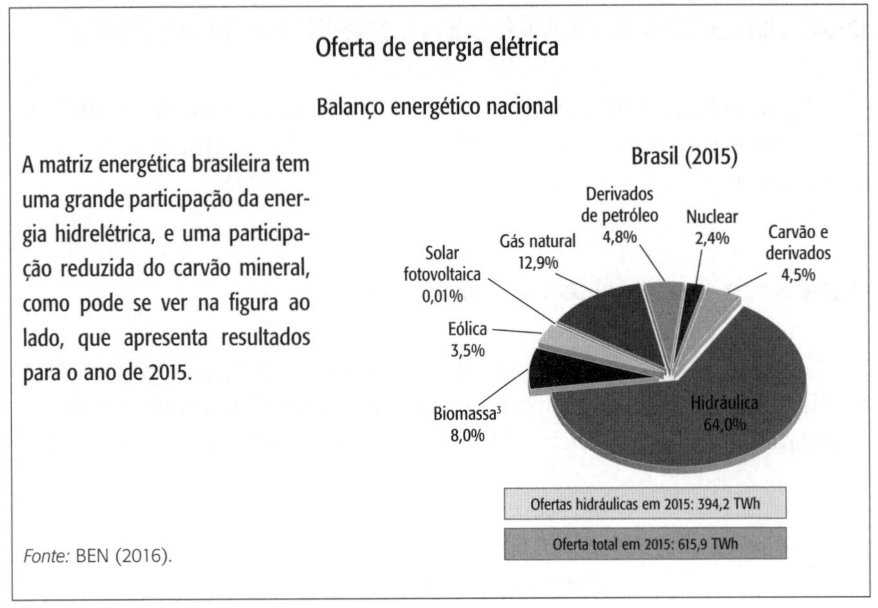

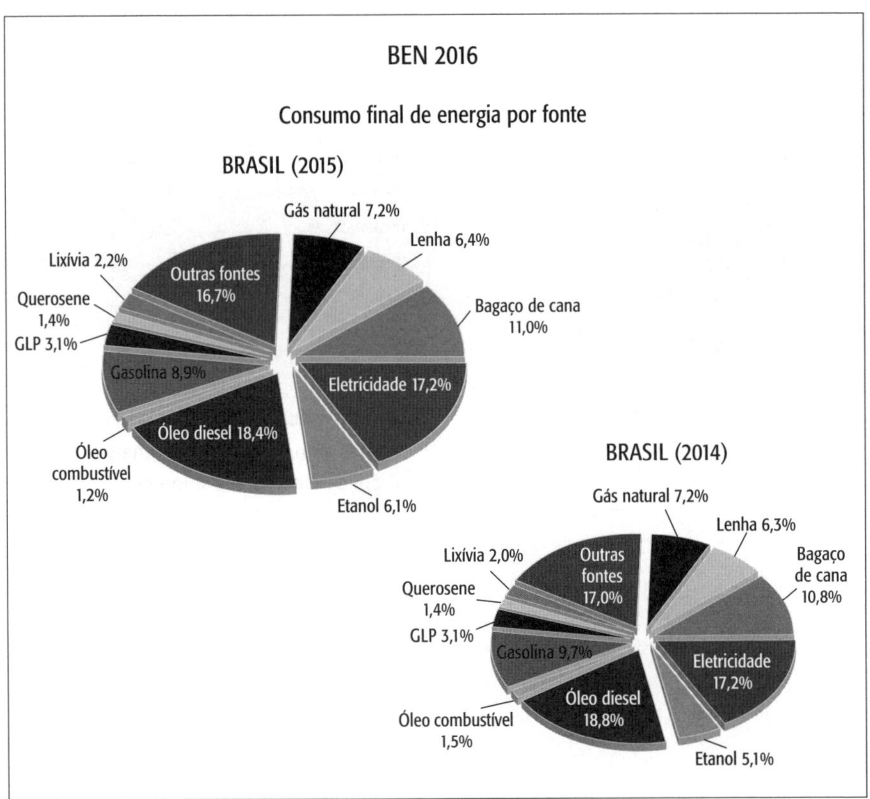

Figura 5.2 – Comparação de oferta de energia.

Tabela 5.2 – Matriz simplificada do BEN 2016, ano-base 2015 (10^3 tep)

Fluxo energético	Petróleo	Gás natural	Carvão mineral	Produtos da cana	Derivados do petróleo	Hidráulica e eletricidade	Outros	Total
Produção	126.127	34.871	3.066	50.424	0	30.938	41.044	286.471
Importação + exportação	-22.764	16.198	14.846	-676	8.954	2.959	4.888	24.497
Perdas, reinjeção e variação de estoques	-1.165	-10.099	-237	-899	383	0	-1.537	-11.756
Oferta interna bruta	102.288	40.971	17.675	50.648	9.337	33.897	44.395	299.211
Refinarias	-99.972	0	0	0	103.346	0	-3.783	-409
Plantas de gás natural	0	-3.727	0	0	3.273	0	245	-208
Centrais elétricas	0	-16.411	-4.511	-5.959	-6.441	19.050	-10.440	-24.711
Destilarias	0	0	0	-93	0	0	0	-93
Outras transformações	-1.869	-1.600	-1.174	0	2.064	0	-1.438	-4.017
Consumo final	0	18.765	11.970	44.594	111.488	44.946	28.921	260.684
Setor energético	0	6.112	0	13.155	5.567	2.742	188	27.763
Residencial	0	312	0	0	6.544	11.289	6.807	24.9511
Comercial + público	0	158	0	0	696	11.527	182	12.562
Agropecuário	0	0	0	13	6.342	2.310	2.822	11.487
Transportes	0	1.553	0	15.424	66.883	177	0	84.037
Industrial	0	9.947	11.836	15.512	11.527	16.902	18.921	84.645
Não energético	0	685	134	490	13.929	0	0	15.237
Perdas na distribuição	0	-464	-18	-54	-96	-8.001	-59	-8.692

O Plano Nacional de Energia (PNE)

As Figuras a seguir apresentam a caracterização dos cenários estudados no PNE 2030, na versão emitida em 2007.

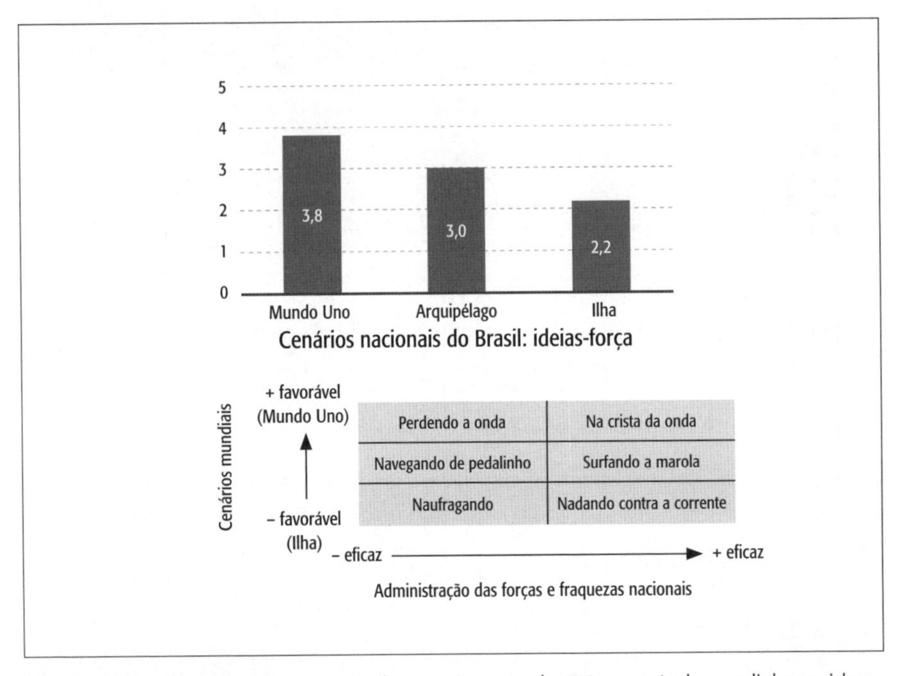

Figura 5.3 – Taxas médias anuais de crescimento do PIB em nível mundial consideradas para comparação com o Brasil.

Fonte: EPE (2007).

Tabela 5.3 – Caracterização dos cenários nacionais

Incerteza crítica	Denominação dos cenários			
	A Na crista da onda	B1 Surfando a marola	B2 Pedalinho	C Naufragando
Infraestrutura	Redução significativa dos gargalos	Gargalos parcialmente reduzidos	Permanência de gargalos importantes	Deficiência relevante
Desigualdade de renda	Redução muito significativa	Redução relevante	Redução pequena	Manutenção

(continua)

Tabela 5.3 – Caracterização dos cenários nacionais (*continuação*)

Incerteza crítica	Denominação dos cenários			
Competitividade dos fatores de proteção	Ganhos elevados e generalizados	Ganhos importantes porém seletivos	Ganhos pouco significativos e concentrados em alguns setores	Baixa, embora com ganhos concentrados em alguns setores
Produtividade total da economia	Elevada	Média para elevada	Média para reduzida	Reduzida

Fonte: EPE (2007).

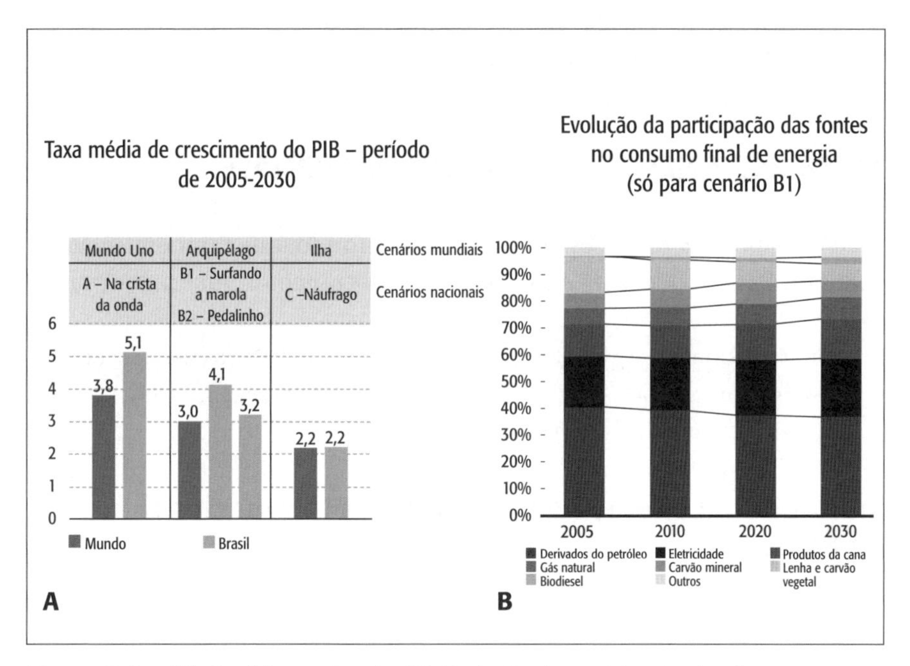

Figura 5.4 – (A) Cenários nacionais. (B) Evolução da participação das fontes no consumo final de energia (só para cenário B1).
Fonte: EPE (2007).

O PNE 2030 desenvolveu apenas o cenário B1 e não apresentou mais revisões após 2007.

Em 2014 foi anunciada uma nova versão, o PNE 2050, com seus termos de referência e cronograma de desenvolvimento, ainda não cumprido.

O Plano Decenal de Expansão de Energia (Elétrica)

O Plano Decenal de Expansão de Energia Elétrica (PDE) apresenta o planejamento decenal da expansão do sistema elétrico nacional, que estabelece um cenário de referência para implantação de novas instalações na infraestrutura de oferta de energia elétrica, necessárias para atender ao crescimento do mercado.

- Apresenta as perspectivas de demanda e as possibilidades de expansão da oferta de energia elétrica para os próximos dez anos.
- A versão do PDE 2024 enfoca o período de 2015 a 2024.
- O PDE é elaborado anualmente.

MATRIZES ENERGÉTICAS INTERNACIONAIS

As principais matrizes energéticas do mundo, que também incluem dados do Brasil, podem ser encontradas em documentos publicados por:

- International Energy Agency (IEA), com sede em Paris (www.iea.org).
- Energy Information Agency – Department of Energy (EIA/DOE) – USA, com sede em Washington (www.eia.doe.gov).

International Energy Agency (Agência Internacional de Energia)

A IEA, que tem sede em Paris, é formada pelos países da Organization for Economic Co-operation & Development (OCDE) e elabora, principalmente, estudos sobre energia, crescimento econômico e sustentabilidade. É uma organização que atua como assessora de políticas de energia para os países membros (Alemanha, Austrália, Áustria, Bélgica, Canadá, Coreia, Dinamarca, Eslováquia, Espanha, Estados Unidos, Finlândia, França, Grécia, Holanda, Hungria, Irlanda, Itália, Japão, Luxemburgo, Nova Zelândia, Noruega, Polônia, Portugal, Reino Unido, República Checa, Suécia, Suíça e Turquia), a fim de assegurar uma energia confiável, disponível e limpa para seus cidadãos, baseando-se em uma política equilibrada de energia, segurança energética, desenvolvimento econômico e proteção do meio ambiente.

Fontes de dados e tendências: em seu site, além das informações relacionadas à matriz energética mundial, são encontrados todos os trabalhos feitos pela IEA, como estudos sobre a captura de CO_2 e armazenamento; sobre combustíveis fósseis mais limpos; sobre alterações climáticas; sobre eletricidade e GN; e sobre desenvolvimento sustentável.

Dois documentos são especificamente importantes para o setor energético:

- O *World Energy Outlook* (WEO) [Perspectiva de energia mundial], que, por meio de prospecções da matriz energética, contém uma análise das alterações climáticas e estabelece as últimas tendências de energia e o seu impacto em emissões de gás de efeito estufa. Além disso, traz o detalhamento de um roteiro do setor de energia para tornar o mundo menos poluído, emitindo pouco carbono (*low carbon*). A WEO, segundo o próprio site, "ganhou reputação como a fonte mais confiável de análise de energia e projeções". A WEO fornece uma perspectiva da quantidade de oferta e demanda de energia em médio e longo prazos, apresentando ainda análises e lições sobre segurança energética, investimentos e meio ambiente. Em virtude de seu peso no cenário energético mundial, muitas vezes enfoca especificamente países como Brasil, Rússia, Índia e China (os denominados BRICs) e Coreia do Sul.
- O *Key World Energy Statistics* [Estatísticas-chaves mundiais de energia], que apresenta, de forma sucinta e direta, dados importantes, tais como: visões da situação mundial e dos principais países quanto à oferta, transformação e consumo; balanços energéticos; preços dos combustíveis; emissões atmosféricas decorrentes do uso da energia; perspectivas; indicadores energéticos; e fatores de conversão das unidades energéticas.

Energy Information Agency – Department of Energy

O site da EIA dos Estados Unidos revela uma preocupação estadunidense com a questão energética e o meio ambiente. Lá, a EIA apresenta um vasto leque de informações e dados de produtos que envolve produção de energia, reservas, pesquisa, importações, exportações e preços, além da elaboração de análises e relatórios especiais sobre temas de interesse atual.

No site existem subdivisões que tratam dos diferentes tipos de fonte de energia, como petróleo, GN, eletricidade, carvão e energia nuclear. Para cada um, existem estudos, relatórios e análises de mercado e da variação do preço.

A preocupação com questões ambientais é ilustrada por meio de seções com dados relevantes de produção de energia elétrica. Há ainda uma seção sobre energia renovável e fontes alternativas que engloba na análise a energia geotérmica, de biomassa, a hidrelétrica, a solar e a eólica, bem como o etanol.

O importante documento *International Energy Outlook* [Perspectivas internacionais energéticas] é um relatório que apresenta projeções internacionais para um período futuro de até 30 anos, incluindo perspectivas sobre os principais combustíveis utilizados atualmente e sobre as emissões de dióxido de carbono a eles associadas; as previsões de consumo e dados de oferta de combustíveis no período; e os preços dos diversos energéticos. Há o enfoque de "Emissões de dióxido de carbono relacionadas com energia", que apresenta resultados de estudos sobre as emissões antropogênicas de dióxido de carbono decorrentes do uso de combustíveis fósseis, assim como a previsão de seu aumento nos próximos anos. Assim como na WEO da IEA, o enfoque específico muitas vezes é dado aos denominados BRICs e à Coreia do Sul.

BASES PARA UM PLANEJAMENTO ENERGÉTICO VOLTADO AO DESENVOLVIMENTO SUSTENTÁVEL

Evolução conceitual do planejamento energético

Em consonância com as forças atuantes no sentido da construção de um modelo sustentável de desenvolvimento, o planejamento energético, conceitualmente, tem evoluído para modelos voltados à incorporação mais adequada da ênfase nos usos finais e na eficiência energética, a questão ambiental e a decisão participativa, envolvendo os atores afetados pelos projetos em análise. Dentre as diversas evoluções conceituais do planejamento energético, três podem ser destacadas, em razão do grande impacto causado mais recentemente:

- Evolução de um pensamento voltado intrinsecamente à oferta para aquele direcionado aos usos finais e intercâmbios de energia.
- Tratamento mais adequado da questão ambiental por meio do estabelecimento de uma cultura multi e interdisciplinar e da elaboração de modelos mais aptos a tratar de custos e benefícios intangíveis, externalidades e aspectos qualitativos.
- Implementação de um processo participativo e descentralizado de decisão, no qual atuam os diversos atores que poderão ser afetados pelo(s) projeto(s) ou planos sob avaliação.

A evolução de um pensamento voltado intrinsecamente à oferta para aquele direcionado aos intercâmbios de energia e usos finais teve base em uma avaliação crítica do processo tradicional (convencional) de planejamento, da qual podem ser destacados alguns aspectos relevantes principais:

- A necessidade de abandono da hipótese de correspondência direta entre o consumo de energia de uma região com os índices de desenvolvimento socioeconômico.
- A consciência de que a garantia de suprimento em médio e longo prazos exige um contínuo e coordenado esforço de planejamento e, portanto, de previsão e programação.
- Os fatos de que os pesados investimentos necessários à produção, transporte e disponibilização da energia representam uma parcela significativa do investimento global na região econômica servida; os objetivos de adequada confiabilidade e baixo custo levam à interligação de sistemas, ao gigantismo das instalações, às economias de escala; o serviço de energia é uma atividade de caráter essencialmente estratégico.

A metodologia do planejamento voltado intrinsecamente à oferta assentava-se, de certa forma, na crença de que, para garantir o crescimento econômico, era necessário um aumento contínuo do uso da energia. Porém, projetando-se as tendências do uso da energia do passado para o futuro, podia-se perceber que um crescimento continuado de energia não seria sustentável, em virtude das limitações reais dos recursos energéticos, econômicos e, sobretudo, dos reflexos desse procedimento sobre o meio ambiente. Tornou-se evidente, então, a necessidade de uma estratégia dirigida ao desenvolvimento sustentável. Isso implicou considerar com seriedade as questões relativas ao uso que se faz da energia para satisfação das necessidades humanas e propor uma expansão energética racional que considere a energia apenas como instrumento para o desenvolvimento sustentado, tanto global como local, ou seja, uma estratégia energética orientada ao uso final.

O tratamento da questão ambiental vem se tornando cada vez mais importante na avaliação dos projetos, seja por força da legislação, seja pelo aumento da consciência ambiental e ação multi e interdisciplinar, ou seja, pelo crescente poder de pressão da sociedade civil organizada. Essa importância se reflete na crescente introdução de métodos e modelos mais adequados a permitir uma avaliação da complexidade da questão ambiental. Técnicas como a análise de custos completos, análise de ciclo de vida, sistemas nebulosos (*fuzzy*), redes neurais, dentre outras, têm permitido uma modelagem mais adequada de problemas, tais como a avaliação dos custos e benefícios intangíveis, o tratamento das externalidades, a decisão tendo em conta variáveis quantitativas e qualitativas, dentre outros.

A decisão participativa finalmente surge associada à descentralização do planejamento energético (associada ao enfoque dos usos finais) e encontra força também no crescente poder de pressão da sociedade civil organizada.

Essa mudança de enfoque teve diversos impactos, não só no processo do planejamento em si, como também no da tomada de decisões, enfatizando a influência dos aspectos ambientais, sociais e políticos, buscando maior transparência e participação dos envolvidos. Dentre seus resultados, destacam-se o planejamento e a gestão integrada de recursos, a avaliação de custos completos (ACC), e a análise de ciclo de vida (ACV), enfocados a seguir.

Planejamento Integrado de Recursos (PIR)

A metodologia do planejamento integrado de recursos teve como maior sustentáculo o aumento da preocupação com o uso eficiente da energia e, de certa forma, com a ênfase nos usos finais. Seu objetivo básico foi expandir, até um novo limite, o cenário de planejamento, para que ele contivesse e avaliasse, de forma integrada, os projetos focados na oferta, ações de aumento da eficiência e conservação da energia.

Assim, o leque de projetos a ser analisado em um estudo de planejamento, incluiria, além daqueles de geração de energia, os de eficiência e gerenciamento do consumo. Considerando que projetos de conservação de energia, por exemplo, apresentam custos unitários bem menores que os de geração, eles seriam mais interessantes economicamente para o sistema e para os consumidores, além de apresentar adicionalmente benefícios ambientais e sociais.

Em termos gerais, o planejamento integrado de recursos pode ser entendido como o processo que examina todas as opções possíveis e factíveis, no tempo e no espaço, para responder à questão da energia (no sentido do bem-estar), selecionando as melhores alternativas, com a finalidade de garantir a sustentabilidade socioeconômica.

Do ponto de vista governamental, o seu significado percorre questões como a criação de fontes de trabalho; a preservação, conservação e proteção do meio ambiente; o reconhecimento internacional (em termos globais do uso racional da energia e do meio ambiente); novas técnicas e tecnologias; e a possibilidade do desenvolvimento sustentável. Para a concessionária, pública ou privada, o planejamento integrado de recursos significa, em todos os sentidos, escolha de opções de baixo custo, (oferta de) tarifas mais baixas, adiamento de gastos de capital e, o mais importante, satisfação do consumidor.

O consumidor também tem sua parcela de ganho, pois se beneficia de construções (em todos os sentidos) mais baratas ou de custo menor, maior disponibilidade de renda (maior opção), melhoria do ambiente vivencial e, também, segurança e conforto fartamente melhorados.

Em virtude da capacidade potencial de usar o conhecimento e a habilidade desenvolvidos para a implementação dos conceitos do PIR, as empreiteiras também podem beneficiar-se mais cedo com ganhos do tipo de captura de uma boa fatia do mercado, por exemplo.

Nesse contexto ampliado, o planejamento integrado de recursos caracteriza-se conceitualmente como uma ferramenta de análise que coloca conjuntamente, em um mesmo patamar de condições e expectativas, as opções do suprimento e da demanda. Dessa maneira, passa a escolher o melhor feixe de opções: redução da utilização da energia, corte da carga, substituição de energético, educação do consumidor etc. Ao introduzir o efeito resultante da participação dos afetados, pode-se dizer que o planejamento integrado de recursos é uma abordagem holística, completa e abrangente que permite a opção de custo mínimo com melhoria na proteção do meio ambiente, conservação na sua acepção mais ampla e, ainda, melhoramentos no transporte e na localização.

Para uma melhor descrição do PIR, o caso do setor elétrico (no qual esse tipo de enfoque apresentou uma evolução orientada) é apresentado a seguir. A expansão para um processo mais amplo é apresentada mais adiante, no tratamento do planejamento integrado de recursos de bacias hidrográficas de grande importância para o Brasil, dada a grande participação da energia hidrelétrica em sua matriz energética.

Características básicas do PIR: caso do setor elétrico

Em primeira instância, no que se refere ao setor elétrico, o planejamento integrado de recursos consiste na seleção da expansão da oferta de energia elétrica, por meio de processos que avaliem um conjunto de alternativas que incluem não somente o aumento da capacidade instalada, mas também a conservação e a eficiência energética, autoprodução e fontes renováveis. O objetivo é garantir que, considerados os aspectos técnicos, econômico-financeiros e socioambientais, os usuários do sistema recebam uma energia contínua e de boa qualidade da melhor forma possível. Em uma formulação mais ampla, considerando todo o espectro energético, o resultado indicaria a aplicação da energia para um desenvolvimento sustentado.

Voltado a estabelecer melhor alocação de recursos, o planejamento integrado de recursos implica: procurar o uso racional dos serviços de energia; considerar a conservação de energia como recurso energético; utilizar o enfoque dos "usos finais" para determinar o potencial de conservação e os custos e benefícios envolvidos em sua implementação; promover o planejamento com maior eficiência energética e adequação ambiental; e realizar a análise de incertezas associadas com os diferentes fatores externos e as opções de recursos.

Assim, é importante que sejam estabelecidos com clareza os conceitos ou princípios a serem caracterizados em uma árvore discreta que fundamente o planejamento integrado de recursos. São partes construtivas dessa árvore elementos como:

- Metas: serviço aos consumidores, retorno aos investidores, manutenção dos baixos níveis de preços, menores impactos ao meio ambiente, flexibilidade para enfrentar os riscos e as incertezas.
- Previsões: demanda, energia, capacidade disponível etc.
- Fontes: recursos disponíveis, avaliação, confiabilidade, taxas e indicadores, impactos ambientais etc.
- Métodos: de integração de interesses do lado da oferta e, do lado da demanda, elaboração de cenários com as possíveis fontes, avaliação de fatores externos (cultural, legal etc.), análise de incertezas futuras do plano, testes de alternativas com óticas diferentes (da concessionária, do consumidor, da sociedade como um todo).
- Definições: recursos adequados, processo de integração, seleção de alternativas.

Todo esse cenário ressalta a importância das técnicas de tratamento de incertezas no contexto do planejamento. Sua aplicação adequada é fundamental para que o portfólio de alternativas viáveis (carteira de recursos) possa ser analisado com segurança, no momento da tomada de decisões.

Como ilustração, a Figura 5.5 apresenta um diagrama esquemático do processo do PIR.

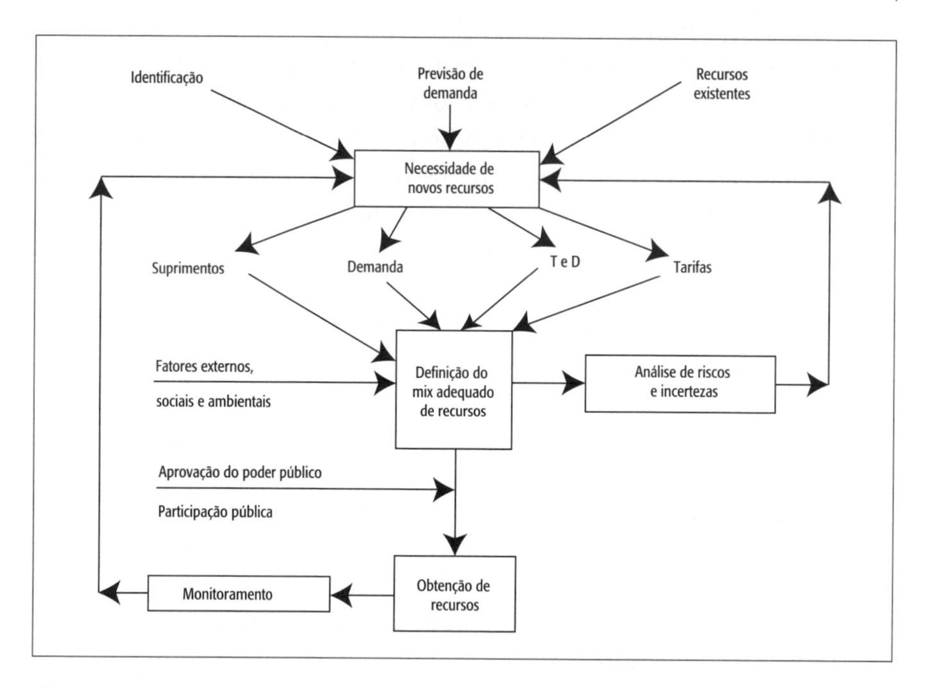

Figura 5.5 – Diagrama ilustrativo do processo do planejamento integrado de recursos.

Estrutura do PIR

O processo de planejamento integrado de recursos deve seguir essencialmente algumas etapas ou componentes básicos, mas podem ocorrer particularidades em função da região e do tipo de entidade que assume o PIR. Os pontos principais a serem considerados a cada momento, no curto e longo prazos do plano preferencial, são:

- Identificação dos objetivos do plano: oferecer serviço confiável e adequado; eficiência econômica, com manutenção da situação econômico-financeira da companhia; mesmas considerações de peso para o suprimento e a demanda como recursos; minimização dos riscos; consideração dos impactos ambientais; questões sociais (níveis de aceitação) etc.
- Estabelecimento da previsão da demanda (pré-GLD, sendo GLD o gerenciamento pelo lado da demanda): distinguir os fatores (tecnológicos, econômicos e sociais) que influenciam ou não a demanda; elaborar diversas previsões em razão da incerteza acerca do futuro; manter compatibilização dos usos finais considerados nos programas de GLD com aqueles da previsão da demanda.

- Identificação dos recursos de suprimento e demanda: deve-se levantar separadamente cada um dos recursos factíveis, tanto aqueles já estabelecidos no plano de obras, como os potenciais, que poderão influenciar a potência e/ou a energia tanto no lado da oferta como no da demanda.
- Valoração dos recursos de suprimento e demanda: cada recurso deve ter atributos (quantitativos e/ou qualitativos) coerentes com os objetivos já estabelecidos. A avaliação e a medição dos recursos devem ser multicriteriais (para que não sejam referidos somente em termos dos custos). Devem também ser utilizadas figuras de mérito, tais como gráficos, para mostrar custos unitários em função de magnitudes do recurso etc.
- Desenvolvimento de carteiras de recursos integrados: para cada previsão (total) da demanda devem ser propostas carteiras constituídas pela combinação de recursos de suprimento e demanda (de MegaWatts e NegaWatts). Ambos (previsão e carteiras) devem cobrir o mesmo período no futuro (de 15 a 20 anos).
- Avaliação e seleção das carteiras de recursos: as alternativas de carteiras de recursos que responderão pela previsão devem ser comparadas na base de atributo por atributo, em função dos objetivos definidos pelo PIR. Se houver um mínimo de recursos presente em todas as carteiras de recursos, ele poderá ser incluído no planejamento integrado de recursos, sem análise adicional. Aqueles recursos não comuns poderão intervir, atendendo alguma das previsões totais.
- Plano de ação: deverá fazer parte do plano o detalhamento dos passos de aquisição dos recursos que entrarão no curto prazo. Deverá também ser especificado o *modus* de ajuste à evolução da demanda (se está ou não dentro da previsão). Por fim, devem ser mostrados também os critérios projetados e de monitoração dos recursos de considerável incerteza (impactos de mercado e custos totais).
- Interação público-privada: a sociedade deve ser envolvida no processo do planejamento integrado de recursos para escolha dos métodos que melhor se apliquem a esse planejamento. A colaboração direta dos interessados pode dar-se por meio de fóruns informativos, *workshops*, audiências públicas etc. Também são benéficas as interações com outras entidades envolvidas em projetos similares.
- Introdução e participação do regulador: durante todas as fases de elaboração do planejamento integrado de recursos, deverão ser abertas oportunidades ao ente regulador para revisão e comentários.
- Introdução e implantação das políticas governamentais: o planejamento integrado de recursos deverá ser desenvolvido em concordância com a

legislação e as políticas de Estado, normas de eficiência, controle de poluentes, fatores de risco etc.

- Revisões da regulamentação: o processo de revisões deve ser implementado junto ao plano de ação, de forma periódica (por exemplo: dois anos), para permitir resposta oral e/ou escrita da sociedade.

PIR para bacias hidrográficas

Ao se visualizar a construção de um planejamento integrado de recursos para bacias hidrográficas, constata-se, de início, um conjunto de similaridades entre o processo do PIR expandido para considerar a utilização adequada de recursos naturais em certa região e o Plano de Bacias.

Na verdade, as diversas áreas e setores do conhecimento, na sua evolução mais recente, buscando capturar formas de tratar incertezas, custos e benefícios tangíveis e não tangíveis, incluir as externalidades e implementar processos decisórios participativos, apresentam uma forte convergência. Convergência que fica, na verdade, oculta, principalmente por causa do processo fragmentado de pensamento e atuação por setores, em vez da atuação coletiva multi e interdisciplinar; e da priorização da especialização frente à visão geral integrada.

Quando se constatam as similaridades entre o PIR e o Plano de Bacias, que permitem integração quase automática entre esses dois processos, desde que os autores do cenário aceitem a maior importância da visão coletiva, cabe até a pergunta: por que se demorou tanto para se pensar na integração? Para os autores, a resposta deverá ser buscada em cada um e por cada um: até que ponto se está preparado para realmente trabalhar em equipe, entender razões que não as suas e aceitar decisões trabalhadas de forma participativa?

Quais são essas similaridades? Praticamente todos os passos do PIR apresentados no item anterior devem ser enfocados (com as diferenças específicas dos recursos, dos objetivos, das tecnologias e dos atores envolvidos) no Plano de Bacias, no qual a decisão participativa se assenta nas audiências públicas (talvez a melhor forma para isso, se adequadamente conduzidas).

Dessa forma, para quem está afeito ao PIR, e ao Plano de Bacias, não deverá haver grandes dificuldades em entender as etapas apresentadas a seguir para um PIR de bacias hidrográficas:

I. Expansão dos planos de recursos hídricos das bacias hidrográficas para os planos integrados de recursos, envolvendo como principais recursos a água, a energia elétrica e o gás canalizado.

II. Análise e projeções das demandas de água, energia elétrica e gás.
III. Tratamento integrado de programas de eficiência energética (eletricidade e combustíveis) e de conservação de água.
IV. Análise das alternativas de geração hidrelétrica, com ênfase nos aproveitamentos de uso múltiplo e PCHs (estudos de inventários e viabilidade).
V. Geração distribuída de energia elétrica, com ênfase nas fontes renováveis alternativas e cogeração.
VI. Análise de alternativas de geração termelétrica, com ênfase na sua localização em função das tecnologias envolvidas, porte etc.
VII. Análises de alternativas de suprimentos de gás natural e das necessidades de expansão das redes de transporte e distribuição.
VIII. Análise das necessidades de reforços das redes de transmissão e distribuição.
IX. Tratamento das questões ambientais: análise ambiental estratégica, zoneamento ambiental, licenças ambientais, interface com a área de saneamento etc.
X. Tratamento das incertezas na elaboração do plano.
XI. Interações com a sociedade local.
XII. Produtos para os planos indicativos de expansão.

GESTÃO INTEGRADA DE RECURSOS (GIR)

Este item trata da gestão integrada de recursos e sua aplicação à infraestrutura para o desenvolvimento, como uma importante forma de orientar o planejamento energético aos rumos do desenvolvimento sustentável.

Pela importância e ineditismo desse assunto, julgou-se conveniente apresentar, para melhor entendimento, um estudo de caso, o que é feito no Anexo 1 – Gestão Integrada de Recursos (GIR) – Estudo de caso.

Tal estudo de caso foi desenvolvido na dissertação de mestrado de Gimenes, em 2000, e é aqui reproduzido apenas com o objetivo de ilustrar uma aplicação da GIR, não tendo havido nenhuma preocupação em atualizar dados de custos e tarifas.

Base e conceitos

A gestão integrada de recursos (GIR) visa procurar, em alianças e parcerias, vantagens na implantação e operação de componentes da infraestrutura. Buscam-se, na associação da infraestrutura e/ou serviços, vantagens (construtivas ou operativas) que garantam a competitividade econômica e a viabilização do investimento.

Por meio dessa abordagem, partes da infraestrutura sabidamente viáveis podem ser associadas a outras que, sozinhas, seriam economicamente inviáveis, mas são socialmente necessárias. A GIR deve olhar para a busca da eficiência econômica e financeira na implantação da infraestrutura, focando diversas demandas por serviços e identificando os mais rentáveis, os socialmente mais necessários e a possível associação entre parceiros e componentes da infraestrutura que possam suprir tais serviços.

A associação de parceiros é orientada a partir da identificação da sinergia (construtiva ou operativa) entre os componentes da infraestrutura e serviços, bem como entre os entes investidores e possíveis beneficiados.

Tal abordagem deve perseguir a sustentabilidade dos investimentos, por meio da autonomia econômica dos empreendimentos, recorrendo-se à atuação do setor público apenas nos casos em que determinados componentes da infraestrutura são socialmente necessários, mas não rentáveis. A atuação governamental pode ocorrer por parceria, incentivos, subsídios, criação de mecanismos etc. Nesse contexto, as agências regulatórias poderão cumprir papel preponderante, pois deverão priorizar os interesses coletivos resguardando os interesses dos entes participantes do projeto.

A GIR deverá ser operacionalizada a partir da harmonização de duas concepções: a visão empresarial, que pretende a realização do lucro, considerando o papel e as atribuições dos investidores; e a visão institucional, com ênfase na defesa dos interesses coletivos e na atuação dos agentes reguladores dos serviços de infraestrutura.

Ainda com vistas à sustentabilidade, todo o planejamento da GIR deve levar em conta o critério ambiental. Nesse sentido, a associação de estruturas pode reduzir impactos ambientais, uma vez que uma estrutura integrada, isto é, que proporciona mais de um tipo de serviço, pode ser menor que outras separadas para provisão dos mesmos serviços.

Resumidamente, a GIR tem como base a vantagem de tornar investimentos agregados viáveis do ponto de vista econômico, social, ambiental, político e tecnológico em projetos que, isoladamente, seriam inviáveis em algumas dessas vertentes.

O desenho

O primeiro aspecto que deve ser analisado na associação dos componentes da infraestrutura é o econômico, para que se garanta a autonomia do investimento. Dessa forma, deve-se primeiramente identificar a viabilidade econômica dos componentes, diferenciando-os por esse critério.

Para os menos rentáveis, deve-se analisar a sua necessidade social e, em ambos os casos, identificar o tipo de atuação ideal (dos setores privado e público). Aqui serão analisados os possíveis mecanismos compensatórios. Uma vez identificados os componentes potencialmente rentáveis ou socialmente mais necessários, deve-se buscar a sinergia entre esses, quanto às suas características construtivas ou operativas.

Com tais etapas concluídas, pode-se partir para a identificação de possíveis associações de componentes da infraestrutura que se desejam para um local. Nessa etapa, o escopo da análise deve ser fechado em torno do que se pretende aplicar e então podem-se identificar possíveis parceiros.

De acordo com as características do empreendimento e dos possíveis parceiros, deve-se escolher ou propor a melhor forma de associação entre esses, compondo a etapa de definição do tipo de parceria. Deve-se então verificar as possíveis vantagens da GIR nos aspectos: econômico, social e ambiental, verificando sua consistência perante os aspectos político e tecnológico.

Essa proposta da GIR pode ser mais bem visualizada no diagrama da Figura 5.6.

A modelagem

Com base no diagrama da Figura 5.6, descreve-se sucintamente, a seguir, cada etapa indicada, lembrando que a ordem não precisa ser vista de maneira rígida, pelo contrário, todo o processo deve ser desenvolvido da maneira mais concomitante possível, para que os resultados de determinadas análises possam enriquecer os de outras.

Leque de opções: o leque de opções considerado envolve componentes básicos da infraestrutura: energia elétrica, telecomunicações, água e saneamento, tratamento do lixo e transporte. A escolha dos componentes deve ser embasada nos objetivos sociais, ambientais, econômicos, políticos e tecnológicos que se pretende alcançar na região.

Análise dos componentes da infraestrutura economicamente atraentes: pensando no planejamento da infraestrutura de uma forma empresarial, com vistas ao desenvolvimento sustentável, é necessário que se proceda a uma análise de viabilidade econômica dos componentes no contexto em que se pretende inseri-los. Analisando-se também os custos que incidem sobre cada agente participante do processo.

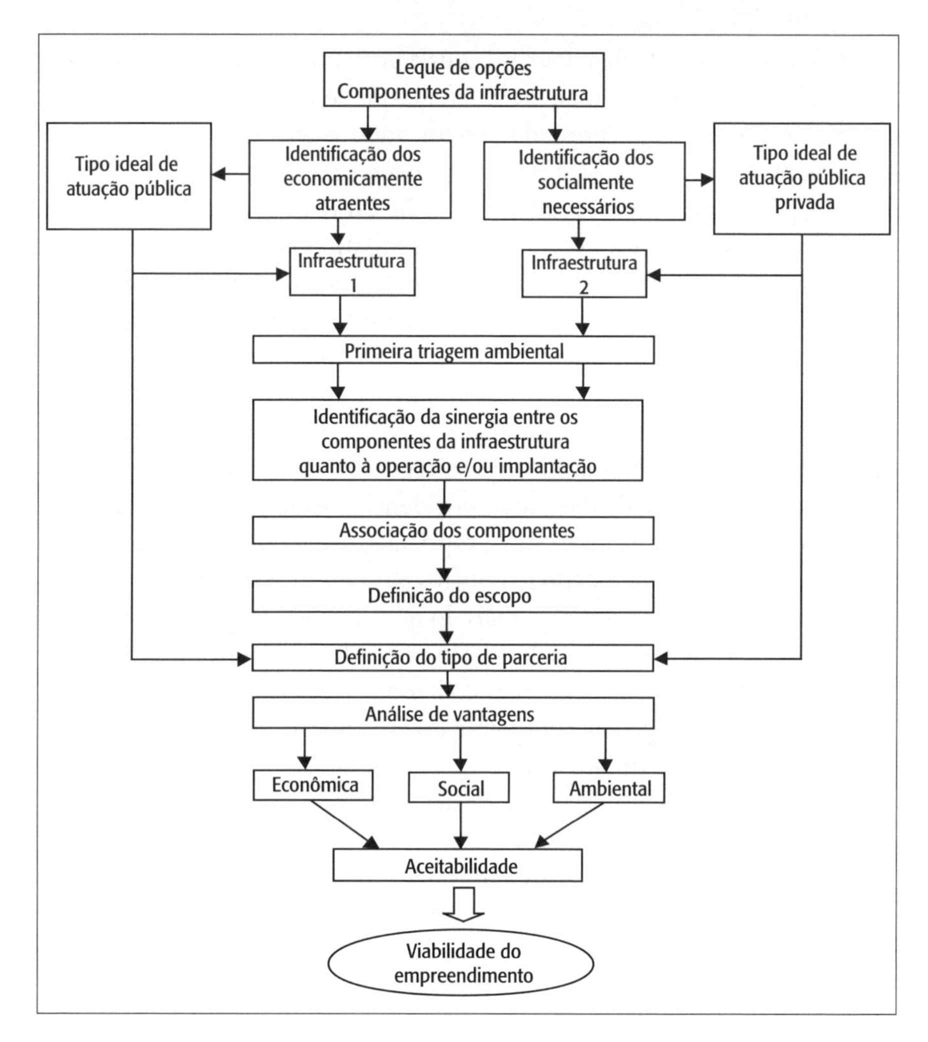

Figura 5.6 – Diagrama básico da GIR.

Análise dos componentes socialmente necessários: embora todos os componentes da infraestrutura sejam socialmente necessários, deve-se identificar aqueles cuja necessidade se sobrepõe a interesses comerciais, em que a participação do setor público se faz necessária para alterar o ambiente desfavorável ao investimento privado.

Definição do tipo de atuação privada e pública: a definição do tipo de atuação ocorre com base no tipo de infraestrutura, nas condições do mercado, no nível de desenvolvimento do local, das características básicas do serviço (por exemplo, se é de prestação obrigatória por parte do governo) etc.

A gestão integrada de recursos busca a atuação conjunta dos entes público e privado, porém de maneira diferenciada do que tem ocorrido historicamente. Conforme já abordado, o setor público tem-se mostrado pouco capaz de investir e administrar os componentes da infraestrutura. O setor privado, por sua vez, tem-se mostrado indiferente às necessidades sociais, preocupando-se exclusivamente com o retorno do capital.

A proposta da GIR é de que a análise integrada dos empreendimentos permita que cada setor participe de acordo com sua competência, e a junção de ambos viabilize componentes que hoje são inviáveis às vistas do setor privado. Ao setor público (não necessariamente governos) cabe a mudança da regulação dos setores de infraestrutura, de forma a permitir atuações diferenciadas e criativas no sentido de se assegurar o seu retorno econômico.

Dessa forma, o Estado deve atuar preferencialmente como ente regulador e, quando conveniente, pelos meios apropriados, como financiador. Pelos mecanismos regulatórios, o Estado tem meios para incentivar a participação do setor privado na infraestrutura e, mais do que isso, deve estabelecer critérios ambientais e sociais que estejam de acordo com o desenvolvimento sustentável.

Para a sociedade caberá, além de colher os benefícios da disponibilidade de infraestrutura, participar ativamente do processo de planejamento, sendo ouvida por auditorias públicas etc.

Ao setor privado fica destinada a atuação como investidor e gerenciador da infraestrutura, que, nos moldes do mercado, deverá ser competitiva e, portanto, economicamente sustentável. Deverá ainda garantir a qualidade nos serviços prestados, a eficiência na operação e a acessibilidade por parte dos mais carentes, todos previstos na regulação.

Acredita-se que o setor institucional, atuando com o empresarial, deva proporcionar condições para que a infraestrutura seja provida em maior quantidade e melhor qualidade que nos moldes atuais, em que já se evidenciaram inúmeros erros que acabaram determinando a inacessibilidade de bens e serviços essenciais por grande parte da população em todo o mundo.

Dessa forma, a definição dos componentes da infraestrutura, nos quais se deve investir, acontecerá no âmbito da análise de viabilidade e caberá aos órgãos reguladores e ao Estado torná-los economicamente atrativos. Essa abordagem permite que o Estado evite os erros gerenciais do passado e se fixe mais claramente no cumprimento de metas sociais, enquanto a gestão empresarial procedida pelo setor privado, dentro dos moldes de mercado, deverá garantir a sustentabilidade econômica dos empreendimentos.

Identificação da sinergia (construtiva e/ou operativa) entre os componentes da infraestrutura: diversos componentes da infraestrutura, de acordo com características próprias de construção e estruturas associadas, podem conectar-se entre si por meio de um único empreendimento, seja na construção ou na operação. A *sinergia construtiva* se apresenta nos casos em que a estrutura necessária para determinado empreendimento é a mesma, ou então proporciona condições para construção de outro empreendimento. A *sinergia operativa* pode se dar pela compatibilização de diferentes usos de recursos ou estruturas comuns a diferentes componentes.

Definição do escopo: a definição do escopo refere-se à etapa na qual se determina quais componentes se pretende associar, de acordo com análises prévias de viabilidade econômica, social e ambiental, e de acordo com a sinergia entre os componentes e objetivos que se pretendem alcançar.

Definição do tipo de parceria: a definição do tipo de parceria baseia-se, principalmente, nos interesses econômicos e estratégicos dos investidores. A definição da parceria se funde também com o aspecto econômico, pois, nessa etapa, define-se a forma de divisão do capital (de investimento e rendimento).

Análise de vantagens: as vantagens provenientes de uma GIR devem ser analisadas sob a ótica econômica, social e ambiental, nessa ordem.

Isso se deve ao fato de que, caso não haja condições para viabilidade econômica, a sustentabilidade do investimento já estará comprometida. Daí o porquê da análise econômica ser a primeira a ser satisfeita.

A análise social vem em seguida, não por ser menos importante, mas porque a infraestrutura deve atender aos interesses sociais, garantindo o acesso dos mais pobres, mas, ao mesmo tempo, garantindo o retorno do capital investido, sob pena de que, caso contrário, não haverá infraestrutura disponível, o que é, reconhecidamente, fator de degradação social.

O meio ambiente vem em terceiro, não por grau de importância, mas por depender do sucesso dos dois anteriores. Onde não há desenvolvimento econômico e social, há necessariamente a atuação humana predatória e destrutiva ao meio ambiente. A sustentabilidade é buscada por meio da GIR, considerando-se bons os projetos que satisfaçam os três aspectos anteriores.

Aceitabilidade: embora haja um consenso geral de que se deve buscar pela sustentabilidade, há um desafio ainda maior relacionado a essa busca, que é torná-la "aceitável". A busca pela sustentabilidade implica mudança de atitude, comportamento, padrão de vida, investimento, regulação, punições, restrições e incentivos que, muitas vezes, tornam-se inaplicáveis. Isso porque há parcelas da sociedade que se opõem intensamente a algumas dessas medidas, inviabilizando-as.

Dessa forma, enquanto a sustentabilidade atua no sentido de harmonizar os aspectos sociais, econômicos e ambientais, no âmbito geral da existência humana, a aceitabilidade advém do conflito desses aspectos, em face dos interesses particulares de cada segmento (ou, no limite, de cada indivíduo) da sociedade. O grande desafio é a conciliação dos interesses individuais com as metas globais de sustentabilidade, tornando a busca desta última uma meta aceitável e, portanto, factível.

A gestão integrada de recursos deverá, ao longo de seu desenvolvimento, considerar os aspectos relativos à aproximação dos conceitos de sustentabilidade e aceitabilidade, para que haja condição de viabilização dos projetos.

Avaliação de alternativas

Na avaliação de alternativas segundo a GIR, de maneira genérica, pode-se considerar como a melhor alternativa aquela que:

- Apresente a maior autonomia financeira, em relação ao capital público, que de preferência seja totalmente privada e autônoma (sem subsídios).
- Garanta o acesso aos serviços por todas as classes sociais.
- Remunere o capital investido de forma atrativa e sustentável à ampliação dos serviços por parte do setor privado.
- Apresente uma estrutura administrativa enxuta e níveis de eficiência elevados.
- Esteja voltada à preservação do meio ambiente.

Esses conceitos são genéricos e se aplicam a quaisquer componentes da infraestrutura.

Obviamente, a análise detalhada de cada um depende do tipo de componente e suas características, bem como das particularidades da região de implantação e das soluções propostas. Um exemplo de metodologia abrangente para esse fim é a avaliação dos custos completos, que considera com pesos iguais os aspectos sociais, econômicos e ambientais de cada alternativa.

AVALIAÇÃO DE CUSTOS COMPLETOS E ANÁLISE DE CICLO DE VIDA

Conforme já apresentado, diversos aspectos influentes em um projeto, salientando-se os impactos ambientais quando tratados no planejamento energético, podem ser chamados de externalidades. Em relação aos recursos energéticos, subentendem-se por externalidades ou impactos externos os impactos negativos ou positivos derivados de uma tecnologia de geração de energia, cujos custos não são incorporados ao preço da eletricidade e, consequentemente, não são repassados aos consumidores, sendo arcados por uma terceira parte ou por toda a sociedade.

As externalidades englobam ainda outros impactos, tais como sociais, políticos, macroeconômicos etc. Os impactos mais relevantes e que afetam diretamente o ser humano são os impactos sobre a saúde humana e o meio ambiente natural, além dos impactos globais como o da camada de ozônio e o do efeito estufa. As metodologias aqui destacadas buscam incorporar em algum grau essas externalidades.

A avaliação dos custos complexos (ACC) trata as externalidades como custos externos e procura monetizar, ou seja, avaliar em termos monetários, esses impactos. No entanto, existem impactos externos monetizáveis e não monetizáveis. A monetização desses impactos dá origem aos chamados custos externos, adicionais aos custos internos que representam os custos comumente considerados na avaliação de determinado negócio. O processo de incorporação das externalidades é chamado de internalização de custos. Os passos para internalização e métodos passíveis de utilização nas etapas do processo podem ser sumarizados da seguinte forma:

- Caracterização dos custos externos (potencial relativo; consulta; custo de danos; custo de controle).
- Incorporação no planejamento (adicionais/descontos; sistema de pontuação e classificação/ponderação; monetização).
- Internalização dos custos (regulação; taxas corretivas; licenças/permissões negociáveis).

A análise de ciclo de vida (ACV), por sua vez, não produz resultados em termos de custos, e seu objetivo é a avaliação comparativa de sistemas sob o aspecto ambiental. Essas informações, quando incorporadas ao planejamento energético, podem então resultar em internalizações futuras.

Assim como efetuado para a gestão integrada de recursos, julgou-se conveniente apresentar um estudo de caso, para permitir melhor acompanhamento do processo. Desse modo, o Anexo 2: Análise de ciclo de vida e avaliação de custos completos – Estudo de caso, reproduz o exemplo desenvolvido na dissertação de mestrado de Carvalho (2000).

Avaliação dos custos completos

Definição e premissas

A avaliação dos custos completos (ACC) é um meio pelo qual considerações ambientais podem ser integradas nas decisões de determinado negócio. Ela é uma ferramenta, a qual incorpora custos ambientais e custos internos, com dados de impactos externos e custo-benefícios de atividades sobre o meio ambiente e a saúde humana. Nos casos em que os impactos não podem ser monetizados, são usadas avaliações qualitativas.

Segundo a Ontario Hydro, a abordagem da ACC tem dois objetivos principais:

- Definir e alocar os custos ambientais internos.
- Definir e avaliar as externalidades associadas com as nossas atividades.

A avaliação dos custos completos, quando aplicada ao planejamento energético, está baseada em cinco premissas, das quais decorrem toda a metodologia de avaliação. Essas premissas são: consideração de recursos e usos de energia eficientes; impactos ambientais; impactos sociais; emprego de fontes de energia renováveis; e integridade financeira.

Elementos constituintes

A ACC consiste basicamente dos seguintes elementos:

a) Inventário expandido de custos internos

A ACC considera uma escala mais ampla de custos, incluindo certos custos e benefícios probabilísticos. Esses últimos incluem quatro categorias de custos que são: diretos, indiretos, de contingência e menos tangíveis. No que se refere ao setor elétrico, alguns exemplos dos custos internos mais comuns são mostrados no Quadro 5.2.

b) Horizonte expandido de tempo

Em adição a um inventário de custos mais amplo, uma segunda característica da ACC é seu horizonte de tempo mais longo, variando de acordo com o tipo de empreendimento, em consequência dos muitos anos que certos custos levam para se materializar.

Quadro 5.2 – Exemplo de inventário de custos

1. CUSTOS DIRETOS	2. CUSTOS INDIRETOS
Gastos de capital Construções Aquisição de equipamento Projetos de engenharia Despesas de operação e manutenção Insumos e mão de obra Disposição de rejeitos	Permissões Relatórios Monitoramentos Manifestos Treinamentos Manuseio e estocagem de rejeitos
3. CUSTOS DE CONTINGÊNCIA	**4. CUSTOS MENOS TANGÍVEIS**
Penalidades Danos físicos/materiais Custos de procedimentos legais	Relações comunitárias Imagem da corporação Satisfação do cliente

Fonte: Carvalho (2000).

c) Indicadores financeiros de longo prazo

As ferramentas de avaliação de projeto devem atender no mínimo os seguintes critérios: devem considerar todo fluxo de caixa (positivo e negativo) ao longo da vida do projeto; e devem considerar o valor do dinheiro no tempo (isto é, fluxos de caixa futuro descontado). Os métodos mais comumente usados e que atendem esses dois critérios são: valor presente líquido (VPL), taxa interna de retorno (TIR), e relação custo-benefício ou índice de lucratividade (IL).

d) Incorporação das externalidades

O que diferencia fundamentalmente a ACC de outras avaliações é, sem dúvida, a incorporação das externalidades no seu escopo de custos. Existem, no entanto, três passos a serem percorridos para a incorporação das externalidades que são: identificação e estimativa dos impactos socioambientais; quantificação das externalidades; e monetização das externalidades.

Muitas vezes, apenas os passos 1 ou 2 são atingidos, sendo o terceiro de maior dificuldade metodológica e até mesmo política. Uma vez atingido o terceiro passo, pode-se então internalizar ou incorporar as externalidades aos custos, passando a ser custos internos.

e) Alocação de custos

Para o propósito de análise de investimento, o sistema de avaliação de custos ideal deve ter duas características primárias. Primeiro, o sistema deve alocar todos os custos para os processos os quais são responsáveis pela sua origem. Segundo, não é suficiente simplesmente alocar os custos ao processo apropriado. Os custos devem ser alocados de maneira que reflitam o meio no qual são realmente incorridos.

Passos de análise

Não há uma fórmula única para se realizar/executar uma ACC. Os passos básicos podem ser aplicados em muitas decisões de negócios de diferentes maneiras. A ACC é mais um complemento que uma substituição de projetos de avaliação existentes, métodos de aproveitamento de capital, análise de gastos ambientais a sistemas de gerenciamento de custos já existentes em muitas organizações. Dessa forma, há quatro passos básicos na condução da ACC que ajudarão a reduzir a probabilidade de não se notar uma real economia financeira ou atividade de certo projeto. Esses passos são descritos sucintamente a seguir e apresentados na Figura 5.7.

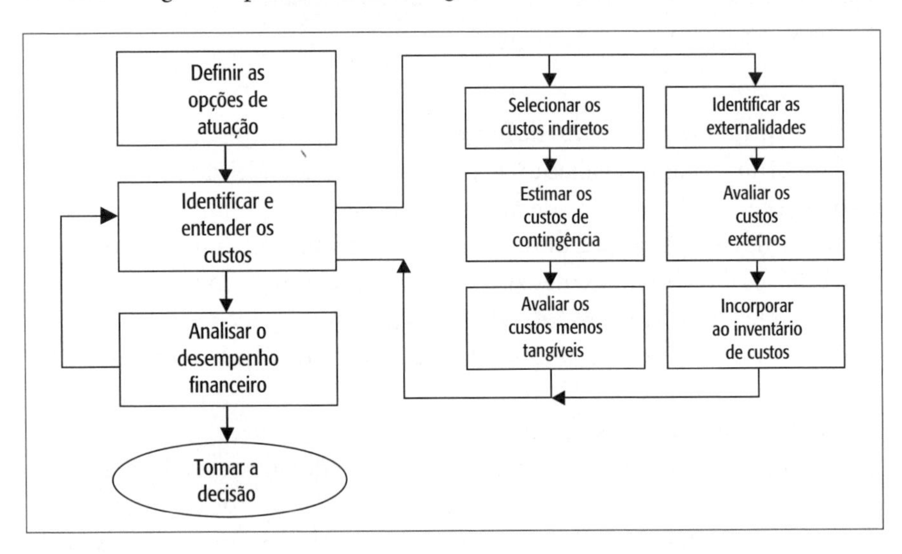

Figura 5.7 – Passos básicos do processo de ACC.
Fonte: Carvalho (2000).

a) Definir as opções de atuação

Em muitos casos, sobretudo no setor energético, é necessária uma gama mais ampla de informações sobre custos relevantes para se tomar uma decisão adequada. Esse processo inclui então:

- Determinar o escopo da ACC (ou seja, o que será incluído na análise).
- Clarificar quais e como as opções atenderão os objetivos propostos.
- Identificar quais são os procedimentos internos necessários.

b) Identificar e entender os custos

Esse passo envolve a identificação e compreensão de todos os custos envolvidos no projeto. Esse escopo de custos abrange tanto custos internos como externos e, à medida que se expande, tende-se a encontrar maior dificuldade para identificar e mensurar certos custos.

c) Analisar o desempenho financeiro

O processo de identificação e análise dos custos é interativo. Assim, uma análise financeira mais ampla pode mudar a decisão de investimento. Deve-se usar, para a análise financeira, os indicadores apresentados anteriormente.

d) Tomar a decisão

A tomada de decisão é a integração de todos os fatores que são relevantes para a viabilidade e lucratividade de uma oportunidade de investimento.

Alguns fatores podem ser monetizados (por exemplo, o cálculo do VPL). Outros podem ser quantificados, mas não monetizados (por exemplo, o aumento percentual na participação de mercado). E, por fim, outros podem simplesmente ser identificados e caracterizados qualitativamente (por exemplo, esperam-se mudanças futuras nas exigências regulatórias que poderão aumentar substancialmente os custos regulatórios).

Dessa forma, a tomada de decisão precisa considerar todas essas questões para escolher as opções corretas. Para isso, pode-se utilizar diversos métodos, como análises multicriteriais, tabelas múltiplas, árvores de decisão e outros métodos de tomada de decisão.

Avaliação preliminar

Identificar todos os custos associados com uma opção pode consumir muito tempo e recurso. Para isso, uma avaliação preliminar pode ajudar a identificar alternativas que são claramente mais competitivas, com um mínimo de esforço. Dessa forma, faz-se uma triagem inicial das alternativas.

Essa triagem não é um processo detalhado e intensivo. Ela simplesmente envolve a identificação dos custos mais óbvios, seja quantitativa ou qualitativamente. Os passos que devem ser seguidos são:

1. Desenvolver ou revisar o fluxograma do processo que identifica todas as entradas, saídas e resíduos associados com a alternativa ou conjunto de alternativas.
2. Revisar o inventário de custos e identificar quais deles poderão influir significativamente no resultado.

O roteiro simplificado para a avaliação dos custos em uma ACC é ilustrado na Figura 5.8.

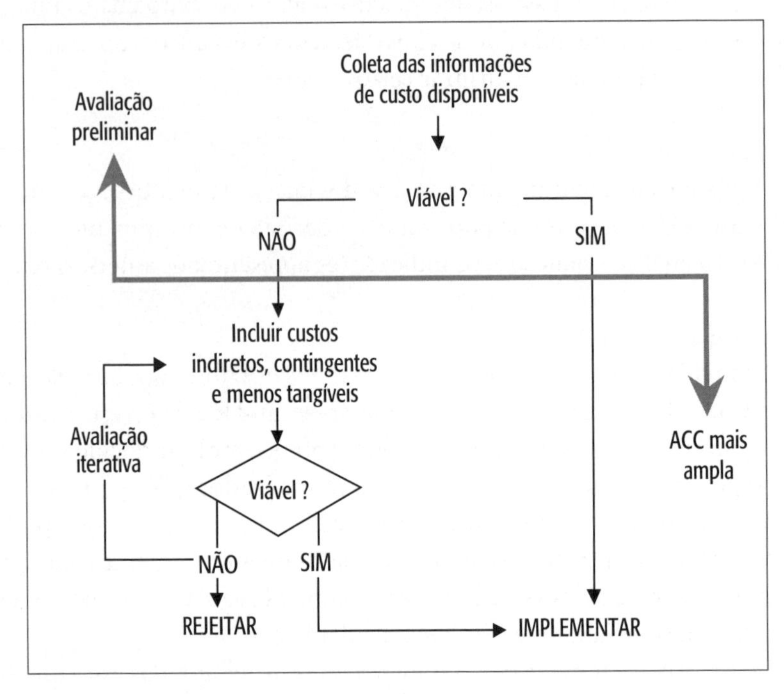

Figura 5.8 – Roteiro de avaliação na ACC.
Fonte: Carvalho (2000).

ANÁLISE DO CICLO DE VIDA (ACV)

Definição

A ACV pode ser definida como um processo para avaliar a carga ambiental associada com um sistema ou atividade, por meio da identificação e descrição quantitativa da energia e materiais usados e resíduos lançados ao meio ambiente, além de avaliar os impactos do uso da energia e materiais e das liberações para o meio ambiente. A avaliação inclui o ciclo de vida completo do produto ou atividade, considerando extração e processamento de matérias-primas, fabricação, distribuição, uso, reúso, reciclagem e descarte final, e todos os transportes envolvidos. A ACV dirige-se a impactos ambientais do sistema pelo estudo nas áreas de sistema ecológico, saúde humana e depleção de recursos. Ela não se dirige a efeitos econômicos ou sociais.

Aplicações

Dentre as aplicações e usos da ACV, pode-se citar:

- Avaliação e elaboração de políticas.
- Educação pública.
- Tomada de decisão interna.
- Revelação pública de informações.

No entanto, destaque maior se tem dado à ACV para as seguintes aplicações:

- Determinar o impacto ambiental total de produtos ou alternativas de projetos com o objetivo de compará-los.
- Determinar as causas mais importantes de um impacto ambiental de um produto.

Metodologia

A ACV é composta basicamente por quatro fases. A seguir, são detalhadas cada uma dessas etapas:

a) Definição de objetivos e escopo

A definição do objetivo e do escopo do estudo é uma etapa crítica de uma ACV por causa da forte influência no resultado da análise. Segundo Lindfors (1995), as definições e decisões mínimas necessárias nessa fase são: o propósito e a intenção de aplicação; a função do sistema estudado e uma unidade funcional definida; o grupo do produto estudado e as alternativas escolhidas, se relevante; as fronteiras aplicadas ao sistema; a qualidade necessária dos dados; e a avaliação ou processo crítico de revisão.

b) Análise de inventário

A análise de inventário é um processo objetivo, baseado em dados, para quantificar a energia e as matérias-primas requeridas, as emissões aéreas, os efluentes para a água, os resíduos sólidos e outras emissões ambientais incorridas durante o ciclo de vida de um processo, produto, atividade ou serviço. A seguir, são relacionadas algumas características fundamentais da análise de inventário completa para um sistema energético:

- Deve-se considerar os ciclos completos dos combustíveis (extração e conversão do combustível, produção de energia, manejo de resíduos).
- Todos os sistemas devem ser descritos na base "do berço ao túmulo", sendo cada passo no ciclo decomposto nos processos de construção, operação e desativação.
- Não só emissões diretas (concentradas) devem ser consideradas, mas também as indiretas, de forma a prover uma representação tão completa quanto possível dos fluxos ambientais.
- Um espectro amplo de recursos e de poluentes do ar e água deve ser considerado.
- As entradas de materiais e transporte devem ser consideradas em conexão com todos os passos do ciclo de vida.
- Um conjunto consistente de dados de produção de materiais, transporte, construção e serviços de descarte de lixo precisa ser levantado. Particular atenção deve ser dada a materiais usados em grandes quantidades (concreto, aço, alumínio), mas também deve-se ter cuidado com materiais usados em pequenas quantidades, que têm associados a eles, alto potencial tóxico.

c) Avaliação de impactos

A avaliação de impactos pode ser expressa como um processo quantitativo e/ou qualitativo que caracteriza e avalia os efeitos das intervenções (carga) ambientais identificadas na análise de inventário. A avaliação de impactos contém os seguintes elementos: definição de categorias, classificação, caracterização, avaliação/ponderação. A seguir, esses elementos são comentados sucintamente.

As categorias de impactos são selecionadas de forma a descrever os impactos causados pelos produtos ou pelos sistemas de produtos considerados. Algumas das categorias usadas são: recursos abióticos, recursos bióticos, uso do solo, aquecimento global, depleção da camada de ozônio, impactos ecotoxicológicos, impactos toxicológicos humanos, *smog*, acidificação, eutrofização, meio ambiente de trabalho, carcinogênese e metais pesados.

A classificação é um passo qualitativo com base na análise científica de processos ambientais relevantes e tem de atribuir aos dados de entrada e saída do inventário os impactos ambientais potenciais, isto é, as categorias de impactos.

A caracterização é principalmente um passo quantitativo baseado na análise científica dos processos ambientais relevantes. A caracterização tem que determinar a contribuição relativa de cada entrada e saída para as categorias de impactos selecionadas. A contribuição potencial de cada entrada e saída para os impactos ambientais tem então de ser estimada.

A ponderação busca classificar, pesar ou, se possível, agregar os resultados de diferentes categorias da avaliação de impactos no ciclo de vida de forma a obter a importância relativa desses diferentes resultados. É um passo qualitativo ou quantitativo não necessariamente baseado na ciência natural, mas frequentemente embasado em valores políticos ou éticos.

Por fim, valem algumas ressalvas acerca dos resultados da avaliação de impactos. As análises de impacto, baseadas na análise do ciclo de vida, incluem algumas simplificações e, por isso, os resultados sofrem limitações. A abordagem da ACV não faz distinção entre as características físicas das emissões (por exemplo, velocidade, duração, localização), condições meteorológicas e topográficas, e interações entre o complexo de poluentes e suas transformações. Isso, portanto, deve ser levado em consideração na interpretação dos resultados.

d) Interpretação

A interpretação na ACV é um procedimento sistemático para identificar, qualificar, checar e avaliar as informações das conclusões da análise de inventário e/ou avaliação de impactos de um sistema, e apresentá-los de forma a atender as exigências da aplicação como descrito nos objetivos e escopo do estudo.

A interpretação também é um processo de comunicação desenvolvido para dar credibilidade aos resultados das fases mais técnicas da ACV, chamadas de análise de inventário e avaliação de impactos, de forma que ambos sejam compreensíveis e úteis para o tomador de decisão. A interpretação é realizada em interação com as outras três fases da ACV.

A relação entre a ACC, ACV e o planejamento energético

Conceitos e ferramentas

Vale ressaltar aqui a distinção entre conceitos e ferramentas que são frequentemente utilizados. Cowell, Hogan e Clift (1997) definem *conceitos* dando uma ideia de como alcançar um objetivo, por exemplo, a sustentabilidade, tal como desenvolvimento para o meio ambiente, tecnologia limpa etc. Por outro lado, *ferramentas* são métodos operacionais que suportam os conceitos.

Essas ferramentas podem ser classificadas em ferramentas analíticas e procedimentais. As ferramentas procedimentais consistem em procedimentos para decisão nos quais uma ferramenta analítica pode ser usada. Por exemplo, a ACV pode ser usada para obter-se o selo verde, ou o EIA pode ser usado para conseguir a aprovação de um empreendimento etc.

Finalmente, pode-se definir se uma ferramenta está em sintonia com o conceito de sustentabilidade se, além de sua metodologia e dados característicos, ela for avaliável em aspectos como: incerteza, transparência, complexidade, credibilidade, requisitos de recursos, praticabilidade e compatibilidade com outros tipos de informações/análises e aceitabilidade.

ACV e ACC no planejamento

Quando se pensa na implementação prática dessas duas ferramentas no planejamento, as questões relevantes que decorrem disso são a integração na decisão de diferentes aspectos (econômicos, ambientais e sociais) que podem ser de natureza quantitativa ou qualitativa e em função disso, mais especificamente na ACC, o tratamento dos custos decorrentes desses aspectos.

Os resultados podem ser quantitativos ou qualitativos. A ACV, por exemplo, fornece escores ambientais que podem ser incorporados na avaliação. No entanto, o próprio inventário do ciclo de vida fornece dados suficientes para se buscar a monetização daqueles custos identificados na ACC.

A integração de todas essas informações pode ser feita de diversas formas, por exemplo, por meio das tabelas de múltipla avaliação, funções multicriteriais, dentre outras. De forma geral, pode-se ilustrar os inter-relacionamentos existentes entre o planejamento energético, a ACV e a ACC, como na Figura 5.9. É importante notar que, inicialmente, é necessário ter um motivo e um objetivo para se fazer determinado planejamento. A partir de então surge uma demanda grande por informações de diversas naturezas (tecnológicas, socioeconômicas, ambientais, políticas etc.).

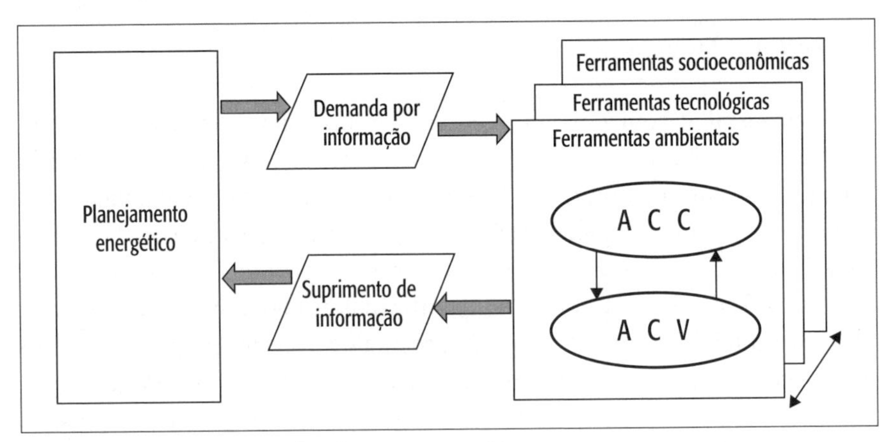

Figura 5.9 – ACC, ACV e planejamento energético.
Fonte: Carvalho (2000).

Essa demanda pela informação, por sua vez, pode ser suprida pelo uso de um conjunto de ferramentas que, integradas, atendem às questões levantadas no planejamento. Esse é, então, um processo interativo. A ACV e a ACC constituem, assim, ferramentas que se complementam para suprir o planejamento energético de informações.

Fronteiras e etapas de implementação

Evidentemente, a incorporação dessas metodologias no planejamento energético não é tão fácil e imediata como se desejaria, mesmo se essas já estivessem em um alto grau de desenvolvimento.

É mais racional, portanto, pensar em uma incorporação gradual, primeiro de conceitos e, finalmente, de ferramentas. Pode-se generalizar então a ideia de etapas de implementação como sendo uma ampliação do escopo, seja da ACC ou da ACV.

Para a ACC, isso significaria a ampliação gradativa do escopo de custos considerados, chegando em última instância até mesmo na incorporação desses custos no preço da eletricidade. Já para a ACV, essa ampliação de escopo se manifesta na ampliação das fronteiras do ciclo de vida, buscando como meta a consideração do ciclo completo, suprindo de maiores informações todo o processo de planejamento energético ou outras aplicações relacionadas.

Uma observação interessante a esse respeito é que, na medida em que se amplia esse escopo, avança-se rumo a um desenvolvimento mais sustentável. De fato, esses elementos podem estar mesmo diretamente relacionados e, nesse sentido, a sua aplicação passa a ser um alvo a perseguir.

CONSIDERAÇÕES FINAIS

O foco central deste capítulo foi a apresentação e discussão de duas metodologias, intrinsecamente ligadas, para aplicação em um processo de planejamento energético. Especial atenção também foi dada às externalidades e ao esforço aqui feito para incorporá-las nas metodologias apresentadas.

Tanto a avaliação dos custos completos (ACC) como a análise do ciclo de vida (ACV) incorporam os aspectos socioambientais de uma forma bastante explícita, especialmente a ACV que tem na avaliação ambiental a sua razão de existir. Contudo, são conhecidas e aqui evidenciadas, notórias dificuldades para a aplicação dessas ferramentas.

Quando se avaliam, por exemplo, ciclos com combustíveis fósseis, nuclear ou renováveis, constata-se que eles diferem das mais diversas formas. Como muitas das problemáticas sociais e ambientais são de difícil caracterização e quantificação, a comparação direta entre os ciclos torna-se muito difícil e, às vezes, impraticável.

Outra questão que afeta a aplicação efetiva das ferramentas apresentadas relaciona-se aos efeitos e impactos. Para muitos efeitos de longo prazo, os impactos são muito dependentes do cenário considerado. No entanto, nossos conhecimentos com relação ao futuro são muito incertos para permitir estimativas seguras de danos causados para cada um dos casos.

Essas estimativas também são bastante dependentes dos efeitos do tempo, seja quanto ao real valor dos benefícios ou vantagens ambientais ao longo do tempo, ou quanto à taxa de desconto, que depende diretamente de fatores econômicos. Em função disso, pode-se concluir que são necessários métodos mais aperfeiçoados para introduzir as incertezas inerentes nesse processo.

No que tange à questão da monetização, sugerida pela ACC, pode-se dizer que a modelagem de um processo metodológico permite, de fato, alguns avanços na quantificação. No entanto, em alguns casos (notadamente nos casos do aquecimento global, impactos nos ecossistemas, acidentes ecológicos etc.), avaliações monetárias seguras não são objetivas e realistas a curto prazo.

Nesse sentido, a adoção única da ACC não garante, por si só, total confiabilidade em termos de incorporação dos aspectos socioambientais na tomada de decisão. Visto ser a questão da sustentabilidade uma das maiores preocupações da política ambiental, tais questões ainda são capturadas monetariamente com bastante deficiência. Surge assim um amplo espaço a ser preenchido na temática do suprimento de informações, nesse caso, ambientais. A ACV apresenta-se então como uma poderosa ferramenta para auxiliar na comparação de efeitos dos diferentes ciclos energéticos sob a ótica da sustentabilidade.

Como evidenciado no estudo de caso do Anexo 2, desenvolvido com a aplicação da ACV, conclui-se que a sua utilização pode fornecer subsídios concretos para suportar uma tomada de decisão que considere efetivamente os aspectos ambientais.

Finalmente, embora a adoção e aplicação de novas ferramentas/metodologias dentro do planejamento energético seja uma decisão influenciada fortemente por questões políticas, no âmbito do planejamento integrado de recursos (que ainda caminha lentamente em nosso país), essas ferramentas são passíveis de serem utilizadas. Evidentemente, ainda estão sendo dados os primeiros passos nesse sentido, e muitos aprimoramentos e adequações realísticas deverão ser feitos.

Contudo, espera-se que essas possibilidades, ora ressaltadas, materializem-se em questões concretas dando a sua contribuição rumo a um desenvolvimento energético sustentável.

Energia, Globalização, Inovações e a Prática do Desenvolvimento Sustentável

6

INTRODUÇÃO

No geral, este livro é o resultado de reflexões baseadas em textos, em trabalhos e na vivência educacional, profissional e pessoal, a partir de uma visão integrada sobre a questão energética, em um contexto ainda mais amplo de suas relações com a utilização dos recursos naturais e a prática do desenvolvimento sustentável.

Essas reflexões foram orientadas à sugestão de ações para o futuro, a partir de uma concepção segundo a qual uma saudável aprendizagem com o passado, permeada pelas constatações do presente, pode gerar ensinamentos e orientações para o futuro. No entanto, sabe-se que a coleta desses ensinamentos e dessas orientações nem sempre é tão fácil quanto revisitar o passado apenas para colher críticas ao presente, subestimando as incertezas e armadilhas do tempo, sem maiores compromissos diretos com a construção do futuro.

Além disso, tais reflexões também foram calcadas na percepção de que o futuro é delineado por meio das ações de cada instante, mas sua concretização será influenciada por inúmeras forças, muitas das quais fogem de nosso controle e até mesmo surgem de forma totalmente inesperada.

Nesse contexto, é importante ressaltar que o anúncio do encaminhamento para uma crise do modelo humano de desenvolvimento, assim como sugestões e discussões de diversas soluções para evitá-la, pode ser encontrado em inúmeros trabalhos e publicações voltados à discussão de problemas energéticos, ambientais e relacionados com o denominado modelo de desenvolvimento sustentável para a humanidade.

O resgate da integração, esquecida no passado em um momento de crise no modelo de organização humana, certamente faz parte do aprendizado de tentar fixar ações e hábitos do desenvolvimento sustentável. Essa integração visa, principalmente, introduzir nesse cenário caótico de boas intenções a questão do longo prazo e da visão global nas atitudes diárias e de extensão local dos indivíduos.

É na crise, por meio da busca pela oportunidade de identificação do *momentum* de colocar em discussão questões de amplo espectro, que necessariamente devem ser tratadas, de uma forma integrada e coordenada, a questão da energia no contexto do desenvolvimento humano e sua relação com o meio ambiente; a questão da sustentabilidade; a Agenda 21; a questão do tratamento integrado da energia no contexto das intrínsecas e complexas relações advindas da sua realidade como um vetor da infraestrutura para o desenvolvimento humano em conjunto com educação, saúde, saneamento, transporte e comunicação. Além de outros temas mais próximos do dia a dia dos atores do setor energético, como os aspectos tecnológicos e econômicos dos usos finais da eletricidade, da eficiência energética e da conservação de energia.

Considera-se que a discussão dessas questões, de uma forma integrada, pode fazer com que ações e hábitos positivos possam ser incorporados de uma forma sustentada e realista ao seio de nossa sociedade. Qualquer leitura da Agenda 21, elaborada há cerca de duas décadas, além de enfatizar a importância de se transformar palavras em ações, pode mostrar facilmente que a atual situação de crise poderia ser abrandada significativamente se o texto se transformasse em ações, mesmo com todas as reações naturais e humanas de cunho econômico, político, empresarial, cartorialista etc., que certamente ocorreriam e estão ocorrendo.

Com esse cenário e objetivo em mente, foram desenvolvidas as citadas reflexões, o que permitiu a identificação de desafios relacionados com a prática do desenvolvimento sustentável e a elaboração do que poderia ser parte de uma agenda para discussão, com vistas a fixar, de forma sustentável na nossa sociedade, ações e hábitos orientados a solidificar o encaminhamento para o desenvolvimento sustentável.

Deve-se enfatizar que, ao configurar este capítulo como parte de agenda para discussão do ponto de vista da energia, objetiva-se principalmente dar partida a um processo de avaliação aberto e democrático do assunto. Essa postura, também orientada pela necessidade de aproveitar o *momentum*, obviamente facilitou a elaboração do documento, uma vez que não houve maiores preocupações em tentar esgotar os temas; tarefa para a qual é importante um diálogo aberto, multidisciplinar e participativo, tal como os diversos processos abordados no corpo deste livro.

O que se fez, então, foi pinçar sugestões práticas da vivência no setor, da montagem deste e de outros livros, trabalhos e textos, considerando os seguintes aspectos importantes do atual cenário energético brasileiro e mundial:

- A matriz energética brasileira, como suporte para o estabelecimento da política energética e de outras políticas associadas.
- Eficiência energética e conservação de energia.
- Desenvolvimento tecnológico, globalização e inovação.
- Formação/capacitação de pessoal.

Esses aspectos são enfocados a seguir.

A MATRIZ ENERGÉTICA BRASILEIRA COMO SUPORTE PARA O ESTABELECIMENTO DA POLÍTICA ENERGÉTICA

A grande importância da elaboração da matriz energética brasileira, entendida aqui como a prospecção dessa matriz para um período futuro – a princípio de 20 a 30 anos – e considerando diferentes cenários, como suporte para o estabelecimento de políticas nacionais associadas à questão energética, conforme já aprofundado no Capítulo 5, seria estabelecer uma base de longo prazo para discussões e decisões, levando em conta o setor energético de uma forma integrada com outros setores fundamentais para o desenvolvimento do país. Com isso, condições seriam criadas para atrelar a utilização dos recursos à busca da prática do desenvolvimento sustentável. A visão futura da matriz e sua transparência, assim como o ordenamento do papel das agências reguladoras, também poderiam ter o efeito positivo de evitar (ou ao menos minimizar) as descontinuidades usuais quando da mudança de governo. Nesse contexto, é importante salientar que para acompanhar as diversas modificações e incertezas características da atual ordem mundial, a elaboração da matriz energética, como aqui entendida, deve ser um processo continuamente monitorado e reavaliado, a fim de captar, com a maior precisão possível, eventuais impactos emergenciais, internos ou externos ao país, interpretando-os para orientar revisões necessárias, sobretudo em relação ao estabelecimento dos cenários de evolução futura.

Com base na experiência acumulada, podem-se apresentar as seguintes considerações principais:

- Mesmo que com uma série de pendências, como limitações relacionadas às dificuldades de integração com outros setores, aproximações necessárias pela falta de alguns dados confiáveis, e critérios que podem ser considerados discutíveis, foi da maior importância a construção da prospecção futura da matriz energética do Brasil, elaborada no âmbito da EPE, e apresentada no documento PNE 2030, que pode ser conseguido no site da EPE (http://www.epe.gov.br). Embora esse documento tenha sido desenvolvido de forma razoavelmente aberta e participativa, há ainda grande espaço para aperfeiçoamento, principalmente quanto à integração com outros setores e instituições, como os órgãos ambientais e as agências reguladoras de setores com forte interface com o setor energético.

  A proposição de elaboração do PNE 2050, anunciada em 2014, já apresentou avanços que, infelizmente, estão com dificuldades de prosseguimento em virtude da forte crise política pela qual o país passou nos anos de 2016, 2017 e 2018. De qualquer forma foi outro passo importante e deve-se esperar que possa manter a continuidade necessária e ser aperfeiçoada ao longo do tempo, no âmbito de futuros governos, do contrário será mais um documento distante da realidade, como tem sido usual no país. Para maiores aprofundamentos nessa questão, confira o referido site da EPE, no qual podem ser encontrados dados e informações importantes sobre o setor energético, como o Plano Decenal, o BEN, dados sobre Avaliação Ambiental Estratégica (AAE), informações dos leilões de energia, entre outros.
- Com o objetivo de alcançar maior confiabilidade e consistência, as prospecções das matrizes energéticas regionais (estaduais) e sub-regionais deverão ser elaboradas de forma integrada, seguindo o mesmo procedimento citado anteriormente para a matriz energética do Brasil. Mas para estas, que ainda são muito poucas no país (bem menos que os próprios balanços energéticos, na maior parte dos casos), pode-se prever que, no momento, a quantidade de dados confiáveis e consistentes será insuficiente para a elaboração da matriz, o que justificaria no início apenas seu delineamento com os dados disponíveis e outros típicos assumidos provisoriamente para um futuro aprimoramento e estabelecimento de um processo não somente para a coleta de dados, mas também para a elaboração da própria matriz.

  O georreferenciamento total dos bancos de dados deverá ser uma meta prioritária, assim como o estabelecimento, para grande parte dos casos, dos índices e indicadores representativos da evolução energética (eficiência/intensidade energética, utilização de recursos renováveis, qualidade ambiental da produção e do uso da energia, índices representativos de políticas de incentivo etc.).

EFICIÊNCIA ENERGÉTICA E CONSERVAÇÃO DE ENERGIA

A crise do setor elétrico brasileiro e o consequente racionamento, em fins de 2001 e início de 2002, trouxeram ao conhecimento e à discussão da população as questões da eficiência energética e da conservação da energia. O que se viu, naquele momento, foi uma resposta bastante positiva da população, principalmente quanto à mudança de seus hábitos de consumo, além de ensaios da adoção de políticas de eficiência, como a distribuição de lâmpadas eficientes, a facilitação de financiamento de equipamentos mais eficazes etc. A implementação de tais ações não foi, no entanto, novidade para quem atua no setor, uma vez que, já há algum tempo, instituições governamentais ou não agiam nesse sentido. O que significou novidade foi a verificação da boa resposta da população e a aceleração do processo, cuja velocidade nas condições normais vinha sendo muito abaixo do esperado. Infelizmente, a experiência não foi aproveitada e mantida adequadamente, e o que se verifica hoje, sobretudo, mas não só no setor residencial, é praticamente a volta à situação anterior, de forma que ações reais e posturais de eficiência energética configuram raras exceções.

Nesse contexto, é importante considerar as diversas barreiras técnicas, econômicas, institucionais e de comportamento que atuam inibindo a maior adoção de medidas de conservação de eletricidade no Brasil, notadamente:

- *Defasagem de base tecnológica:* o Brasil já comercializa uma certa quantidade de tecnologias eficientes. Porém, essa quantidade ainda é pequena e não é acessível à grande parte da população em virtude dos custos praticados. Algumas tecnologias incluem componentes importados. Nesse caso, faz-se necessária a implantação de medidas que reduzam por completo ou parcialmente as taxas de importação para esses equipamentos. Também se verifica que algumas tecnologias não atendem aos padrões internacionais. Isso prejudica as exportações, porém deve ser avaliado com mais cuidado, pois, como as nossas condições operacionais, climáticas, entre outras, são diversas, o nosso padrão pode não ser o mesmo. Importante enfatizar aqui o impacto da revolução causada pela globalização e acelerada introdução de tecnologias de informação avançadas no dia a dia da população mundial.

- *Instabilidade econômica e política:* o efeito da instabilidade econômica foi muito mais perverso em tempos de alta inflação, nos quais não havia formas de conscientizar um industrial, por exemplo, da importância de investir em eficiência e conservação. Nesse aspecto, a situação hoje poderia ser bem mais administrável que àquela época, não fosse a instabilidade política. Problemas ainda existentes são a alta taxa de juros, que acaba por dificultar a viabilidade econômica dos investimentos em projetos de conservação e o perverso impacto dos impostos nos custos.
- *Falta de informação:* a falta de informação com relação às tecnologias eficientes disponíveis no mercado, bem como medidas de conservação, pode ser apontada como barreira à implantação de projetos de conservação. Esse tipo de problema vem diminuindo em razão de um programa de informação implantado direta ou indiretamente por meio da produção e distribuição de manuais e outros materiais educativos, propagandas vinculadas na TV, rádios etc. Mas isso ainda pode ser muito melhorado, principalmente no que se relaciona com hábitos de conservação, tanto na população de baixa como de alta renda. Nesse sentido, é importante ressaltar o trabalho educacional realizado por meio do Procel nas escolas, como comentado no Capítulo 4.
- *Responsabilidades divididas:* esse é um problema que ainda persiste, porém pode ser resolvido com programas intensivos de conscientização e incentivos econômicos e regulatórios. As pessoas que escolhem os equipamentos a serem comprados, muitas vezes, não são as mesmas responsáveis pelo pagamento dos custos da energia. Esse problema também se aplica às estruturas das concessionárias. As empresas de geração lucram com os investimentos em conservação pela postergação de suas obras. Porém as distribuidoras são afetadas mais diretamente em curto prazo. A solução é envolver tais empresas, de alguma forma, nesses projetos de conservação. Nesse aspecto o aumento da automação e a aceleração de implantação da energia inteligente é fundamental.
- *Sensibilidade ao custo inicial:* os consumidores, sejam eles residenciais, comerciais ou industriais, na maioria das vezes, direcionam a sua compra para equipamentos de menor custo. Equipamentos eficientes têm um custo inicial elevado com relação aos ineficientes. O consumidor sempre olha apenas o custo inicial. Esse problema tende a diminuir com incentivos à conservação, barateamento dos equipamentos com isenção de taxas e impostos, conscientização quanto ao menor tempo de retorno financeiro proporcionado, políticas tarifárias específicas, entre outros.

Outras barreiras institucionais de caráter tecnológico e econômico citadas no Capítulo 4 poderiam ser também consideradas, mas as apontadas aqui são as mais importantes no cenário atual. O que se quer colocar é que, principalmente por causa da recente crise do setor elétrico no Brasil, muitas dessas barreiras têm sido enfrentadas. Mas, por outro lado, é preciso atuar sobre outro aspecto crucial da questão: a mudança dos hábitos de consumo.

- *Enfrentamento da questão dos hábitos de consumo inadequados:* esse problema, de fortes raízes culturais, pode ser considerado o maior e mais complexo a ser resolvido. Haja visto o que ocorreu após o racionamento em 2000 e 2001. Passada a crise, o consumo foi retomado rapidamente. O problema, no entanto, extrapola o setor energético, que se vê incapacitado de agir em questões como fraudes e roubos de energia ("gatos"), por exemplo, cuja solução ou atenuação envolve aspectos sociais, políticos, legais, ambientais, dentre outros. Ações para mudança de hábitos exigem esforço concentrado de toda a sociedade e tem resposta muito lenta, requerendo estratégias de longo prazo. Nesse contexto, os aspectos básicos da sustentabilidade associados à equidade têm de servir como guia. Do ponto de vista das empresas energéticas, parte marginal da solução pode ser conseguida no âmbito da energia inteligente.

DESENVOLVIMENTO TECNOLÓGICO, GLOBALIZAÇÃO E INOVAÇÃO

Esses assuntos foram enfocados mais especificamente nos Capítulos 2 e 4 deste livro, que poderão ser revisitados pelo leitor em caso de necessidade.

O grande avanço relativamente recente da tecnologia da informação tem resultado em modificações sem precedentes na história da humanidade, enfatizando uma enorme lista de fraquezas estruturais, ressaltando enormes diferenças de visão e expectativas entre gerações separadas por poucas décadas e produzindo desafios cuja superação é tema de debates calorosos com baixas perspectivas de consenso em médio prazo.

A maior parte da população mundial, tanto de países desenvolvidos como dos demais países, se encontra hoje conectada em um sistema global de informação, praticamente instantâneo, acelerando o denominado processo de globalização que, apesar de acenar com alterações positivas para o futuro da humanidade, tem se ressaltado muito mais pelos seus aspectos negativos, tais como o fracionamento das populações em guetos comportamentais e ideológicos; a utilização inescrupulosa das informações para fins de dominação econômica, política e comportamental; o acelerado crescimento do desemprego e o resultante aumento da disparidade na distribuição da riqueza mundial; e a aceleração de mercados de consumo que vão no sentido oposto da busca pela sustentabilidade.

Além disso, nesse mesmo conjunto de problemas ainda não compreendidos totalmente pela grande maioria da população mundial, há a introdução da denominada Internet das Coisas, acenando com alterações revolucionárias na estruturação da vida humana, em suas formas de relação mútua, política, social e ambiental. Tecnologias do tipo inteligência artificial, realidade virtual, realidade aumentada, automação e robotização, por exemplo, já estão produzindo diversos avanços biológicos, medicinais, energéticos e educacionais que não poderiam ser previstos algumas décadas atrás.

Nesse contexto, ressaltam-se grandes discussões relacionadas à legislação, regulação e ética, dentre outros aspectos.

Essas discussões que não podem ser dissociadas das grandes disparidades econômicas, tecnológicas e socioambientais características da situação atual do mundo.

Uma vez que os países desenvolvidos, via de regra mais desenvolvidos tecnologicamente, têm condições de gerenciar melhor essas questões, aprofundando ainda mais o fosso entre eles e os países em desenvolvimento.

Do ponto de vista do setor energético, além do impacto das questões enumeradas no consumo de energia, está em fase de desenvolvimento a denominada energia inteligente, obviamente com maior rapidez nos países desenvolvidos.

A implantação da energia inteligente (*smart power*), a partir do conceito de rede inteligente, o *smart power*, deverá, nas próximas décadas (próximos 30 anos?), alterar totalmente a arquitetura do sistema elétrico, que mudará de um modelo baseado em controle central e predomínio de grandes fontes geradoras para um modelo com número bem maior de pequenas fontes e inteligência descentralizada. Isto causará uma transformação total do modelo operacional da indústria – a primeira grande mudança na arquitetura desde que a corrente alternada se tornou dominante após a Feira Mundial em Chicago, em 1893.

Do ponto de vista de componentes físicos, o sistema elétrico do futuro deverá integrar quatro diferentes infraestruturas: a geração com baixo teor de carbono (de grande e pequeno porte); o transporte da energia elétrica (transmissão e distribuição); as redes locais de energia e as redes inteligentes (*smart grids*). Um sistema que deverá contar com cinco funcionalidades básicas: visualização do sistema em tempo real; aumento da capacidade do sistema; eliminação de gargalos aos fluxos elétricos; capacidade própria de se ajustar às diferentes situações operativas; e aumento da conectividade dos consumidores.

No cenário mundial hoje, há diversas visões alternativas de como tudo isso será efetuado. Visões que divergem principalmente em alguns detalhes ou tópicos específicos, mas o fato concreto é que todas convergem para a necessidade premente das modificações.

Nesse contexto, é importante ressaltar que, à medida que a indústria se ajustar a essas mudanças tecnológicas e de paradigma, mudanças nos arcabouços financeiros e regulatórios serão necessários para garantir sua viabilidade. Tecnologia, economia e considerações ambientais tornarão obsoletas diversas práticas atuais do setor elétrico.

Por conta dessas transformações, o suprimento e controle massivos darão lugar ao controle individual. Longe dos apelos do consumo, mais produtividade e sustentabilidade serão buscadas. A regulação deverá se adaptar a esse novo mundo.

A nova indústria elétrica objetivará três metas principais: a criação de um paradigma de controle descentralizado; a transição para um sistema com predomínio de fontes geradoras com baixo teor de carbono; e a construção de um modelo de negócio que promova muito mais eficiência.

Nesse cenário tecnológico, o futuro do sistema elétrico deve ser orientado para enfocar adequadamente os seguintes aspectos principais:

- Como o setor interage com seus consumidores e como as operações viabilizadas pelo chamado *smart grid* podem revolucionar essa interação.
- Como o sistema elétrico de suprimento também cumprirá um papel fundamental nessa mudança, para permitir a melhor integração das grandes fontes energéticas do sistema centralizado com as pequenas fontes, próximas aos consumidores.
- Como os diversos atores do setor elétrico devem se reestruturar para responder a tais desafios.

As respostas não são fáceis, em virtude das grandes mudanças necessárias. Nesse contexto, o atual modelo de negócio e a atual estrutura regulatória deverão se submeter a uma mudança radical, com uma nova missão: a de vender serviços energéticos a custos mínimos, e não a de vender máximos kWh.

FORMAÇÃO/CAPACITAÇÃO DE PESSOAL

Esta é uma questão que não tem sido discutida muito diretamente no âmbito do setor energético, mas está nas entrelinhas das discussões, além de ser um assunto que tem preocupado, há algum tempo, todos os atuantes no setor. Isso por causa não só da falta de renovação de quadros e de investimentos em desenvolvimento tecnológico, como também da demanda imposta pela denominada globalização e pelo modelo do setor energético como um todo.

Deve-se comentar que a análise aqui apresentada é bastante abrangente, enfocando principalmente questões de longo prazo, voltadas ao desenvolvimento sustentável. Desenvolvimento tecnológico e formação de pessoal são assuntos que, necessariamente, devem se lançar ao futuro, requerendo ousadia e criatividade. O estabelecimento de prioridades seria o assunto para discussão e debates.

No contexto mais geral da energia, um dos vetores básicos da infraestrutura para o desenvolvimento, o setor de energia elétrica, tem sofrido ultimamente, em termos mundiais, modificações, reavaliações e reorganizações que têm resultado em substanciais mudanças dos perfis e habilidades requeridos dos profissionais nele atuantes. A crescente preocupação com um tratamento integrado da energia com o meio ambiente, no contexto da busca por um modelo sustentável de desenvolvimento, é um dos importantes vetores dessas mudanças; assim como a alteração de modelos institucionais do setor elétrico.

Essas mudanças de perfis e habilidades vêm requerer o repensar e a reorganização da educação dos profissionais da área, tanto dos ainda estudantes como dos já atuantes, afetando significativamente as práticas atuais de formação e de educação continuada.

Por outro lado, as características e requisitos da nova ordem mundial, consubstanciada pela denominada globalização e a democratização do acesso à informação, disponibilizada pela tecnologia da informação, outros grandes vetores atuais de mudanças no cenário global, também deverão ser integrados a essa questão, pelos mais diversos motivos, podendo-se citar, *a priori*, os anseios de uma nova geração da infoera, as novas relações ensino/aprendizagem, as novas tecnologias e técnicas de ensino.

Nesse cenário, essa análise visa apresentar uma contribuição para um debate necessário e construtivo da questão. Com esse objetivo, busca confrontar a educação dos profissionais da área de energia, com maior ênfase na energia elétrica, com vistas ao enfrentamento dos desafios da construção do futuro, tendo por base a premissa de que o mesmo futuro é (pelo menos) delineado a partir das ações de agora.

Como é notório, o enfrentamento de uma questão dessa magnitude requer um enorme esforço, capacidade de renovação e reciclagem, além de integração e trabalho coletivo.

A singela avaliação apresentada a seguir deve ser considerada como mais uma colaboração aos diversos esforços que vêm sendo dedicados ao assunto, utilizando os mais diversos enfoques e formas e pelos mais diversos autores.

Em consonância com essa postura, considera-se importante inicialmente identificar e alistar, de forma concreta e objetiva, os grandes desafios, rumos e perspectivas da energia nas novas ordens mundial e nacional, com vistas a estabelecer as necessidades de formação, educação continuada, pesquisa e desenvolvimento dos profissionais do setor, e identificar as oportunidades de utilização de tecnologias e técnicas modernas e inovadoras de ensino.

Nesse contexto, deve-se orientar os esforços para uma educação com característica holística e de formação mais abrangente, em um contexto integrado da energia, do meio ambiente e da sustentabilidade. De forma a criar uma base efetiva para que o profissional da área energética venha a exercer a cidadania e possa atuar integradamente com as equipes multidisciplinares, requeridas para superar os desafios da construção do futuro.

Ao mesmo tempo, é necessário conhecer e buscar atender às necessidades tecnológicas do país, o que ressalta a importância do desenho de uma estratégica de educação, formação, pesquisa e desenvolvimento que adapte o país à nova realidade de um mundo globalizado, criando as bases para uma maior competitividade no cenário das nações.

Nesse contexto, a educação e a capacitação para atuação no setor energético deverá contemplar os diversos temas tratados ao longo deste livro, tais como: diminuição do uso de combustíveis fósseis (carvão, óleo e gás) e um maior uso de tecnologias e combustíveis renováveis, visando alcançar uma matriz energética com maior base na utilização de fontes renováveis, a longo prazo; aumento da eficiência no setor energético, desde a produção até o consumo e implementação de mudanças, no setor produtivo como um todo, com vistas ao aumento de eficiência no uso de materiais, transporte e combustíveis; desenvolvimento do setor tecnológico, com ênfase no oferecimento de alternativas energéticas ambientalmente mais adequadas; identificação de políticas energéticas, que favoreçam a formação de mercados para tecnologias ambientalmente benéficas e o reconhecimento dos custos ambientais de alternativas não sustentáveis; descarbonização nos setores de infraestrutura, por exemplo, nos transportes: mudança de uma logística fortemente assentada no modal rodoviário para uma logística integrando adequadamente os diversos modais de transporte; políticas incentivadoras da utilização de tecnologias de geração elétrica com menores impactos ambientais; incentivos à reciclagem e geração energética a partir de resíduos; capacitação de pessoal especializado em operação e manutenção.

E, além disso, nesse cenário, educar e capacitar para se integrar adequadamente aos requisitos da sociedade globalizada, de forma a utilizar adequadamente suas mídias, facilidades de conexão e possibilidades de inovação.

Sem esquecer que a educação e capacitação que tem o poder de mudar o destino de uma nação, essas mudanças não podem ser focadas apenas em profissionais de curso superior. Estes são parte menor da população de uma nação e configuram apenas o fim da cadeia de educação e capacitação. É necessário que, como cidadãos, todos atuem para que essas mudanças englobem o ensino básico e as escolas técnicas.

Bibliografia

[ANA] AGÊNCIA NACIONAL DE ÁGUAS. *Conjuntura dos Recursos Hídricos no Brasil – Regiões Hidrográficas Brasileiras*. Edição Especial. Disponível em: www3.ana.gov.br. Acesso em: maio 2019.

______. *Sobre a ANA*. Disponível em: www3.ana.gov.br/portal/ANA/acesso-a-informacao/institucional/sobre-a-ana. Acesso em: jul. 2018.

______. *Fórum Mundial da Água. Usos da água. Outros usos*. Disponível em: www3.ana.gov.br/portal/ANA/usos-da-água/outros-usos/outros-usos-1. Acesso em: jul. 2018.

______. *Fórum Mundial da Água*. Disponível em: www3.ana.gov.br/portal/ANA/programas-e-projetos/fórum-mundial-da-água-1. Acesso em: jul. 2018.

[ABEEOLICA] ASSOCIAÇÃO BRASILEIRA DE ENERGIA EÓLICA. *A Indústria de Energia Eólica*. Sandro Yamamoto. Palestra ministrada para a Disciplina PEA 3100. Universidade de São Paulo, São Paulo, 2018.

[ABEGÁS] ASSOCIAÇÃO BRASILEIRA DAS EMPRESAS DISTRIBUIDORAS DE GÁS CANALIZADO. Disponível em: http://www.abegas.org.br. Acesso em: 12 fev. 2019.

[ABNT] ASSOCIAÇÃO BRASILEIRA DE NORMAS TÉCNICAS. *NBR 10004. Resíduos Sólidos*. Classificação, 2004. 71p.

[ABRELPE] ASSOCIAÇÃO BRASILEIRA DE EMPRESAS DE LIMPEZA PÚBLICA. *Panorama dos Resíduos Sólidos no Brasil – 2016*. Disponível em: www.abrelpe.org.br. Acesso em: jul. 2018.

[ANTT] AGÊNCIA NACIONAL DE TRANSPORTES TERRESTRES. *Anuário Estatístico dos Transportes Terrestres AETT – 2008*. Brasília, 2008. Disponível em: http://www.antt.gov.br. Acesso em: 12 fev. 2019.

[ANEEL] AGÊNCIA NACIONAL DE ENERGIA ELÉTRICA. *Banco de Informações de Geração (BIG)*. Disponível em: http://www2.aneel.gov.br/aplicacoes/capacidadebrasil/OperacaoCapacidadeBrasil.cfm. Acesso em: jul. 2018.

______. *Geração distribuída*. Disponível em: http://www.aneel.gov.br/geração-distribuida. Acesso em: jul. 2018.

[ANP] AGÊNCIA NACIONAL DO PETRÓLEO, GÁS NATURAL E BIOCOMBUSTÍVEIS. *Anuário estatístico brasileiro do petróleo, gás natural e biocombustíveis*. Rio de Janeiro: ANP, 2018. Disponível em: http://www.anp.gov.br. Acesso em: 12 fev. 2019.

ASHENAVI, K.; RAMAKUMAR R. Ires – a program to design integrated renewable energy system. *Energy*, n. 12, v. 15, 1990, p. 1143-52.

[BEN] *Balanço Energético Nacional 2001*. Secretaria de Energia, Ministério de Minas e Energia.

______. *Balanço Energético Nacional 2002*. Secretaria de Energia, Ministério de Minas e Energia.

______. *Balanço Energético Nacional 2003*. Secretaria de Energia, Ministério de Minas e Energia.

______. *Balanço Energético Nacional 2007*. Empresa de Pesquisa Energética, Ministério de Minas e Energia, DF, Brasil.

______. *Balanço Energético Nacional 2009 – ano base 2008*. Disponível em: http://ben.epe.gov.br. Acesso em: 12 fev. 2019.

______. *Balanço Energético Nacional 2010*. Empresa de Pesquisa Energética, Ministério de Minas e Energia, DF, Brasil.

______. *Balanço Energético Nacional – ano base 2015*. Empresa de Pesquisa Energética, Ministério de Minas e Energia, DF, Brasil; 2016.

______. *Balanço Energético Nacional 2017*. Empresa de Pesquisa Energética, Ministério de Minas e Energia, DF, Brasil.

BERGSTRÖM, S. Value Standards in Sub-Sustainable Development: on limits of ecological economics. *Ecological Economics*, 1993, p. 1-18.

BLOG DO WJR. *Dados sobre lixo*, 2009. Disponível em: http://blogdowjr.blogspot.com/2009/11/lixo-per-capita.html. Acesso em: set. 2010.

BOLETIM TÉCNICO DE PRODUTO. Tecnologia Solar Heliodinâmica. *Água-solar*, out. 1998. 5p.

ENERGIA SOLAR SIEMENS. *Cartilha de energia solar no seu dia a dia*. set. 1998. 24p.

BOYLE, G. *Renewable Energy. Power for a Sustainable Future*. Nova York: Oxford and Open Universities, 1996.

[BP] BRITISH PETROLEUM. *Statistical Review of World Energy*, 2010.

______. *Statistical of World Energy*, 2018.

BRAGA, B.; HESPANHOL, I. *Introdução à Engenharia Ambiental*. São Paulo: Prentice Hall, 2002.

BRAGA, B. et al. *Águas doces do Brasil – capital ecológico, uso e conservação*. 4.ed. São Paulo: Escrituras, 2015.

BRANCO, S.M. *Energia e meio ambiente*. 9.ed. São Paulo: Moderna, 1990 (Coleção Polêmica).

BRASIL. *Lei 12.305/10. Política Nacional de Resíduos Sólidos*. Disponível em: www.mma.gov.br/port/conama/legiabre.ctm?codlegi=636. Acesso em: jul. 2018.

CAMPOS, H.K.T. Renda e evolução da geração per capita de resíduos sólidos no Brasil. *Eng. Sanitária e Ambiental*, v. 17, n. 2, abr./jun. 2012.

CARVALHO, C.E. A *Análise do Ciclo de Vida e os Custos Completos no Planejamento Energético*. 2000. Dissertação (Mestrado em Engenharia Elétrica) – Escola Politécnica da Universidade de São Paulo, São Paulo.

CARVALHO, C.E.; REIS, L.B.; UDAETA, M.E.M. A avaliação dos custos completos na avaliação dentro do planejamento energético. *Revista Brasileira de Energia*, Rio de Janeiro, n. 6, v. 1, 1999.

CASSEDY, E.S.; GROSSMAN, P.Z. *Introduction to energy: resources, technology and society*. Cambridge: University Press, 1990.

[CENBIO] CENTRO NACIONAL DE REFERÊNCIA EM BIOMASSA. Disponível em: http://www.cenbio.org.br. Acesso em: out. 2004.

______. *Atlas de Biomassa*. Disponível em: http://cenbio.iee.usp.br/download/tabelasbiomassa/cana30_no.pdf. Acesso em: 23 ago. 2010.

[CIAB] COAL INDUSTRY ADVISORY BOARD. *International Coal Markete Policy Developments in 2009*. Disponível em: http://www.iea.org/ciab/ciabmark_2009.pdf. Acesso em: 21 ago. 2010.

[CETESB] COMPANHIA AMBIENTAL DO ESTADO DE SÃO PAULO. *Programa de Controle da Poluição do Ar por Veículos Automotores (Proncove)*. Disponível em: http://www.cetesb.sp.gov.br. Acesso em: 12 fev. 2019.

______. *Águas interiores*. Disponível em: http://www.cetesb.sp.gov.br/aguas-interiores/informações-básicas/tipo-de-água/reuso-de-água/. Acesso em: jul. 2018.

[CEPAL/GTZ] COMISSÃO ECONÔMICA PARA A AMÉRICA LATINA E O CARIBE/COOPERAÇÃO TÉCNICA ALEMÃ. *Gestão ambiental adequada de resíduos sólidos: um enfoque de política integral*. Disponível em: http://www.cepal.org.mx/27out2000. Acesso em: out. 2000.

[CIM] COMITÊ INTERMINISTERIAL SOBRE MUDANÇA DO CLIMA. *Plano Nacional sobre Mudança do Clima – PNMC*. Brasília, 2008.

[CNA] CONSELHO NACIONAL DE ÁGUA. *Águas no Planeta Terra*. Disponível em: https://conselhonacionaldaagua.weebly.com/aacutegua-no-planeta-terra.html. Acesso em: abr. 2019.

[CNRH] CONSELHO NACIONAL DE RECURSOS HÍDRICOS. *Ministério do Meio Ambiente. Sistema Nacional de Gerenciamento de Recursos Hídricos*. Disponível em: www.cnrh.gov.br/2013-10-27-00-11-7. Acesso em: jul. 2018.

[CONPET] PROGRAMA NACIONAL DA RACIONALIZAÇÃO DO USO DOS DERIVADOS DO PETRÓLEO E DO GÁS NATURAL. Disponível em: http://www.conpet.gov.br. Acesso em: 18 maio 2019.

CONSOLI, F. et al. *Guidelines for Life – cycle assessment: A Code of practice*. Society of Environmental Toxicology and Chemistry (Setac). Setac Workshop, Sesimbra, Portugal, 1993.

CORSON, H.W.M. *Global de ecologia*. 2.ed. São Paulo: Augustus, 1996.

COWELL, S.; HOGAN, S.; CLIFT, R. Positioning and application of lca. lcanet theme report. Life cycle assessment: state-of-the-art and research priorities. De Haes U & Wrisberg. *LCA Documents*, v. 1, 1997.

[CRESESB] CENTRO DE REFERÊNCIA PARA ENERGIA SOLAR E EÓLICA. Disponível em: http://cresesb.cepel.br. Acesso em: 13 out. 2004.

CUNHA, E. *Avaliação de impacto ambiental como proteção jurídica do meio ambiente natural: reflexões para harmonização no Mercosul*. 1997. Dissertação (Mestrado) – Pontifícia Universidade Católica de São Paulo, São Paulo.

DALY, H.; COBB, J. *For the common good: redirecting the economy towards community, the environment, and a sustainable future*. Boston: Beacon Press, 1989.

DANISH WIND INDUSTRY ASSOCIATION. *Introduction to the Guided Tours on Wind Energy*. Disponível em: http://www.windpower.org/tour/intro/index.htm. Acesso em: mar. 2003.

DICIONÁRIO MICHAELIS. 3.ed. São Paulo: Melhoramentos, 1998.

DICIONÁRIO DE ECOLOGIA E CIÊNCIAS AMBIENTAIS. São Paulo: Melhoramentos, 1998.

[DNPM] DEPARTAMENTO NACIONAL DE PRODUÇÃO MINERAL. *Carvão mineral*. 2008. Disponível em: http://www.dnpm.gov.br/conteudo.asp?IDSecao=68&IDPagina=1517. Acesso em: 21 ago. 2010.

[DOE] DEPARTMENT OF ENERGY. *The smart grid: an introduction*. Disponível em: https://www.energy.gov/oe/downloads/smart-grid-introduction-0. Acesso em: 12 fev. 2019.

______. United States Geothermal Technology. *Equipament and Services for World-wide Applications*. DOE/EE-0044.

[DOE/EIA] DEPARTMENT OF ENERGY/ENERGY INFORMATION ADMINISTRATION. *DataBase*. Washington DC. Disponível em: http://www.eia.doe.gov. Acesso em: set. 2010.

______. *Highlights International Energy Outlook 2010*. Washington DC. Disponível em: http://www.eia.doe.gov. Acesso em: set. 2010.

[DNPM] DEPARTAMENTO NACIONAL DE PRODUÇÃO MINERAL. *Sumário Mineral – 1989-2001*. Brasília.

DUNN, P.D. *Renewable energies: sources, conversion and aplication*. IEE Energy Series. v. 2. Londres: Peter Peregrinus, 1986.

EHRLICH, P.J. *Engenharia econômica: avaliação e seleção de projetos de investimentos*. 5.ed. São Paulo: Atlas, 1989.

[EIA] ENERGY INFORMATION ADMINISTRATION. *International Energy Annual 2002*. Disponível em: http://www.eia.doe.gov/emeu/international/total.html. Acesso em: 12 fev. 2019.

ELECTRICITY, HEALTH AND THE ENVIRONMENT. Comparative assessment in support of decision making. 1995. In: Internacional Symposium. *Anais*... Vienna, 1995.

ELETROBRAS. *Programa Luz para Todos*. Rio de Janeiro. Disponível em: http://www.eletrobras.com. Acesso em: 12 fev. 2019.

_______. *Manual de inventário hidrelétrico* [Biblioteca Virtual]. Disponível em: http://www.eletrobras.gov.br. Acesso em: 12 fev. 2019.

[EPE] EMPRESA DE PLANEJAMENTO ENERGÉTICO. *Balanço Energético Nacional. Diversos anos*. Rio de Janeiro. Disponível em: http://www.epe.gov.br. Acesso em: 12 fev. 2019.

______. *DataBase*. Rio de Janeiro. Disponível em: http://www.epe.gov.br. Acesso em: set. 2010.

______. *Plano Nacional de Energia 2030*. Rio de Janeiro, 2007. Disponível em: http://www.epe.gov.br. Acesso em: set. 2010.

[EPIA] EUROPEAN PHOTOVOLTAIC INDUSTRY ASSOCIATION. *Global Market Outlook for Photovoltaic until 2014*. Disponível em: http://www.epia.org/fileadmin/EPIA_docs/public/Global_Market_Outlook_for_Photovoltaics_until_2014.pdf. Acesso em: 23 ago. 2010.

EUROPEAN COMMISSION. *European Smart Grids Technology Platform*. Disponível em: www.smartgrids.eu. Acesso em: 12 fev. 2019.

FADIGAS, E.A.F.A. Micro-Redes Urbanas. *Avaliação das Oportunidades e Barreiras àsua Implantação. Estudo de Caso: Campus Universitário*. 2017. 372p. Tese (Livre-Docência) – Universidade de São Paulo, São Paulo.

FIORILLO, C. *Curso de Direito Ambiental*. São Paulo: Saraiva, 2000.

FOX-PENNER, P. *Smart Power – Climate Change, the Smart Grid and the Future of Electric Utilities*. Washington DC: Island Press, 2010.

FUEL CELL 2000. *Press releases and technology update*. Disponível em: http://www.fuelcells.org. Acesso em: ago. 2000.

GALVÃO, L.C.R.; REIS, L.B.; UDAETA, M.E.M. Fundamentos para o planejamento integrado de recursos numa região do governo do Estado de São Paulo apontando a energia elétrica. In: CONGRESSO BRASILEIRO DE ENERGIA; II SEMINÁRIO LATINO-AMERICANO DE ENERGIA, 7., 1996, Rio de Janeiro. *Anais*... Rio de Janeiro, 1996.

GIMENES, A.L.V. *Agregação de valor à energia elétrica através da gestão integrada de recursos*. 2000. Dissertação (Mestrado em Engenharia Elétrica) – Escola Politécnica da Universidade de São Paulo, São Paulo.

GIMENES, A.L.V.; GALVÃO, L.C.R.; REIS, L.B.; et al. Proposta de gerenciamento pelo lado da demanda visando o desenvolvimento sustentado para região do Médio Paranapanema (MPP). In: CONGRESSO INTERNACIONAL DE ENERGIAS SUSTENTABLES (SENESE), 10., 1998, *Anais*... Chile, Punta Arenas, 18-20 nov. 1998.

[GWEC] GLOBAL WIND ENERGY COUNCIL. *Global Wind Report 2009*. Disponível em: http://www.gwec.net. Acesso em: 13 fev. 2019.

GOEDKOOP, M. *The Eco-Indicator 95*. Amersfoort: Pre Consultants, 1995.

GOLDEMBERG, J. *Energy, environment and development*. Geneva: International Academy of the Environment, 1995.

GOLDEMBERG, J. *Energia, meio ambiente e desenvolvimento*. São Paulo: Edusp, 1998.

GOLDEMBERG, J.; JOHANSON, T.B.; REDDY, A.K.N.; et al. *Energy for a sustainable world*. New Dehli: Wiley Eastern Limited, 1988.

GRANET, I. *Termodinâmica e energia térmica*. 4.ed. Rio de Janeiro: Prentice-Hall do Brasil, 1995.

GREGORY, J.; SILVEIRA, S.; DERRICK, A. et al. *Financing renewable energy projects: a guide for development workers*. Londres: It Publications, 1997.

GRIMONI, J.A.B. *Máquinas elétricas, redes inteligentes e geração distribuída*. Trabalho final do curso de especialização em Energias Renováveis, Geração Distribuída e Eficiência Energética do PECE (Programa de Educação Continuada em Engenharia). Escola Politécnica da Universidade de São Paulo, São Paulo, 29 e 30 de julho de 2011.

GUERREIRO, A. *O mercado brasileiro de energia elétrica, suas perspectivas para a virada do século e o papel da cogeração neste cenário. International Business Communications (IBC)*. São Paulo, 1999 (Conferências em Cogeração de Energia).

HADDAD, J.; MARQUES, M.C.S.; MARTINS, A.R.S. *Conservação de Energia: Eficiência Energética de Instalações e Equipamentos*. Itajubá/MG: Fupai, 2001.

HADDAD J.; MARQUES, M.C.S.; GUARDIA, E.C. Eficiência Energética: Teoria & Prática. Itajubá/MG: Fupai, 2007.

HEIJUNGS, R.; HOFSTETTER, P. Part II: Definitions of terms and symbols. In: DE HAES, U. *Towards a metodology for life cycle impact assessment*. Brussels: Society of Environmental Toxicology and Chemistry (Setac), 1996.

HELIO INTERNATIONAL. *Guidelines for observer*. Reporters [online], 2000. Disponível em: http://www.helio-international.org. Acesso em: 13 fev. 2019.

HERNANDEZ, F.B.T. *Irrigação na cultura da pupunha no noroeste paulista. Palestra proferida no Siran em Araçatuba, 29 maio 1999*. Disponível em: http://www.agr.feis.unesp.br/aracatuba.htm. Acesso em: 13 fev. 2019.

HESS, G.; MARQUES, J.L.; PAES, L.C.R.; et al. *Engenharia econômica*. 3.ed. Rio de Janeiro: Fórum, 1972.

HILL, D. et al. *Incorporating environmental externalities in energy decisions: a guide for energy planners*. Boston: Stockholm Environment Institute, 1994.

HINRICHS, R.A.; KLEINBACH, M.; REIS L.B. *Energia e Meio Ambiente*. 5.ed. São Paulo: Cengage Learning, 2015.

HOFFMANN, L.; JENSEN, A.A.; CHRISTIANSEN, K.; et al. *Life Cycle Assessment (LAC). A guide to approaches, experiences and information sources – final report*. Londres: Sustainability, 1997.

HOUGHTON, J. *Global Warming*. 2.ed. Nova York: Cambridge University Press, 1997.

[IAP] INTER ACADEMY COUNCIL. *Lighting the Way: Toward a sustainable Energy Future, 2008*. Disponível em: http://www.interacademycouncil.net. Acesso em: 13 fev. 2019.

[IBGE] INSTITUTO BRASILEIRO DE GEOGRAFIA E ESTATÍSTICA. *Pesquisa nacional por amostra de domicílios: síntese de indicadores 1996*. Rio de Janeiro: IBGE, 1997, p. 97-9.

______. *Pesquisa Nacional por Amostra de Domicílios: síntese de indicadores 2008*. Rio de Janeiro. Disponível em: http://www.ibge.gov.br. Acesso em: 13 fev. 2010.

______. Ministério do Planejamento, Orçamento e Gestão. Ministérios das Cidades. *Pesquisa Nacional de Saneamento Básico 2008*. Rio de Janeiro, 2010.

______. *Pesquisa de Informações Municipais. Perfil dos Municípios Brasileiros 2017*. Disponível em: https://biblioteca.ibge.gov.br/index.php/biblioteca-catalogo?view=-detalhes&id=2101595. Acesso em: jul. 2018.

______. Agência IBGE. *Brasil consome 6 litros de água para cada R$1 produzido pela Economia. Estatística Econômica*. CEAA – Contas Econômicas Ambientais de Água do Brasil 2013-2015. Disponível em: https://agenciadenoticias.ibge.gov.br/2013. Acesso em: jun. 2018.

[IEA] INTERNATIONAL ENERGY AGENCY. *DataBase*. Disponível em: http://www.iea.org. Acesso em: 13 fev. 2019.

______. *Energy Technology Perspectives 2008: Scenarios e Strategies to 2050*. Disponível em: http://www.iea.org. Acesso em: 13 fev. 2019.

______. *Key World Energy Statistics – 2009*. Paris. Disponível em: http://www.iea.org. Acesso em: set. 2010.

______. *Key World Energy Statistics – 2017*. Paris. Disponível em: http://www.iea.org. Acesso em: mar. 2018

______. *World Energy Outlook 2006*. Disponível em: http://www.iea.org. Acesso em: maio 2007.

______. *World Energy Outlook 2015*. Disponível em: http://www.iea.org. Acesso em: maio 2015.

______. *World Energy Outlook 2016*. Disponível em: http://www.iea.org. Acesso em: maio 2017.

______. *SNAPSHOT of Global Photovoltaic Markets – Photovoltaic Power Systems Programs. Report IEA PVPS T1-33: 2018*. Disponível em: http://www.iea-pvps.org/fileadmin/dam/public/report/statistics/IEA-PVPS_-_A_Snapshot_of_Global_PV_-_1992-2017.pdf. Acesso em: 13 fev. 2019.

[IEEE] INSTITUTE OF ELECTRICAL AND ELECTRONICS ENGINEERS. *Energy management in industrial and commercial facilities*. Piscataway, 1995.

[INB] INDÚSTRIAS NUCLEARES DO BRASIL. *Mineração*. Disponível em: http://www.inb.gov.br/port/utah3a.htm. Acesso em: 15 out. 2001.

[IPCC] INTERGOVERNMENTAL PANEL ON CLIMATE CHANGE. *Climate Change 2007 – Mitigation, Contribution of Working Group III to the Fourth Assessment Report of the Intergovernmental Panel on Climate Change*. Cambridge: Cambridge University Press. Disponível em: www.Ipcc.ch/pdf/assessment–report/ar4/wg3/ar4–wg3–chapter4.pdf. Acesso em: 3 jun. 2011.

ISHIRO, Y. *A energia nuclear para o Brasil*. São Paulo: Makron Books, 2002.

[ISO] INTERNATIONAL ORGANIZATION FOR STANDARDIZATION. *Environmental Management – Life Cycle Assessment – Principles and Framework*. ISO/FDIS 14040, 1997a.

______. *Goal and scope definition and inventory analysis. ISO/DIS 14041.2*, 1997b.

______. *Life cycle impact assessment. ISO/CD 14042.1*, 1997c.

______. *Life cycle interpretation. ISO/CD 14043.ib*, 1997d.

______. *ISO/TC 207/sc 6 comments and proposals regarding definitions of terms used by iso/tc 207/sc 3. ISO Document iso/tc 207/sc 6 N 103.*

JAMES, D. *The application of economic techniques in environmental impact assesment*. Dordrecht: Kluwer Publishers, 1994.

JANUZZI, G.M.; SWISHE, J.N.P. *Planejamento integrado de recursos energéticos: meio ambiente, conservação de energia e fontes renováveis*. Campinas: Autores Associados, 1997.

JOHANSSON, T.B.; BODLUND, B.; WILLIAMS, R.H. *Electricity efficient end-use and new generation technologies, and their planning implications*. Lund: Lund University Press, 1989.

JOHANSSON, T.B.; BURNHAM, L. *Renewable energy: sources for fuels and electricity*. Londres/Washington: Earthscan Publications/Island Press, 1993.

JONES, E.C. Fontes energéticas alternativas de combustíveis para cogeração. São Paulo: International Business Communications (IBC), 1999 (Conferências em Cogeração de Energia).

KANAYAMA, P.H. *Minimização de resíduos sólidos urbanos e conservação de energia*. 1999. Dissertação (Mestrado em Engenharia Elétrica) – Escola Politécnica da Universidade de São Paulo, São Paulo.

KAPRA, F. *O ponto de mutação*. São Paulo: Cultrix, 1993.

KELLY, H.; WEINBERG, C.J. Utility strategies for using renewables. In: JOHANSSON, T.B. et al. (Eds.). *Renewable energy: sources for fuels and electricity*. Londres/Washington: Earthscan Publications/Island Press, 1993.

KOBLITZ, L.O. *Análise da viabilidade econômica de projetos de cogeração*. São Paulo: International Business Communications (IBC), 1999 (Conferências em Cogeração de Energia).

______. *Cogeração de energia*. In: SEMINÁRIO COGERAÇÃO. Rio de Janeiro: Instituto Nacional de Eficiência Energética, 1998.

KRAUSE, F.; ETO, J. *Least-cost utility planning handbook for utility commissioners, the demand side: conceptual and methodological issues*. Berkeley: Lawrence Berkeley Laboratory, 1988. v. 2.

LAKEMAN, J.A. *Climate Change 1995: the science of climate change. International panel on climate change*. New York: Cambrige University Press, 1996.

LAMBERTS, R.; DUTRA, L.; PEREIRA, F.O.R. *Eficiência energética na arquitetura*. Rio de Janeiro: PW/Procel, 1977.

LA ROVERE, E.L.; ROSA, L.P.; RODRIGUES, A.P. *Economia e tecnologia da energia.* Rio de Janeiro: Marco Zero/Finep, 1985.

LEACH, G. *Global land and food in the 21st century: trends and issues for sustainability.* Estocolmo: SEI, 1995 (Polestar series, report 5).

LINDFORS, L.G. et al. *Nordic Guidelines on Life – Cycle Assessment. Nord 1995:20.* Copenhagen: Nordic council of Ministers, 1995.

LINSLEY, R.K.; FRANZINI, J.B. *Engenharia de recursos hídricos.* São Paulo: McGraw-Hill, 1978.

LUESKA, C. *Aspectos técnicos de dimensionamento e estimativa de investimento de centrais de cogeração.* São Paulo: International Business Communications (IBC), 1999 (Conferências em Cogeração de Energia).

LYNCH, R.P. *Alianças de negócios: uma arma secreta, inovadora e oculta para vantagens competitivas.* São Paulo: McGraw Hill, 1994.

MABOGUNJE, A.L. *The development process: a spatial perspective.* 2.ed. Londres: Unwin Hyman, 1989.

MACEDO, A.R.P.; VALENÇA, A.C.V. *A indústria de papel no mundo: uma visão geral.* BNDES Setorial, Gerência Setorial de Papel e Celulose do BNDES, set. 1996.

______. *Reciclagem de papel.* BNDES Setorial, Gerência Setorial de Papel e Celulose do BNDES, set. 1996.

MAKRIDAKIS, S. *Management in the 21st century. Facing up to the future: in search of programatism in management.* Nova York: Free Press, 1989.

MARTIN, J.M. *Economia mundial de energia.* São Paulo: Unesp, 1990.

MARTIN, R. *ISO 14.001 Guidance Manual.* National Center for Environmental Decision – Making Research (NCEDR). Technical Report NCEDR/98-06, 1998.

MARTINHO, P.R.R. et al. *Projeto Área Experimental e Demonstrativa de Agricultura Sustentável (A.E.D.A.S.).* Assis, Médio Paranapanema – Centro de Desenvolvimento do Vale do Paranapanema/CD. Vale/Instituto Agronômico (IAC)/Instituto de Economia Agrícola (IEA), 1999.

MENDONÇA, R. *Como cuidar do seu meio ambiente.* São Paulo: BEI, 2002 (Coleção Entenda e Aprenda).

MENEZES, S.B.T. *A responsabilidade sobre o lixo. Quem deve ser o responsável pelo lixo: O particular e o Estado?* Disponível em: https:sarameneses2610.jusbrasil.co.br/artigos/440129345/a-responsabilidade-sobre-o-lixo. Acesso em: jul. 2018.

MIDWEST RESEARCH INSTITUTE. Economic studies in support of policy formation on resource recovery. *Unpublished report to the Advisory Comitee on Environment,* 1972.

MILARÉ, É.; BENJAMIM, A. *Estudo de impacto ambiental.* São Paulo: RT, 1993.

[MME] MINISTÉRIO DE MINAS E ENERGIA. Disponível em: http:///www.mme.gov.br. Acesso em: 27 fev. 2019.

MORAES, N.G. *Avaliação das Tendências da Demanda de Energia no Setor de Transportes no Brasil.* 2005. Dissertação (Mestrado em Ciências em Planejamento Energético) – Universidade Federal do Rio de Janeiro, Rio de Janeiro.

MORANDI, S.; GIL, I.C. *Tecnologia e Ambiente*. São Paulo: Copidart, 2000.

MOTA, S. Introdução à engenharia ambiental. 1.ed. Rio de Janeiro: Abes, 1997.

MOTTA, R.S.; AMAZONAS, M.; WELLS, C. *A economia da reciclagem: agenda para uma política nacional. Relatório Cempre/Ipea*. Rio de Janeiro: Compromisso Empresarial para Reciclagem (Cempre)/Instituto de Pesquisa Econômica Aplicada (Ipea), nov. 1995.

MULLER, A.C. *Hidrelétricas, meio ambiente e desenvolvimento*. São Paulo: Makron Books, 1996.

NASCIMENTO, R.L. *Energia Solar no Brasil: Situação e Perspectivas*. Consultoria Legislativa. Câmara dos Deputados, 2017.

NEDER, L.T.C. *Reciclagem de resíduos sólidos de origem domiciliar: análise da implantação e da evolução de programas institucionais de coleta seletiva em alguns municípios brasileiros*. maio 1995. Dissertação (Mestrado em Ciência Ambiental) – Programa de Pós-Graduação em Ciência Ambiental da Universidade de São Paulo, São Paulo.

NOGUEIRA, L.A.H.; LORA, E.E.S. *Dendroenergia: fundamentos e aplicações*. 2.ed. Rio de Janeiro: Interciência, 2003.

[NWCC] NATIONAL WIND COORDINATING COMMITTEE. *Distributed Wind Power Assessment*. Washington, 2000.

[OECD/IEA] *The link between energy and human activities*. OECD Publications, 1997.

[OLADE] ORGANIZAÇÃO LATINO AMERICANA DE ENERGIA Y DERECHO AMBIENTAL EN AMERICA LATINA Y EL CARIBE. *Inventario y análisis de legislación*. Equador, 2000. Disponível em: http:// www.olade.org.ec. Acesso em: mar. 2003.

[OLADE/CEPAL/GTZ] ORGANIZAÇÃO LATINO AMERICANA DE ENERGIA Y DERECHO AMBIENTAL EN AMERICA LATINA Y EL CARIBE/COMISSÃO ECONÔMICA PARA A AMÉRICA LATINA E O CARIBE. *Energia y desarollo sustentable en America Latina y el Caribe*. Quito, 1996.

OLIVEIRA, A. *O licenciamento ambiental*. São Paulo: Iglu, 1999.

[ONS] OPERADOR NACIONAL DO SISTEMA. 2018. Disponível em: http://ons.org.br/paginas/sobre-o-sin/mapas. Acesso em: 2 maio 2019.

[ONU] ORGANIZAÇÃO DAS NAÇÕES UNIDAS. *Relatório Mundial das Nações Unidas sobre o Desenvolvimento de Recursos Hídricos. Água e Emprego. Fatos e números 2016*.

______. *Aquastast Data Base, Food and Agriculture Organizayion of the United Nations*. Disponível em: www.fao.org./nr/water/aquastat/data/query/index.html. Acesso em: jun. 2019.

OTTINGER, R. et al. *Environmental costs of electricity*. Nova York: Oceana Publications/ Dobbs Ferry, 1990.

PALZ, W. *Energia solar e fontes alternativas*. São Paulo: Hermus, 1981.

PETROBRAS. Disponível em: http://www.petrobras.com.br/pt/nossas-atividades/ principais-operacoes/bacias/. Acesso em: 13 fev. 2019.

PIERONIM, F.P.; GUERRA, S.M.G. *Implantação do gasoduto Bolívia-Brasil: a geração de empregos segundo a matriz de Leontief.* Campinas, jul. 1999. Trabalho de formatura apresentado à Universidade Estadual de Campinas – Faculdade de Engenharia Mecânica, Departamento de Energia.

[PMBC] PAINEL BRASILEIRO DE MUDANÇAS CLIMÁTICAS. *Primeiro Relatório de Avaliação Nacional*, Volume 3 – Mitigação à Mudança Climática, Capítulo 3. Caminhos para Mitigação das Mudanças Climáticas, 2013.

PHILIPPI Jr. A.; REIS L.B (Eds.). *Energia e Sustentabilidade.* Barueri: Manole, 2016.

[PNUD] PROGRAMA DAS NAÇÕES UNIDAS PARA O DESENVOLVIMENTO. *Projeto bra/94/016: área temática, agricultura sustentável.* Consórcio Museu Emílio Goeldi/mpeg/ usp- Procam/Atech, jan. 1999 (Texto de workshop).

[PROCEL] PROGRAMA DE COMBATE AO DESPERDÍCIO DE ENERGIA ELÉTRICA. Rio de Janeiro: Eletrobras, 1998.

PV NEWS. Ed. Paul D. *Waicock*, v. 21, n. 2, fev. 2002.

PYE, M. *An introduction to demand-side management: the business of energy conservation for electric utilities. Washington: American Council for an Energy – Efficient Economy*, 1994.

RAMAKUMAR, R.; HUGHES, W.L. Renewable energy sources and rural development in developing countries. *IEE Transactions on Education*, v. E-24, n. 3, 1981.

REBOUÇAS, A.C.; BRAGA, B.; TUNDISI, J.C. *Águas Doces do Brasil – Capital Ecológico, Uso e Conservação.* 4.ed.rev.amp. São Paulo: Escrituras, 2015.

REES, W.; WACKERNAGEL, M. Ecological footprints and appropriated carrying capacity: measuring the natural capital requirements of the human economy. In: JANSSON, A. et al. (Eds.). *Investing in natural capital: the ecological economics approach to sustainability*. Washington: Island Press, 1994.

REIS, L.B. *Oportunidades de geração termelétrica no setor elétrico brasileiro e metodologias para avaliação de viabilidade.* Grupo de Energia do Departamento de Engenharia e Automação Elétricas (Gepea) da Escola Politécnica da Universidades de São Paulo. São Paulo, 1999.

______. *Geração de energia elétrica.* 3.ed. Barueri: Manole, 2017.

______. *Matrizes energéticas.* Barueri: Manole, 2011.

______. *Câmara de Comércio e Indústria Brasil-Alemanha; Agências para Aplicação de Energia no Brasil – opções e limitações quanto à implementação, Relatório Final.* São Paulo, 2013.

REIS, L.B.; SANTOS, E.C. *Energia elétrica e sustentabilidade.* Barueri: Manole, 2006 (Coleção Ambiental).

______. *Energia elétrica e sustentabilidade.* 2.ed. Barueri: Manole, 2014 (Coleção Ambiental).

REIS, L.B.; FADIGAS, E.; RAMOS, D.S. *Techniques to improve the utilization of renewable generation in electrical power systems.* Cigré Symposium: working plants and systems harder. Londres, 1999.

REIS, L.B.; FONSECA J.N., *Empresas de Distribuição de Energia Elétrica no Brasil – Temas relevantes para gestão*. Rio de Janeiro: Synergia, 2012.

REIS, L.B.; GALVÃO, L.C.; CARVALHO, C.E. Planejamento da integração energética voltado ao desenvolvimento sustentável com ênfase às interligações elétrica. In: CONGRESSO BRASILEIRO DE PLANEJAMENTO ENERGÉTICO, 3., 1998, São Paulo. *Anais*... São Paulo, 22-26 jun. 1998.

REIS, L.B.; MIELNICK, O. *Um modelo de gestão integrada de recursos para viabilizar o desenvolvimento sustentável*. São Paulo: Escola Politécnica da Universidade de São Paulo, 1999.

REIS, L.B.; PINHEIRO, J.L.P. *A produção de energia elétrica através de células de combustível*. In: CONGRESSO LATINO-AMERICANO DE DISTRIBUIÇÃO DE ENERGIA ELÉTRICA. São Paulo, 1998.

REIS L.B.; SILVEIRA, S. *Energia elétrica para o desenvolvimento sustentável*. 2.ed. São Paulo: Edusp, 2012.

RENNÓ, F.A.G.; STREBI, C.S.; PIUNTI, R.C. *Conservação e produção de energia a partir de resíduos sólidos: alternativa para dois problemas: lixo e energia*. In: IX CONGRESSO BRASILEIRO DE ENERGIA – CBE; IV SEMINÁRIO LATINO-AMERICANO DE ENERGIA – SLAE, 2002, Rio de Janeiro. Rio de Janeiro: SBPE-Cope/UFRJ – Clube de Engenharia, 2002.

ROLIM, P.S.P. *Dicionário da qualidade e da produtividade*. ABNT, 1995.

ROLIM, P.S.P.; SAIDEL, M.A.; CORREA, J.S.S. *Novel technologies: an alternative to reduce environmental impacts of hydroelectric developments in the Amazon region. Política energética para o desenvolvimento autossustentado da Amazônia*. Brasília: Pedasa, 1993.

ROMÉRO, M.; REIS, L.B. *Eficiência energética em edificações*. Barueri: Manole, 2012.

SANT'ANA, R.; PORTO, M.A.; MARTINS, R.H. Desenvolvimento sustentável dos recursos hídricos. *ABRH Publicações*, Recife, v. 3, n. 1, 1995.

SANTOS, G.; BEHRENDT, H.; TEYLTEBOIM, A. Part II: Policy instruments for sustainable road transport. *Research in Transportation Economics*, 2010.

SAUAIA, R.L. *Seminário Nacional CIGRE de Energia*. Disponível em: http://www. iee.usp.br/sites/default/files/1-2018.03.22%20ABSOLAR%20-%20Energia%20Solar%20Fotovoltaica%20-%20Dr.%20Rodrigo%20Lopes%20Sauaia.pdf. Acesso em: jul. 2018.

[SEBRAE] SERVIÇO BRASILEIRO DE APOIO ÀS MICRO E PEQUENAS EMPRESAS. Caderno de Sustentabilidade. *Cidades Sustentáveis em Ambientes de Fronteiras, Bioma Cerrado e Pantanal. Gestão de Resíduos Sólidos – Uma oportunidade para o Desenvolvimento Municipal e para as Micro e Pequenas Empresas*. São Paulo, 2012.

SHERMAN, A.; GREENO, J.L.; ROSS, C.E. Planejamento de cenários. *HSM Management*, Barueri, n. 111, ano 2, nov.-dez. 1998, p. 100-10.

SIGAS EPE. Disponível em: http://www.epe.gov.br/pt/publicacoes-dados-abertos/publicacoes/mapa-da-infraestrutura-de-gasodutos-de-transporte-no-brasil. Acesso em: 2 maio 2019.

SILVA, E.B. *Infraestrutura para desenvolvimento sustentado e integração da América do Sul*. São Paulo: Expressão e Cultura, 1997.

SILVEIRA, S. *Transformations in Amazonia: the spatial reconfiguration of systems*. Estocolmo: Royal Institute of Technology, 1993.

VAN WYLEN, G; SONNTAG, R.; BORGNAKKE, C. *Fundamentos da termodinâmica clássica*. 2.ed. São Paulo: Edgar Blucher, 1976.

SÓRIA. A.F.S.; FILIPINI, F.A. *Eficiência Energética*. Curitiba: Base Editorial, 2010.

SOUZA. F.L.A. *P&D Pesquisa e Desenvolvimento no Setor Elétrico – A caminho da inovação*. AES-Eletropaulo.

SPIEWAK, S.; WEISS L. *Cogeneration and small power production manual*. Lilburn: The Fairmont Press, 1997.

SWEDISH NATIONAL ENERGY ADMINISTRATION. Building Sustainable Energy Systems. Stockholm: Semida Silveira, 2001.

TANCON, K.M. et al. *Tendências da indústria automobilística para produção de veículos que utilizam fontes energéticas alternativas*. São Paulo: IME, 1998.

[TERI] TATA ENERGY AND RESOURCES INSTITUTE. Disponível em: http://www.teriin.org. Acesso em: 13 fev. 2019.

THE INSTITUTION OF CIVIL ENGINEERS. *Sustainability and acceptability in infrastructure development*. Londres: Thomas Telford Publishing, 1996.

THE SUSTAINABILITY VENTURES GROUP INC. AND PLANIT MANAGEMENT INC. Total cost assessment guidelines: assessing the business case of environmental investments. *Dralf*, jun. 1997.

THUMANN, A. et al. *Plant engineers and managers guide to energy conservation*. 6.ed. Lilburn, GA: The Fairmont Press, 1995.

TURNER, R.K. Sustainable environmental economics and management: principles and practice. Londres/Nova York: Belhavon Press, 1993.

UDAETA, M.E.M. *Planejamento integrado de recursos (PIR) para o setor elétrico (pensando o desenvolvimento sustentável)*. 1997. Tese (Doutorado em Engenharia Elétrica) – Departamento de Engenharia de Energia e Automação Elétricas da Escola Politécnica da Universidade de São Paulo, São Paulo.

[UNESCO] ORGANIZAÇÃO DAS NAÇÕES UNIDAS PARA A EDUCAÇÃO, A CIÊNCIA E A CULTURA. United Nations Educational Scientific and Cultural Organization. *Soluções baseadas na natureza para a Gestão da Água. Fatos e Dados. Relatório Mundial das Nações Unidas sobre o Desenvolvimento de Recursos Hídricos 2018*. WWDR, 2018.

[USP] UNIVERSIDADE DE SÃO PAULO. *PEA 3420. Produção de Energia*. Slides de aula. São Paulo, 2018a.

______. *Energia das ondas no Brasil*. 2018b. Disponível em: http://www.usp.br/portalbiossistemas/?p=7953. Acesso em: jul. 2018.

VIANNA, M.A.F.; VELASCO, S.D. *Futuro: prepare-se!* 2.ed. São Paulo: Gente, 1998.

[WCED] WORLD COMMISSION ON ENVIRONMENT AND DEVELOPMENT. *Our Common Future*. WCED Report, 1987.

[WEC] WORLD ENERGY COUNCIL. Energy for tomorrow's world: the realities, the real options and the agenda for achievement. *WEC Commission Report*, 1993.

WILLIAMS, R.H. The need for research on modernised biomass in the global energy. *Economy in renewable energy for development*, v. 9, n. 3/4, Estocolmo: SEI, 1996.

WORLD BANK ENVIRONMENTAL DEPARTMENT. *Word development report: infrastructure for development*. Nova York: Cambrige University Press, 1994.

______. What a waste – A Global Review of Solid Waste Managenment. Urban *Development* Series. *Knowledge papers*, n. 15, mar. 2015.

______. *Rural energy and development: improving energy supplies for two billion people*. Washington, 1996.

[WBCSD] WORLD BUSINESS COUNCIL FOR SUSTAINABLE DEVELOPMENT. *Sustainable Mobility 2030: meeting the challenges to sustainability*, 2004. Disponível em: http://www.wbcsd.ch. Acesso em: 13 fev. 2019.

WORLD ECONOMIC FORUM. *Lighting the Way: The Global Competitiveness Report 2017-2018*, 2018. Disponível em: http://www.weforum.org. Acesso em: mar. 2018.

WORLD NUCLEAR ASSOCIATION. *Supply of Uraniun*. Disponível em: http:// www.world-nuclear.org/info/inf75.html. Acesso em: 13 fev. 2019.

[WWEA] WORLD WIND ENERGY ASSOCIATION. Disponível em: http://www.world-nuclear.org/information-library/nuclear-fuel-cycle/uranium-resources/supply-of-uranium.aspx. Acesso em: 2 maio 2019.

Anexos 1

GESTÃO INTEGRADA DE RECURSOS (GIR) – ESTUDO DE CASO

Com o objetivo de ilustrar mecanismos e etapas de avaliação da GIR, apresenta-se a seguir a reprodução do estudo de caso da dissertação de mestrado de Gimenes (2000). Ressalta-se que os valores de custos e tarifas utilizados são os mesmos da referida dissertação, não tendo havido preocupação em atualizá-los, por fugir do objetivo deste exemplo.

O caso estudado enfocou a construção de uma pequena central hidrelétrica (PCH) e a consideração de um projeto para inclusão de uma nova cultura agrícola na região mediante a implantação de um sistema de irrigação. O estudo utilizou dados de uma região do estado de São Paulo.

Foi sugerido um possível modelo de gestão integrada para compatibilização dos interesses envolvidos, tanto do ponto de vista do produtor rural como do produtor de energia elétrica.

Energia elétrica: geração por meio de uma pequena central hidrelétrica (PCH)

A motivação da construção se daria, em primeira instância, para o atendimento da ponta e também para suprir o déficit energético da região, que apresenta grande percentual de demanda reprimida, consequência de seu baixo desenvolvimento. Além disso, contempla-se a venda de energia para fora da região, por meio do sistema interligado.

De acordo com as características do rio, dimensionou-se, apenas para exemplificação, a PCH para uma capacidade de geração média de 1.750 kW, a partir de uma capacidade instalada de 2.500 kW, com fator de capacidade estimado de 0,7. O investimento total foi considerado como sendo de US$ 2,5 milhões.

Para a análise de viabilidade econômica da PCH, foram adotados os seguintes valores (caso base):

- Potência = 2,5 MW.
- Custo/kW = US$ 1.000,00.
- Taxa efetiva de juros (j) = 12%.
- Vida útil = 50 anos.
- Custos de manutenção e operação (COM) = 5% do investimento.
- Fator de capacidade = 0,70.

A partir daí, construíram-se as Tabelas 1 e 2.

Tabela 1 – Custos da geração propriamente dita, sem acréscimos

Caso(1)		Custo unitário da energia elétrica (US$/MWh)			
	Invest. inicial (10^6 US$)	Energia anual (GWh)	Parcela invest. (US$/MWh)	Parcela operação e manutenção (US$/MWh)	Total
Base	2,5	15,33	19,63	8,15	27,78
-2,5%	2,5	15,33	19,63	4,07	23,71
-30%	2,5	10,73	28,06	11,64	39,71

(1) Esta coluna indica a variável que foi alterada, em relação ao caso base. Custos de operação e manutenção reduzidos a 2,5% do investimento, em um caso, e redução de 30% na geração de energia, no outro.

Fonte: Gimenes (2000).

Tabela 2 – Incidência de taxas e encargos (venda da energia às concessionárias)

Caso	Custo unitário energia elétr.	Taxas e encargos [US$/MWh]		Percentual do custo unitário Ce (%)	
		Parcela 1	Parcela 2	Parcela 1	Total
		Intercon.	Parcela 1	Parcela 2	
Base	27,78	1,102	–	3,96	–
Custos de intercon.	27,78	1,102	0,70	3,96	2,52

Parcela 1: parcela de transporte = 0,0; Cofins + PIS + taxa de fiscalização = 3,15%. Parcela 2: custos de interconexão.

Fonte: Gimenes (2000).

Avaliação dos resultados

Considerando-se a tarifa normativa que a Aneel fixou para PCHs (em 2000), de aproximadamente US$ 36,00/MWh, a diferença máxima entre o valor de venda e de custo chegou a US$ 12,30/MWh, para o caso de manutenção a 2,5% e o pior caso se configurou com a redução de 30% na geração de energia, que produziu um prejuízo de US$ 3,71/MWh, inviabilizando a PCH. O caso base apresentou diferença de US$ 8,22/MWh, a favor da PCH.

Investimento efetuado no contexto de mercado competitivo, sem alavancagem

Nesse caso, as variáveis tarifa de venda, taxa e tempo de retorno são tratadas como independentes, uma vez que o investimento a ser efetuado deverá competir com outras alternativas do mercado, conforme se vê na Tabela 3.

No caso base, como já visto, o custo unitário da energia elétrica, com as taxas e os custos de interconexão, resultou em cerca de US$ 29,58/MWh (soma dos componentes da primeira linha da Tabela 3), que corresponde à taxa de juros de 12% e tempo de retorno de 50 anos. Os custos unitários da energia elétrica para diferentes tempo e taxa de retorno são apresentados na Tabela 3.

Tabela 3 – Resultados para um mercado competitivo, sem alavancagem

Caso	Custo unitário da energia elétrica [US$/MWh]		Tempo de retorno	Taxa de retorno
	Sem taxas	Com taxas	Anos	%
Base	27,78	29,58	50	12
C 1	23,43	25,23	25	8
C 2	20,91	22,71	25	6

Fonte: Gimenes (2000).

Os resultados indicam que a diminuição do tempo de retorno desejado, para uma mesma taxa de retorno, tem um impacto significativo nos custos unitários da energia e, portanto, no lucro, caso o custo total com taxas se enquadre dentro de um valor competitivo. Como os valores se alteram com a redução da taxa de retorno, permitindo-se visualizar aumento da competitividade, pode-se considerar que (para venda a média de US$ 36,00/MWh), a taxas internacionais de juros de 6 a 8% ao ano, o projeto sob análise poderia ser competitivo, para um tempo de retorno de 25 anos, que corresponde à metade da vida útil da usina. Tanto em uma como em outra taxa, o custo da energia é inferior ao conseguido no caso base, que considera os valores usuais do setor elétrico.

Água: o uso para irrigação e a produção agrícola

Para este estudo de caso será considerada a mudança de cultura viabilizada pela implantação de um sistema de irrigação.

A cultura inicialmente considerada será a soja, predominante na região, com posterior mudança para o cultivo da pupunha (*Bactris gasipaes* h.B.K.), uma espécie de palmito melhor adaptada à produção em larga escala.

Como a maior parte dos produtores rurais da região do Médio Paranapanema (MPP) é composta de pequenos produtores, este estudo irá considerar uma propriedade de 50 ha. Trata-se de uma pequena propriedade, que costuma apresentar baixa rentabilidade ao produtor no cultivo de grãos.

Na região do MPP, a soja é cultivada geralmente em conjunto com o milho safrinha.

Como o estudo em questão refere-se a propriedades de 50 ha, sabe-se que a rentabilidade deste produtor é muito baixa, sendo, no melhor caso, R$ 842,00 equivalentes a US$ 420,00/mês (em 2000).

Pupunha

Para o cultivo da pupunha, foram assumidos os seguintes valores de produtividade, custos e lucratividade:

Produtividade para 5.000 pés/ha:

- Palmito de primeira: 1.600 kg/ha/ano.
- Subprodutos (picadinho e rodelas): 2.400 kg.
- Total: 4.000 kg/ha/ano.

Custos e prazos:

- Implantação: US$ 2.000,00/ha.
- Operação: US$ 300,00/ha.
- Lucratividade: US$ 2.000,00/ha/ano após a primeira colheita.
- Tempo até a primeira colheita: 18 meses.

Adequação às características da região do Médio Paranapanema

O solo da região, bem como a umidade e as características climáticas se adaptam às necessidades básicas da planta, ficando a ressalva ao regime pluvial. A necessidade anual da pupunha gira em torno de 1.800 mm de água, enquanto a média anual da região em questão é de 1.260 mm, chegando, nos meses secos, a 50 mm.

Sendo assim, para satisfazer tal necessidade, adotou-se a utilização de um sistema de irrigação do tipo pivô central, com as seguintes características:

- Área irrigada: 50 ha.
- Eficiência da aplicação: 85%.
- Potência necessária para o sistema: 102 CV (77 kW).
- Custos totais estimados: US$ 110.000,00 (custos e valores de potência estimados).

Custos de manutenção e operação

Os custos de operação foram considerados como sendo o da energia elétrica fornecida e 1% em manutenção e operação.

- Manutenção: US$ 22,00/ha/ano.
- Operação (energia elétrica): US$ 88,00/ha/ano.

Análise de viabilidade econômica da pupunha com o sistema de irrigação

Do anteriormente exposto, obtêm-se os seguintes valores, correspondentes a uma propriedade de 50 ha:

- Implantação da cultura: US$ 100.000,00.
- Implantação da irrigação: US$ 110.000,00.
- Custos anuais de manutenção e operação:
  - Cultura: US$ 300,00/ha.
  - Irrigação e manutenção: US$ 22,00/ha.
  - Irrigação e operação: US$ 88,00/ha.

O capital inicial é de US$ 210.000,00, que deve ser desembolsado no ato da implantação da cultura e do sistema de irrigação. Além desse capital, foi considerada a necessidade de provisão, já no ato do empréstimo, de recursos para cobrir os custos durante a carência necessária à primeira produção. Como esta carência é de 18 meses, os custos totais associados devem ser de:

- Cultivo de 50 ha: US$ 22.500,00.
- Irrigação e manutenção: US$ 1.650,00.
- Operação: US$ 6.600,00.
- Total: US$ 30.750,00.

Assim, perfaz-se um volume total de empréstimo no valor de US$ 241.000,00. Além disso, nos cálculos foi considerada a cobrança de juros durante a carência, integralizada posteriormente a ela. Após a carência de dezoito meses o novo valor do empréstimo é de US$ 285.656,51.

Ressalta-se aqui que um produtor com essas características não conseguiria ter aprovado um empréstimo dessa monta junto aos bancos. Esse problema deverá ser levado em conta na análise integrada.

O empréstimo deverá ter carência de 18 meses, extensível a 24. Nessa modalidade de empréstimos não são amortizados os juros durante a carência. Para efeito de cálculo, foi considerada uma modalidade de empréstimo com características próximas ao empréstimo do governo federal (EGF), no qual as taxas de juros efetivas são em torno de 8,75% ao ano. O prazo de pagamento inicialmente considerado será de 5,5 anos, incluída a carência de 18 meses para o caso base.

Tabela 4 – Custos e lucratividade do cultivo da pupunha

	Invest. inicial (mil US$)	Prod. US$/ha	Parcela invest. US$/ha	Parcela de operação e manutenção US$/ha	Custo total US$/ha	Lucro US$/ha
Base	241	2.300	1.678	410	2.088	212
j 12%	241	2.300	1.800	410	2.210	90
9 anos	241	2.300	902	410	1.312	988

Base: produção 4.000 kg/ha; j = 8,75%; prazo para pagamento: 5,5 anos; carência: 18 meses.
Fonte: Gimenes (2000).

Na primeira coluna são apresentadas variáveis que foram alteradas em relação ao caso base, para verificar seu efeito sobre a lucratividade.

Assim, uma propriedade de 50 ha deverá apresentar uma renda mensal conforme a Tabela 5, a seguir.

Tabela 5 – Rendas mensais proporcionadas pelo cultivo da pupunha

	Renda mensal (US$)	Renda mensal (R$)	Renda mensal (salários-mín.)
Base	883,33	1.766,67	14,72
Prazo do pagamento 9 anos	4.116,67	8.233,33	68,61

Fonte: Gimenes (2000).

Avaliação dos resultados

A lucratividade da pupunha se mostrou mais sensível ao prazo de pagamento do empréstimo que às taxas de juros e, mesmo no caso base, apresentou um excelente resultado, proporcionando uma renda mensal, ao agricultor, de mais de 14 salários mínimos, durante o período de amortização do empréstimo.

Esses resultados são ainda mais expressivos se os compararmos com a renda proporcionada pela soja, que, no melhor dos casos, é de 6,2 salários.

Observa-se que, a despeito da impossibilidade do agricultor conseguir um empréstimo dessa monta, a cultura da pupunha tem um excelente resultado empresarial já no período de amortização do capital.

Análise do problema isolado

O problema isolado apresenta uma série de inconvenientes tanto para o produtor rural como para o empreendedor da PCH.

Para a PCH, existe o risco de retirada dos 30% de irrigação, o que inviabilizaria o retorno do capital investido. Obviamente que, nesse contexto, o investidor do setor energético não tem, nem deve ter, interesse no desenvolvimento da irrigação na área de abrangência de seu reservatório.

Do lado do produtor rural tem-se uma situação ainda pior, pois este não tem recursos para modernizar sua produção e está à margem dos empréstimos bancários, que exigem garantias muito maiores que sua capacidade. Desse modo, perpetua-se a situação de baixo rendimento nas pequenas propriedades rurais (que no caso são em torno de 60% do total de propriedades), estimulando o êxodo rural e o declínio dos índices sociais, tanto no campo como na cidade.

O fato é que, apesar da viabilidade do cultivo da pupunha, apresentada anteriormente, o caso anterior não é factível no paradigma atual e a única relação com a implantação da usina é a competição pelo uso da água.

Este caso exemplifica a necessidade de uma abordagem integrada, que busque a sinergia entre os componentes da infraestrutura, com vistas ao desenvolvimento social e econômico da população e, ao mesmo tempo, o retorno do capital do setor privado de forma igualmente sustentável.

O problema segundo a gestão integrada de recursos

Passemos, agora, ao estudo do mesmo caso, segundo os preceitos da gestão integrada de recursos (GIR).

O estudo que se segue foi baseado em dados reais e tendências que têm sido apontadas. Mesmo assim, não foi dada muita importância para se garantir aderência rigorosa às leis e regulamentações vigentes, uma vez que o intuito do estudo é fixar os conceitos da GIR, que devem estar o tanto quanto possível acima de detalhes regulatórios ou circunstanciais (que sofrem muitas mudanças ao longo do tempo).

Identificação dos componentes

Para este caso, considera-se a PCH como sendo justificável, por contar com um mercado consumidor economicamente atraente (uma vez que a região apresenta demanda reprimida) e, de acordo com o novo modelo do setor, contando com a participação privada no seu financiamento, construção e operação.

A irrigação, por outro lado, pode ser enquadrada como uma estrutura socialmente necessária e, portanto, deverá contar com a participação do Estado como ente financiador.

A NOVA MODELAGEM

Atividade agrícola

Para alterar as condições desfavoráveis à agricultura, será considerado o seguinte caso: será constituída uma área de 200 ha, composta por cinco pequenos produtores, portanto, propriedades menores que 50 ha. O sistema de irrigação será comprado por uma empresa privada de produção de palmito industrializado e, ao final de 12 anos, o sistema deverá ser de propriedade dos agricultores. Será composta uma sociedade na qual os agricultores deverão entrar com a terra e o trabalho, e a indústria de palmito com o sistema de irrigação.

O agricultor será remunerado segundo a lucratividade do caso base, ou seja, US$ 212,00/ha/ano (Tabela 4). A indústria terá seu investimento baseado no caso de nove anos para pagamento do empréstimo (Tabela 4).

Essa diferença na divisão de lucros se deve ao fato de que é a indústria quem está assumindo o risco do empréstimo, que, para o sistema de irrigação e compra das mudas, é da ordem de US$ 964.000,00.

Além disso, a diferença justifica que, ao final de 12 anos, o sistema de irrigação passe a ser de propriedade do agricultor. Nesse caso, a diferença seria o pagamento de um *leasing* por parte do agricultor, que estaria comprando o sistema.

Sustentabilidade no uso da água

A sustentabilidade deve ser um dos objetivos da GIR, sendo assim, deverá ser analisada durante a elaboração da proposta.

Caso seja considerado o benefício que a irrigação representará, é natural esperar que tais 30% sejam disponibilizados ao maior número possível de agricultores. Caso contrário, uma elite irrigada será criada, com seu direito adquirido sobre os 30%, privando-se outros produtores do mesmo benefício. A única forma de se garantir que o máximo de produtores tenha acesso a esse recurso precioso é alcançando níveis mínimos de eficiência na irrigação.

Uma das formas para se atingir esse objetivo é a cobrança no uso da água. Em primeira instância, pode parecer um imposto a mais ou um fardo para o agricultor, mas, do ponto de vista da sustentabilidade, é uma forma de incentivar o uso racional do recurso e ainda compensar pelo seu uso (vale lembrar que no futuro, quando os 30% ocorrerem, haverá aqueles agricultores que não terão acesso à água e não seria justo que os beneficiados não pagassem pelo seu uso).

No exemplo, caberia ao comitê de bacia regional a gestão do uso da água. A gestão da água deve garantir que o maior número possível de agricultores tenha acesso a esta e, ao mesmo tempo, que haja interesse do setor privado na construção da usina. Essa segunda parte pode parecer contraditória, mas a regularização do rio representa um aumento significativo da água disponível para irrigação. No caso em questão, o rio regularizado representa um acréscimo de 32% na água disponível e, consequentemente, para agricultura.

Nesse contexto, a gestão da água deve considerar o valor desse aumento substancial da água disponível, daí a necessidade de incentivos para que a usina seja construída.

Com o intuito de garantir o máximo de água para irrigação e, ao mesmo tempo, seu uso eficiente, seria estabelecido um valor para cobrança no uso pela irrigação, valor este que seria alocado para um fundo a cargo do comitê. A cobrança seria executada apenas após a primeira colheita e o destino dos recursos do fundo estariam bem definidos, *a priori*. O fundo teria como objetivos:

- Fornecer recursos para ampliação (criação de novos projetos) e eficientização da irrigação na área de atuação do comitê de bacia.
- Prover recursos para a compensação da usina, que será mais bem detalhada adiante.

A cobrança da água para irrigação

Para efeito desse estudo, será calculado o valor agregado a cada produto (energia elétrica e pupunha) por metro cúbico de água utilizado. Sendo consideradas as utilizações: água turbinada pela usina e água usada na irrigação, sem a preocupação com as características diferenciadas de cada uso.

PCH

Nesse caso, o valor considerado de energia foi: 1 MWh = US$ 35,00.

Como, neste caso, para gerar 1 MWh são necessários 38.225 m^3 (1 hora a 10,62 m^3/s), então:

Valor agregado pela energia elétrica à água: US$ 0,0009/m^3.

Pupunha

Será considerado o valor bruto de venda, que é de US$ 2.300,00/ha/ano (Tabela 4) para 6.932,43 m^3/ha.

Valor agregado pela pupunha à água: US$ 0,33/m^3.

Esses dois resultados mostram bem a diferença de valores agregados por um e outro uso, e fica evidente que, embora a agricultura retire parte da água do rio, esta agrega, muitas vezes, mais valor por metro cúbico utilizado.

Sob a ótica da aceitabilidade, a cobrança da água deveria corresponder à redução de outros encargos. Por outro lado, deve haver cobrança para que haja sustentabilidade.

Aqui, depara-se novamente com a problemática da aceitabilidade *versus* sustentabilidade. Se a cobrança da água fosse realmente compensada com a redução equivalente de tributos, com certeza ela seria mais aceitável. Para efeito deste exemplo, o valor cobrado será reduzido a US$ 0,003 ou 10% do valor agregado líquido da pupunha.

Esse valor não é significativamente alto para essa cultura, que possui um alto valor agregado por metro cúbico de água utilizada. Por outro lado, o valor da água não poderá deixar de ponderar o de outras culturas, bem como estudos constantes de mercado e viabilidade das safras, de modo a não se penalizar o cultivo de outros produtos. O valor da cobrança não deve comprometer o desempenho de mercado das culturas que façam uso da irrigação, mas também não deve ser tão baixo a ponto de que uma cultura de pouco valor agregado e muita utilização de água seja beneficiada (sustentabilidade). Desse valor, 30% será reservado para a gestão da problemática referente à usina, conforme será visto a seguir.

Compensação à PCH

Para que haja viabilidade da PCH, é necessário que não haja a retirada dos 30% para irrigação, ou mesmo que seja criado um mecanismo para compensá-la. Conforme mencionado, esse é um caso limite para a geração de energia elétrica, pois, na maior parte dos casos, as usinas têm sua viabilidade garantida quase que independentemente da irrigação.

Embora entenda-se aqui que a usina não é proprietária do reservatório, somente tem o direito de utilização da água para geração, sua presença foi vista, nesse exemplo, como necessária para o financiamento da barragem, que, de outra maneira, teria poucas chances de ser construída.

O período de recuperação do capital considerado seria de 25 anos, sendo necessário um empréstimo à usina à taxa de 8% ao ano.

Novamente, o Estado deverá participar do processo. Dessa vez, não como financiador, mas como facilitador de um empréstimo internacional para o projeto. Essa figura do facilitador se daria por meio do Estado intervindo em favor da empresa para obtenção de um empréstimo internacional, sob a justificativa de que se trata de um projeto voltado ao desenvolvimento de uma região carente.

A compensação à usina se dará com 30% do valor do fundo, que corresponde, aproximadamente, ao valor agregado pela energia elétrica para cada metro cúbico turbinado. Assim, a cada 1% de retirada de água no período de 25 anos será pago o valor de US$ 0,001/m^3 para a usina, multiplicado pelo fator de compensação descrito a seguir.

Para que haja a retirada de água, é necessário o consumo de energia elétrica para bombeamento. Assim, ao mesmo tempo em que há a perda relativa à retirada de água, há um benefício associado à venda de energia elétrica pela usina.

Segundo essa lógica, a usina pode até se interessar pela ocorrência de índices baixos de eficiência elétrica, pois estaria vendendo mais energia para cada metro cúbico de água retirado do reservatório. Para que isso não ocorra, será sugerido um índice simplificado (K) de perda para a usina, baseado também na eficiência da irrigação, conforme se segue:

K_{usina}: [kWh/m^3],
ou seja: kWh gerados por m^3 turbinado na usina.
$K_{irrigação}$: [kWh/m^3],
ou seja: kWh gastos por m^3 bombeado para irrigação.
A partir desses dois índices definiu-se o fator de compensação da usina:

$$Fc = \frac{K_{usina}}{K_{irrigação}}$$

Para o exemplo tem-se:
K_{usina}: 0,26958 kWh/m^3 gerados.
$K_{irrigação}$: 0,3248 kWh/m^3 gastos.

Ou seja, para cada m^3 utilizado na irrigação, a PCH deixou de gerar 0,26958 kWh, mas vendeu outros 0,3248 kWh.

Dessa maneira, o fator de compensação (Fc) da usina será:

$$\Rightarrow Fc = \frac{0,26958}{0,3248} = 0,83\%$$

Que é o que a usina realmente perde com a irrigação.

A partir desse valor, o montante de água retirado da usina deverá ser corrigido de acordo com ele, sendo tanto menor a compensação quanto menor for a eficiência energética da irrigação, pois a usina já está sendo compensada com maior venda de energia.

Por outro lado, se a usina quiser uma maior compensação, ela deverá investir em eficiência, seja na sua própria geração (que aumentaria a parcela K_{usina}), seja na irrigação por meio de equipamentos mais eficientes (o que diminuiria $K_{irrigação}$), ambos os casos aumentando o fator de compensação.

Tal eficiência poderia se dar por meio de equipamentos que utilizem rotação variável, tanto na geração como no bombeamento ou o uso de técnicas de gerenciamento pelo lado da demanda (GLD).

Dessa forma, garante-se o interesse do setor privado na usina e assume-se um risco reduzido para tal. A ocorrência da retirada seria inclusive o melhor caso, dado o montante de valor agregado à agricultura da região e ao fundo do comitê de bacia (2/3 vão para novos projetos).

Após o período de 25 anos, o comitê estaria desobrigado da compensação à usina, e todo o valor seria revertido para ações visando à irrigação.

ANÁLISE DAS VANTAGENS

Análise das vantagens econômicas

Pupunha

- O agricultor será remunerado, segundo o caso base (seis anos), e receberá US$ 212,00/ha/ano.
- A indústria, operando em um prazo de nove anos, teria uma lucratividade de US$ 755,00/ha/ano, descontando-se o valor a ser pago aos agricultores e ao comitê de bacia (US$ 20,80/ha/ano).
- Produto *in natura*: US$ 0,58/kg.
- Produto envasado (média): US$ 5,25/kg para o envasamento em vidro de 300 g.

Assim, o volume total do capital movimentado pela indústria de palmito, para 200 ha, é de US$ 4.160.000,00. O valor movimentado pela pupunha *in natura* é de US$ 309.000,00. Esse valor já está descontado do lucro da empresa de palmito, que tem esse lucro creditado como redução no valor a se pagar pela pupunha. Ou seja, somente a viabilização do cultivo e industrialização do palmito trará à região a quantia aproximada de US$ 4.470.000,00, sem se considerar o efeito multiplicador desta atividade sobre os outros setores da economia local.

PCH

- Energia elétrica anual: 15.330 MWh.
- Para a tarifa de US$ 35,00/MWh, tem-se que a PCH deverá agregar um valor bruto anual à região de US$ 536.550,00.

Análise das vantagens sociais

Socialmente, a GIR traz o benefício imediato da facilitação da implantação da PCH e do cultivo da pupunha. Considerando-se que, para ambos os casos, há mercado comprador (ambos com demanda reprimida).

Sem esses, a situação de pouco desenvolvimento, falta de infraestrutura, pequenos agricultores e êxodo rural se manteria. Nesse caso, o maior impacto, do ponto de vista social, é justamente a falta de acesso à infraestrutura e desenvolvimento, consequentes da não disponibilidade de atividades produtivas que permitam o afluxo de capital para a região.

Impactos no setor público

Para melhor exemplificar os ganhos do setor público, será estimado o valor da arrecadação anual de impostos, considerando-se apenas os que incidem sobre o valor bruto dos produtos. A pupunha *in natura* não será considerada nessa estimativa, pois sua produção vem recebendo incentivos fiscais de diversas naturezas.

Esses valores mostram o quanto é significativa a arrecadação proveniente da implantação do projeto. Para efeito de avaliação de benefícios, pode-se destacar o caso do governo federal, que foi o financiador da cultura da pupunha, com juros de 8,75% ao ano. A parcela relativa à amortização anual da dívida mais juros é de US$ 180.400,00. A Tabela 6 mostra que o ganho com impostos (na realidade apenas parte deles) é 3,6 vezes superior à amortização do capital e mostra que há também, além do social e ambiental, benefício financeiro para o governo. Caso sejam somados os valores de arrecadação mais a parcela do empréstimo, haverá US$ 868.444,00, que correspondem a 90,40% do montante total do empréstimo concedido. Obviamente, isso acontece por efeito da implantação da indústria de palmito com capital privado, mas, em uma análise mais ampla, esses resultados são parâmetros válidos, pois a indústria não teria se instalado na região, caso a pupunha não tivesse sido viabilizada pelo empréstimo.

Tabela 6 – Estimativa de arrecadação de impostos

Atividade	Prefeitura ISS (1%) (US$)	Estado ICMS (US$)	Alíquota (%)	Gov. Federal Cofins – PIS – Cont. social (US$)	Setor público
PCH	–	67.069	12,5	78.603	99.700
Palmito ind.	41.600	291.200	7	609.440	942.240
TOTAL	41.600	358.269	–	688.043	1.046.312

Fonte: Gimenes (2000).

Além dos impostos considerados, há ainda o imposto de renda, tanto das empresas como dos trabalhadores, o imposto sobre serviço (ISS) da prefeitura sobre os rendimentos do comércio e de profissionais autônomos, bem como os impostos que incidem sobre outros setores que acabam alavancados pela atividade e pela circulação de capital, decorrentes do efeito multiplicador.

Comitê de bacia

A implementação do projeto prevê uma área de 200 ha, e como a cobrança da água por ha é de US$ 20,80, correspondentes ao consumo de 6.932 m^3, anualmente serão arrecadados US$ 4.160,00, correspondentes a uma retirada de água da ordem de 1.386.400 m^3/ano. Esse montante corresponde a 0,24% do volume do rio e, nesse exemplo, não implicaria compensação à usina, que só deveria ocorrer em 1%.

A cobrança deverá ser efetuada sobre outros produtos que se utilizem da irrigação, da mesma forma que esse, mas deverá resguardar os pequenos agricultores, que necessitarão de ajuda para implantação e eficientização de seus rudimentares sistemas de irrigação, sendo esse justamente o objetivo principal do fundo.

Pretende-se, assim, incentivar a racionalização do uso para essa finalidade e garantir o acesso de outros produtores, com a aplicação dos recursos arrecadados.

Impactos na população

Para a sociedade, haverá ganhos como a geração direta e indireta de empregos (associados à PCH, beneficiamento do palmito, área rural, manutenção etc.) e todo o efeito multiplicador proveniente das duas atividades.

Além disso, a maior arrecadação de impostos pelo setor público, deverá reverter-se em benefício da sociedade, portanto, de toda a comunidade local. Espera-se com isso a melhora nas condições de ensino e saúde, bem como de toda a infraestrutura da região.

Outro fator é o aumento do PIB *per capita* da cidade. O valor do PIB *per capita* médio da região é de US$ 1.890,00. Com a implantação do projeto, haverá uma injeção de US$ 5.005.550,00 na economia local. Fazendo-se o novo rateio pela população em questão, que é de 3.150 habitantes, o novo PIB *per capita* passa a ser de US$ 3.479,00, ou seja, 84% maior.

Levando-se em conta que o índice de desenvolvimento humano (IDH) é composto com peso de um terço pelo PIB local, haverá uma melhora considerável nesse índice, que é considerado um bom parâmetro do desenvolvimento social.

Considerando-se, ainda, novos investimentos em infraestrutura que poderiam ser efetuados, mediante o aumento da arrecadação de impostos, é provável também que tanto na saúde (expectativa de vida) como na educação (grau de instrução) haja melhoras significativas, aperfeiçoando ainda mais o IDH local.

Além desses, espera-se obter ganhos sociais como a fixação do homem no campo, consequência dos maiores salários e da presença de infraestrutura básica, como a energia elétrica. Há ainda a possibilidade de exploração de atividades econômicas consequentes da construção do lago, como pesca, recreação etc.

Análise das vantagens ambientais

Mudança de cultura de soja para pupunha

Como no nosso exemplo houve mudança de cultura de soja para pupunha, é necessário verificar se houve vantagens ou desvantagens ambientais, as quais deverão ser analisadas.

Para isso, será analisada a seguir a influência de cada cultura no meio ambiente.

Impactos ambientais do cultivo da soja

- Erosão dos solos decorrente do preparo da terra (aragem e gradagem).
- Perda de terra fértil (segundo o instituto Agronômico de São Paulo, a soja apresentou uma perda de 20,1 t/ha/ano de solos férteis).
- A soja representa, segundo dados do PNUD, 35% do mercado nacional de agrotóxicos.

Impactos ambientais do cultivo da pupunha

- Como o seu crescimento não é uniforme, há sempre cobertura vegetal protegendo o solo quanto à erosão, tanto pelo efeito das chuvas (ou irrigação) como dos ventos.
- Há a incorporação, pelo solo, da matéria orgânica excedente da planta, que não é utilizada comercialmente. Isso melhora as condições químicas, físicas e biológicas do solo.
- Dispensa o uso de agrotóxicos.
- Além desses aspectos, a cultura da pupunha representa o cultivo sustentável do palmito, sendo chamada de "palmito ecológico", pois substitui a produção baseada no extrativismo predatório do palmito extraído da palmeira juçara (*Euterpe edulis*), planta nativa da Mata Atlântica, e do açaí (*Euterpe oleracea*), nativo da região amazônica.

Cobrança da água

No tocante ao uso da água para irrigação, o modelo, ao estabelecer a cobrança, implica a busca da eficiência. Ambientalmente, essa eficiência representa a diminuição do volume de água aplicado por unidade de área. Essa redução representa uma menor disposição de sais no solo, evitando a degradação ambiental.

Além disso, a simples prática eficiente, por si só, representa uma abordagem ambientalmente melhor, pois poupa recursos que estariam sendo retirados da natureza apenas para complementar tal ineficiência.

PCH

Do ponto de vista da barragem, a GIR, nesse caso, não apresenta diferencial ambiental em relação à abordagem convencional, uma vez que a sinergia se deu no uso e não na construção (isso se partindo do princípio de que a usina seja construída dentro de padrões sérios de preservação ambiental).

Desse modo, não há vantagens nem desvantagens ambientais na construção da PCH por conta da abordagem da GIR.

Avaliação final das vantagens

Conforme os itens anteriores, pode-se verificar que a abordagem da GIR proporcionou vantagens em todos os aspectos: econômico, social e ambiental, dentro de parâmetros políticos e tecnológicos factíveis.

No primeiro aspecto, porque facilitou a viabilização da implantação de um projeto que traz grande afluxo de capitais para a região, e que, segundo a abordagem tradicional, estava inviabilizado.

No segundo, como decorrência do primeiro, porque aumentou o nível de emprego, o PIB da região e a arrecadação de impostos pelo setor público, o que deve reverter-se em favor da sociedade.

Finalmente, no terceiro aspecto, pelas características do cultivo da pupunha, pela substituição da cultura da soja e pelo aumento dos índices sociais, mostrou-se que haverá também ganhos ambientais.

A CONSIDERAÇÃO DO CASO PROPOSTO EM UM HORIZONTE DE PLANEJAMENTO

Como finalização da análise desse estudo de caso, apresentam-se aqui alguns aspectos relacionados à sua inserção em um horizonte de atuação mais amplo.

O estudo anterior mostrou as vantagens de uma gestão integrada dos recursos, no caso a energia elétrica e a irrigação. Mesmo assim, a despeito de tais vantagens, a área irrigada considerada pelo exemplo, 200 ha, é muito pequena em vista da área cultivável da região. Além disso, a porcentagem utilizada do rio foi de apenas 0,24%.

Embora tais valores sejam realmente baixos, mostram-se adequados à alavancagem inicial do desenvolvimento regional, pois requerem o mínimo de participação do capital público (como financiamento) e baixo investimento inicial privado. No caso da utilização do rio, verifica-se que uma escolha adequada de cultura pode agregar maior valor por m^3 de água utilizada, gerando benefícios sociais e econômicos, sem, no entanto, exaurir os recursos naturais da região.

O crescimento da atividade agrícola baseada na irrigação deve ser implementado com moderação, permitindo que se possam estabelecer parâmetros corretos para sua utilização, de forma que a natureza tenha condições de absorver adequadamente os resultados de tal atividade.

Essa abordagem poupa recursos que, certamente, serão a base para um futuro desenvolvimento sustentável da região.

A gestão integrada de recursos permite que os investimentos em infraestrutura atendam aos critérios sociais e ambientais a partir do mais básico nível de desenvolvimento, como foi o do estudo de caso, e, ao longo do tempo, pode adaptar-se perfeitamente às novas exigências provenientes de outros níveis mais elevados, ou seja, proporciona condições iniciais para a alavancagem do desenvolvimento de uma região, compatíveis com os posteriores desdobramentos desse desenvolvimento.

Tais condições são criadas a partir de parâmetros de viabilidade relativos às características locais e em conformidade com a proposta inicial de atuação pública e privada, com vistas ao desenvolvimento sustentável.

ASPECTOS FUNDAMENTAIS DA GIR

De maneira geral, e de acordo com o que se pôde concluir ao longo do texto, destacam-se os seguintes aspectos referentes à provisão de infraestrutura segundo os preceitos da GIR:

- A GIR é necessária como uma ferramenta que permite a harmonização dos aspectos institucionais e empresariais envolvidos na provisão da infraestrutura.
- Sua abordagem deve deixar clara a necessidade de participação de todos os entes envolvidos e afetados, assim como o papel de cada um.
- O Estado deve, cada vez mais, participar ativamente do processo de provisão da infraestrutura, segundo o papel de regulador, estabelecendo e garantindo o cumprimento de critérios sociais e ambientais, com vistas ao desenvolvimento sustentável. Por meio desse papel, também deve ser estabelecido o novo paradigma de obtenção de recursos financeiros, ou seja, por meio de mecanismos diferenciados que proporcionem o investimento do setor privado na provisão da infraestrutura.
- Outro aspecto a ser destacado é que o processo deve ser procedido sob a ótica da busca da sustentabilidade, o que exige medidas, muitas vezes, de pouca aceitação. Nesse ponto, identifica-se como necessária a participa-

ção da sociedade no processo de elaboração da GIR, o que, no estudo de caso, aconteceu por meio dos comitês de bacia.

Também deve-se destacar que, a despeito do novo paradigma com ênfase no Estado regulador, esse ainda é necessário como financiador, o que acontece nos países desenvolvidos, principalmente em atividades como a agricultura. Mesmo assim, pela GIR obteve-se um incremento significativo na arrecadação de impostos, mostrando também que há benefícios financeiros para o Estado. Essa participação é válida desde que aconteça apenas como um fator de alavancagem inicial, permitindo investimentos de maior porte, provenientes do setor privado.

Evidencia-se, também, a necessidade de um processo de planejamento abrangente e igualmente integrado, que permita aos investidores e demais participantes enxergarem novas oportunidades de negócios, normalmente não disponíveis em uma visão fracionada da provisão de infraestrutura. Essa necessidade se torna premente pelo fato de que a GIR, que é voltada a ações (momento), é melhor procedida se estiver sob encaminhamento de uma visão abrangente e de longo prazo, necessária à efetiva busca pela sustentabilidade. Para tanto, os governantes devem estar atentos ao novo papel do Estado e devem tomar suas decisões de momento, balizadas por essa visão de longo prazo.

A energia elétrica, conforme mencionado, tem papel preponderante no fomento do desenvolvimento e, quando inserida no contexto mais amplo da infraestrutura, pode ter sua disponibilização facilitada e inclusive compatibilizada com interesses que, de outra forma, seriam conflitantes. No estudo de caso, a implantação da PCH foi facilitada por estar inserida em uma visão que contemplou o uso da água para os outros usos e que pôde valorar o benefício da construção da barragem também para tais usos.

Finalmente, pode-se dizer que a gestão integrada de recursos permite a viabilização de um processo no qual todos ganham, pois a sociedade passa a ter acesso à infraestrutura, o setor privado passa a contar com novas oportunidades de negócios e o Estado, por meio da regulação, cumpre seu papel com a coletividade, buscando garantir o acesso da população carente à infraestrutura e melhorando as condições ambientais.

Anexos 2

ANÁLISE DO CICLO DE VIDA E AVALIAÇÃO DE CUSTOS COMPLETOS – ESTUDO DE CASO

Reproduz-se, a seguir, o estudo de caso da dissertação de mestrado de Carvalho (2000).

Este estudo tem por objetivo ilustrar a aplicação da avaliação de custos completos (ACC) e da análise do ciclo de vida (ACV), enfocando a comparação, sob o aspecto ambiental, de dois combustíveis (gás natural e óleo combustível) usados para geração de energia elétrica. O nível de sofisticação pretendido é uma análise simplificada, usando dados gerais de literatura especializada, focando-se nos estágios mais importantes do ciclo de vida. As análises que serão feitas seguem a metodologia anteriormente apresentada para se conduzir uma análise do ciclo de vida.

Ciclos de vida

Gás natural

O gás natural é uma mistura de gases de hidrocarbonetos e não hidrocarbonetos encontrados em formações geológicas porosas sob a superfície da Terra. O principal componente do gás natural é o metano (CH_4), que representa, em geral, entre 70 e 95% da mistura de gases. O combustível pode estar na forma gasosa ou líquida.

Na Figura 1, é apresentado esquematicamente o fluxograma do sistema. Nesse fluxograma estão incluídas as fases principais do ciclo de vida do sistema.

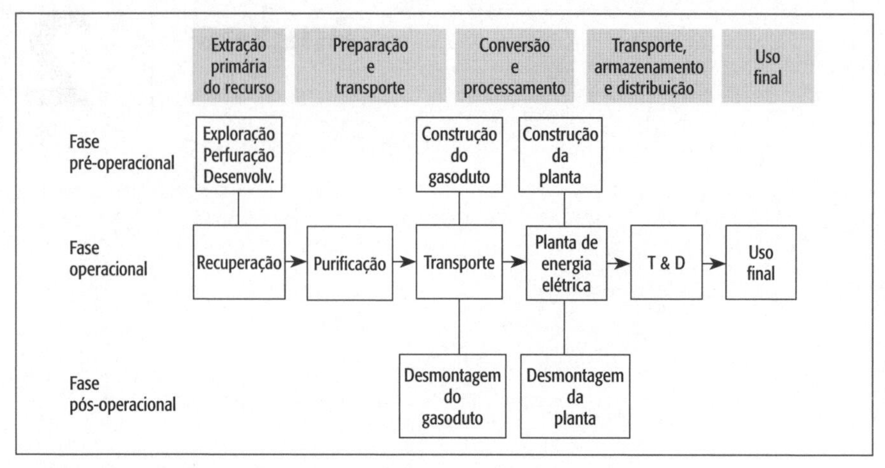

Figura 1 – Fluxograma do ciclo de vida do gás natural.
Fonte: Carvalho (2000).

Óleo combustível

O petróleo, ou óleo cru, é a fonte de vários óleos combustíveis usados como fontes energéticas para a geração de energia elétrica. Muitos dos óleos usados para a geração de energia são previamente refinados. Óleos combustíveis típicos incluem óleos números 4, 5 e 6 (óleo pesado) e constituem a maioria de todos os óleos utilizados nas concessionárias elétricas.

Segue, na Figura 2, o fluxograma do sistema. Neste fluxograma estão incluídas as fases principais do ciclo de vida do sistema.

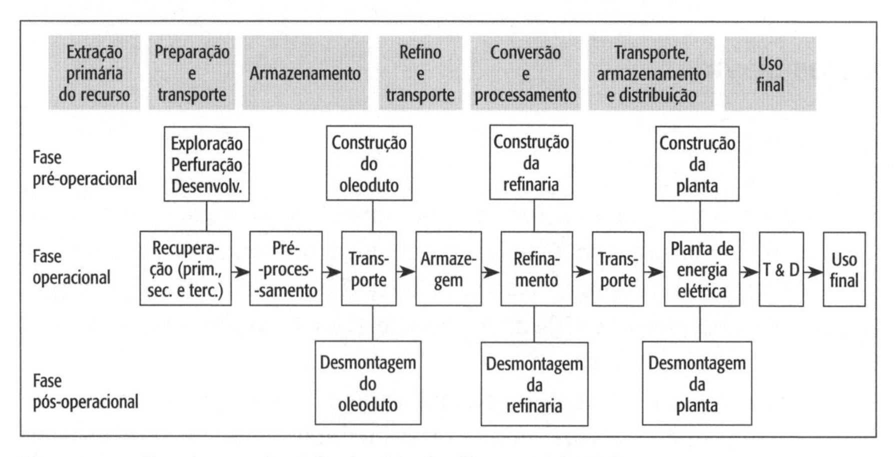

Figura 2 – Fluxograma do ciclo de vida do óleo combustível.
Fonte: Carvalho (2000).

Unidade funcional e fronteiras dos sistemas

A unidade funcional para a análise foi fixada em 1 TJ de eletricidade produzida, entregue à rede. Esse valor servirá de referência para normalização dos dados na fase de elaboração do inventário. As fases que serão consideradas na análise estão expostas na Figura 3.

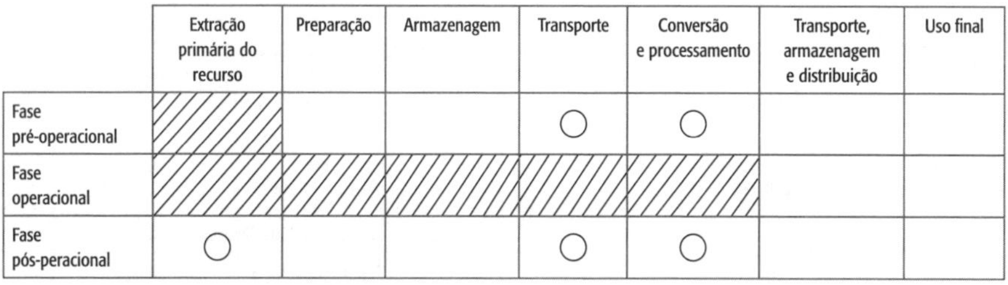

	Extração primária do recurso	Preparação	Armazenagem	Transporte	Conversão e processamento	Transporte, armazenagem e distribuição	Uso final
Fase pré-operacional	///			○	○		
Fase operacional	///	///	///	///	///		
Fase pós-peracional	○			○	○		

Figura 3 – Fronteiras dos sistemas.

Notas: As etapas definidas pela análise abrangem desde a extração do recurso até a conversão e processamento; os retângulos hachurados indicam as fases a serem consideradas no inventário; os retângulos com círculos indicam as fases que, embora existam nos sistemas, estão sendo omitidas nesta análise.

Fonte: Carvalho (2000).

Análise de inventário

O objetivo dessa fase é quantificar a energia e as matérias-primas requeridas, além das emissões de cada sistema. Para os objetivos desse estudo, dados de uma fonte específica de dados para ACV foram utilizados. No entanto, esses dados se referem à Europa, uma vez que não se dispõem de dados completos para o Brasil. Dessa forma, nas fases seguintes será considerado esse fato, utilizando-se valores de normalização também referentes à Europa.

As principais fontes de dados consultadas são: *ETH energy version 2*, Okoinventare fur Energiesysteme, ETH Zurich, 1994; *SimaPro 3.0 eco-Indicator 95*, Pre Consultants, National Reuse of Waste Research Programme, Netherlands, 1996.

As categorias de impactos

As categorias de impactos a serem consideradas são um total de nove, listadas a seguir, sendo que as duas últimas não serão consideradas nas fases de normalização e ponderação, portanto, não afetarão o resultado final. Elas constam em uma primeira análise apenas para identificar o uso de energia em cada ciclo considerado, bem como a quantidade de sólidos lançados ao meio ambiente.

Essas são também as categorias que englobam as emissões e impactos mais significativos dos dois sistemas, o que permite assim uma boa comparação entre eles. No Quadro 1, é apresentada a classificação das categorias de impactos selecionadas para o estudo de caso.

Quadro 1 – Classificação das categorias selecionadas de impactos

Categorias de impactos	Escalar
Efeito estufa	Global
Camada de ozônio	Global, continental, regional, local
Acidificação	Continental, regional, local
Smog	Continental, regional, local
Metais pesados	Regional, local
Eutrofização	Continental, regional, local
Carcinogênese	Local
Energia	
Sólidos	

Caracterização

Neste passo, procura-se obter indicadores para cada categoria. Estes são obtidos a partir dos fatores de equivalência, multiplicados pelas quantidades de emissões de cada substância e somando-se às substâncias correspondentes a cada categoria. De um modo genérico, pode-se sintetizar os cálculos a partir da seguinte expressão matemática:

$$I = \sum_{i=1}^{i=m} \sum_{x=1}^{x=n} P_{x,1} * E_{x,i}$$

Em que: I = escore de impacto ambiental; x = substância; i = meio (ar, água, solo); $P_{x,i}$ = potencial para x no meio i; $e_{x,i}$ = emissão de x no meio i. Os resultados desses cálculos são apresentados na Tabela 1 e na Figura 4.

Tabela 1 – Potenciais para cada problema ambiental.

Problema ambiental	Unidade	Potenciais calculados	
		GN	Óleo comb.
Efeito estufa	$kgCO_2$-eq/ano	2,09E+05	2,44E+05
Camada de ozônio	kgCFC11-eq/ano	7,01E-03	2,87E-01
Acidificação	$kgSO_4$-eq/ano	3,87E+02	2,92E+03
Eutrofização	$kgPO_4$-eq	5,61E+01	7,39E+01
Smog	kgPOCP-eq/ano	2,14E+01	3,02E+02
Metais pesados	kgPb-eq/ano	6,38E-01	2,47E+00
Carcinogênese	kgB(a)P-eq/ano	2,64E-02	1,18E-02
Energia	MJ/ano	2,71E+06	3,44E+06
Sólidos	kgHC-eq/ano	7,96E+03	5,61E+03

Fonte: Carvalho (2000).

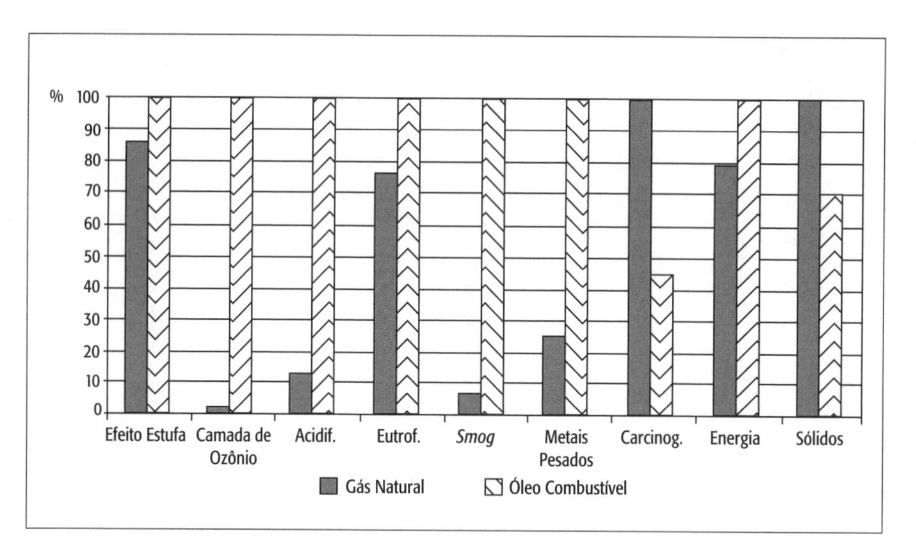

Figura 4 – Resultados da etapa de caracterização.
Fonte: Carvalho (2000).

Normalização e ponderação

Embora a Figura 4 dê uma ideia de como as opções se comportam em relação aos impactos, os valores não são diretamente comparáveis. Deve-se então proceder à normalização e depois à ponderação.

Como valores de normalização, decidiu-se adotar um valor médio que cada indivíduo europeu contribui para o problema ambiental específico no período de um ano. A escolha desse valor se deu pelo fato do inventário estar referindo-se à região da Europa e também pela falta de índices nacionais apropriados, o que pode ser motivo de estudos futuros.

Para a ponderação, utilizaram-se os valores do método Eco-Indicator 95, apresentados na Tabela 2, juntamente com os valores de normalização. Os resultados são mostrados na Figura 5.

Tabela 2 – Valores de normalização e ponderação utilizados

Problema ambiental	Normalização		Valor de ponderação
	Unidade	Emissões por indivíduo europeu	
Efeito estufa	$KgCO_2$-eq/ano	13.072	2,5
Camada de ozônio	KgCFC11-eq/ano	0,926	100
Acidificação	$KgSO_2$-eq/ano	112,6	10
Eutrofização	$KgPO_4$-eq/ano	38,2	5
Metais pesados	KgPb-eq/ano	0,0543	5
Carcinogênese	KgB(a)P-eq/ano	0,0109	10
Smog	KgPOCP-eq/ano	17,9	2,5
Energia	MJ/ano	158.982	0
Sólidos	KgHC-eq/ano	–	0

Fonte: Carvalho (2000).

Resultados

Uma vez que todos os valores referenciados estejam em uma mesma base e unidade, pode-se então somar os escores parciais de cada opção (que são os escores para cada efeito), obtendo um escore total, de onde é possível comparar direta e claramente as duas opções em estudo. O resultado final está na Figura 6.

Do gráfico, extraem-se os seguintes escores: gás natural = 168,40 Pt; óleo combustível = 627,38 Pt.

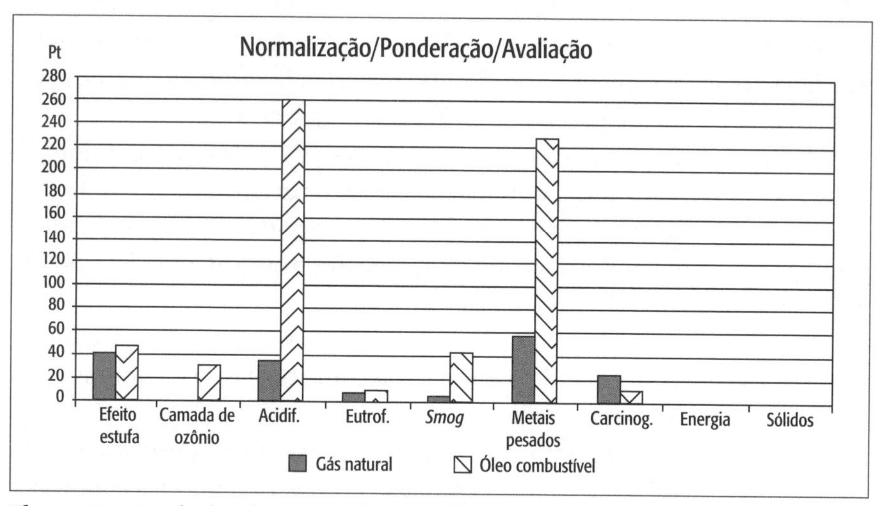

Figura 5 – Resultados das etapas de normalização e ponderação.
Fonte: Carvalho (2000).

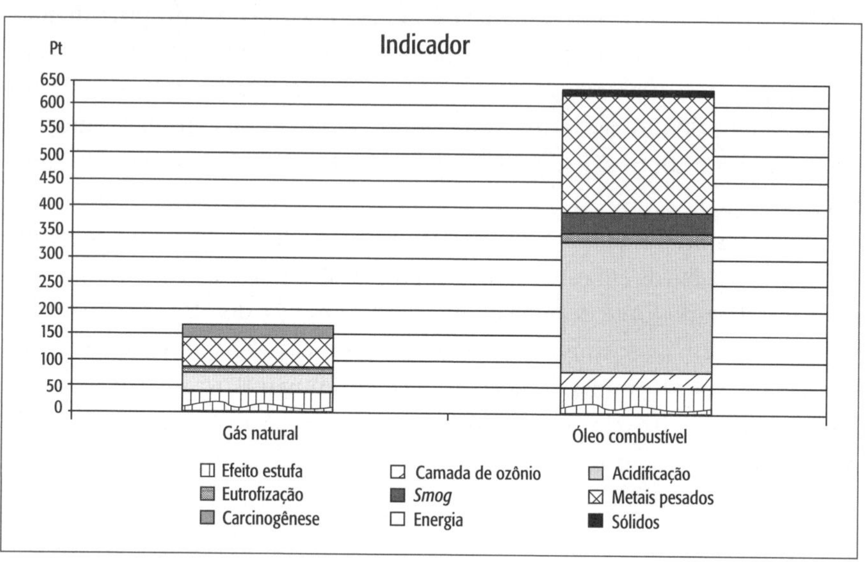

Figura 6 – Resultados do Eco-Indicator.
Fonte: Carvalho (2000).

Interpretação e avaliação

Pela análise das Figuras 4 e 5, nota-se que, mesmo após a ponderação, não se modificou a ordem dos impactos, mudando-se apenas a relação percentual entre eles.

A partir desses resultados, vê-se claramente que os efeitos de maior relevância são sequencialmente: acidificação, metais pesados, efeito estufa, *smog* e camada de ozônio, sendo os dois primeiros mais críticos.

Pela classificação, tem-se que esses dois efeitos são de alcance regional e local, podendo chegar a ser continental no caso da acidificação.

Isso leva à conclusão que a utilização desses recursos tem consequência principalmente no âmbito local e regional, embora contribua em menor importância para problemas globais.

No passo de normalização é possível notar a grande importância também do efeito estufa, confirmando a questão da contribuição dos combustíveis fósseis para esse impacto.

Vale ressaltar, no entanto, que, quanto à consistência, deve-se lembrar que o estudo foi feito com dados referentes à Europa. Para uma generalização, seria preciso levar em conta as diferenças regionais, políticas, econômicas, sociais etc.

Seria mais apropriado um inventário para as condições próprias de nosso país, além de índices de normalização nacionais. Há estudos indicando que esses índices têm uma relação direta com o Produto Nacional Bruto (PNB)/ *per capita*, podendo-se, assim, transladar os índices de algumas regiões já conhecidas para outras. Isso poderia ser feito, por exemplo, em estudos futuros nesse tema.

Pelos resultados obtidos, fica clara a diferença de desempenho ambiental dos dois energéticos em estudo, mostrando uma vantagem grande no uso do gás natural como fonte de geração de energia em face do óleo combustível.

Dessa forma, recomenda-se o uso preferencial, do ponto de vista ambiental, do gás natural em relação ao óleo combustível, principalmente em lugares que apresentam maiores problemas em relação à acidificação, acúmulo de metais pesados e *smog*.

Anexos | 3

INDICADORES DE SUSTENTABILIDADE PROPOSTOS PELA COMISSION ON SUSTAINABLE DEVELOPMENT (CSD)

SOCIAL	
Tema	Indicador
Combate à pobreza	Taxa de desemprego Índice principal de contagem da pobreza Índice esquadrado do *gap* da pobreza Índice de Gini de desigualdade de renda Salário médio feminino em relação ao masculino
Dinâmica demográfica e sustentabilidade	Taxa de crescimento populacional Taxa líquida de migração Taxa total de fertilidade Densidade demográfica
Promoção do ensino, da conscientização e do treinamento	Taxa de mudança da idade escolar da população Taxa de matrícula na escola primária da população Taxa de matrícula líquida na escola primária Taxa de matrícula na escola secundária da população Taxa de alfabetização de adultos Crianças que alcançaram a 5ª série do Ensino Fundamental Expectativa de vida escolar Diferença entre escola masculina e feminina Mulher para cada mil homens na força de trabalho

SOCIAL	
Tema	**Indicador**
Proteção e promoção das condições de saúde humana	Condições sanitárias básicas Acesso à água potável Expectativa de vida e de nascimentos Crianças com peso inadequado ao nascer Taxa de mortalidade infantil Taxa de mortalidade materna Estado nutricional de crianças Imunização de crianças contra doenças infecciosas Prevalência de contraceptivos Monitoração de alimentos enriquecidos quimicamente Despesa com a saúde Despesa da saúde como percentual do PIB
Promoção do desenvolvimento sustentável dos assentamentos humanos	Taxa de crescimento da população urbana Consumo de combustível por veículo de transporte Perdas humanas e econômicas em virtude de desastres naturais Percentual da população em áreas urbanas Área e população de assentamentos urbanos formais e informais Área de chão por pessoa Preço da casa em relação à renda familiar Despesa *per capita* com infraestrutura
AMBIENTAL	
Tema	**Indicador**
Combate ao desflorestamento	Intensidade de corte de madeira Mudança em área de floresta Área florestal de gerenciamento controlado Área de floresta protegida como percentual do total Área florestal
Conservação da diversidade biológica	Espécies ameaçadas como percentual do total de espécies nativas Área protegida como percentual da área total
Proteção da atmosfera	Emissão de gases do efeito estufa Emissão de óxido de enxofre Emissão de óxido de nitrogênio Consumo de substâncias que destroem a camada de ozônio Concentração de poluentes ambientais em área urbana Despesas com redução da poluição do ar

AMBIENTAL	
Tema	**Indicador**
Manejo ambientalmente saudável dos resíduos sólidos e questões relacionadas com esgotos	Geração de resíduos sólidos industriais e domésticos Lixo doméstico *per capita* Despesas com gerenciamento do lixo Reciclagem de lixo Desperdício total
Manejo ecologicamente saudável das substâncias químicas	Produtos químicos agudamente nocivos Número de produtos químicos proibidos ou severamente restringidos
Manejo ambientalmente saudável dos resíduos perigosos	Geração de desperdícios perigosos Importação e exportação de desperdícios perigosos
Manejo seguro e ambientalmente saudável dos resíduos radioativos	Geração de lixo radioativo
Proteção da qualidade e do abastecimento dos recursos hídricos	Retiradas anuais de água e terra da superfície Consumo doméstico de água *per capita* Reservas de lençol de água Concentração de coliformes fecais em água doce Demanda de oxigênio bioquímico em corpo de água Perda de água na cobertura de tratamento Densidade da rede hidrológica
Proteção dos oceanos e de todas as classes de mar e áreas costeiras	Crescimento da população em áreas costeiras Descarga de óleos dentro de águas costeiras Liberação de nitrogênio e fósforo para águas costeiras Produção máxima sustentada de peixes Índice de algas
Gerenciamento de ecossistemas frágeis: combate à desertificação e à seca	População que vive abaixo da linha da pobreza em área de seca Índice nacional mensal de chuvas Índice de vegetação derivado de satélite Terra afetada por desertificação
Gerenciamento de ecossistemas frágeis: desenvolvimento sustentável de montanhas	Mudança de população em áreas de montanhas Uso sustentável de recursos naturais em áreas de montanha Bem-estar de populações de montanhas
Promoção do desenvolvimento rural e agrícola sustentável	Uso de pesticidas agrícolas Uso de fertilizante Percentual de terra arável irrigada Uso de energia na agricultura Terra arável *per capita* Área afetada por salinização registrada na água Educação agrícola

ECONÔMICO	
Tema	**Indicador**
Cooperação internacional para acelerar o desenvolvimento sustentável dos países em desenvolvimento e políticas correlatas	PIB *per capita* Investimento líquido compartilhado no PIB local Soma de importações e exportações como percentual do PIB local PIB local ajustado ambientalmente Compartilhamento dos bens manufaturados no total da mercadoria exportada
Recursos e mecanismo de financiamento	Transferência de recursos líquidos do PIB Total da assistência ao desenvolvimento oficial ou recebido como porcentagem do PIB Débito do PIB local Débito de serviço de exportação Despesas com proteção ambiental como percentual do PIB local Total de novos ou adicionais fundos para o desenvolvimento sustentável
Transferência de tecnologia ambiental saudável, cooperação e fortalecimento institucional	Bons capitais importados, investimento externo Compartilhamento ambiental de bons capitais importados Parte de importações de bens importantes ambientalmente sadios Concessão de cooperação técnica
INSTITUCIONAL	
Tema	**Indicador**
Integração entre meio ambiente e desenvolvimento na tomada de decisão	Estratégia de desenvolvimento sustentável Programa para integrar contabilidade ambiental e econômica Mandato de avaliação de impacto ambiental Conselho para desenvolvimento sustentável
Ciência para o desenvolvimento sustentável	Cientistas e engenheiros por milhões de habitantes Cientistas e engenheiros engajados em pesquisa e desenvolvimento por milhões de habitantes Despesas em pesquisa e desenvolvimento como percentual do PIB
Instrumentos e mecanismos jurídicos internacionais	Retificação de concordância global Implementação de concordância global ratificada
Informação para a tomada de decisão	Linhas telefônicas por mil habitantes Acesso à informação Programas governamentais para estatística ambiental nacional

INSTITUCIONAL	
Tema	**Indicador**
Fortalecimento dos papéis dos grupos principais	Representação do grupo maior em conselhos nacionais para desenvolvimento sustentável Representação de minorias étnicas e povos indígenas em conselhos nacionais para desenvolvimento sustentável Contribuição das ONGs para desenvolvimento sustentável

Dos autores

Lineu Belico dos Reis – Consultor no setor energético brasileiro e internacional desde 1968, tem mais de uma centena de artigos técnicos apresentados e publicados em congressos e eventos nacionais e internacionais. É engenheiro eletricista, doutor em engenharia elétrica e professor livre-docente pela Escola Politécnica da Universidade de São Paulo, onde também é professor de Engenharia Elétrica e Engenharia Ambiental. Atua nas áreas de energia, meio ambiente, desenvolvimento sustentável e infraestrutura, como consultor e como coordenador e docente de cursos multidisciplinares de especialização e extensão e educação a distância (USP, Poli/USP, FIA, IEE e outras instituições).
É autor e organizador do livro *Energia Elétrica para o desenvolvimento sustentável* (2000, 2012), prêmio Jabuti 2000, na área de Ciências Exatas, Tecnologia e Informática, pela Edusp.
É autor dos livros *Geração de Energia Elétrica* (2003, 2011, 2017) e *Matrizes Energéticas* (2011), organizador do livro *Energia e Sustentabilidade* (2016) e coautor dos livros *Energia, recursos naturais e a prática do desenvolvimento* sustentável (2005 e 2012), *Energia Elétrica e Sustentabilidade* (2006, 2014) e *Eficiência Energética em Edifícios* (2012), todos pela Editora Manole.
É tradutor e coautor do livro *Energia e Meio Ambiente* (2011 e 2014) e consultor técnico da tradução do livro *Introdução à Engenharia Ambiental* (2011 e 2019) pela Cengage Learning.
Atuou como consultor técnico e participou na elaboração da coleção de cartilhas, jogos e vídeo do Procel Educação – Ensino Infantil, Básico e Médio, MME, Eletrobras, Rio (2006).
Há quase duas décadas, tem direcionado seus esforços no sentido de disseminar, na sociedade em geral, uma visão de fácil entendimento e não fragmentada da questão da energia no âmbito da sustentabilidade, e da necessidade da construção de um modelo alternativo de desenvolvimento humano

direcionado à equidade e à harmonia ambiental. Nesse sentido, tem participado de publicações, cursos, palestras e ações educativas envolvendo públicos de todas as faixas etárias e classes sociais.

Eliane Aparecida Faria Amaral Fadigas – Iniciou suas atividades como pesquisadora, em 1990, e como professora, em 1996, no Departamento de Engenharia de Energia e Automação Elétricas da Escola Politécnica da Universidade de São Paulo (EP/USP), onde tem atuado no Grupo de Energia (Gepea), participando de projetos de pesquisas, orientação de alunos de graduação e pós-graduação e cursos de extensão em temas relacionados à inserção de fontes renováveis e não renováveis na matriz elétrica brasileira. Tem publicado inúmeros trabalhos em congressos e revistas nacionais e internacionais. É coautora de alguns livros, com destaque para: *Energia Elétrica para o Desenvolvimento Sustentável*, publicado pela Edusp; *Energia, Recursos Naturais e a Prática do Desenvolvimento Sustentável* publicado pela Editora Manole; *Energias Renováveis, Geração Distribuída e Eficiência Energética*, publicado pela Editora LTC e *Energia e Sustentabilidade* publicado pela Editora Manole. É autora do livro *Energia Eólica*, publicado pela Editora Manole.

Cláudio Elias Carvalho – Engenheiro eletricista pela Escola Politécnica da Universidade de São Paulo (EP/USP), mestre e doutor em Engenharia Elétrica pela EP/USP na área de gestão e planejamento energético. Foi sócio-diretor da Poluz Engenharia e Consultoria Ltda., entre 1999 e 2005, com atuação nas áreas de gerenciamento energético e conservação de energia. Atuou como pesquisador/consultor na EP/USP, entre 1996 e 2005, nas áreas de uso racional da energia elétrica, planejamento energético e matriz energética. Desde 2005, tornou-se especialista em regulação da Agência Nacional de Energia Elétrica (Aneel), atuando nas áreas de regulação econômica e financeira, nas quais tem desenvolvido diversos trabalhos voltados à regulação dos segmentos de distribuição e transmissão de energia elétrica. Autor de inúmeros trabalhos e artigos apresentados em eventos nacionais e internacionais. É coautor de capítulos do livro *Energia elétrica para o desenvolvimento sustentável*, lançado em março de 2000 pela Edusp.

Índice remissivo

D

E

F

G

H

I

J

L

M

N

P

R

S